电磁兼容技术系列

EMC
设计宝典

装备电磁兼容试验与工程实践

工业和信息化部电子第五研究所◎组编

樊文琪　陈燕　邵鄂　陈辉◎编著

电子工业出版社

Publishing House of Electronics Industry

北京·BEIJING

内 容 简 介

本书围绕武器装备（简称装备）电磁兼容性（EMC）保障，分电磁兼容基础、电磁兼容试验和电磁兼容工程实践三篇进行深入分析。电磁兼容基础，全面介绍了电磁兼容技术发展历程及必要性，电磁兼容名词术语和常用单位，电磁理论与电磁兼容原理，装备电磁兼容管理与标准发展沿革，以及电磁环境及其效应；电磁兼容试验，详细介绍了装备电磁兼容试验场地及试验设备、试验一般要求，并从传导发射、传导敏感度、辐射发射、辐射敏感度等方面分别介绍了装备电磁兼容检测要求；电磁兼容工程实践，从电磁兼容设计程序，电磁兼容工程实践风险检查内容，电磁兼容仿真，元器件选型，印制电路板电磁兼容设计，开关电源电磁干扰机理及抑制技术，线缆分类、布线要求，滤波器选用和安装指南，电搭接技术，结构件屏蔽技术，EWIS 屏蔽效能参数表征及量化测试技术方面深入探讨了如何在工程实践中落实电磁兼容工程设计技术。

本书从装备电磁兼容工程实际应用需求出发，具有较强的可读性，可作为装备电磁兼容测量、管理及设计等领域从业人员的参考书。

图书在版编目（CIP）数据

装备电磁兼容试验与工程实践 / 工业和信息化部电子第五研究所组编；樊文琪等编著. —北京：电子工业出版社，2024.5

（电磁兼容技术系列）

ISBN 978-7-121-47677-8

Ⅰ. ①装… Ⅱ. ①工… ②樊… Ⅲ. ①电磁兼容性－实验 Ⅳ. ①TN03-33

中国国家版本馆 CIP 数据核字（2024）第 075589 号

责任编辑：牛平月

印　　刷：三河市兴达印务有限公司
装　　订：三河市兴达印务有限公司
出版发行：电子工业出版社
　　　　　北京市海淀区万寿路 173 信箱　　　　邮编：100036
开　　本：787×1092　　1/16　　印张：31.75　　字数：793 千字
版　　次：2024 年 5 月第 1 版
印　　次：2024 年 5 月第 1 次印刷
定　　价：158.00 元

凡所购买电子工业出版社图书有缺损问题，请向购买书店调换。若书店售缺，请与本社发行部联系，联系及邮购电话：(010)88254888，88258888。

质量投诉请发邮件至 zlts@phei.com.cn，盗版侵权举报请发邮件至 dbqq@phei.com.cn。

本书咨询联系方式：niupy@phei.com.cn。

前　言

　　装备乃国之重器，电磁兼容是衡量其适用性的重要技术指标之一。随着前沿技术的快速演进和装备的迭代升级，装备的电磁兼容问题越来越复杂，由此对相关从业人员提出了更高的要求。本书编著者均为长期从事装备电磁兼容标准化、检测、设计与故障诊断技术研究的资深人员，通过长期的装备型号科研、管理、检测与故障诊断工作，积累了大量科研及实操工程经验。本书编著者在深入研究电磁兼容基础理论和应用技术的基础上，总结多年来的实际工作经验和研究成果，编写了这本专业参考书，希望对广大科技人员的实际工作有所指导。

　　与一般产品电磁兼容相比，装备电磁兼容虽然建立在相同的理论基础之上，却有着非常明显的差异，主要体现在更广阔的物理空间、更宽泛的电磁频谱、更巨大的电磁能量、更高等级的抗干扰水平和更可靠的信息泄露防护措施等。为了便于读者理解和掌握，本书以通用的电磁兼容基础理论为铺垫，围绕装备电磁兼容的特殊性进行较深层次的剖析论述。

　　随着科学技术的广泛应用，各类新型装备不断涌现，新技术的含量越来越高，信息化、数字化、智能化特征越来越明显：一方面使装备的作战效能得以大幅度提高；另一方面使装备面临越来越严峻的复杂电磁环境考验。通过有效的电磁兼容试验方法和手段来检验装备的电磁兼容是否满足使用要求，有助于科学评价装备的电磁兼容特性，为指导装备电磁兼容设计和提高电磁兼容水平提供基础保障。同时，装备全寿命周期的电磁兼容试验是一项复杂的系统工程，如何有效、科学地开展电磁兼容试验，涉及试验项目、方法、场地、环境和测试设备等要素，因此本书对装备电磁兼容试验的场地、试验设备、一般要求及具体项目实施方法进行了详细阐述。

　　装备电磁兼容工程实践技术研究涉及电磁兼容设计程序，电磁兼容工程实践风险检查内容，电磁兼容仿真，元器件选型，印制电路板电磁兼容设计，开关电源电磁干扰机理及抑制技术，线缆分类、布线要求，滤波器选用和安装指南，电搭接技术，结构件屏蔽技术，EWIS 屏蔽效能参数表征及量化测试技术等装备全寿命周期的多个环节。本书对每个重要环节均进行了较为详细的阐述。

　　本书由工业和信息化部电子第五研究所组编，并由朱文立负责校对统稿，樊文琪负责编写电磁兼容基础篇的内容，包括第 1 章～第 5 章；陈燕负责编写电磁兼容试验篇的内容，包括第 6 章～第 12 章；邵鄂、陈辉共同负责编写电磁兼容工程实践篇的内容，包括第 13 章～第 23 章。

　　本书在编写过程中得到了编著者所在单位相关同事的大力支持和帮助。在电磁兼容基础篇的编写过程中，何越搜集并整理了大量装备电磁兼容测量技术发展的信息，朱文立协助搜集并整理了与电磁兼容基础理论相关的技术资料；在电磁兼容试验篇的编写过程中，黎亮文对部分试验项目内容及图表进行了完善，并参与了相关内容的校对；在电磁兼容工程实践篇的编写过程中，史云雷搜集并整理了 EWIS 电磁防护技术理论、技术标准的国内外发展现状，李宣毅完成了 EWIS 三同轴法屏蔽效能测试与数据处理，李帅男完成了第 15 章的初稿编写，并参与了相关内容的校对。在此，对这些同仁的辛勤付出，本书编写组表示衷心的感谢。

本书在编写过程中除得到编著者所在单位的大力支持外，还得到了电子工业出版社牛平月编辑的全程指导和帮助，在此谨代表本书编写组对她的帮助表示衷心的感谢！

本书在编写过程中参考了多位知名专家的著作，在此一并致谢！

因编著者水平有限，书中难免会有疏漏之处，敬请读者不吝指正。

目　录

第一篇　电磁兼容基础

第二篇　电磁兼容试验

第三篇 电磁兼容工程实践

第一篇

电磁兼容基础

与民用电磁兼容领域相比，装备（本书中特指军用设备、分系统、系统）的电磁兼容技术虽然基础理论是一致的，但是因为应用场景不同、功能和要求不同，所以两者也有诸多不同之处，包括关注点、评价参数（测试项目）及限值、严酷等级等，这也导致了测试方法与仪器设备实施、设计技术等都有很大的差异。

一般来说，装备需要执行或保障特定的任务，一方面自身技术复杂，另一方面其所处的电磁环境复杂多变甚至极端残酷。所以，在客观上要求既要保证本方的系统内的各台设备都能可靠地协调工作，并有一定的隐蔽性、保密性，还要承受得了敌方的电磁攻击。

本篇主要介绍装备电磁兼容的基本概念、名词术语、基本原理、管理与标准、电磁环境效应等，突出与民用电磁兼容领域的差异。

第 1 章
电磁兼容技术发展历程及必要性

1.1 电磁兼容起源及其发展

1.1.1 19 世纪电磁学和电磁干扰研究的启蒙

在人类尚未发明发电机和使用电能之前，地球上就已经存在自然界的电磁现象。自从 1866 年世界上第一台发电机发电以来，利用电磁效应工作的电气设备越来越广泛，同时产生了越来越多的有害的电磁干扰，造成了电磁环境污染。

电磁干扰是人们早就发现的电磁现象，它几乎和电磁效应现象同时被发现。

早在 19 世纪，电磁干扰随着电磁学的产生开始萌芽和发展。

1822 年，安培发表了电流产生磁力的基本定律。

1831 年，法拉第发现了电磁感应现象，总结出电磁感应定律，揭示了变化的磁场在导线中产生感应电动势的规律。

1864 年，麦克斯韦综合了电磁感应定律和安培全电流定律总结出麦克斯韦方程，提出了位移电流的理论，全面地论述了电和磁的相互作用并预言电磁波的存在。麦克斯韦的电磁场理论为人们认识和研究电磁干扰现象奠定了理论基础。

1881 年，英国科学家希维赛德发表了"论干扰"的文章，标志着研究电磁干扰问题的开端。

1887 年，原柏林电气协会成立了"全部干扰问题委员会"，成员包括赫姆霍兹、西门子等人。

1888 年，德国物理学家赫兹首创了天线，第一次把电磁波辐射到自由空间，同时成功接收到电磁波，用实验证实了电磁波的存在，开始了人类对电磁干扰问题的实验研究。

1889 年，英国邮电部门研究了通信中的电磁干扰问题，使电磁干扰问题研究开始走向工业化和产业化。同期美国的《电子世界》杂志刊登了电磁感应方面的论文。

1.1.2 20 世纪前期：电磁干扰研究的起始

20 世纪以来，由于电子电气技术的发展和应用，随着通信、广播等无线电事业的发展，人们逐渐认识到需要对各种电磁干扰进行控制。特别是工业发达国家格外重视控制干扰，他们成立了国家级和国际间的组织，如德国电气工程师协会、国际电工委员会（The International Electrotechnical Commission，IEC）、国际无线电干扰特别委员会（International Special Committee on Radio Interference，CISPR）等，并投入了大量人力开始对电磁干扰问题进行世界性的有组织的研究。

民用射频干扰的研究始于无线电广播。大约从 20 世纪 20 年代开始，各国都相继开展了广播业务，由于接收质量受环境噪声的干扰，因此人们开始认识到电磁干扰是一个重要的现实问题，工程刊物上开始发表有关文章。

在美国，随着无线电广播传播的开始，人们逐渐认识到无线电干扰与电力设备制造厂商和电力营运公司有着密切的利害关系。这一关系最终严重到要由美国全国电光协会和美国电气制造商协会出面组建技术委员会，来负责研究无线电干扰的各方面，其目的是开发相应的测量技术和制定性能标准。其工作成果是在 20 世纪 20 年代为此目的出版的几种技术报告、关于测量方法的文件和测试仪表的改进，其中，系统地阐述了高架输电线近旁电场强度和无线电广播电台产生的电场强度的测量方法，测量无线电噪声和场强的仪表研发，以及确定无线电噪声容限的信息基础。

与此同时，欧洲的一些国家开始出现讨论无线电干扰各方面的技术文献。这些文献不仅涉及无线电发射产生的干扰，而且涉及对无线电信号接收的干扰。在欧洲，人们普遍认识到对无线电干扰领域应进行国际层次的技术研究，无线电干扰问题的国际合作势在必行，因为无线电发射可不理会什么地理边界或国界。此外，使用电动机之类的各种仪器和设备除生产国外，还有可能在其他国家销售和使用，因此这些设备必须符合各有关国家执行的标准。

1933 年，有关国际组织在巴黎举行了一次特别会议，研究如何处理国际性无线电干扰问题。与会者普遍认为，为避免人们在商品贸易和无线电业务中出现障碍，需要在无线电干扰测试方法和限值方面有一定的统一性并制定国际标准。会议建议由 IEC 和国际广播联盟（The International Union of broadcasting，UIR）的国家委员会，并邀请有关国际组织共同组织一个联合委员会，国际无线电干扰特别委员会（CISPR）由此成立。1934 年 6 月 28 日～30 日在巴黎举行了 CISPR 第一次正式会议，从此开始对电磁干扰及其控制技术进行世界性的有组织的研究。

第一次正式会议后，CISPR 首先做的两项重要工作是确定无线电干扰的可接受上限和测量这种干扰的方法。在接下来的两三年里，关于测量无线电干扰的方法和频率范围为160kHz～1605kHz 的测量仪器逐步成为大家普遍接受的电磁兼容测量基础。在当时CISPR 的首批协议中，规定干扰容限：以调幅深度为 20%的 1mV/m 的场强作为参考，信噪比达到 40dB。

1934 年，在英国有 1000 多件关于无线电干扰的投诉得到了详细的分析检验。人们发现这些干扰是由使用电动机开关和发动机点火器的各种设备运转时产生的，还发现干扰来源于电力牵引及电源线。

在这段时期内，具有里程碑性质的重要进展如下。

（1）（在美国）出版了 1940 年度关于无线电噪声测量方法的专题报告。

（2）IEC 出版了 CISPR 会议记录汇编和 1934—1939 年技术资料报告 RI 1～8，内容包括测量用接收机、人工电源网络、场强测量等的设计。

（3）0.15MHz～18MHz 频段无线电噪声和场强测量仪的技术规定。

（4）架空输电线近旁的无线电广播场强和无线电噪声场强的实际测量。

（5）形成了在 160kHz～1605kHz 频段测量来自电气设备的传导无线电噪声和用于这种测量的人工电源网络的操作规程。

（6）设计和特别制造了测量用接收机、无线电噪声场强测量仪，以及用于上述测量的其他仪器。

1.1.3 20 世纪中期：电磁干扰研究军民结合以军为主

虽然电磁干扰问题由来已久，但电磁兼容这个新兴的综合性学科却是近代形成的。为了解决电磁干扰问题，保证设备和系统的高可靠性，20 世纪 40 年代初有人提出了电磁兼容的概念。电磁干扰问题由单纯的排除干扰逐步发展成从理论上、技术上全面保证用电设备在其电磁环境中正常工作的系统工程。电磁兼容学科在认识电磁干扰、研究电磁干扰和控制电磁干扰的过程中得到发展。它深入阐述了电磁干扰产生的原因，分清了干扰的性质，深刻研究了干扰传输及耦合的机理，系统地提出了抑制干扰的技术措施，促进了电磁兼容系列标准和规范的制定，建立了电磁兼容试验和测量体系，解决了电磁兼容设计、分析和预测的一系列理论和技术问题。

第二次世界大战的到来既是一个阻力，又是了解并控制无线电噪声的新的推动力。在战争年代里 CISPR 属下的技术活动完全停顿下来。

在第二次世界大战期间，由于军事部门对使用电信和雷达设备有巨大兴趣，无线电干扰在军事上的影响变得非常重要。军事部门还对高于常规无线电广播频率的波段感兴趣。这种军用兴趣促使可靠测量电磁干扰的仪器和军用标准迅速发展，在 20 世纪 40 年代涉及的频率达到 20MHz，20 世纪 50 年代进展到 30MHz，20 世纪 60 年代更高，达到 1GHz。从开始，军用性能标准就是必须严格遵守和切实执行的文件。在航空航天系统和卫星技术中，电磁干扰的概念和采取有效措施消除这种干扰也是头等大事，由此技术人员开展了大量的实际技术工作。但是，这种技术工作的成果都要被保密较长一段时间，才会被公开发布。

第二次世界大战后，CISPR 会议又恢复运行。美国、加拿大和澳大利亚此时参加了 CISPR 的商议。CISPR 会议成为在无线电干扰测量方法论和用于这种测量的仪器等方面达成一致的技术集会。随着更高频率的逐步开发利用，这种频率延伸必将研发出用于更高频率的测量方法、标准概要和测量仪表。此后，有越来越多的亚洲国家和世界其他地区的国家，以及国际无线电咨询委员会（Consultative Committee of International Radio，CCIR）等对无线电科学感兴趣的国际组织也开始参加 CISPR 会议。随着国际参加者的增多和所从事的技术领域的增长，CISPR 会议逐渐成为就电磁干扰问题进行国际交流与合作的重要载体。因此，在 CISPR 会议上逐步发展出了用于更高频率的测量技术和详细的实施纲要。在 CISPR 会议上，参加者还讨论了涉及频率高达 1GHz 测量方法的精确细节，并取得了一致意见。

在第二次世界大战的战后时期，随着无线电通信在非军事领域应用的日益增长，电磁干扰问题和与此相关的在制造各类电信产品时实施某些设计科目的需要就突显出来。于是，几种主要的技术研究包括干扰机制及其效应测量技术和使电磁干扰减至最小的设计方法等，就成了包括美国和欧洲在内的世界上许多地区重点研究的主题。在此期间，为了评估由几类电气电子设备与系统发射出的电磁噪声，相关研究人员做了很多实际测量。其成果作为供 CISPR 审议的技术基础的一部分，详细地测量了由广播、电视、输电线路、家用电器、电动汽车和工业/科学/医疗（Industrial Scientific Medical，ISM）设备等发射出的电磁噪声，并在 CISPR 会议上做报告和进行广泛的讨论。最初重点是在测量方法和测量仪器的细节上取得一致，而将容许的性能限值之类更困难的课题留待以后去解决。与这些进展分开进行的，且紧随其后的是国家性的管理机构，如美国联邦通信委员会（The Federal Communications Commission，FCC）、英国工业标准化协会（The British Standards Institution，BSI）开始颁布适用于各自国家的干扰控制限值。

在这段时间内，具有里程碑性质的重要进展如下。

（1）1944 年，德国电气工程师协会制定了世界上第一个电磁兼容规范 VDE 0878。

（2）1945 年，美国发布首份陆海军共同技术规范 SAN-J-225，涵盖陆海空三军测量无线电干扰（频率高达 20MHz）的方法，在 1946 年改为 C63.1，1963 年修订标准，测量频率高达 30MHz，称为 C63.2；1964 年版标准 C63.3 覆盖频带高达 1GHz。

（3）1967 年，美国出版了军用标准 MIL-STD-462 "电磁干扰特性的测量方法"，1968 年出版了 STD-MIL-461 "用于控制电磁干扰的电磁发射和敏感度要求"。

（4）由 CISPR 制定且逐步改进的测量技术和仪器（特别对于非军事应用）标准，在 1958 年覆盖频带高达 30MHz，1961 年达 300MHz，1968 年达 1GHz。

（5）相关研究人员发明了测量频率范围为 30MHz～300MHz 的家用电器电磁发射的铁氧体干扰吸收钳测量方法。

（6）1967 年，CISPR 出版了 CISPR 4 "用于频率范围 300MHz～1000MHz 的测量规范"和 CISPR 5 "具有非准峰值检波方法检波器的无线电干扰测量仪器"。

（7）按照格式编制了技术资料，内容包括测量方法理论，以及涵盖 ISM 设备、输电线路、汽车、无线电/电视接收机和家用电器的干扰源。

（8）美国联邦通信委员会出版了关于电磁干扰测量进行国家管理的出版物，如 1968 年出版的《美国联邦通信委员会规章与条例》第二卷第 18 篇。

1.1.4　20 世纪晚期：电磁干扰研究军民齐头并进

自 20 世纪 60 年代以来，电气和电子工程领域飞速前进，主要进展包括数字计算机、信息技术、仪器仪表、电信和半导体技术等领域的发展。在这些领域里，电磁噪声和解决由电磁干扰造成的问题都很重要。这给电磁噪声领域带来大量的国际技术交流活动。电磁兼容技术逐渐成为非常活跃的学科领域之一，每年都会召开几次较大规模的国际性电磁兼容学术会议。美国最有影响的电子电气工程师协会 "IEEE" 的权威杂志，专门设有 EMC 分册。美国学者 B.E.凯瑟撰写了系统性的论著《电磁兼容原理》，美国国防部编辑出版了各种电磁兼容性手册，广泛应用于工程设计。美国 IEEE 学报 *Transactions RFI* 分册于 1964 年

改名为 *IEEE Transactions EMC* 分册，可以此作为电磁兼容学科形成的标志，虽然电磁干扰问题由来已久，但电磁兼容这个新兴的综合性边缘学科却由此正式宣告成形。

CISPR 审议产生了 CISPR 16 号出版物，该出版物汇集了这个领域的各种测量方法、电磁干扰的推荐限值，进而成为一种完备的出版物。CISPR 审议还产生了一些出版物，其内容涵盖了无线电和电视接收机、工业/科学/医疗（ISM）设备、汽车和荧光灯的电磁噪声及其测量。

到 20 世纪 80 年代，美国、德国、日本、法国等经济发达国家在电磁兼容研究和应用方面达到了很高的水平，主要研究和应用的内容包括电磁兼容标准和规范、分析设计和预测、试验测量和开发屏蔽导电材料、培训教育和管理等。在工程应用方面研制出高精度的电磁干扰及电磁敏感度自动测量系统，开发出多种系统内和系统间电磁兼容计算机分析和预测软件，形成了一套完整的设计体系，还开发研制成功了多种抑制电磁干扰的新材料和新工艺。电磁兼容设计成为民用电子设备和军用武器装备研制中必须严格遵循的原则和步骤。在产品设计、加工、检测、试验和使用的各个阶段都要考虑电磁兼容技术和管理。电磁兼容成为产品可靠性保证中的重要组成部分。

与信息技术和数字电子产品这类 20 世纪 80 年代新出现的重要技术的快速发展相配合，CISPR 还出版了涵盖信息技术设备的 CISPR 22 号出版物。

电磁噪声领域的军用研究在电磁干扰及其测量和控制技术领域产出了许多成果。在领会 EMI 和实现电磁兼容的技术规程方面，几项重大进展都是美国军队在此领域所做工作的直接成果。出于军事和商业理由，各种专业产品的很多技术活动都是保密的。此阶段出版的重要军用文件包括涵盖 EMI 技术定义和测量单位的 MIL-STD-463，以及 MIL-STD-461 和 MIL-STD-462 的修订版。另外，有几个国家的武装部队用大量文献资料出版了他们自己的限制电磁干扰的标准。但是，美国军队做的工作和出版的标准仍然在这个领域起了引导作用。除了基本的军用标准 MIL-STD-461/462/463，美国军队还出版了几种其他标准，其内容涵盖了系统的电磁兼容及各种设备，如雷达、飞机电源、空间系统、海军平台、移动通信等的设计和性能要求。

在 20 世纪 80 年代，数字技术的全球性增长，包括它们在工业自动化中的应用，深深地影响了电磁噪声有关问题的发展。数字仪器和设备对电磁噪声非常敏感，因为这些仪器和设备不能辨别脉冲信号与瞬态噪声。在电磁噪声的影响下，它们很容易失效。与此同时，数字仪器和设备又产生了大量电磁噪声。它们是宽带噪声，来自数字设备采用的非常短的上升时间的脉冲。数字仪器和设备所采用的时钟频率也产生电磁噪声。数字仪器和设备广泛使用固体元器件和集成电路，而集成电路和固体元器件又都很容易被瞬态电磁干扰损坏。所以需要专门的设计和工程方法以保护灵敏的半导体器件免遭电磁环境的损伤。从 20 世纪 80 年代开始，这个领域颇受重视，世界范围内对此主题发表了许多论文。对这类技术和工艺的讨论，在很多国际会议中持续占据着主要地位。

有几个国家特别关注由各种电气和电子装置发射的电磁噪声容限和这些设备销售前必须经受的抗扰度限值。所以，一些组织如美国联邦通信委员会、德国通信技术总局、英国工业标准协会、日本电磁干扰控制委员会（The Voluntary Control Council for Interference，VCCI）和其他国家的类似协会都颁布了管理电磁噪声发射和抗干扰条件的性能标准。政府的专门管理机构如美国国家航空航天局（The National Aeronautics and Space Administration，NASA）和美国国家电信与信息管理局（National Telecommunications and Information Administration，NTIA），以及其他国家的类似组织也已出版了管理电磁发射和抗扰度的性能标准，一些国际组织如国际民航组织（The International Civil Aviation Organization，ICAO）、国际海事协商组织（Intergovernmental Maritime Consultative Organization，IMCO）也很关注电磁噪声及其容限。

随着欧洲自由贸易区的出现，20 世纪 80 年代欧洲国家特别关注制定管理电磁噪声发射和抗扰度限值的通用性能标准。他们需要一个统一的方法和统一的标准以便欧洲企业能够在全欧洲销售他们的产品。在欧洲经济共同体内部，成立于 1973 年的欧洲电工标准化委员会（The European Electro Technical Standardization Committee，CENELEC）负责制定设备电磁噪声和性能限值领域协调一致的欧洲标准。由其制定的各种指导书涵盖了如无线电和电视接收机、信息技术设备、工科医设备等设备。CENELEC 指导书建立在 CISPR 出版物和 IEC 的其他出版物的基础上。CENELEC 采用的尺度只是为取得各国对标准表示认同走出的第一步，这些标准是在 CISPR 建议的基础上制定的。但是，还有许多的内容留待在世界范围内特别是在欧洲以外达成共识。实际上，不同国家之间的贸易壁垒将来会建立在工艺和技术性能水平的基础上，取代迄今惯用的税率和建立在关税结构上的制度。

到了 20 世纪 90 年代，电磁兼容工程已经从事后检测处理发展到预先分析评估、预先检验、预先设计。电磁兼容工程师必须与产品设计师、制造商和各方面的专家共同合作，在方案设计阶段开展有针对性的预测分析工作，并把过去用于研制后期试验测量和处理，以及返工补救的费用安排到加强事前设计和预测检验中来。电磁兼容技术已成为现代工业生产并行工程系统的实施项目组成部分。

产品电磁兼容认证已由一个国家范围发展到一个地区或一个贸易联盟采取的统一行动。从 1996 年 1 月 1 日开始，欧洲共同体（欧盟前身）12 个国家和欧洲自由贸易联盟的北欧 6 国共同宣布实行电磁兼容认证制度，使得电磁兼容认证与电工电子产品安全性认证处于同等重要地位。

1.1.5　我国的电磁兼容技术发展

我国由于过去的工业基础比较薄弱，电磁环境危害尚未充分暴露，对电磁兼容技术认识不足，因此对电磁兼容理论和技术的研究起步较晚，与国际间的差距较大。我国第一个电磁干扰标准是 1966 年由原第一机械工业部制定的部级标准 JB-854-66《船用电气设备工业无线电干扰端子电压测量方法与允许值》。直到 20 世纪 80 年代初，才有组织、系统地研究并制定国家和行业电磁兼容标准和规范。1981 年颁布了第一个航空工业部较为完整的标准 HB 5662-81《飞机设备电磁兼容性要求及测试方法》。此后，在标准和规范的研究与制定方面有了较大进展。目前已制定了一百多个国家民用电磁兼容标准和国家军用电磁兼容标准。

20 世纪 80 年代以来，国内电磁兼容学术组织纷纷成立，学术活动频繁开展。1984 年，中国通信学会、中国电子学会、中国铁道学会和中国电机工程学会在重庆召开了第一届全国性电磁兼容学术会议，此次会议录用论文 49 篇。1992 年 5 月，中国电子学会和中国通信学会在北京成功地举办了"第一届北京国际电磁兼容学术会议（EMC'92/Beijing）"。此次会议录用论文 173 篇，这标志着我国电磁兼容学科迅速发展并参与世界交流。

20 世纪 90 年代以来，随着国民经济和高新科技产业的迅速发展，在航空、航天、通信、电子、军事等部门，电磁兼容技术受到格外重视，并投入了较大的财力和人力，建立了一批电磁兼容试验和测试中心，引进了许多现代化的电磁干扰、敏感度自动测试系统和试验设备。一些军种、部门、研究所及大学陆续建立了电磁兼容实验研究室，电子电气设备研究、设计及制造单位也都纷纷配备了电磁兼容设计、测试人员，电磁兼容工程设计和预测分析在实际的科研工作中得到了长足的发展。

我国在电磁兼容工程设计和预测分析方面开展研究，并逐渐开始实际应用。近年来，部分高等院校相继开设了电磁兼容原理及设计课程，翻译和编写了一批教材。1993 年，由国家军用标准化中心组织编写了《电磁兼容性工程设计手册》，标志着我国军用设备的电磁兼容工程设计进入全面实施阶段。

电磁污染作为环境污染的一种，其危害性已日益引起我国政府的重视。国家环境保护局于 1997 年 3 月 25 日发布实施《电磁辐射环境保护管理办法》。《电磁辐射环境保护管理办法》规定的电磁辐射包括信息传递中的电磁波发射，工业、科学、医疗应用中的电磁辐射，高压输变电中产生的电磁辐射。

随着电磁兼容国家标准的制定和完善，以及电磁兼容检测和设计技术研究的深入，欧盟自 1996 年开始对进入欧盟的电子电气产品要求必须符合相应的 EMC 标准要求，我国也同步跟进，从 20 世纪 90 年代逐步开始对电子电气产品及其他相关产品的电磁兼容进行相应的管理。

我国质量管理部门当时主要通过以下几种方法来逐步展开对电磁兼容的质量管理。

对国内生产销售的产品主要通过国家或地方行业质量管理部门组织的产品质量市场监督抽查、工业产品生产许可证制度、电磁兼容认证等方式进行管理。

对进口产品，国家出入境检验检疫局的 1999 年国检认联〔1998〕122 号文件颁布了《关于对六种进口商品实施电磁兼容强制检测的通知》，通知规定对计算机、显示器、打印机、开关电源、电视机、音响设备六种进口商品，自 1999 年 1 月 1 日起强制执行电磁兼容检测。上述六种进口商品自 2000 年 1 月 1 日起必须获得国家出入境检验检疫局签发的进口商品安全质量许可证并贴有安全认证标志后方能进口、销售，即对这六种进口商品的电磁兼容强制检验作为对进口商品实施进口商品安全质量许可证制度的检验项目。

原国家质量技术监督局负责国内生产产品实施安全认证强制性监督管理制度，原国家出入境检验检疫局负责对进口商品实施安全质量许可制度。

2001 年 12 月，国家质检总局和认监委对外公布了新的"四个统一"的强制性产品认证制度（3C 认证），发布了"四个统一"的规范性文件。这些文件的发布和实施标志着国家认证认可制度发展到了新阶段，即国家统一的认证认可制度建立和发展阶段。该制度将电磁兼容作为 3C 认证电子电气产品必须满足的主要内容。

1.1.6 装备电磁兼容技术未来发展趋势

新世纪是信息化、网络化、智能化蓬勃发展的世纪，也是以军事信息技术革命为核心的新军事变革世纪。在新世纪，战争的形态由机械化战争转向信息化战争。2003 年年初，伊拉克战争便是初次展现这种变化趋势的一场全新的现代化陆、海、空、天、电五维立体化战争。这场战争中，美国军队以信息技术为基础，以信息环境为依托，用数字化设备将指挥、控制、通信、计算机、情报、监视、侦察、电子对抗等网络系统连为一体，实现了各军兵种信息资源共享、作战信息及时交换、部队及其武器装备统一指挥控制的联合作战态势。

新军事变革、全新作战概念、高度电子化、信息化的高新武器装备的涌现和使用，既荡涤着传统的 EMC 技术，又推进 EMC 技术不断更新和发展。武器装备 EMC 技术的发展目标是满足现代化战争的要求，实现所有参战设备、分系统、系统、作战平台在共同的现代化战场的电磁环境条件下能一起执行各自功能的共存状态，提升抵制和防御敌方电子进攻武器的能力。

1. 提高系统的 EMC 技术和生存防护能力

目前，先进的武器装备系统通常是一个集指挥、控制、通信、计算机、情报、监视、侦察、电子对抗等网络系统于一体的 C^4ISR 系统，在作战指挥体系中综合运用现代电子与信息科学技术及军事科学理论，实现作战信息收集、传递、处理自动化和决策方法科学化，保障高效指挥的人机结合系统。

未来，C^4ISR 系统的发展趋势是实现多级多维多系统综合一体化、数据传输处理实时化及提高生存防护能力等。可见，为适应 C^4ISR 系统的发展趋势，充分发挥它的中枢神经作用，提高 C^4ISR 系统的 EMC 及生存防护能力是装备设计和生产企业所关注的焦点。具体表现如下。

（1）C^4ISR 系统由指挥、控制、通信、计算机、情报、监视、侦察、电子对抗等一系列电子探测设备和电子信息设备组成，集中一起尤其是在一个有限空间的作战平台内聚集，其自身的 EMC 设计和加固技术是确保系统自兼容、正常运行工作的保障。

（2）C^4ISR 系统的 TEMPEST 技术和信息系统的安全保密是当今世界信息斗争的热点技术，其中包括信息加密保护技术、防无线窃听技术、防网络入侵技术、防病毒入侵技术、防信息被篡改技术、抗电磁干扰技术。

（3）加强无线通信的抗干扰措施，防止被敌方跟踪、截获、压制干扰和欺骗，是保证网络畅通、信息安全的重要一环。

（4）C^4ISR 系统电磁环境效应（E3）的特性和防护能力，是关系该系统能否适应现代化战争电磁战和信息战的战场电磁环境，能否发挥中枢神经作用，能否快速而正确地指挥夺取战争胜利的问题。其中，C^4ISR 系统及组成它的电子信息设备强电磁脉冲和强电磁干扰的防护技术是世界各国关注的话题，是我国装备 EMC 技术今后发展重点需要突破的技术。

2. 预测分析法是装备 EMC 技术与控制的发展方向

武器装备良好的电磁兼容是通过精心的设计与控制实现的。回顾历史，武器装备 EMC 技术的设计与控制先后经历了问题解决法和标准控制法两个阶段后，于 20 世纪 90 年代迈入了预测分析法阶段。预测分析法是在武器装备研制设计伊始和全过程中采用数值计算方法配以适当试验，依据设备特性、天线布置、武器装备布局或元器件特性、电路布局，对系统、分系统、设备、部件、元器件的电磁特性进行分析预测，合理分配各项 EMC 技术指标，提出控制装置、电路、元器件的要求和指标，并随着研制进程不断进行修正补充和付诸实施，不断解决研制过程中的 EMC 技术问题。该方法能有目的地采用抑制措施或放宽约束，来保证 EMC 技术要求，且具有规定的安全裕度，从而做到恰到好处的设计，既不会过设计又不会欠设计。

预测分析法的基础是数值计算理论和数学模型，核心是数值仿真与预测分析软件。仿真机理与模型的正确性、软件的多能性、通用性、准确性等都是当今人们追求的目标，具体如下。

（1）不断地改进和完善矩量法（Method of Moment，MoM）、有限元法（Finite Element Method，FEM）、时域有限差分法（Finite-different Time-Domain，FDTD）、几何绕射理论法（Geometrical diffraction theory method，GTD）、混合电位积分方程法（Mixde Potential Integral Equation Method，MPIE）等数值计算方法，以其单一算法或混合算法为基础的计算软件，提高它们的通用性和准确性。

（2）加强数值计算理论研究，研发新的数值计算方法和计算软件。

（3）进一步开发或改进、完善元器件（如芯片）级、部件（如电路板、驱动器）级、设备级、系统（如导弹、战车、飞机、舰船）级 EMC 预测仿真技术。

（4）开发整套 EMC 仿真和优化设计软件，构建武器装备尤其是大型武器装备 EMC 综合仿真设计平台，实现武器装备 EMC 的 CAD。

（5）目前，数值计算因其投资少、成本低、不求助于人的优点而吸引着越来越多的科技人员从事该项工作。他们所开展的 EMC 数值计算和开发的数值计算软件逐渐增多，已形成一类商品。该商品在社会上流通、销售、使用，犹如测量仪表，其量值的可用性、准确性是人们关注的极其重要的问题，应提到议事日程上。

（6）不断改进计算技术，进一步提高存储容量与计算速度，以满足复杂边界条件 EMC 数值计算要求。

3. 电磁环境效应（E3）验证、评估和防护技术是热门技术

电磁环境效应是指电磁环境对电子电气系统、设备、装置的运行能力的影响。它涵盖所有的电磁学科，包括 EMC、电磁干扰、电磁易损性、电磁脉冲、电子对抗、电磁辐射对武器装备和易挥发物质的危害，以及雷电和沉积静电（P-Static）等自然效应。

1997 年，美国国防部颁布了 MIL-STD-464《系统电磁环境效应要求》，电磁环境效应这个名词便成为人们的热门话题。该标准首次全面、系统、合理地提出了系统级 E3 要求，内容包含 EMC 安全裕度、系统内和系统间 EMC、雷电放电、电磁脉冲（Electromagnetic Pulse，EMP）效应、分系统和设备电磁干扰、静电荷控制、电磁辐射危害、寿命期 E3 加固、电搭

接、外部接地、防信息泄漏（Transient Electromagnetic Pulse Emanation Standard，TEMPEST）、电磁发射控制、电子对抗等。等效该标准的国军标 GJB 1389 于 2023 年年初发布了 GJB 1389B—2022。随着该标准的制定、颁布和宣贯，电磁环境效应的验证、评估和防护技术越来越被人们重视和关注，其内容具体如下。

（1）电磁环境（含核电磁脉冲、高功率微波、雷电、静电、射频辐射等）测量、数据采集、特性及其表征方法。

（2）电磁环境效应的检测方法、验证方法、评估方法及其防护技术，包括系统内 EMC 验证技术，雷电、静电和电磁脉冲特性测量技术及其防护效果验证技术，电磁辐射对人员、军械和易挥发物质的危害特性检验技术，武器装备对外部射频电磁环境适应能力的验证技术，EMC 安全裕度测试方法，以及典型武器装备电磁易损性分析和判断方法。

（3）高电平、高效率、超宽带、高灵敏电磁环境效应模拟试验设施和测量装置，包括强电磁脉冲源、强电磁脉冲场模型试验装置、混响室、大功率射频场发生装置、宽带吉赫兹双极化场发生装置、超宽带高灵敏度接收装置等。

4. 管理和利用好无线电频谱资源是装备 EMC 技术工作的重要环节

无线电频谱是一种重要的、有限的、非消耗性的自然资源，凡应用电磁波实施指挥、控制、通信、警戒、探测、识别、导航、电子对抗等功能的设备，无不占用一部分频谱。随着信息技术的迅速发展，这些设备与日俱增，频谱资源在得到充分利用的同时，占用频谱日益拥挤，外加严重的电磁污染，可用频谱资源日趋贫乏。于是，如何保障信息社会对频谱的需求，如何充分利用和有效地管理好有限的频谱资源，便成为当今信息化时代面临的亟待解决的关键技术，具体体现在以下几个方面。

（1）充分发挥国家、军队和地方无线电频谱管理机构的职责，完善和改进各项规定与措施，包括制定国家频谱规划，适应信息社会对频谱的需求；制定频谱保护制度，限制有用信号的频谱带宽、限制有用信号满足信息传输所需的最低电平、限制谐波和杂波辐射、限制天线副瓣电平。

（2）不断提高、改进和开发频谱应用技术，如预测与实时选频技术、信息载体自适应技术、频率共用与频率复用技术、频分或时分复用技术、码分多址与上频下时技术、频带压缩技术。

（3）开发新技术，拓宽频谱资源：开发新频段（如毫米波、亚毫米波）应用技术，拓宽潜在的、未利用的、未被充分利用的频段；开发已被利用频段的新用途（如开发 1GHz 以上频段移动通信业务）；开发新技术（如窄带技术、频率复用技术等），既充分有效地利用现有频段，又节省频谱。

（4）加强和更新大型武器装备的频谱管理技术和管理方法，提高其 EMC。

① 以频谱利用的有效性和合理性为原则，把好频率申请和频率指配关口，既充分有效地利用频谱资源，又保证所有设备之间不存在电磁干扰。

② 配置自动化实时动态频谱管理系统，其由频率管理、设备工作计划、电磁干扰分析、频率选配、文件生成等模块和频率资源、无线电台（站）资料、设备参数、地形地貌等数据库，以及触发、跳频、匿影等控制装置或器件组成。可实时监测和显示频谱应用情况（预

定、正在发射和接收的频率、功率、时间、天线名称或编号、天线位置、天线工作状态等），实时分析设备之间的 EMC，实时管理和控制无线电电子信息设备，以保障其 EMC。

5．开发和应用新技术、新材料、新器件

电磁干扰抑制技术和抗干扰加固技术是 EMC 控制手段的支柱技术。在充分应用屏蔽、滤波、去耦、隔离、接地等经典技术的同时，不断地开发和应用 EMC 新技术、新材料、新器件，是实现电路组件、设备、系统、武器装备平台良好 EMC 的技术基础。新技术、新材料、新器件往往是跨学科和多学科的共同研究成果，需要人们共同关注、支持和共同开发，为 EMC 领域提供更多更好的新技术、新材料、新器件。

（1）开发多功能射频系统，减少武器装备尤其是舰船的天线数量，解决射频设备之间的电磁干扰，同时提高雷达的隐蔽性。多功能射频系统是将雷达、电子战、通信等波束同时经一个公用射频口径发射的射频系统。该系统集通信、雷达、电子战天线于一个具有低雷达截面积（Radar Cross Section，RCS）特性的组合天线中，如美国洛克希德·马丁公司的高频段多功能接收天线阵、雷通公司的低频段多功能接收天线阵、诺思厄普·格鲁曼公司的高频段多功能发射天线阵。这种系统的雷达因其高信号密度和多参数，使敌方难以从这种复杂波束中分辨出雷达的发射信号。

（2）应用干扰对消技术，提高设备的抗扰性。该技术是在受扰设备（或电路）中，人为建立一个与干扰信号等幅反相的信号，并使它与干扰信号叠加对消，达到消除干扰信号目的的一种干扰抑制技术。据报道，通信、GPS 等设备采用该技术后的抗干扰性极好。

（3）利用旁瓣匿影技术消除同场地其他雷达副瓣干扰。该技术利用一个低增益的各向同性天线与主天线同时配合工作，二天线收到的信号分别反馈至分开的各自接收机，然后比较二者的输出电平幅值，当低增益信道的功率电平较大时，停止输出，反之，输出。

（4）利用旁瓣减小技术，降低旁瓣电平，减小旁瓣对同场地其他设备的照射电平。该技术采用附加挡板或吸波材料降低雷达天线的旁瓣和后瓣电平，减小对其他设备的影响，提高同场地设备之间的 EMC。

（5）大力推广已成熟的 EMC 新技术、新材料。例如，采用光纤替代敏感设备的信号电缆，以提高其抗干扰能力；广泛使用电磁干扰衬垫材料，解决电磁密封问题，提高屏蔽性能。

（6）研制频率窗选材料，为开发低 RCS 封闭式集成天线桅杆解决关键材料。该材料具有带通特性，选通频段传输损耗应不大于 0.5dB，抑制频段传输损耗应不小于 20dB。

6．电磁兼容设计技术的未来发展

积极主动地预防电磁干扰和电磁兼容的设计方法，是现阶段电磁兼容研究的重要方法，是电磁兼容未来发展的主要方向。电磁兼容数字仿真以计算机技术为基础进行数学建模和仿真计算。20 世纪 80 年代后期，已研制开发了多种电磁设计工具，用于分析处理总体设计中的电磁干扰问题。20 世纪 90 年代，着重于电磁工程设计中计算机图形技术、三维显像技术和电磁计算方法研究。电磁兼容设计和电磁干扰控制技术从单设备、单任务转向系统综合考虑电磁兼容设计，不断优化改进。电磁干扰控制技术也出现了一些新进展，提供了硬件解决办法。

采用的干扰抑制装置包括时间和频率匿隐器、陷波器、干扰消除器等。另外，一项重要技术是使用雷达吸波材料以减少电磁干扰的影响。雷达吸波材料接收射频能量的独特能力，使它特别适用于对邻近电磁系统的去耦和减少从结构物反射的电磁能量。当前，还急需在电磁干扰的屏蔽滤波新材料、新工艺上获得突破。

7．电磁兼容试验和评估技术的未来发展

电磁兼容技术发展离不开试验技术。系统级安全裕量及电磁场对人员、武器装备、燃油的危害效应和抗核电磁脉冲效应试验等方面尤为关注。新型测量仪表、仪器设备的开发研制和新技术在电磁兼容标准中的应用，试验设备和设施体现出宽频带、高场强的特点。电磁兼容试验技术逐渐向高速自动化、集成化、便携式方向发展。当前，军用装备尤其是电子设备的工作频段不断拓宽，为满足军用装备发展的需求，必须建立相应的检测手段。

8．电磁辐射危害及其防护技术的未来发展

电磁辐射对人员、军械和燃油的危害，在武器系统中有其独特性。美国国防部尤其是海军在 20 世纪 60 年代就开始进行全面研究，目前已形成一系列标准规范、设计准则、作业规程等。由于无线电技术的发展，电磁波的广泛应用，电磁波辐射对生物特别是对人体的影响也成了社会公众关注的热点。近年来，在这一领域获得很大进展，形成了电磁辐射的标准。但目前对人员危害的场强限值、军械抗电磁辐射的安全系统评定方法、燃油安全距离等技术问题还有待突破。

9．电磁脉冲效应及其防护技术的未来发展

雷电及核爆炸都会产生电磁脉冲，尤其高空核爆炸产生的电磁能量可大量损坏敌方的指挥、控制、通信、情报系统，在军事上有很大价值，各国仍在大力加强核电磁脉冲的研究。因此，必须加强武器系统抗电磁脉冲技术的研究，以提高武器系统在电磁武器、高空核爆炸打击下的生存能力。

总之，高技术战争是处在复杂多变的电磁环境中的。电磁兼容是直接影响装备作战效能的重要因素，也是制约装备作战力发挥的关键技术。因此，开展战场电磁环境效应研究，加强装备电磁危害的防护，提高装备在未来战场的生命力，是装备电磁兼容技术未来发展的需求和方向。

1.2　实施电磁兼容的必要性

1.2.1　电磁干扰及其危害案例

电磁环境是存在于给定场所的所有电磁现象的总和（GB/T 4365 定义），由空间、时间、频谱三个要素组成。与气候环境（通常由温度、湿度和大气压等要素组成）、生态环境（通常由水、大气和食物等要素组成）等类似，是我们生活世界中不可或缺的客观组成部分。

随着现代科学技术的发展，各种电子电气设备已广泛应用于人们的日常生活、国民经济的各部门及国防建设中。电子电气设备不仅数量和种类不断增加，而且向小型化、数字化、高速化及网络化的方向快速发展。各种设备，如无线电和广播电视台、通信发射机、移动通信终端、雷达设备和导航设备，以及在工业、科学、医疗中大量使用的有意电磁发射设备等，在它们正常工作期间，都在辐射电磁能量。它们都是有意地将电磁能量辐射到环境中。另外，还有许多设备，如日常工作和生活中常用的汽车点火系统和工业中的控制装置等也发射电磁能量，虽然这并不是它们正常工作的基本任务，但是这些有意源和非有意源所产生的电磁能量就构成了我们生存空间的电磁环境。当这些电磁能量足够强时，就会干扰很多电子电气设备和系统的正常工作。电磁环境中的电磁干扰频谱很宽，可以覆盖0Hz～400GHz频率范围，电磁环境受到的污染已和水与空气受到的污染一样，正在引起人们极大的关注。

在电磁环境中，电磁干扰造成的危害是各种各样的，可能从最简单的令人烦恼的现象直至严重的灾难。有人将电磁干扰的危害程度分为灾难性的、非常危险的、中等危险的、严重的和使人烦恼的五个等级。下面列举一些电磁干扰可能造成的危害。

（1）干扰电视机的收看、收音机的收听。

（2）数字系统与数据传输过程中数据的丢失。

（3）设备、分系统或系统的正常工作被破坏。

（4）医疗电子设备（如医疗监护仪、心电起搏器等）的工作失常。

（5）自动化微处理器控制系统（如汽车的刹车系统、安全气囊系统）的工作失控。

（6）民航导航系统的工作失常。

（7）起爆装置的意外引爆。

（8）工业过程控制功能的失效。

此外，长期受到电磁辐射还将影响人体健康。当高频辐射大于一定限值时，会使人产生失眠、嗜睡等植物神经功能紊乱，以及脱发、白细胞下降、视力模糊、晶状体混浊、心电图改变等症状。

下面我们介绍几个电磁兼容故障及电磁危害的实际案例。

1. "宇宙神"导弹爆炸事件

1958年，美国在对"宇宙神"导弹试射时，导弹在起飞后数秒即发生爆炸，并造成发射台严重损坏。这是因为接地汇流条与连接面之间的连接件不够紧固而产生锈蚀，此锈蚀表面形成了非线性整流结(锈螺栓效应)，从而使指令接收机收到虚假指令信号而引起爆炸。

2. "丘比特"核导弹雷击事件

20世纪中期，美国在意大利部署了重量级的核导弹，第一代中程战略导弹SM-78"丘比特"导弹。弹头重1.5t，能够携带最大140万吨TNT当量的核弹。一枚携带核弹头的"丘比特"核导弹就能将方圆80km内的目标全部摧毁，爆炸点5km内便成了核爆的"死地"，几十年内寸草不生。尽管核导弹的威力巨大，但是那时的美国人对导弹的保存并不上心。美国在意大利部署的"丘比特"核导弹部队，其存放导弹的仓库甚至连避雷针都没有安装，据美国《战略之页》网站刊登的文章披露，在 1961 年半年的时间内该基地遭受了 4 次雷击，每次雷击都直接触发了核弹的电池，幸好没有引起爆炸。没有发生导弹爆炸事故是幸运的，但是不幸的是雷电还是导致了核导弹外壳破损，发生了轻微的核泄漏。直到第 4 次雷击事故发生后，美国人才装上了避雷针并进行了除去核污染的洗消作业。

3．"民兵 I 号"导弹飞行故障

1962 年，美国"民兵 I 号"导弹的遥测试验弹多次发射成功后，开始进行战斗弹状态的飞行试验，前两发导弹均遭遇失败。这两发导弹的故障现象相似，都是在 I 级发动机关机前炸毁的。炸毁时的高度一个为 7.6km，另一个为 21.8km。在炸毁前，两发导弹的制导计算机均受到脉冲干扰而失灵。经过分析，故障是由导弹飞行到一定高度时，在相互绝缘的弹头结构与弹体结构之间出现了静电放电，它产生的干扰脉冲破坏了计算机的正常工作而造成的。

4．"侦察兵"运载火箭飞行故障

1964 年，美国的"侦察兵"运载火箭发射后飞行正常，但在 II 级发动机点火后不久即炸毁。初步分析认为，由于指令自毁电路的级间连线与 II 级点火电路共用同一分离插头，点火电路及指令自毁电路由同一电池供电，而且共用负母线。当气压降低到一定值时，在级间分离插头的点火电路接点与自毁电路接点之间出现电弧放电，而且在热分离时，在插头护盖盖好之前，发动机火焰等离子体使电弧大为加速。这样形成的低电阻电离通道使 II 级自毁系统引爆。

5．"德尔它"运载火箭事故

1964 年，在美国肯尼迪角发射场，"德尔它"运载火箭的 III 级 X-248 发动机发生意外的点火事故。在塔尔萨城对"德尔它"运载火箭进行测试时，也发生过一起 III 级 X-248 发动机意外点火事故。分析结果表明，在美国肯尼迪角发射场的事故是由于操作罩在 III 级轨道观测卫星上的聚乙烯罩衣的裙边时，造成静电荷的重新分布，结果漏电流经过发动机的一个零件到达点火电爆管的壳体而引起误爆；在塔尔萨城发生的事故是由一个技术员戴着皮手套偶然摩擦发动机喷管的塑料隔板，使发动机点火电爆管引线上的感应静电荷引起误爆。

6．"大力神 III C"运载火箭故障

1967 年，美国"大力神 III C"运载火箭的 C-10 火箭在起飞 95s 后，飞行高度为 26km 时，制导计算机发生故障。C-14 火箭起飞 76s 后，飞行高度为 17km 时，制导计算机也发生了故障。经过分析，故障原因是制导计算机中采用了液体循环冷却方案，冷却液体在外部带有钢丝编织网套的聚四氟乙烯软管内流动。此软管是用经阳极化处理的铝支架分段固定的，钢丝编织网套的不少处因支架阳极化氧化层破裂而接地，但有几处未接地，当冷却液体流动时，钢丝编织网套没有接地的部分与火箭地之间产生电压，当火箭飞行高度增加，气压下降到一定值时，此电压产生的火花放电使计算机发生了故障。

7．"土星 V-阿波罗 12"运载火箭-载人飞船事件

1969 年 11 月 14 日上午，"土星 V-阿波罗 12"运载火箭-载人飞船发射后飞行正常，

起飞 36.5s 后，飞行高度为 1920m 时，火箭遭到雷击。起飞 52s 后，飞行高度为 4300m 时，火箭又遭到第二次雷击。这便是轰动一时的大型运载火箭-载人飞船在飞行中诱发雷击的事件。故障分析及试验研究的结果表明，此次事故是由火箭及其火箭发动机火焰所形成的导体（火箭与飞船共长 100m，火焰折合导电长度约 200m）在飞行中使云层至地面之间、云层至云层之间人为地诱发了雷电造成的。

8. "欧罗巴II"运载火箭故障

"欧罗巴II"运载火箭的第一发（代号 F-11）于 1971 年 11 月 5 日发射。火箭起飞后 105s，高度约 27km 时，制导计算机发生故障，姿态失控，约 1min 后，火箭炸毁。故障分析与模拟试验的结果表明，火箭在主动段飞行中产生了静电荷，这些电荷逐渐积累并储存于介质材料的表面。由于气动加热，介质材料温度升高，其电阻阻值相应减小。对于静电而言，介质材料便从绝缘体变为导体。这样，部分电荷便转移到相邻的未接地的金属体上。当飞行高度增加，气压下降到一定值时，即发生静电放电而引起计算机故障，从而导致飞行失败。

9. 英国"谢菲尔德号"导弹驱逐舰被击沉事件

1982 年 5 月，英国和阿根廷之间的马岛战争到了白热化的阶段，双方在海上的争夺战打得不可开交。阿根廷人利用超级军旗战斗机的一枚飞鱼导弹，击沉了英国人的"谢菲尔德号"导弹驱逐舰。号称为英国人的骄傲的"谢菲尔德号"导弹驱逐舰，本身是具备很强的雷达搜索与防御能力的，为何对飞鱼导弹的袭击毫无招架之力呢？这里面当然与超级军旗战斗机和飞鱼导弹超强的超低空掠海飞行性能有关，更与英国人主观上的判断失误、"谢菲尔德号"的设计缺陷有关。事故发生的原因是英国"谢菲尔德号"导弹驱逐舰由于雷达与通信网络相互干扰，不能同时工作，当"谢菲尔德号"导弹驱逐舰与英国本土通信时，恰遇阿根廷飞鱼导弹来袭，导致了舰毁人亡的惨剧。

10. 美国"民兵I"导弹系统故障

美国"民兵I"导弹系统按美军标 MIL-E-6051C 进行测试时，出现了一些由于大的瞬态过程引起的系统问题。比较典型的问题是接至喷管控制装置的大的启动电流（约为 1kA）产生了虚假状态显示。

11. 美国"土星I号"故障

美国在对"土星I号"SA-5 火箭进行发射前测试时，并未向火箭发出自毁指令，但自毁指令接收机却收到了自毁信号。这是由于对另外一个火箭发出的自毁信号与两个遥测通道的载频相混频，形成了与自毁指令接收机所需频率相同的信号。混频作用是由围绕火箭的金属框架与服务结构之间出现的"锈螺栓效应"造成的。

12. 美国"土星I号"S-I-3 级的干扰

美国对"土星I号"S-I-3 级进行自动发射程序测试时，在电缆网中出现了大的瞬态过程。此干扰电平使检测工作难以正常进行。经研究发现，此干扰是箭上发射机的射频能量经过解调及网络作用引起的。

13．雷击引起的浪涌电压

雷击引起的浪涌电压属于高能电磁能量，具有很大的破坏力。1976—1989 年，我国南京、茂名、秦皇岛等地的油库和武汉石化厂均因遭受雷击而引爆原油罐，造成惨剧。1992 年 6 月 22 日傍晚，雷电击中北京国家气象局，造成一定的破坏和损失。雷击有直接雷击和感应雷击两种，避雷针只能局部地防护直接雷击，对感应雷击则无能为力。对感应雷击需要采用电磁兼容防护措施。

14．医疗设备的失灵

1992 年，医务工作者在将一名心脏病人送往医院的途中，救护车上的监视器始终对病人进行观察。不幸的是，当一名医务工作者打开无线通话机请求帮助时，该机器就会关闭，结果这位病人去世了。分析表明，因为救护车的车顶已由金属材料改为玻璃钢，使得监视器单元暴露在车顶无线通话机收发天线特别高的电磁场内，受到了极强的干扰。这证明，汽车屏蔽效能的降低与强辐射信号的结合对此设备干扰极大。

15．飞机导航系统的故障

美国航空无线电委员会（Radio Technical Commission for Aeronautics，RTCA）曾在一份文件中提到，由于没有采取对电磁干扰的防护措施，一名旅客在飞机上使用调频收音机时，导航系统的指示偏离 10°以上，因此，1993 年美国西北航空公司曾发表公告，限制乘客在飞机上使用移动电话、便携计算机、调频收音机等，以免干扰导航系统。随着民航飞机载机电子装备的抗电磁干扰能力的增强，以及携带登机移动电话、便携计算机等产品工作时对外发射的电磁干扰得到有效控制，现阶段各国民航对乘客在飞行中使用的便携式电子产品管制有所放宽，但在飞机飞行过程中，特别是起飞和降落期间依然禁止拨打移动电话，且要求整个飞行期间移动电话保持飞行模式或关机状态。

16．可变速感应电动泵抽油站的电磁干扰

为了处理不断增长的北海石油矿藏，苏格兰建立了两个 6MW 可变速感应电动泵抽油站，其中一个在 Negherly，一个在 Balbeggie。2001 年 10 月 16 日这两个电动泵抽油站一投入运行，本地电站和电话局收到的投诉犹如洪水般涌来。从区域来看，投诉集中在距离这两个电动泵抽油站的高空供电线（33kV）12 英里（1 英里=1.6093 千米）以内的范围。距离供电线 4 英里的付费电话非常嘈杂，几乎不能使用。然而仅隔一条街道住户的电话却不受影响。其他征兆还有：电视帧同步丢失（屏幕滚动）、辉光放电电路振铃。尽管这两个电动泵抽油站的设计符合电力工业的 G5/3 谐波标准，但上述现象证实了这两个电动泵抽油站包含的更高次谐波，事实上可达 100 次（5kHz）。这个问题成为有些行业工作人员的一个共同头痛的问题。最终，该问题引起政府部门的注意，并决定做些 EMC 补救工作。尽管这样做极度困难，且电动泵抽油站停机的代价非常大，但最终还是完成了。

1.2.2　电磁环境及其干扰对装备及人员的影响

随着电子电气设备、计算机、雷达，以及通信、控制和射频电子技术的迅速发展，武

器装备的使用电磁环境愈来愈复杂。武器平台、系统、分系统和装备所处的电磁环境包含了数目众多的自然干扰源和人工干扰源。

自然干扰源包括银河系噪声、大气噪声、太阳噪声、沉积静电放电、雷电效应和媒质静电击穿效应。

人工干扰源包含了友方和敌方辐射源，其中包括有意和无意辐射源，以及如摩托噪声及互调产物的乱真发射。

有意辐射源包括但不限于分系统/设备的类型有通信、导航、气象、雷达、武器和电子战。

无意辐射源包括那些为了完成自己使命而使用、变换或产生非预期电磁能量的分系统和设备。所以，任何电子、电气、机电或光电设备都可能是无意辐射源。无意辐射源包含计算机及其外围设备、电视、照相机、微波炉、无线电设备、雷达接收机、供电电源（特别是开关电源）、频率转换器、发电机、摩托车和电子手动工具。

根据干扰对武器装备的影响特性，电磁环境中的这些干扰可分为雷电、静电、太阳及宇宙噪声、电磁干扰（Electro-Magnetic Interference，EMI）、核电磁脉冲（Nuclear Electromagnetic Pulse，NEMP）、电子对抗（Electronic Countermeasures，ECM）、电磁易损性（Electromagnetic Vulnerability，EMV）、电磁辐射危害等。

对于飞机、舰艇、导弹、通信系统、卫星、核武器等武器装备，不管是系统、分系统、设备、元器件，还是材料、工艺的设计、安装布局、工程管理和使用中的电磁兼容问题，都已经成为影响其功能的突出障碍。

实际情况表明，环境电磁干扰现象已造成导弹早爆、哑弹和偏离目标，通信电台通信距离缩短和噪声增大，导航误差，雷达虚警，应答机自激泄露密码，计算机误码，高度表及燃油量表误指示，炸弹投放失控，火工品误引爆，燃油引燃等。在使用时，系统或装备内部由电源切换、技术状态变换、继电器或步进电磁元件动作时所引起的瞬态干扰，也会对其制导计算机、稳定控制电子电路等敏感电路产生干扰而使之不能正常工作，甚至带来灾难性后果。因此，在国际上，对舰载、机载、星载及地面武器装备、弹药及其系统和平台对抗环境电磁干扰都有严格要求。

1. 电磁环境对装备及其系统效能的影响

电磁干扰影响装备的效能，主要包括如下。

（1）系统效能降低或失效，造成不能完成预定的任务。

（2）引起部件失效，降低装备可靠性。

（3）影响装备或元器件的工作寿命。

（4）影响装备的费效比。

（5）影响武器装备和人员的生存性和安全性。

（6）延误生产和使用。

具体影响分析如下。

1）对精度的影响

由于对电磁环境预计不当或 EMC 设计不当，系统内设备产生附加的电磁干扰和外部电磁干扰产生的电磁发射，因此系统内的关键设备、电路对电磁发射敏感，系统精度降低。例如，导航精度下降、雷达显示偏离、通信信噪比下降、灵敏度降低、制导控制失灵等。

2）对安全性的影响

现代武器装备经常暴露在高强度电磁能量的使用环境中，通信、导航、飞控及电子战应用大规模集成电路及其低工作电平的数字电子设备，具有极大的潜在危险。电磁干扰电平超过预定的敏感阈值或规定的安全系数，或者空间隔离、时间分隔、频率分隔措施不当，会造成对武器系统敏感电路的破坏，引起错误的显示或响应，电引爆装置误爆或哑弹，燃料引燃，以及对工作人员的过量辐射伤害或使其产生错误的反应。这一切均导致出现安全性问题。

3）对设计准则的影响

系统设计准则需要考虑最坏的电磁环境下的性能和结构设计。系统的设备选用、布局和安装，系统或设备工作状态选择，材料和工艺的设计等，都要考虑电磁兼容设计因素，因此会改变某些设计准则。复杂系统必须考虑各种电气和机械接口、界面，以及各类信息传输、结构、布局、技术状态控制、系统配置等。在考虑电磁兼容要求时，要权衡与其他分系统的功能特性是否相容，权衡整个系统的协调性。

在电路或功能设计中，往往追求高灵敏度、高速率、大功率的充分利用，而在考虑电磁兼容时，应考虑在保证必要功能实现的情况下的网络钝化、功能钝化、遁化（回避）处理、降额设计等，在确保性能的前提下降低电磁危害。

4）对可靠性的影响

电磁干扰可能使电子元器件永久性失效，敏感设备功能下降或产生故障。电磁干扰使设备失效率增加，系统完成规定功能的概率降低，缩短平均无故障间隔时间（Mean Time Between Failure，MTBF），增加维修时间和费用。在可靠性预计分析时要考虑电磁干扰引起的故障。

5）对质量保证的影响

要确认工程项目采用的所有 EMC 设计文件资料是适用的，要验证工程项目满足规范的要求或合同文件，EMC 设计文件的剪裁和更改需要符合规定的程序，要实施零部件合格产品控制大纲，要进行卖方控制、资料控制，实施预防措施，落实纠正措施，各阶段要进行 EMC 评审并通过阶段性 EMC 测试。

6）电磁兼容与电磁环境效应

系统和设备的功能必须考虑最坏的电磁环境，尤其是要考虑实战中可能面临的高功率射频电磁场及战场敌我交互的复杂电磁环境，要权衡改善装备对外发射的电磁能量及降低系统中敏感设备的敏感度。要考虑降低装备对人员和环境的电磁效应。

7）电磁兼容费效比的权衡

要权衡不同研制阶段的 EMC 设计和 EMI 抑制措施与费用关系。在产品设计的早期解决电磁干扰的技术措施所采取的途径多，且花费较少的成本；到产品生产后期再采取解决电磁干扰的技术措施，将受到各种情况的制约。并且，同样的技术措施，在产品生产后期采用时，将大大增加成本费用，使费效比增大，生产进程拖长，对项目的整体成本控制带来不利影响。

2．电磁干扰（EMI）及其影响

电磁干扰是指电磁能量中断、阻碍、降级或限制了电子电气设备的有效性能，包括有意产生电磁干扰，如一些类型的电子战；也有无意产生电磁干扰，如乱真发射或响应及互调产物等。

与电磁干扰有关的"敏感度"是指当电磁干扰存在时，设备完成其功能而不出现降级的能力。电磁干扰能够以空间辐射和传导发射的形式耦合。

必须控制单个设备和分系统的电磁干扰特性（发射和敏感度），以便高度可靠地确保这些设备和分系统能够在特定的安装条件下完成其设计功能，而没有与其他设备、分系统或外部的电磁环境相互作用产生的电磁影响。

由于一个系统中各设备的工作模式和频率不同，因此其电磁环境是复杂和多变的。同时，所安装的新设备或升级设备的配置也是持续变化的。更有可能的是，为一个武器平台研制的设备可能用于另一个武器平台。MIL-STD-461《军用设备和分系统电磁发射和敏感度要求与测量》是电磁干扰控制和试验需求的标准，形成了对分系统和设备进行电磁干扰特性评估的公共基础，我国的 GJB 151 标准是参考 MIL-STD-461 标准制定的。满足此类电磁干扰检测标准将为设备提供一个很高的可信度，表示相应设备能够适应在综合电磁环境中工作，并且将成本降至最低和将问题排查难度降到最低程度。

3．核爆炸电磁脉冲（NEMP）及其影响

核爆炸电磁脉冲是指核爆炸的非电离电磁辐射。核爆炸产生的电场和磁场能够感应进入电子电气系统或相关界面，从而产生损毁性的电流和电压；能够产生大范围覆盖在大气之上的核爆炸，其产生的电磁脉冲被称为高空核爆炸电磁脉冲（High altitude nuclear electromagnetic pulse，HEMP）。

在核冲突中，许多军事系统有可能暴露于核爆炸电磁脉冲中。在最主要的爆炸时间内，核爆炸合成电磁场的特点是高幅度、短持续时间、短上升时间的脉冲。根据爆炸的高度，划分了两种类型的核爆炸电磁脉冲：一种类型是在大气层之外，其核爆炸的位置位于大气层上层，并且能够覆盖很大的地理区域；另一种是在大气层之中，其核爆炸的位置位于低空，其电磁脉冲影响面积相对较小，但对覆盖范围内的武器装备的影响强度大幅度增强。

无论哪种情况，都将对许多电子电气设备的性能产生有害影响。美军标 MIL-STD-2169 描述了所预测的核爆炸电磁脉冲的波形。在 GJB 151B 和 GJB 1389B《系统电磁环境效应要求》中也提供了核爆炸电磁脉冲波形规范及检测要求。在这些标准中没有阐述由系统、分系统或设备（如电磁炸弹或电磁枪）所产生的不同级别的电磁环境。

4．电子对抗（ECM）

电子对抗是敌对双方利用电子电气设备或器材所进行的电磁斗争，是现代化战争中的一种重要手段。电子对抗是为削弱、破坏敌方电子设备的使用效能，保护己方电子设备正常发挥效能而采取的各种措施和行动的统称。

电子对抗的内容分为电子进攻和电子防御。通常把电子对抗侦查、电子干扰及反辐射

摧毁等电子对抗行动称为电子进攻，而把反侦查、反干扰、反摧毁等行动称为电子防御。

电子对抗装备是各种电磁斗争设备、器材的总称。电子对抗装备分类：按作战方式可分为电子侦察装备、电子干扰装备、电子防御装备和电子摧毁装备；按使用的装载平台可分为地面、机载、舰载、弹上和星载等电子对抗装备；按使用方式可分为固定式、移动式和投掷式电子对抗装备；按技术手段可分为雷达对抗装备、通信对抗装备和光电对抗装备等。

电子对抗技术：敌对双方进行电子斗争所使用的电子技术设备、器材，以及使用这些设备器材的方法和手段，统称为电子对抗技术。

电子对抗的重要性：取得军事优势的重要手段和保证；武器系统、军事目标生存和发展的必不可少的自卫武器。

在现代军事中，电子对抗可获取军事情报；破坏敌方作战指挥；保卫重要目标；保护自己电子设备正常工作。

5. 电磁易损性（EMV）

电磁易损性是指装备的一种电磁特性，指装备未能经受战场电磁环境效应导致其性能降级而不能完成特定任务的程度。假如一个装备由于长期或短暂地暴露在战场电磁环境中，其性能降低到满意的级别之下，就说这个装备易受攻击。装备在其整个寿命周期内，可能会遇到许多不同级别的电磁环境。许多危害现象不经常出现，但是，假如装备遇到的战场电磁环境与在实验室测试观察到的敏感度特征类似，它就可能出现性能降级，而不能在所面临的战场环境中完成特定的任务。

设备的电磁易损性分析通常需要确定实验室观察到的敏感度对实际操作性能的影响。对一个设备电磁易损性的分析结果能够为硬件改进、额外分析或试验的可能需要提供指南。

6. 电磁辐射的危害

假如不进行控制，电磁辐射将对操作人员、燃油和军械产生严重的危害。下面将讨论电磁辐射的危害（RADHAZ）。

1）电磁辐射对人员的危害

电磁辐射对人员的危害（HERP）是指当操作人员遭受足够强度的电磁场照射时，辐射会对其身体加热而产生潜在危害。

科学家致力于电磁辐射与生物体之间的相互作用的研究，迄今为止已有 30 多年了。他们将辐射电磁能量在生物体中的吸收、随之而来的生物物理和生物化学过程的直接相互作用定义为原始作用，将由原始作用引起的生物机体的结构和功能的变化定义为生物效应。在原始作用的部位产生的瞬间，生物效应可以引起进一步急性和慢性的间接变化。

经过大量科学实验发现，高功率密度一般大于 -10mW/cm^2，此时以明显的热效应为主。长时间接触高功率密度的辐射，可以造成机体损伤甚至死亡；短时间接触高功率密度的辐射，可以引起眼睛的损伤，易发生白内障。在低于 -1mW/cm^2 的低功率密度下，热效应不起主要作用。长时间接触低功率密度的辐射，动物的神经系统、造血系统、细胞免疫功能都会受到损害。另外，电磁辐射对遗传、生育等也会产生影响。

由于雷达和电子战系统的发射机通过天线输出功率很高，它们对人体的伤害是非常大的。由于修理、维护和测试设备操作人员的任务所需，更接近辐射单元，并且经受需要快速修复设备的压力，所以他们被过量辐射的危险系数更高。GJB 1389B 和 GJB 5313《电磁辐射暴露限值和测量方法》中定义了操作人员暴露于电磁环境中的安全防护电平。

2）电磁辐射对燃油的危害

电磁辐射对燃油的危害（FERF）是潜在的，当如燃油这样易挥发的可燃物受到足够强度的电磁场照射时，就会被点燃。要点燃燃油挥发物，除了大功率的电磁场照射，必须还有易燃的油气混合物。电磁辐射可以在金属物体上产生感应电流，电磁场的能量密度和作为接收天线导体的导电性能决定了电流的大小和在两个导体缝隙之间瞬间放电的大小。

系统的许多部分、加油车或静电接地导体等都能够起到接收天线的作用。导体相对于射频场波长的长度和电磁波的入射方向等主要因素决定了这些感应电流。预测和控制这些主要因素是可行的。危害的标准必须基于这样的假设：理想接收天线能够在不经意之间产生点火所需的放电缝隙。

将实际射频功率密度与已有的安全标准进行比较，就能够预测是否存在燃油危害及其范围。GJB 1389B 提出了控制电磁辐射对燃油危害的要求。

3）电磁辐射对军械的危害

关于电磁辐射对军械的危害（FERO）的问题，最早由英国人在 1932 年提出。美国早在 20 世纪 50 年代也已发现电磁辐射对军械危害的问题。美国海军特别重视 FERO 问题。为了提高舰船的战斗力，舰船上无线电电子设备成倍增加，但甲板的空间、面积有限，不可能像在陆地上那样用拉开距离的方法来隔离。此外，海军使用的无线电、雷达等的频带很宽，功率很大，加上舰船上层建筑及金属构件的不规则反射，使通信和雷达天线的近场分布复杂，电磁环境恶劣。于是，舰船上的武器就可能在强电磁场环境中储备、运输、安装和使用，因此，在舰船特殊的条件下，电磁辐射对军械的危害则需要特别关注。

当军械包含电子引线装置时，它就可能受到电磁环境的负面影响，也就存在电磁辐射对军械的危害。军械包含武器、火箭和炸弹等武器、引线装置自身、炸药、燃烧弹、易燃物、爆炸螺栓、电引爆弹药筒、破坏性设备、喷气式助推火箭等。现代发射机能够产生高功率密度的电磁环境，足以对军械构成危害。这些电磁环境的电平能够提前以非预期的方式引爆这些军械。

由爆炸分系统引线或电容耦合到附近辐射场的能量，从而产生足够高的射频功率，其场强幅度可以点燃军械；或者来自外部电磁环境的能量耦合进入电子引信装置而导致其失效。可能的恶果包括对安全的威胁和性能降级等。必须对每个电子引信装置进行分类，无论是无意点火危害安全的，还是能够引起性能降级的问题。

GJB 1389B 提出了避免电磁辐射对军械危害的要求。GJB 7504—2012《电磁辐射对军械危害试验方法》给出了检测方法，美军标 MIL-STD-1576 提供了在太空运载火箭中军械设备的使用和测试指南。

7. 雷电效应

雷电效应（Lightning）是指在大气层中两片云之间或云与大气之间产生的电子放电现

象。与雷电过程有关的电磁辐射在空中产生电场和磁场，它们能够耦合进入电子电气设备而感应出有害的电流和电压。

可将雷电效应分为两类：直接的物理效应和间接的电磁感应；两者可以出现在一个相同的部件中。

雷电引导的直接攻击，雷电的直接效应能够对系统结构和设备造成直接的物理损坏。这些雷电能够造成的后果包括断裂、弯曲、燃烧、汽化、硬件爆炸、强压冲击波和强电流产生的磁力。

电路耦合了与雷电瞬态电磁场相关的感应电流，雷电的间接效应是指系统中设备感应到的电流和电压。

GJB 1389B 包含雷电脉冲特性和附加的指南。例如，对一副天线的雷电冲击能够对天线造成物理损坏，并且给与天线连接的发射机和接收机传入有害电压。由电缆或导线感应的电流和电压可以对装备产生严重的电子冲击。

8. 沉积静电放电

沉积静电放电（P-Static）是由于空气、雾气、在空气中运动飞行器中的设备结构和元器件中空气粒子的运动，而产生静电电荷的积累，在其周围产生电场，因此随机媒质被击穿产生电子噪声。当运动中的系统遇到灰尘、雨、雪和冰时，就会积累静电电荷。

这种积累的静电电荷能够产生很高的电压，会对设备造成干扰，并且对操作人员造成有害的电子冲击。在飞行中这种现象可能会影响机组人员，当飞机着地后可能会影响地勤人员。由于电子电气设备配置密集、新型通信系统占用更宽的频带和复合材料的广泛应用，沉积静电放电应该受到特殊的关注。

9. 静电导致媒质击穿效应

电场使媒质材料中的束缚电荷产生微小位移，从而引起极化现象。如果电场很强，那么它将把电子完全拉离分子，引起分子结构中的永久性错位，将出现自由电荷，媒质材料将变成导体，还可能产生很大的电流。这种现象被称为媒质击穿。媒质材料所能承受（尚未被击穿）的最大电场强度，被称为这种材料的介质强度。

当两个物体之间静电场的场强超过媒质的介质强度时，就会出现媒质击穿现象。这种静电导致媒质击穿效应（ESD）是一种涉及静电荷局部转移、两个物体之间近区电磁场的耦合、接收电子的物体感应电流，以及带电物体和放电的电弧辐射电磁场等一系列的复杂过程。

在某些情况下，所有这些现象都可能损坏电气电子设备而发生故障，如集成电路、分立的半导体器件、厚膜电阻、混合电路和压电晶体管等都是这样的敏感器件。空气被击穿现象能够产生间歇式的故障、短暂的干扰和永久性的故障。当设备在工作时，通常会丢失信息或出现暂时性的干扰，就可能出现了间歇式的故障。在一些数字设备中出现媒质击穿现象后，如果没有明显的硬件损伤，那么对其重新排序并重新输入数据后，会自动恢复适当的功能。

通过人体或物体、静电场或高压瞬间放电，能够使电子零件产生过高的电压，从而导致灾难性的媒质击穿故障。像雷电能够对操作人员造成伤害一样，媒质击穿也能够对燃油和军械产生危险环境条件。

在油箱中燃油的晃动和流动都可能产生静电,而由此打火将导致燃油发生危险。在系统(如冷却液体或空气)中任何液体或气体的流动,能够同样摩擦积累电荷,而产生灾难性的后果。

媒质击穿的无意点火对军械是一种潜在的威胁。人们最关心通过军械引信装置上的电荷放电,因为这是用于炸药点火的装置。

在维修中,接触设备的工作人员和各种材料能够产生静电荷,特别是在非导体表面。这种静电荷对于操作人员及燃油安全构成了威胁,并且可能损伤电子设备。

GJB 1389B 和美军标 MIL-HDBK-263 阐述了相关需求和指南。美标 ANSI/ESD-S20.20 为减轻媒质击穿现象造成的危害而建立了媒质击穿控制机制。GJB 5309.14-2004 则规定了火工品静电放电试验方法。

综上所述,电磁干扰有可能使装备和系统的工作性能偏离预期的指标或使工作性能出现不希望的偏差,即工作性能发生了"降级",甚至可能使装备和系统失灵,或者导致寿命缩短,或者使装备和系统的性能发生不允许的永久性下降,严重时还可能摧毁装备和系统,而且将影响人体健康。因此,如何提高现代装备和系统在复杂的电磁环境中的生存能力,以确保装备和系统达到初始的设计目的,保证在共同的电磁环境中的各种装备相互兼容,就显得非常必要了。

第2章
电磁兼容名词术语和常用单位

2.1 电磁兼容的定义及研究领域

2.1.1 电磁兼容的定义

什么是"兼容"？一般来说，"兼容"描述了一种和谐的共存状态，在这个意义上，它广泛用于各种自然的和人造的系统中。"电磁兼容性"是指电子电气设备（分系统、系统）与所在位置周边的其他电子电气设备（分系统、系统）在电磁特性方面能和谐共存的一种状态。在国际上多用"Electromagnetic Compatibility（EMC）"一词来描述。从一门学科、一个领域、一个工业或技术的范围来讲，该词条应译为"电磁兼容"，以便反映整个领域，而不仅仅是一项技术指标。对于设备、分系统、系统的性能参数来说，应译为"电磁兼容性"。在工程实践中，人们往往不加区别地使用"电磁兼容"和"电磁兼容性"，且采用同一英文缩写"EMC"。

"电磁兼容"通常被定义为"电磁兼容是研究在有限的空间、有限的时间、有限的频谱资源条件下，各种用电设备（分系统、系统，广义的还包括生物体）可以共存并不致引起降级的一门科学"。

GB/T 4365—2003《电工术语 电磁兼容》对"电磁兼容"的定义为"设备或系统在其电磁环境中能正常工作且不对该环境中任何事物构成不能承受的电磁骚扰的能力"。GJB 72A—2002《电磁干扰与电磁兼容性术语》对"电磁兼容"的定义为"设备、分系统、系统在共同的电磁环境中能一起执行各自功能的共存状态。包括以下两个方面：设备、分系统、系统在预定的电磁环境中运行时，可按规定的安全裕度实现设计的工作性能且不因电磁干扰而受损或产生不可接受的降级；设备、分系统、系统在预定的电磁环境中正常地工作且不会给环境（或其他设备）带来不可接受的电磁干扰"。

在以上的各定义中，都涉及电磁环境这一概念。GJB 72A—2002 对"电磁环境"的定义为"存在于某场所的所有电磁现象的总和"。实际上，电磁环境是由空间、时间、频谱三个要素组成的，要解决电磁兼容问题，离不开空间、时间、频谱这三个要素。

对于上述的电磁兼容定义，无论文字如何表述，都反映了这样一个基本事实，即在共同的电磁环境中，任何合格的设备、分系统、系统都应该不受到自身无法承受的干扰影响，并且其发射的干扰不应超过环境中合格的设备所能承受的程度。此处所述的"共同的电磁环境"是指由有限的空间、有限的时间和有限的频谱条件构成的一个具体的电磁环境。

在频谱方面，现在由国际电联（ITU）已经规划的可以利用的无线电频谱范围为 10kHz～400GHz。若频率再低则进入声频，若频率再高则进入光波，任何一种无线电业务都离不开这一频谱范围。

为了使系统达到电磁兼容，必须以系统整体电磁环境为依据，要求每个用电设备不产生超过规定限度的电磁辐射，同时要求它具有一定的抗干扰能力。只有对每个设备进行这两方面的约束，才能保证系统电磁性能达到完全兼容。从电磁兼容的观点出发，除了要求设备（分系统、系统）能按设计要求完成其功能，还要求设备（分系统、系统）有一定的抗干扰能力，且不产生超过规定限度的电磁干扰。

2.1.2　电磁兼容的研究领域

1934 年，国际无线电干扰特别委员会（International Special Committee on Radio Interference，CISPR）在巴黎成立，标志着无线电干扰这一领域的诞生。在此阶段，无线电广播和无线电通信得到普遍应用，在无线电传输频率段，无线电接收设备接收到的信号非常微弱，极容易受到电磁干扰的影响，CISPR 的成立就是为了研究和解决对远距离无线电通信干扰的问题。1964 年，IEEE 学报的《射频干扰（Radio Frequency Interference，RFI）》分册改名为《电磁兼容（EMC）分册》，以此作为从无线电干扰向电磁兼容过渡的标志。1973 年，国际电工委员会（IEC）成立了第 77 分委会（IEC/TC77），即国际电磁兼容标准化技术委员会，标志着 EMC 研究已经从主要解决无线电干扰问题全面拓展到解决设备（分系统、系统）之间的电磁兼容问题。1997 年，美国发布了军用标准 MIL-STD-464-1997，将标准的名称从《系统电磁兼容要求》改为《系统电磁环境效应要求》，"电磁环境效应"（Electromagnetic Environmental Effects，E3）一词在系统级装备领域取代了"电磁兼容"，标志着又一个新阶段的开始，即电磁兼容的研究进一步向电磁环境效应研究拓展。目前，电磁兼容学科的科技工作者也进一步探讨电磁环境对人类及生物的危害，学科范围已不仅限于设备与设备间的问题，还进一步涉及人类自身，甚至更进一步拓展到整个生态环境，因此，一些国内外学者把电磁兼容学科称为"环境电磁学"。

电磁兼容学科包含的内容十分广泛，实用性很强。几乎所有的现代工业包括电力、通信、交通、航天、军工、计算机、医疗等都必须解决电磁兼容问题。电磁兼容学科涉及的理论基础包括数学、电磁场理论、天线与电波传播、电路理论、信号分析、通信理论、材料科学、生物医学等。电磁兼容学科是一门尖端的综合性学科，同时紧密地与工业生产、质量控制相联系。可以说，目前人类享受到高科技带给人们的各种效益，是同人类几十年来在电磁兼容方面所进行的努力密不可分的。与此同时，由于电能被越来越广泛地应用，许多电磁干扰问题仍在困惑着、制约着人们的生产与生活，电磁兼容问题将越来越复杂，电磁兼容的重要性也越来越受到人们的重视。

电磁兼容的研究是围绕构成电磁干扰的三要素（电磁干扰源、耦合途径和敏感设备）进行的，其研究内容包括电磁干扰产生的机理、电磁干扰源的发射特性和如何抑制电磁干扰源的发射；电磁干扰以何种方式通过什么途径耦合（或传输），以及如何切断电磁干扰的传输途径；敏感设备对电磁干扰产生何种响应，以及如何提高敏感设备的抗干扰能力。

从总体考虑，EMC 的研究内容涉及电磁干扰源的干扰特性、敏感设备的抗干扰性能、电磁干扰的传播特性、电磁兼容测量技术、电磁兼容相关标准的研究、电磁兼容设计技术、电磁兼容控制技术、电磁兼容分析与预测技术、TEMPEST 技术、电磁频谱管理技术、环境电磁脉冲及其防护技术等。

1．电磁干扰源的干扰特性研究

无论在任何条件下，只要 $\mathrm{d}i/\mathrm{d}t \neq 0$、$\mathrm{d}v/\mathrm{d}t \neq 0$ 时，都会产生电磁噪声。虽然电磁干扰不只包括电磁噪声，但电磁噪声占据了电磁干扰的主要部分。

对电磁干扰源的研究，在电磁兼容领域显得十分重要。因为从源头控制其电磁发射，所以可以从根本上解决问题。控制产品的电磁发射，首先必须了解电磁干扰源的特性和它的传播机理。

对于电子电气产品，应该采用各种干扰抑制技术，使产品的电磁发射低于标准的限值。为了抑制电磁干扰，对于电磁干扰源的研究，包括电磁干扰源的频域和时域特性，产生的机理，表征其特性的主要参数和抑制其发射强度的方法等。例如，根据干扰信号的频谱特性可以了解它是宽带干扰还是窄带干扰，根据干扰信号的时间特性可知其是连续波、间歇波，还是瞬态波，以便采取不同的措施加以抑制。因此，对电磁干扰特性及其传播理论的研究是电磁兼容学科最基本的任务之一。

2．敏感设备的抗干扰性能研究

在电磁兼容领域中，被干扰的设备或可能受电磁干扰影响的设备被称为敏感设备，或者在系统分析中被称为干扰接收器。如何提高敏感设备的抗干扰性能，是电磁兼容领域中的研究问题之一。

干扰接收器受到干扰后会出现性能降级，甚至会全部被损坏。表征抗干扰性能的指标是抗扰度或敏感度。干扰接收器根据研究层次不同可以是系统、分系统、设备、印制电路板和各种元器件，主要研究干扰接收器对电磁干扰的响应和如何提高其抗扰度。研究对象涉及通信、广播、导航、信息技术设备、遥控、遥测等领域。值得注意的是，某些干扰接收器同时是电磁干扰源，如计算机、通信、广播接收机等。

为了对敏感设备的抗干扰性能进行科学的评价，在测量抗扰度时必须对性能降低给予明确的判据。也就是说，给出在什么样的性能降低条件下的抗扰度电平为多少。对于不同的干扰接收器性能判据都存在差异。

3．电磁干扰的传输特性研究

从电磁干扰源到干扰接收器（被干扰对象）必须经过传输通道。电磁噪声的传输方式从大类来分，可分为传导发射（CE）与辐射发射（RE）。对于电磁干扰传输特性的研究，包括对传导电磁干扰传输特性和辐射电磁干扰传播特性的研究。

传导发射是指通过一个或多个导体（如电源线、信号线、控制线或其他金属体）传输电磁噪声能量的过程。从广义上来讲，传导发射还包括不同设备、不同电路使用公共地线或公共电源线所产生的公共阻抗耦合。

辐射发射是指以电磁波的形式通过空间传播电磁噪声能量的过程。辐射发射有时将感应现象包括在内,具体包括电场耦合、磁场耦合和电磁耦合,其区别主要在于传播距离与波长之间的关系。当两者之比较小时,传输方式为近场耦合;当两者之比较大时,传输方式为远场(交变电磁场)耦合。辐射发射主要涉及线与线、机壳与机壳、天线与天线之间的耦合或三者之间的交叉耦合。

传输特性的研究方法是根据电磁场理论建立数学模型。有时求解数学模型的解析解很难,因而电磁场的数值方法常被用来解决此类问题。当前,随着计算机的发展,数值方法应用越来越广泛。

电磁兼容领域传输特性研究的困难在于:第一,研究的频率范围很宽(如仅 9kHz～1000MHz 就覆盖 16 倍频程以上)。在某个关键的距离上,对于较高频率为远场,而对于较低频率为近场,所以电磁兼容传输的数学模型远场、近场需要同时考虑。第二,建模时必须将源(噪声的产生系统)与通道(噪声的传输系统)同时建立在一个模型中。第三,由于源的复杂性(源的频域、时域特性的复杂性和源"天线"的几何参数的复杂性)和在工程上的实用化,因此边界条件比较复杂,理想化有一定的难度。

4. 电磁兼容测量技术研究

电磁兼容测量技术研究包括测量设备、测量场所/场地、测量方法、数据处理方法和测量结果的评价等。

电磁兼容测量和试验研究是至关重要的,它贯穿于装备开发、检验、干扰诊断等阶段。由于电磁兼容问题的复杂性,理论上的结果往往与实际结果相距较远,因而电磁兼容测量显得更为重要。美国肯塔基大学的帕尔博士曾说过:"在判定最后结果方面,也许没有任何其他学科像电磁兼容那样更依赖测量。"

电磁干扰特性、电磁环境复杂、电磁干扰信号的频率带宽范围宽广、用电设备和系统电磁特性复杂,所有这些都迫使设备和系统的电磁兼容测量和试验项目复杂多样,从而对测量技术的研究提出了更大的挑战。

在电磁兼容试验中,由于电磁干扰源在频域与时域特性上的复杂性,为了各个国家、各个实验室在电磁发射测量结果之间具有可比性,必须详细规定测量仪器的各方面指标。对装备进行敏感度测量时,需要多种不同类型的模拟信号源及其装置来模拟产生传导和辐射干扰信号,因此推动了试验装置的研发,促进了测量和试验设备的自动化程度的日益提高,以及高精度的电磁干扰及电磁敏感度自动测量系统的研制、开发并应用于工程实践。这些都是电磁兼容学科研究的重要内容。

5. 电磁兼容相关标准的研究

电磁兼容标准、规范是电磁兼容设计、管理和试验的主要依据。

通过制定和实施电磁兼容标准与规范来指导装备的电磁兼容设计,控制装备的电磁发射和电磁敏感度,从而降低装备相互干扰的可能性。

电磁兼容标准规定的测试方法和限值要求必须合理,在保证装备电磁兼容性能的同时,应符合国家经济发展综合实力和工业发展水平，这样才能促进产品质量提高和技术进步，否则会造成人力、物力和时间的浪费。为此，制定标准和规范时必须进行大量的试验和数据分析研究。

为了保证装备在全寿命周期内有效而经济地实现电磁兼容要求，必须实施电磁兼容管理。电磁兼容管理标准的基本职能是对装备从立项、研发、生产、储存、列装、使用直至退役全寿命周期进行计划、组织、监督、控制和指导。电磁兼容管理涵盖研制、生产和使用过程中与电磁兼容有关的全部活动。因此，电磁兼容管理要有全面的计划，从工程管理的高层次抓起，建立工程管理协调网络和工作程序，确立各个研制阶段的电磁兼容目标，突出重点，加强评审，提高工作的有效性。

6. 电磁兼容设计技术研究

解决电磁兼容问题，应该从装备的开发阶段开始，并贯穿于整个产品（或系统）的生产、开发全过程。装备从设计到投产的过程中，可以分为设计、试制和投产三个阶段。若在产品设计的初始阶段解决电磁干扰问题，则投资最少，控制干扰的措施最容易实现。如果到产品投产后发现电磁干扰问题再去解决它，那么成本会大大上升。因此，费效比的综合分析是电磁兼容设计技术研究的一部分。

电磁兼容设计不同于设备和系统的功能设计，它往往是在功能设计方案基础上进行的。电磁兼容工程师必须和系统工程师密切配合，反复协调，把电磁兼容设计作为系统设计的一部分，达到电磁兼容系统设计的目的。

7. 电磁兼容控制技术研究

电磁兼容技术在不断发展。工程实践中被广泛采用的滤波、屏蔽、接地、搭接和合理布局等抑制电磁干扰的技术措施都是有效的。但是，随着设备和系统的集成化、数字化和信息处理的高速化，以上措施的采用往往会与成本、质量、功能要求产生矛盾，必须权衡利弊，研究出最合理的措施来满足电磁兼容要求。另外，新的导电材料、新的屏蔽材料和新的工艺方法的出现，使得电磁兼容控制技术不断向前发展，新的抑制电磁干扰的措施不断涌现，因此，电磁兼容控制技术始终是电磁兼容学科中最活跃的研究课题。

8. 电磁兼容分析与预测技术研究

欲解决电磁兼容问题，分别研究源、传播和被干扰对象是不够的。在一个系统之内或系统之间，电磁兼容的问题往往要复杂得多。例如，干扰源可能同时是敏感部件；传播的途径往往是多通道的；干扰源与敏感部件不止一个等。这就需要我们在设计过程中对系统内的或系统间的电磁兼容问题进行分析与预测。

对于装备而言，好的电磁兼容设计必须与电磁兼容分析与预测相结合，无论对于系统内或系统间的电磁兼容都是如此。分析与预测的关键在于数学模型的建立、对系统内和系统间电磁干扰的计算、分析程序的编制。数学模型包括根据实际电路、布线和参数建立起来的所有干扰源、传播途径与干扰接收器模型。分析程序应能分析所有干扰源通过各种可能传播途径对每个干扰接收器的影响，并判断这些综合影响的危害是否符合相应的标准与设计要求。

有人提出将建立于分析基础上的电磁兼容设计改变为建立在综合基础上的电磁兼容设计。也就是说，不再是根据干扰源与干扰接收器的参数去确定整体的电磁兼容，而是根据整体的电磁兼容指标去分配给各个干扰源与干扰接收器，从而提出源的发射要求与接收器的抗扰度要求。这方面的进展将对电磁兼容学科起到十分重要的促进作用。

电磁兼容分析和预测是进行合理的电磁兼容设计的基础。通过对电磁干扰的预测，能够对潜在的电磁干扰进行定量的估计和模拟，避免采取过度的抑制措施，造成浪费，同时可以避免设备和系统建成后才发现不兼容的难题。因为在设备和系统建成后再修改设计，重新调整布局，要花费很大的代价，有时也未必能够彻底解决不兼容问题。因此，在设备和系统设计的最初阶段就进行电磁兼容分析和预测是十分必要的。

电磁兼容分析和预测的方法是，采用计算机数字仿真技术，首先将各种电磁干扰特性、传输函数和电磁敏感度特性全部都用数学模型描述并编制成计算机程序，然后根据预测对象的具体状态运行预测程序，以便获得潜在的电磁干扰预测结果。这种预测方法在世界许多发达国家已普遍采用，实践证明它是行之有效的方法。

当前，已有很多公司推出了各种建模的商业化软件。这些软件所用的数学方法几乎包括了全部可用于电磁场数值计算的各种方法，得到的结果大多数以三维时域形式表示，也包括静电场、表面通道，以及串扰与传输线模型等，但关键问题在于仿真的精确性。由于电磁兼容问题的复杂性，难以保证分析系统内与系统间的问题达到非常高的精度，但预测误差过大又失去了实用意义。这需要投入大量的时间和精力对电磁兼容分析和仿真技术研究，通过研究不断提高分析、预测与仿真的精准度，使其更有实用价值。因此，研究预测数学模型、建立输入参数数据库、提高预测准确度等已成为电磁兼容学科关于预测和分析技术深入发展的基本内容。

9．TEMPEST 技术研究

随着科学技术的发展，计算机系统已广泛应用于机要信息的存储和数据处理。当计算机或其他机要电子设备工作时，机密信息可通过设备泄漏的电磁场以辐射方式发射出去，也可能通过电源线、地线、信号线等以传导方式耦合出去。在一定距离内，使用特定的设备便可以清晰、稳定地接收到这些机要设备所发射的机要信息的内容，造成信息技术设备所处理的机要信息严重泄漏。为了防止信息技术设备的电磁泄漏，对国防电子产品、机要电子信息设备，从研制、生产、测试、验收到监护，都要严格接受保密设计规范的指导，必须满足经国家安全部门确认的瞬态电磁脉冲监测技术要求，以防电磁信息泄漏，保证机要信息的安全保密。

如何解决信息技术设备的电磁泄漏问题，目前已成为一项专门技术，这项技术称为防电磁信息泄漏防护技术，即 TEMPEST（Transient Electromagnetic Pulse Emanation Surveillance Technology，瞬态电磁脉冲发射监测技术），也有国外技术资料将 TEMPEST 解释为"全面抑制杂散传输的电子机械保护措施（Total Electronic and Mechanical Protection against Emission of Spurious Transmissions）"。

TEMPEST 的任务是检测、评价和控制那些危及工作任务安全的信息技术设备的非功能性传导发射和辐射发射，以防窃听、泄密机要信息。GJB 1389B 标准也将防信息泄漏纳入系统级装备必须满足的要求。TEMPEST 技术和电磁兼容技术都是研究抑制电磁发射技术的措施，两者有许多共同点，都属于电磁兼容学科的研究范围，但是在有些方面这两者存在着本质上的差别，TEMPEST 技术与电磁兼容技术相比，控制电磁泄漏的技术和标准要求更高，需要投入专门的精力加以研究。

10．电磁频谱管理技术研究

人为的电磁污染已成为人类社会发展的一大公害。电磁能危害的主要表现为射频辐射、核电磁脉冲和静电放电对人体健康的危害，以及对电引爆装置和燃油系统的破坏，对电子元器件及其电路功能的损害。

在关注电磁能危害的同时，人们还清醒地认识到，人为的电磁频谱污染问题也已相当严重。电磁频谱是一种有限的自然资源，而被占用的频谱范围和数量日益扩张，同时频谱利用方法的进展远慢于频谱需求的增加，以致电磁兼容问题出现许多实施方面的困难，不得不由专门的国际电信联盟机构及国家的无线电频谱管理部门来加以管理。在中国境内，国家无线电管理委员会及军方无线电频谱管理机构负责分配和协调无线电频段。有效管理、保护和合理地利用电磁频谱也是电磁兼容学科研究的一项必要内容。

11．环境电磁脉冲及其防护技术研究

电磁脉冲（EMP）是十分严重的电磁干扰源。其频谱覆盖范围宽广，可以从甚低频到几百兆赫兹，电场强度可达 40kV/m 或更高；作用范围很广，可达数百万米。受电磁脉冲作用的架空天线、输电线、电缆线、各种屏蔽壳体都会被电磁脉冲感应，产生强大的射频脉冲电流。这种射频脉冲电流如果进入设备内部则将产生严重的电磁干扰，甚至使设备遭到严重破坏。电磁脉冲可对卫星、航天飞机、宇宙飞船、导弹武器、雷达、广播通信、电力和电子设备或系统造成严重影响，所以，电磁脉冲及其防护已成为近年电磁兼容学科的一个重要研究内容。

2.2 电磁兼容名词术语

为了使读者更好理解本书后文的技术内容及方便大家阅读和理解相关的电磁兼容基础理论、设计及测量方面的科技论文及著作，此处收集了与装备电磁兼容技术相关的名词术语的解释。此节所有的名词术语的解释均引用自相关的电磁兼容基础标准和技术文献。引用时，对其与电磁兼容无关的部分进行了适当删减，且为更好地聚焦于电磁兼容领域及服务于本书后文的应用进行了局部修订。

2.2.1 基本名词术语

1．系统

系统（System）是指执行或保障某项工作任务的若干设备、分系统、专职人员及技术的组合。一个完整的系统除包括有关的设施、设备、分系统、器材和辅助设备外，还包括

保障该系统在规定的环境中正常运行的操作人员。

释义：与军用电磁兼容领域不同的是，民用电磁兼容关注的多是单台设备，而对系统的关注度相对较低。因为普遍认为，如果一台设备自身的电磁兼容包括干扰和抗扰度两个方面，都能符合标准规定的限值要求的话，则其与所在环境就达到了电磁兼容的目的。另外，在民用电磁兼容领域一般不考虑设备的操作人员和特定环境中的其他人群。所以，从某种意义上来讲，出于生活、商业和工业环境中的电磁兼容问题影响相对较小的情况和技术成本控制的考量，人们把民用电磁兼容问题进行了相对简单的处理。

2．分系统

分系统（Subsystem）是指系统的一部分，它包含两个或两个以上的集成单元，可以单独设计、测试和维护，但不能完全执行系统的特定功能。每个分系统内的设备或装置在工作时可以彼此分开，安装在固定或移动的台站、运载工具或系统中。为了满足电磁兼容要求，以下均应看成分系统。

（1）作为独立整体行使功能的许多装置或设备的组合，但并不要求其中的任何一个设备或装置能独立工作。

（2）设计和集成为一个系统的主要分支，且完成一种功能的设备和装置。

释义：民用电磁兼容领域很少用到系统及分系统的概念。

3．设备

设备（Equipment）是指任何可作为一个完整单元，完成单一功能的电气、电子、机电装置或元件的集合。

4．电磁环境

电磁环境（Electromagnetic Environment）是指存在于某场所的所有电磁现象的总和。

释义：电磁环境通常与时间有关，对它的描述可能需要用统计的方法。

5．电磁环境效应

电磁环境效应（Electromagnetic Environment Effects）是指电磁环境对电子电气系统、设备、装置的运行能力的影响。它涵盖所有的电磁学科，包括电磁兼容、电磁干扰、电磁易损性、电磁脉冲、电子对抗、电磁辐射对武器装备和易挥发物质的危害，以及雷电和沉积静电（P-static）等自然效应。

释义：民用电磁兼容领域的"电磁环境效应"主要是指电磁能量对生物，特别是人类生理健康的影响。显然，此处这个概念的内涵要丰富得多。

6．运行环境

运行环境（Operational Environment）是指所有可能影响系统运行的条件和作用的总和。

释义：相对于民用电磁兼容领域，此处这个概念关注的因素较多，相应电磁环境条件也复杂严酷得多。

7. 降级

降级（Degradation）是指在电磁兼容或其他测试过程中，对规定的任何状态或参数出现超出容许范围的偏离。

注："降级"定义适用于临时或永久失效。

释义：此与民用电磁兼容领域的"降级"概念在本质上是一致的。

8. 降级准则

降级准则（Degradation Criteria）是指用来界定和评估故障，以及不可接受的或不希望有的响应的判据。

释义：此与民用电磁兼容领域中抗扰度测试的"判定准则"是一致的。

9. 电磁兼容

电磁兼容（Electromagnetic Compatibility，EMC）是指设备、分系统、系统在共同的电磁环境中能一起执行各自功能的共存状态。包括以下两个方面。

（1）设备、分系统、系统在预定的电磁环境中运行时，可按规定的安全裕度实现设计的工作性能，且不因电磁干扰而受损或产生不可接受的降级。

（2）设备、分系统、系统在规定的电磁环境中正常地工作且不会给环境（或其他设备）带来不可接受的电磁干扰。

释义：上述第一个方面谈的是"电磁敏感度"，第二个方面谈的是"电磁发射"。

10. 电磁兼容保证

电磁兼容保证（EMC Assurance）是指为确保产品的电磁兼容加固的有效性及适用性，在设计、改进、生产、安装时所进行的调查、测试、评估等活动及相关技术文件。电磁兼容保证是质量保证的一部分。

11. 电磁敏感性

电磁敏感性（Electromagnetic Susceptibility）是指设备、器件或系统因电磁干扰可能导致工作性能降级的特性。

（1）在电磁兼容领域中，还用到与该术语相关的另一术语——抗扰性（Immunity），它是指器件、设备、分系统或系统在电磁干扰存在的情况下性能不降级的能力。

（2）敏感度电平越小，敏感性越强，抗扰性越弱；抗扰度电平越大，抗扰性越强。

释义：可见，电磁敏感性与抗扰性是对同一现象从正反两方面的不同表征。

12. 敏感度门限

敏感度门限（Susceptibility Threshold）是指引起设备、分系统、系统呈现最小可识别的不希望有的响应或性能降级的干扰信号电平。测试时，将干扰信号电平置于检测门限之上，然后缓慢减小干扰信号电平，直至刚刚出现不希望有的响应或性能降级，即可确定该电平。

释义：此与民用电磁兼容领域的抗扰度电平一致。

13．瞬态

瞬态（Transient）是指满足下述条件之一的状态。

（1）由雷电、电磁脉冲（EMP）或开关动作所产生的单次电磁过程或短促的单个电压、电流、电场或磁场脉冲。

（2）由开关切换、继电器闭合或其他低重复率的循环操作所产生的电冲击，是随机出现的且具有较低的重复频率。

（3）在两个连续的相邻状态之间变化的物理量或物理现象，其变化时间远小于所关注的时间尺度。

14．电磁兼容大纲

电磁兼容大纲（Electromagnetic Compatibility Program）是指对保证一个系统或设备的电磁兼容所进行的系统化工作的描述。

15．电磁兼容控制计划

电磁兼容控制计划（Electromagnetic Compatibility Program Plan）是指对实现电磁兼容所进行的组织、管理和技术活动的描述。该计划包括进度表，以及目标与决定性判据的规范。

16．电磁兼容测试计划

电磁兼容测试计划（Electromagnetic Compatibility Test Plan）是指对电磁兼容大纲中每阶段测试要求的描述。

17．分系统及设备的关键性类别

分系统及设备的关键性类别（Subsystem And/Or Equipment Criticality Categories）是指所有安装在系统内的，或者与系统相关的分系统及设备均应划定为 EMC 关键类中的某一类。这些划分应基于电磁干扰可能造成的影响、故障率，或者对于指派任务的降级程度，可分为以下三类。

（1）I 类：这类电磁兼容问题可能导致寿命缩短、运载工具受损、任务中断、代价高昂的发射延迟或不可接受的系统效率下降。

（2）II 类：这类电磁兼容问题可能导致运载工具故障、系统效率下降，并导致任务无法完成。

（3）III 类：这类电磁兼容问题可能引起噪声、轻微不适或性能降级，但不会降低系统的预期有效性。

18．安全裕度

安全裕度（Safety Margins）是指敏感度门限与环境中的实际干扰信号电平之间的对数值之差，一般用分贝（dB）表示。

2.2.2　噪声与干扰

1．电磁噪声

电磁噪声（Electromagnetic Noise）是指与任何信号都无关的一种电磁现象。通常是脉动的和随机的，但也可能是周期的。

2．无线电噪声

无线电噪声（Radio Noise）是指射频频段内的电磁噪声。

3．传导无线电噪声

传导无线电噪声（Conducted Radio Noise）是指设备运行时，在电源线及互连线上产生的无线电噪声，它们可以用电压或电流的形式测量出来。

注：无线电噪声也可以由自然源引起，如闪电。

4．宽带无线电噪声

宽带无线电噪声（Broadband Radio Noise）是指频谱宽度与测量仪器的标称带宽可比拟、频谱分量非常靠近且均匀，以至测量仪器不能分辨的一种无线电噪声。

5．共模无线电噪声

共模无线电噪声（Common-Mode Radio Noise）是指在传输线的所有导线相对于公共地之间出现的射频传导干扰。它在所有导线上引起的干扰电位相对于公共地进行同相位变化。

6．差模无线电噪声

差模无线电噪声（Differential-Mode Radio Noise）是指引起传输线路中一根导线的电位相对于另一根导线的电位发生变化的射频传导干扰。

7．随机噪声

随机噪声（Random Noise）有下面两种定义。

（1）随机出现的、含有瞬态扰动的噪声。

（2）在给定的短时间内量值不可预见的噪声。

8．无用信号

无用信号（Unwanted Signal）是指对有用信号接收可能产生损害作用的信号。

9．电磁干扰

电磁干扰（Electromagnetic Interference）是指任何可能中断、阻碍，甚至降低、限制无线电通信或其他电子电气设备性能的传导或辐射的电磁能量。

释义：电磁干扰可以是电磁噪声、无用信号或有用信号，也可以传播媒介自身变化。

10．电磁干扰控制

电磁干扰控制（Electromagnetic Interference Control）是指对辐射和传导能量进行控制，

是设备、分系统或系统运行时尽量减少或降低的不必要发射。所有辐射和传导的电磁发射无论它们来源于设备、分系统或系统，都应加以控制，以避免引起不可接受的系统降级。若在控制敏感度的同时能成功地控制电磁干扰，则可以实现电磁兼容。

11. 窄带干扰

窄带干扰（Narrowband Interference）是指一种主要能量频谱落在测量设备或接收机通带之内的不希望有的发射。

12. 宽带干扰

宽带干扰（Broadband Interference）是指一种能量频谱分布相当宽的干扰。当测量接收机在正、负两个冲激脉冲宽带内调谐时，它所引起的接收机输出响应变化不超出 3dB。

13. 电磁脉冲

电磁脉冲（Electromagnetic Pulse，EMP）是指一种瞬态强电磁场。

释义：电磁脉冲通常是指发生在空中或地面的核爆炸所产生的瞬态强电磁场，以及其他源产生的瞬态强电磁场，如雷电、静电等。

14. 雷电电磁脉冲

雷电电磁脉冲（Lightning Electromagnetic Pulse）是指与雷电放电相关的电磁辐射，由它产生的电场和磁场可能与电力、电子系统耦合产生破坏性的电流浪涌和电压浪涌。

15. 核电磁脉冲

核电磁脉冲（Nuclear Electromagnetic Pulse，NEMP）是指核爆炸使得核设施或周围介质中存在光子散射，由此产生的康普顿反冲电子和光电子导致的电磁辐射。该电磁场可与电力、电子系统耦合产生破坏性的电压浪涌和电流浪涌。

16. 高空电磁脉冲

高空电磁脉冲（High Altitude Electromagnetic Pulse，HEMP）是指由大气外层的核爆炸所产生的电磁脉冲。

17. 浪涌

浪涌（Surge）是指沿线路或电路传播的电流、电压或功率的瞬态波。其特征是先快速上升后缓慢下降。通常由开关切换、雷电放电、核爆炸引起。

释义：民用电磁兼容领域中一般只考虑来源于开关切换、雷电放电引起的浪涌。

18. 猝发

猝发（Burst）是指一串数值有限的清晰脉冲或一个持续时间有限的振荡。

释义：在民用电磁兼容领域中称之为"脉冲群"。

19. 尖峰脉冲

尖峰脉冲（Spike）是指持续时间很短的单一方向的脉冲。

释义：在民用电磁兼容领域中已很少使用这个概念。

20．沉积静电和 P 静电

沉积静电和 P 静电（P-static）是指由于空气、潮雾、空气中的粒子与运动的飞行器（如航天飞机等）之间的电荷转移所形成的电势积累。

21．雷电直接效应

雷电直接效应（Lightning Direct Effects）是指当雷电电弧附着时，伴随产生的高温、高压冲击波和电磁能量对系统所造成的燃烧、熔蚀、爆炸、结构畸变和强度降低等效应。

22．雷电间接效应

雷电间接效应（Lightning Indirect Effects）是指当雷电放电时，伴随产生的强电磁脉冲感应引起的过电压或过电流对系统电子电气设备所造成的损坏和干扰。

2.2.3　天线与电波传播

1．平面波

在传播过程中满足以下特征的电磁波即平面波（Plane Wave）。

（1）空间的场矢量仅在波的传播方向上按照距离的指数规律变化，其等相位面是一簇平行平面。

（2）在任一位置上的电磁波波阵面都是平行平面，其法线始终指向波的传播方向。

2．功率密度

功率密度（Power Density）有下面两种定义。

（1）在空间某点上的坡印廷矢量的时间平均值。

（2）在垂直于电磁波传播方向的横截面内单位面积的发射功率。

注：计算功率密度应注意电磁场的近场区和远场区。在近场区，电场分量和磁场分量的关系依赖于场源性质、所在位置及周围感应体情况，且它们相位相差 90°。电磁场能量在径向进行往返振荡。在远场区，电场分量和磁场分量比值等于波阻抗，自由空间中该阻抗为 377Ω 且两分量在时间上同相位。

3．传输线

传输线（Transmission Line）是指为电能或电磁能构成连续通路的装置。典型的传输线是一对导线，形成一条从源到接收器的连续路径，从而引导（传导）电能或电磁能沿该路径传输。典型的传输线包括电话线、电源线、同轴线及计算机馈线等。

4．平衡传输线

平衡传输线（Balanced Transmission Line）是指一种包含两个导体的传输线，相对地面而言，在任意横截面上两导体的电压和电流幅度相等、相位相反。

5．各向同性天线

各向同性天线（Isotropic Antenna）是指在各方向上都等量辐射或接收所有极化能量的一种假想天线。各向同性天线是一个无损耗的点辐射源，可作为描述实际天线绝对增益的理论基准。

6．等效全向辐射功率

等效全向辐射功率（Equivalent Isotropically Radiated Power）有下面两种定义。

（1）在给定的方向上，发射天线的增益与该天线从发射机所获取的净功率的乘积。

（2）馈给天线的发射功率与该天线在给定方向上相对于各向同性天线的天线增益的乘积。

7．有效辐射功率

有效辐射功率（Effective Radiated Power）有下面两种定义。

（1）在给定方向上，半波偶极子天线的有效增益与输入功率的乘积。

（2）馈给天线的功率与给定方向上的天线相对增益的乘积。

8．近场区

近场区（Near-Field Regions）有下面两种定义。

（1）辐射近场区（Radiating）：在电抗性近场区和远场区之间的天线场区，在该场区辐射场起主要作用，电磁场在不同角度上的分布与离天线的距离有关。

注1：如果天线的最大口径尺寸不大于波长，那么该场区可能不存在。

注2：在无限远聚焦的天线上，辐射近场区有时被称为菲涅耳（Fresnel）区。

（2）电抗性近场区（Reactive）：紧邻天线的、以电抗性场区为主的天线场区。

注：对于很短的偶极子或等效的辐射体，电抗性场区的外边界通常取在距离天线表面 $\lambda/2\pi$ 处。

9．远场区

远场区（Far-Field Region）是指电磁场随角度的分布基本上是与天线距离无关的天线场区。

注1：在自由空间，如果天线最大口径 D 远大于波长 λ，那么远场区离天线的距离一般取大于 $2D^2/\lambda$。对于定向天线，这些公式主要用于确定沿主波束轴线方向所要求的远场距离，一般情况下，要求的距离将随着对主波束轴线偏离角的增大而减小。

注2：对于聚焦在无限远处的天线，远场区有时被称为夫琅禾费（Fraunhofer）区。

10．雷达截面

雷达截面（Radar Cross Section）是对雷达目标散射强度的度量，以希腊字母 σ 表示，单位为平方米。具体定义：在特定方向上，单位立体角内的散射功率与单位面积上入射到散射体的平面波功率之比，再乘以 4π。

11．电离层散射

电离层散射（Ionospheric Scatter）是指由于电离层物理特性的不规则和不连续而导致无

线电波散射的一种传播模式。

12．对流层散射

对流层散射（Tropospheric Scatter）是指由于对流层物理特性的不规则和不连续而导致无线电波散射的一种传播模式。

13．无意辐射装置

无意辐射装置（Incidental Radiation Device）是指在工作过程中伴随产生射频能量的装置，这种能量辐射并非设计本意。

14．辐射受限装置

辐射受限装置（Restricted Radiation Device）是指设计用于产生射频能量的装置，射频能量沿导线传导或辐射。此定义不包括未经许可的装置和工、科、医设备。

2.2.4　发射与响应

1．发射

发射（Emission）是指以辐射及传导的形式从源传播出去的电磁能量。
释义：民用电磁兼容领域中常用"干扰（Disturbance）"来表述。

2．宽带干扰，宽带发射

宽带干扰（Broadband Interference），宽带发射（Broadband Emission）是指带宽大于干扰测量仪或接收机标准带宽的发射。

3．窄带干扰，窄带发射

窄带干扰（Narrowband Interference），窄带发射（Narrowband Emission）是指带宽小于干扰测量仪或接收机标准带宽的发射。

4．冲激脉冲发射

冲激脉冲发射（Impulse Emission）是指具有恒定时间间隔的瞬态扰动所产生的发射。

5．冲激脉冲噪声

冲激脉冲噪声（Impulsive Noise）是指呈现在干扰测量仪上的一系列清晰的脉冲或瞬态噪声。

6．电磁干扰发射

电磁干扰发射（Electromagnetic Interference Emission）是指任何可导致系统或分系统性能降级的传导或辐射发射。

7．乱真发射

乱真发射（Spurious Emission）是指任何在必须发射带宽以外的一个或几个频率上的电

磁发射。这种发射电平降低时不会影响相应信息的传输。乱真发射包括寄生发射和互调制的产物，但不包括在调制过程中产生的、传输信息所必需的紧邻工作带宽的发射。谐波分量有时候也被认为是乱真发射。

8．谐波发射

谐波发射（Harmonic Emission）是指由发射机或本机振荡器发出的，频率是载波频率整数倍的电磁辐射，它不是信息信号的组成部分。

释义：不同于民用电磁兼容领域中的设备电源端谐波电流。

9．寄生振荡

寄生振荡（Parasitic Oscillation）是指产生于设备内的不希望有的振荡，其频率与工作频率及所需要的振荡频率两者均无关系。

10．寄生发射

寄生发射（Parasitic Emission）是指发射机发出的由电路中不希望有的寄生振荡引起的一种电磁辐射。它既不是信号的组成部分，也不是载波的谐波。

11．带外发射

带外发射（Out-of-band Emission）有下面两种定义。

（1）在规定频率范围之外的一个或多个频率上的发射。

（2）由调制过程引起的、紧靠必需带宽之外的一个或多个频率上的发射，但不包括乱真发射。

12．发射频谱

发射频谱（Emission Spectrum）是指发射信号中各分量的幅度（或相角）随频率的变化情况。

13．发射控制

发射控制（Emission Control）有选择性地控制所发射的电磁能量或声频能量，其目的有以下两个方面。

（1）使敌方对发射信号的探测和对已获取信息的利用程度减至最小。

（2）改善友方感受器的性能。

14．串扰

串扰（Crosstalk）是指通过与其他传输线路的电场（容性）或磁场（感性）耦合，在自身传输线路中引入的一种不希望有的信号扰动。

15．串扰耦合

串扰耦合有下面两种定义。

（1）对于从一个信道传输到另一个信道的干扰功率的度量。

（2）存在于两个或多个不同信道之间、电路组件或元件之间的不希望有的信号耦合。

16．连续波

连续波（Continuous Wave）是指在稳态条件下，瞬时幅度按正弦变化而频率保持不变的电磁波。

17．互调制

互调制（Intermodulation）是指两个或多个输入信号在非线性元件中混频，在这些输入信号或它们的谐波之间的和值或差值频率点上产生新的信号分量。这种非线性元件可以是设备、分系统或系统内部的，也可以是某些外部装置的。

18．交叉调制

交叉调制（Cross-Modulation）有下面两种定义。
（1）由不希望有的信号对有用信号载波进行调制，它是互调制的一种。
（2）由非线性设备、电网络或传输媒体中信号的相互作用而产生的一类不希望有的信号对有用信号载波进行调制。

19．不希望有的响应

不希望有的响应（Undesirable Response）是指与标准参考输出的偏差超过设备技术要求中容差规定的一种响应。

20．乱真响应

乱真响应（Spurious Response）是指电传感器或设备中除了预期响应的任何不希望有的响应。

21．镜像频率

镜像频率（Image Frequency）是适用于外差式变频器的一个术语，它是指与有用信号频率相差两倍中频，且以本振频率为中心镜像对称的不希望有的频率。镜像频率通过差拍也能产生一个乱真的输出信号。

22．镜频响应

镜频响应（Image Response）是指超外差接收机对镜像频率的乱真响应。

23．镜频抑制

镜频抑制（Image Rejection）是指超外差接收机对镜像频率的乱真响应与该接收机对所需信号频率响应的比值，通常用分贝（dB）表示。

24．泄密发射

泄密发射（Compromising Emanations）是指保密信息处理系统产生的、承载保密信息的无意发射信号。如果这些信号被截获和分析，那么将会泄露该系统处理的安全信息。
　　释义：泄密发射是信息安全保密领域（Transient Electromagnetic Pulse Emanation Surveillance Technology，TEMPEST）研究的一个重要方面。

2.2.5 干扰抑制和电磁兼容

1. 抑制

抑制（Suppression）是指通过滤波、接地、搭接、屏蔽和吸收，或者这些技术的组合，以减少或消除不希望有的发射。

2. 屏蔽

屏蔽（Shield）是指能隔离电磁环境、显著减小在其一边的电场或磁场对另一边的设备或电路影响的一种装置或措施，如屏蔽盒、屏蔽室、屏蔽笼或其他导电物体。

3. 屏蔽效能

屏蔽效能（Shielding Effectiveness）是指对屏蔽体隔离或限制电磁波的能力的度量。通常表示为入射波与透射波的幅度之比，用分贝（dB）表示。

4. 波导截止频率

在理想的无损耗波导中，对给定传输模式，传播常数为零的频率点即波导截止频率（Waveguide Cutoff Frequency）。

注：对于理想化的、壁面电导率无限大的波导，频率低于截止频率时，沿波导的传输突然停止。对于实际有损耗、壁面电导率有限的波导，波导中的传输并不在截止频率上突然停止，而是有一个频率过渡范围。在此范围内，随着频率的降低，传输衰减值将迅速增加。

5. 吸波材料

吸波材料（Absorber）是指当其与电磁波相互作用时，能引起电磁波能量不可逆转地向另一种能量（通常为热能）转换的一种材料。

6. 吸收性能

吸收性能（Absorber Performance）是指吸波材料所吸收的能量与投射到吸波材料表面的辐射能量之比。

7. 接地

接地（Grounding）是指通常包括以下两种情况。

（1）将设备外壳、框架或底座搭接到主体或运载工具结构件上，以保证它们等电位。

（2）将电路或设备连接到大地，或者与大地等效的尺寸较大的导体上。

8. 接地平板

接地平板（Ground Plane）是指用作电回路和电气或信号电位公共参考点的导电表面或平板，兼有反射电磁波功能。

9. 等电位接地平板

等电位接地平板（Equipotential Ground Plane）是指一种适用于高频，使公共阻抗耦合减至最小的参考地配置。通常由导电格栅、导电板、导电块或多种导体材料组合。当它们搭接在一起时，能够为电流提供一个阻抗可被忽略的低阻抗通道。

10．多点接地

多点接地（Multipoint Ground）是指将电路、屏蔽盒、屏蔽室在多个位置与等电位参考地（如接地平板）进行接地处理的一种方案，它适用于高频，以使公共阻抗耦合减至最小。

11．单点接地

单点接地（Single-point Ground）是指每个电路或屏蔽体仅有一个物理接地点的接地方案。对一个给定的系统或分系统，理想的情况是只在同一点接地，这种方法可防止由于电流流过接地电阻而在单元电路地与系统之间产生不希望的电位差。

12．搭接

搭接（Bond）有下面两种定义。
（1）在两导电表面之间提供低阻抗路径的电气连接。
（2）在被连接导电表面之间实现所要求的电气连续性的工艺方法。

13．等电位搭接

等电位搭接（Equipotential Bonding）是指将各种裸露的导电零部件与外围导电零部件实施电气连接，以实现它们之间的等电位。

14．设施接地系统

设施接地系统（Facility Ground System）是指导体和导电单元之间的电气互联系统，它提供多条对地的电流通路。设施接地系统包括大地电极分系统、雷电保护分系统、信号参考分系统、故障保护分系统，以及建筑物构件、设备的机架、机柜、导管、接线盒、电缆管道、通风管道、水管和其他通常不载流的金属构件等。

15．信号参考分系统

信号参考分系统（Signal Reference Subsystem）是指为通信电子设备提供共同的参考点或参考面，以使各设备之间的电位差尽可能小的分系统。信号参考分系统可以是多点、单点接地系统或等电位接地平板。

16．电磁辐射危害

电磁辐射危害（Electromagnetic Radiation Hazard）是指当人体、设备、军械或燃料暴露于有一定危险程度的电磁辐射环境中时，电磁能量密度足以导致打火、挥发性易燃品的燃烧、有害的人体生物效应、电引爆装置的误触发、安全关键电路的故障或逐步降级等危险。

17．电磁辐射对燃料的危害

电磁辐射对燃料的危害（Hazards of Electromagnetic Radiation to Fuel）是指电磁辐射引起火花而点燃易燃、易挥发物品（如飞机燃油）的潜在危险。

18．电磁辐射对人体的危害

电磁辐射对人体的危害（Hazards of Electromagnetic Radiation to Personnel）是指电磁辐射对人体产生有害生物效应的潜在危险。

19．电磁辐射对军械的危害

电磁辐射对军械的危害（Hazards of Electromagnetic Radiation to Ordnance）是指电磁辐射对弹药或对电引爆装置产生有害影响的潜在危险。

20．电引爆分系统

电引爆分系统（Electroexplosive Subsystem）是指控制、监视、引爆某火工品或某一火药仓所必需的全部组件。

21．电磁兼容加固

电磁兼容加固（EMC Harden）是指为了降低设备、系统或设施对电磁环境效应的敏感性所采取的措施。

2.2.6　电磁环境

1．自身电磁环境

自身电磁环境（Electromagnetic Environments Generated by System-self）是指武器装备在正常工作时自身产生的电磁环境。

2．背景电磁环境

背景电磁环境（Background Electromagnetic Environments）是指武器装备在既定工作环境中遂行规定任务时，可能遇到的非敌方电子战方式产生的各种传导和辐射型电磁发射环境。

3．威胁电磁环境

威胁电磁环境（EW Electromagnetic Environments）是指敌方在特定时间和预定地域，以电子战方式产生的各种辐射型电磁发射环境。

4．瞬态电磁环境

瞬态电磁环境（Instantaneous Electromagnetic Environments）是指由雷电、静电和沉积静电等产生的电磁环境。

5．电磁环境适应性

电磁环境适应性（Electromagnetic Environmental Adaptability）是指装备在其全寿命周期内预计可能遇到的各种电磁环境下，能实现其所有预定功能、性能和（或）不被破坏的能力。

6．复杂电磁环境

复杂电磁环境（Complex Electromagnetic Environment）主要是指在一定的作战时空内，人为电磁发射和多种电磁现象的总和。构成复杂电磁环境的主要因素有敌、我双方的电子对抗，各种武器装备所释放的高密度、高强度、多频谱的电磁波，民用电磁设备的辐射和自然界产生的电磁波等。信息化战争多是从电磁场拉开序幕的。实施宽频域、多样式、多层次的电子干扰，是夺取制电磁权的基本手段。

7．战场电磁环境

战场电磁环境（Battlefield Electromagnetic Environment）是指在一定的战场空间内对作战有影响的电磁活动和现象的总和，即在一定的战场空间内，由空域、时域、频域、能量上分布的数量繁多、样式复杂、密集重叠、动态交迭的电磁信号构成的电磁环境。

战场电磁环境不仅是战场上通信、雷达、计算机、光电设备的信号环境，还是电子对抗的信号环境。由于电子信息化设备的普及和使用，现代战场上电磁辐射源及电磁信号变得高度密集，电磁辐射源多样、电磁辐射信号种类繁多，因此电磁环境趋于复杂。此外，还有民用广播、电视、通信及雷达形成的电磁环境，都可能对战场电磁环境产生重要影响。

8．电磁环境电平

电磁环境电平（Electromagnetic Ambient Level）是指在规定的测试地点和测试时间内，当试验样品尚未通电时，已存在的辐射和传导的信号及噪声电平。电磁环境电平是由人为及自然的电磁能量共同形成的。

9．电磁易损性

电磁易损性（Electromagnetic Vulnerability）是指系统、设备或装置在电磁干扰影响下性能降级或不能完成规定任务的特性。

10．电磁频谱特性

电磁频谱特性（Electromagnetic Spectrum Characteristics）是指用频装备自身的频谱特性及相互之间的频谱兼容特性。用频装备自身的频谱特性主要包括射频发射系统的发射频谱特性、接收系统的接收频谱特性；用频装备相互之间的频谱兼容特性是指不同用频装备同时共用频谱资源并完成各自任务的特性。

11．射频电磁危害

射频电磁危害（Hazards of Electromagnetic Radiation）是指射频频段电磁波对军械、人员、燃油、存在电磁易损性的武器装备等产生的危害。

12．频谱兼容性

频谱兼容性（Spectrum Compatibility）是指按照国家、军队电磁频谱管理法规和要求，用频系统在所处的电磁环境中正常工作时，不因从射频通路耦合的电磁干扰而发生性能降级，不会对环境产生电磁干扰。

13．高功率微波

高功率微波（High Power Microwave）是指频率范围为 300MHz～300GHz、脉冲功率在 100MW 以上（一般大于 1GW）或平均功率大于 1MW 的强电磁辐射。

14．二次电子倍增

二次电子倍增（Multipaction）是指在高真空环境中，射频场使自由电子加速引起自由电子与腔体壁面碰撞而产生二次电子，因此二次电子被加速后又产生更多的电子，二次电子数量呈现持续性的、指数增长的累积，引发的持续自激放电现象。

15．电磁兼容故障

电磁兼容故障（EMC Malfunction）是由于电磁干扰或敏感性，系统或相关的分系统及设备失效。它可导致系统损坏、人员受伤、性能降级或系统有效性发生不允许的永久性降低。

16．自兼容性

自兼容性（Self-Compatibility）是指当其中所有的部件或装置以各自的设计水平或性能协同工作时，设备或分系统的工作性能不会降级也不会出现故障的状态。

17．系统间的电磁兼容

系统间的电磁兼容（Intersystem Electromagnetic Compatibility）是指任何系统不因其他系统中的电磁干扰源而产生明显降级的状态。

18．系统内的电磁兼容

系统内的电磁兼容（Intrasystem Electromagnetic Compatibility）是指系统内部的各个部分不会因本系统内其他电磁干扰源而产生明显降级的状态。

2.3　电磁兼容测量中常用单位

在电磁兼容测量中常用不同的量纲，单位也不尽相同。

电学领域中测量量的量程范围也很宽，如高功率微波的瞬态发射功率可高达 GW 级，而远距离无线接收时接收端的天线输入功率可能低至 pW 级。若用线性单位表示，则统计和数据处理非常容易出错；测量时，测量仪器也无法达到这么大的动态范围。

电磁兼容测量通常在频域进行，测量时测量曲线的 X 轴通常是对数坐标表示的频率，若所测量的量值，如功率、电压、电流、电场强度、磁场强度等，对应的 Y 轴用线性坐标表示，对应的限值及测量值难以线性化，则绘点表示比较困难。若 Y 轴的测量量也用对数值表示，则线性化处理起来就方便多了。

各类电学计算公式以乘除为主，在计算机还没有被发明出来之前，早期的电学计算是靠人工进行的，对不背九九乘法表的西方人来说，两位及以上数据的乘除计算会耗费海量计算人工，当时西方人主要靠计算尺和查表等方式解决，但也是非常不方便的。若这些量值使用对数单位，则可以将乘除计算直接转化为加减运算，计算难度就大大降低了。

除了电学领域会使用对数单位分贝，在声学和光学领域也会使用对数单位分贝，一方面是因为若用线性单位表示，则其量程范围很宽，另一方面是人耳对声音的感受及人眼对光线的感受也是对数线性的：声光很微弱时，人耳及人眼会很敏感；声光很强烈时，人耳及人眼会对其变化量感受比较迟钝。

2.3.1　功率

功率的基本单位为瓦（W），即焦耳/秒（J/s）。为了表示宽的量程范围，常常引用两个相同量比值的常用对数，以贝尔（B）为单位，即

$$P_{\mathrm{B}} = \lg\left(P_2 / P_1\right) \tag{2-1}$$

但贝尔是个较大的值，无法较好地体现出数值之间小的差异和变化，通常不会直接使用贝尔作为单位。为了使用方便，同时能较好地体现量值的差异和变化，通常采用贝尔的1/10，即以分贝（dB）为单位，则

$$P_{\mathrm{dB}} = 10\lg\left(P_2 / P_1\right) \tag{2-2}$$

式中，P_2 与 P_1 应采用相同的单位。应该明确 dB 仅为两个量的比值，是无量纲的。

随着 dB 表示公式中的参考量的单位不同，dB 在形式上也可带有某种量纲。例如，P_1 为1W，P_2/P_1 是相对于 1W 的比值，即以 1W 为 0dB。此时，以带有功率量纲的 dB 表示 P_2，则

$$P_{\mathrm{dBW}} = 10\lg\left(P_{\mathrm{W}} / 1\mathrm{W}\right) \tag{2-3}$$

若以 1mW 为 0dB，则此时的 P_2 也应以 mW 为单位，则

$$P_{\mathrm{dBm}} = 10\lg\left(P_{\mathrm{mW}} / 1\mathrm{mW}\right) \tag{2-4}$$

dBmW 通常简写为 dBm，显然 0dBm = −30dBW。

频谱分析仪常以分贝毫瓦（dBm）表示其输入电平。

2.3.2　电压

对于纯阻性负载：

$$P = V^2 / R \tag{2-5}$$

式中，P ——功率，单位为 W；

V ——降在电阻 R 上的电压，单位为 V；

R ——电阻阻值，单位为 Ω。

若以分贝（dB）表示，则式（2-5）可写为

$$P_{\mathrm{dB}} = 10\lg\left(P_2 / P_1\right) = 10\lg\left[\left(V_2^2 / R_2\right) / \left(V_1^2 / R_1\right)\right] = 20\lg\left(V_2 / V_1\right) - 10\lg\left(R_2 / R_1\right) \tag{2-6}$$

式中，右端的第一项即电压的分贝值。在电磁兼容领域，电压常用 μV 为单位。此时，若 $V_1 = 1\mu V$，即 dBμ 以 1μV 为 0dB（dBμV 通常省略为 dBμ），则

$$V_{\mathrm{dB\mu}} = 20\lg\left(V_2 / V_1\right) = 20\lg\left(V_{\mu V} / 1\mu V\right) \tag{2-7}$$

式中，$V_{\mu V}$ ——以 μV 为单位的电压值。

显然：

$$0\text{dB}\mu = -120\text{dBV} \tag{2-8}$$

dBµ 与 dBm 之间的关系：

$$P_{\text{dBm}} - 30 = V_{\text{dB}\mu} - 120 - 10\lg\left(R_{\Omega} / 1\Omega\right) \tag{2-9}$$

式中，R ——以 Ω 为单位的电阻阻值。对于 50Ω 的系统：

$$P_{\text{dBm}} = V_{\text{dB}\mu} - 120 - 16.99 + 30 \approx V_{\text{dB}\mu} - 107\text{dB} \tag{2-10}$$

2.3.3 电流

电流常以 dBµA 为单位，即

$$I_{\text{dB}\mu\text{A}} = 20\lg\left(I_{\mu\text{A}} / 1\mu\text{A}\right) \tag{2-11}$$

式中，$I_{\mu\text{A}}$——以 µA 为单位的电流。

2.3.4 磁场强度与电场强度

$$H_{\text{A/m}} = E_{\text{V/m}} / Z_{\Omega} \tag{2-12}$$

$$H_{\mu\text{A/m}} = E_{\mu\text{V/m}} / Z_{\Omega} \tag{2-13}$$

当 $Z = Z_0 = 120\pi$ 时，写为分贝形式：

$$H_{\text{dB}(\mu\text{A/m})} = E_{\text{dB}(\mu\text{V/m})} - 51.5\text{dB} \tag{2-14}$$

2.3.5 功率密度与电场强度

有时用空间的功率密度 S 表示电磁场强度，尤其是在微波波段。因为在微波波段，测量功率比测量电压容易，而且具有实际意义。功率密度的基本单位为 W/m²。常用的单位为 mW/cm² 或 µW/cm²。它们之间的关系为

$$S_{\text{W/m}^2} = 10 S_{\text{mW/cm}^2} = 0.01 S_{\mu\text{W/cm}^2} \tag{2-15}$$

除需要进行场强换算外，一般功率密度不再转换为分贝形式。如果需要转换时，则

$$S_{\text{dB}(\text{W/m}^2)} = S_{\text{dB}(\text{mW/cm}^2)} + 10\text{dB} = S_{\text{dB}(\mu\text{W/cm}^2)} - 20\text{dB} \tag{2-16}$$

Z_0 为自由空间波阻抗：$Z_0 = 120\pi \approx 377\Omega$。在自由空间，功率密度 S 与电场强度 E 的关系为

$$S = E^2 / Z_0 \tag{2-17}$$

$$S_{\text{W/m}^2} = \left(E_{\text{V/m}}\right)^2 / 120\pi \tag{2-18}$$

$$S_{\text{mW/cm}^2} = \left(E_{\text{V/m}}\right)^2 / 1200\pi \tag{2-19}$$

$$S_{\text{mW/cm}^2} = \frac{\left(E_{\mu\text{V/m}}\right)^2}{120\pi} \times 10^{-13} \tag{2-20}$$

第3章

电磁理论与电磁兼容原理

3.1 电磁兼容概述

电磁发射源从其产生的根源可以分为两大类：第一类是自然界产生的，如雷电、宇宙射电噪声、太阳光辐射电磁噪声、地极磁场、磁铁矿藏，以及动植物和人类自身的微弱生物电磁场等。对于这类电磁源，我们可以探索认知，适应和有效地利用，必要时采取防护措施以降低其危害；第二类是人类的产物，如电站、电力线、广播通信台站及其传输线、机动车点火系统、电气开关、继电器、电动机，各类家用、商用和工业用途的电子电气设备，以及军事和其他特殊用途的设施设备等。这些设施设备在工作时各自有意或无意、或多或少地产生和接收有益的或无益的电磁能量。只有对它们的电磁能量发射和接收进行控制，才能达到平衡和谐的状态，这就是电磁兼容，否则就形成了电磁干扰。

形成电磁干扰必然具有三个基本要素：电磁干扰源、传播途径和敏感设备。其中，电磁干扰源和敏感设备之间的关系是相互的，即从相反的方向来看，两者角色得以互换。

电子电气设备运行时必然要接收、利用、加工或生成电磁信号。就其生成、用途或效果而言，这些电磁能量、电磁信号或有意或无意、或有用或无用甚至是有害的。一台设备理想的电磁兼容是发出有害的电磁能量小且对外来有害的电磁能量不敏感。

电磁能量的传播途径有导体传播和空间传播（主要是电磁波的形式，也有静态、低频电磁耦合）两种。相应地，设备具有传导发射、传导敏感度、辐射发射、辐射敏感度的特性。

造成敏感设备降级的原因是其接收的电磁能量引起了输入信噪比降低、逻辑电路出错、零部件失效等。

3.2 电磁干扰形成的三要素

电磁干扰形成的三要素，即电磁干扰源、传播途径和敏感设备。电磁兼容设计从这三要素出发。概括地说，即抑制干扰源、切断传播途径、提高敏感设备抗扰度。电磁干扰形成的三要素如图 3-1 所示。

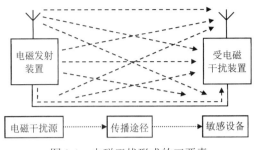

图 3-1　电磁干扰形成的三要素

3.2.1　电磁干扰源

电磁干扰源包括自然干扰源和人为干扰源。

自然干扰源包括来自银河系的噪声；来自太阳系的噪声；来自大气层的，如雷电、电离层变动等；静电放电（ESD）；热噪声。

人为干扰源按对电磁能利用的形式不同，大体可分为以下三类。

第一类：设备或系统的正常工作需要将电磁波辐射出去。对于本系统来说，电磁波的辐射是必要的，但从电磁兼容领域来看，则视为无用信号类型的电磁干扰源。例如，通信、广播、导航、定位、遥控……各种无线电业务发射机等。

第二类：设备的正常工作需要产生并在局部使用电磁能量，但并不希望发射至周围空间。典型的有工、科、医（ISM）射频设备。例如，工作频率为数十千赫兹的工业超声设备的振荡源、工作频率为数十至数百千赫兹的高频感应加热设备、工作频率为数十兆赫兹的高频介质加热设备、工作频率为数吉赫兹的微波加热设备、各种射频医疗设备等。从广义上来说，高压电力系统、电牵引系统也可属于此类，不过此类系统所使用的电磁能量与电磁兼容领域人们关注的电磁发射之间的频率相距甚远。

第三类：设备本身的正常工作并不需要利用，也不希望出现较强的电磁能量。例如，内燃机点火系统、电视/声音广播接收机、某些家用电器、电动工具、信息技术设备、大型电动机/发电机等。此类设备主要以电磁噪声的形式发射。

3.2.2　电磁干扰的传播途径

电磁干扰的传播途径包括传导途径和辐射途径。

传导发射是指通过一个或多个导体（如电源线、信号线、控制线或其他金属体）传播电磁噪声能量的过程。从广义上来说，传导发射还包括不同设备、不同电路使用公共地线或公共电源线所产生的公共阻抗耦合。传导发射通过传导途径进行。

传导途径必须在干扰源和敏感设备之间有完整的电路连接，干扰信号沿着这个连接电路传递到敏感设备，发生干扰现象。传输电路包括导线、设备的导电部件、供电电源、公共阻抗、接地平面、电阻、电感、电容和互感元器件等。传导途径包括互传导耦合和导线间的感性与容性耦合。

辐射发射是指以电磁波的形式通过空间传播电磁噪声能量的过程。其具体发射方式包括电场（包括静电）耦合、磁场（包括恒定磁场）耦合和电磁耦合。辐射发射通过辐射途径进行。

辐射途径通过介质以辐射电磁波形式传播，干扰能量按电磁波的规律向周围空间发射。常见的辐射途径有三种：干扰源天线发射的电磁波被敏感设备天线意外接收，称为天线对天线耦合；空间电磁场经导线感应而耦合，称为场对线耦合；两根平行导线之间的高频信号感应，称为线对线耦合。辐射途径有时也将感应现象包括在内。

3.2.3 电磁干扰敏感设备

所有的低压小信号设备都是对电磁干扰敏感的设备。电磁干扰以辐射和传导方式侵害敏感设备。

在装备进行电磁敏感度测试时，均将被测装备当成电磁敏感设备对待，并通过测试判断被测装备是否对所施加的规范的电磁干扰敏感，必要时还得寻找被测装备相应的敏感门限。

3.2.4 端口

端口就如传输的"接口"，通过这些端口，电磁干扰进入（或出自）被考虑的设备。干扰的性质、程度与端口的类型有关。例如，辐射干扰如果是在所干扰的设备壳体以外耦合到与设备相连的导线上，那么对设备主体来说，就变成了从电源或信号端口进入的传导干扰；而真正的辐射干扰是通过设备外壳端口直接进入设备内部的干扰（这里的外壳既可以是像屏蔽室、金属箱等那样的实际屏蔽壳体，也可以是像塑料外壳那样没有电磁作用的遮蔽物）。

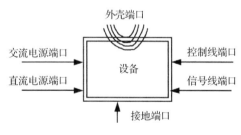

图 3-2 电磁干扰进出设备端口

利用端口的概念可以将各种干扰传输通道加以区分。一般将端口分为以下五类：外壳端口、交流电源端口、直流电源端口、控制线/信号线端口、接地端口（系统和地或参考地之间的连接），如图 3-2 所示。

各种位置的兼容电平是按照对应端口进行设置的，其大小设置与该端口在实际应用中所面临的干扰的统计值有关。

在实际工作中，两个设备之间的干扰通常包括多种途径的耦合，既有不同的传导耦合、辐射耦合，又有传导、辐射混合耦合。电磁发射设备内部也可能包含敏感部分，而电磁敏感设备内部也包含电磁发射源。各种电磁发射不但会在设备内部形成相互干扰，而且会形成设备间的相互干扰，从而使干扰现象变得更为复杂。

根据形成电磁干扰三要素可知，电磁兼容设计实际上可概括为三个方面的内容：抑制电磁干扰源、切断电磁干扰传播途径、提高电磁敏感设备的抗干扰能力。

3.3 电磁干扰源及其特性

3.3.1 概述

电磁干扰由寄生的、无用的、乱真的传导和/或辐射的电磁信号组成，可能造成系统或设备性能发生不允许的降级。

电磁干扰的特性：电磁干扰的起源基本上是电气上的传导（电压和/或电流）或辐射（电场和/或磁场）的有害发射。在时域内，电磁干扰可以是瞬变的、脉冲的或稳态的。在频域内，电磁干扰覆盖的频率范围可从 50Hz 的低频直至微波波段。电磁干扰信号按其频谱宽窄分为窄带和宽带两种，宽带信号根据其自相关函数的衰减快慢又分为相干信号和不相干信号。对电磁干扰和干扰源分类便于认识干扰源、确定接收器敏感性、标识干扰源和接收器之间的传播途径，并有助于控制方法的决策。

器件、设备、系统或分系统工作时所产生的电磁信号，在通过传导或辐射传播方式影响处于同一环境中的其他设备工作时就成了干扰源。早先，干扰源尚未达到令人头痛的程度，因为它们还未超过接收机的噪声电平。但是，随着干扰源的数量、频率和功率不断增加，电磁干扰和敏感现象越来越多，越来越严重。特别是目前在很大的功率范围内（如从微瓦一直到兆瓦）都有不同的设备在工作，伴随电源切换产生的一个小电火花就可能对敏感的低功率电平电路产生严重干扰；此外，设计设备或系统时稍有疏忽，在一个信道中有用的脉冲信号可能会闯入另一个信道中而成为该信道的干扰信号噪声。因此，每个设备、每个部件都可能成为干扰源。

3.3.2 电磁干扰源分类

在系统或设备电磁兼容分析时，必须标识并列出系统内外或设备内外可能的干扰源和相互作用源，以确定系统或设备的响应。根据不同准则对这些干扰源分类，有助于设计人员判断干扰性质，采取最有效措施来消除或减少不可接受的影响，使之达到可接受的程度。

根据干扰来源将干扰源分成两类：自然的和人为的。根据发射频谱宽窄将干扰源分成两类：宽带干扰源和窄带干扰源。对于宽带干扰源，可以进一步分成两类：相干的和不相干的。根据电传输途径将干扰源分成两类：传导干扰源和辐射干扰源。根据信号的产生将干扰源分成两类：有意干扰源和无意干扰源。

对各类干扰源的简述如下。

（1）**自然干扰源**：与自然现象有关的干扰源。自然干扰源包括由元器件产生的内部电子噪声，起因于大气充放电现象如雷电等噪声，来自外层空间如太阳、银河系的宇宙噪声和沉积静电噪声。

（2）**人为干扰源**：与人造装置有关的电磁干扰源。例如，电源线、汽车点火、荧光照明等。

（3）**宽带干扰源**：发射频谱的频带宽度大于某一指定接收器接收带宽的传导或辐射电磁干扰信号。在宽带干扰源环境中，对于相干干扰信号，接收器响应与其带宽成正比，而对于不相干干扰信号，接收器响应与其带宽的平方根成正比。宽带信号的频谱密度可看成某一频率范围内的频率的连续函数，其数值不仅与频率有关，还与接收带宽有关。常见的宽带干扰源有产生热噪声的自然干扰源和产生冲击噪声的具有开关切换瞬态现象的人为干扰源，如电源线电晕放电、马达电刷产生的干扰等。

（4）**窄带干扰源**：发射频谱的频带宽度窄于某一指定接收器接收带宽的传导或辐射电磁干扰信号。在窄带干扰源环境中，如果接收器带宽大于干扰信号的频谱宽度，则该接收器响应与其带宽无关。窄带干扰源用数学函数来定义时，其频谱密度在感兴趣的频率范围内为频率函数的一根谱线。

（5）**相干和不相干宽带干扰源**：在频域内，信号的邻近分量之间如果具有一定的幅度、频率和相位关系，则该信号是相干信号，否则，在有限的带宽内，如果信号的邻近分量之间在相位或幅度上是随机的或伪随机的，则该信号为不相干信号。

（6）**传导干扰源**：经线缆、接地平面等导体传输的电磁干扰信号。传导干扰源在数量上是用电压或电流表示的。

（7）**辐射干扰源**：通过空间从源传输到接收器的电场和磁场。辐射场有近场和远场之分。通常，当辐射干扰源至接收装置的距离小于 $\lambda/2\pi$ 时，为近场；当辐射干扰源至接收装置的距离大于 $\lambda/2\pi$ 时，为远场。参数 λ 是自由空间波长。

（8）**有意干扰源**：基本功能是产生电磁信号的装置，当其产生的有用信号干扰其他设备时，作为有意干扰源处理。常见的有意干扰源有无线电发送设备、接收机本机振荡器、计算机时钟等。

装备的有意干扰源一般是指为了某种目的使对方的电子系统不能正常工作而专门发射的干扰，因此形成了专门研究如何制造干扰和抗干扰的电子对抗的技术课题。核爆炸形成的电磁脉冲 EMP（有时称为 NEMP）是另一种人为的电磁干扰源，核爆炸时形成辐射源的范围直径可达数百千米，场强可达 10^5V/m，对应的磁场强度为 260A/m，脉冲宽度约为 20ns 量级，这样高的场强，在裸露的导体中感应的电流可以造成严重的干扰。例如，电力和通信网络将受到很大的威胁。

（9）**无意干扰源**：基本功能不是产生和利用电磁信号的装置，在其工作时伴随产生无用电磁能量，称为无意干扰源。自然干扰源、机电设备、加热器电路是常见的无意干扰源。

无意的人为造成的干扰源包括各种电子电气系统，其中有些子系统本身就是专为辐射电磁能设计的，如电视、无线电通信、导航和雷达等子系统，它们的有用辐射可能对其他子系统造成干扰，而更为严重的是伴随其有用辐射而产生的寄生辐射形成的干扰，对其他非目标接收设备来说，这类干扰也是无意干扰。还有一些子系统是其工作时附带产生的电磁辐射，如汽车点火装置、计算机、高压电力线、各种照明装置、各种用电设备和各种医疗设备等。

3.3.3　系统内和系统间的电磁干扰

电磁干扰有可能发生在系统内部各部分之间，也有可能存在系统与外部环境之间。前一种情况被称为系统内电磁干扰，后一种情况被称为系统间电磁干扰。系统内电磁干扰比系统间电磁干扰容易预测和控制。

1. 系统间电磁干扰

系统间电磁干扰存在系统与外部电磁环境之间，包括从电源频率到微波频段来自自然界和离散系统间的潜在电磁干扰。

系统间电磁干扰可归纳为三大类：自然无线电噪声、为传输信息而有目的地产生的信号、各种电子电气设备工作时无意产生的频谱分量。

1）自然无线电噪声环境

自然无线电噪声主要是由天电干扰引起的。这种噪声随地理位置、昼夜和季节的变化而不同。一般说来，在同一地区内，噪声电平随位置的变化是缓慢的，在甚高频（VHF）和甚高频以下频段，这种噪声所产生的背景电平限制了接收机的最高有效灵敏度。

2）信号环境

几乎在所有情况下，无线电信号都是电磁环境中强度最大的分量。与自然和人为噪声相比，这种信号所占的频谱是比较窄的。对于特定接收机来说，在特定时间内所需信号只有一种，其他信号都是潜在干扰源，尤其是强度大或频率与所需信号相近的信号。

3）人为噪声环境

产生人为噪声的各种噪声源构成人为噪声环境。由于大多数噪声源只对邻近设备有较大影响，因此环境噪声电平随距离不同而急剧变化。此外，研究表明，噪声电平还与周围地区的人口密度有关，城市地区噪声系数比农村地区噪声系数约高18dB。

4）系统间电磁干扰耦合通道

系统间电磁干扰通常是由非预期的辐射耦合产生的，如天线与天线、天线与传输线之间的耦合。一般认为系统间的耦合是远场耦合。

2. 系统间电磁干扰的控制

1）信号和人为噪声环境

信号环境通常通过频率管理来控制，由法定机构负责频率分配和管理工作，使各电磁频谱用户的使用频率保持适当间隔。在国际上，这个法定机构是国际电信联盟；在我国，这个法定机构是国家无线电管理委员会；在军队，这个法定机构是全军无线电管理委员会。

为充分利用频谱，使同一地区能容纳尽可能多的电磁频谱用户，可通过规定允许发射功率、信号类型（调制和带宽）、天线的空间覆盖范围、方向性和极化，以及使用时间和地点等来解决同信道和相邻信道之间的电磁干扰。

系统间人为噪声环境主要由发射机谐波和乱真发射、高压电源线电晕放电、邻近汽车点火噪声等组成。由于没有一个单独机构在各系统之上管理系统间人为噪声环境，所以系统间人为噪声环境比信号环境难以控制。一旦发生干扰，通常就通过工业团体或受影响部门之间协商达成的协议、民间团体条例和政府强制性条例来解决。

2）自然噪声环境

自然噪声环境一般无法控制，只有在系统性能设计时加以考虑。例如，接收机灵敏度指标按内部噪声和天电噪声来确定，在飞机上装气象雷达，防止飞机进入雷雨区，以及采取适当的雷击和静电防护措施。

3．系统内电磁干扰

系统内电磁干扰常发生在系统内部，由于自身干扰即系统内部的非预期发射和耦合所引起。

1）系统内电磁环境

系统内电磁环境主要由系统各部分产生的信号环境和人为噪声环境组成。在飞机、舰船、导弹等系统中，系统的一部分对另一部分来说，很可能是"敌对"环境。

2）系统内电磁干扰耦合通道

系统内电磁干扰耦合通道主要有天线—天线、天线—线缆、机壳—机壳、线—线、共阻抗。

天线—天线、天线—线缆、机壳—机壳、线—线为辐射耦合，共阻抗为传导耦合。由于系统内各部分相距很近，所以在大多数情况下，辐射耦合按近场耦合处理。

4．系统内电磁干扰的控制

与系统间电磁干扰不同，系统内电磁干扰一般可受系统某个管理人员控制，此人一般是系统 EMC 总体设计师。控制系统内电磁干扰的办法是从系统全局出发的，制定分系统和设备 EMC 规范、天线布局、EMC 布线要求、搭接规范，以及制定必要的工艺规程，也就是通过设备功率、频率、时间、空间位置、方向、性能 6 个方面的合理协调来取得系统电磁兼容。

3.3.4 自然干扰源

自然干扰源根据其不同的起因和物理性质分成四类。第一类为电子噪声，包括电阻器和热辐射器的热噪声，以及电子器件内的散弹噪声；第二类为天电噪声，是来自大气层内的噪声；第三类为地球外噪声，包括来自太阳和宇宙等地球大气层外的噪声；第四类为自然噪声，如沉积静电等。

这些类型的噪声的统计特性变化很大，包括频谱平坦的高斯噪声到偶尔发生的脉冲噪声。在一些情况下，统计参数基本不随时间变化，而在随时间变化的情况下，可给出随每天、每个季节和每年不同时间的变化情况。

由于自然干扰源在我们环境中是固有的，所以至少应考虑到落在设备工作频率范围内的干扰。所有自然干扰源都有可能影响设备。如果在最严酷的自然环境条件下系统的设备都不受影响，那么就不必再进行详细的概率分析；但是如果设备敏感，那么必须进行概率分析。此时，把指定分布特性作为每个独立变量的函数，然后用数理统计方法计算系统对干扰环境变化的响应，并建立系统对自然干扰的敏感度极限。

1．电子噪声

电子噪声主要来自设备内部的元器件，是决定接收机内部噪声的重要因素。

1）热噪声

热噪声发生在一切损耗过程中，如由于导电媒质（通常是电阻）中的自由电子和振动着的离子之间的随机的热的相互作用引起。任何线性无源器件都具有这种形式或那种形式的热噪声。热噪声具有极宽的频谱，能量随温度变化，温度越低，噪声越小。

2）散弹噪声

散弹噪声出现于遵循泊松分布的任何粒子流过程中，它常见于半导体中的电子和空穴流中，以及真空管的电子流中。在这些元器件中组成电流的载荷子彼此独立，在各个短暂的瞬间，它们都是不连续、不规则的，从而使电流由一系列随机脉冲组成。散弹噪声是一种频率范围很宽的噪声。

3）分配噪声

电流分配噪声发生在晶体管和多集电极电子管中。在晶体管中，晶体管发射极注入基区的少数载流子中有一部分经过基极到达集电极形成集电极电流，另一部分在基区中复合。由于载流子复合的数量时多时少，因此集电极电流随机起伏引起分配噪声。在多集电极电子管中，分配噪声是由各电极之间电流分配的随机起伏造成的。

4）$1/f$ 噪声或闪烁噪声

$1/f$ 噪声或闪烁噪声是晶体管、场效应管等器件在低频段所产生的一种噪声，其功率与频率成反比增大，所以称为 $1/f$ 噪声，这种噪声与半导体材料制作时的清洁处理有关。

5）天线噪声

天线本身的热噪声是非常小的，但是天线周围的介质微粒处于热运动状态，这种热运动产生扰动的电磁波辐射被天线接收，然后由天线辐射出去。当接收与辐射的噪声功率相等时，天线处于热平衡状态，这样天线中就有了这种热噪声。

2．天电噪声

1）大气无线电噪声

天电噪声是雷暴时放电所产生的大气噪声，是 30MHz 以下占优势的自然无线电噪声源，对 20MHz 以下的无线电通信影响很大。地球上平均每秒钟发生 100 次的雷击放电，每次雷电都产生强烈的电磁场骚动，并以电磁波形式传播得很远，即使在距离雷电数千千米之外，在看不见雷电现象的情况下，干扰也会很严重。

在电离层传输截止频率以下，在温带地区测得的大气噪声，夏天由当地雷暴产生，冬天来自热带雷暴。热带雷暴噪声借助电离层，通过天波传播，能传播数千千米。在电离层传输截止频率以上，温带和两极地区的大气噪声主要由当地雷电产生。由于热带雷暴距离遥远，且其功率谱密度随频率增大而减小，所以在 30MHz 以上的频率，大气噪声可忽略不计，一般不成为干扰的原因。

2）大气无线电噪声短期统计特性

天电噪声随时间和地点变化很大，其短期特性不能用简单的随机过程表示。天电噪声模型包括远处雷电效应模型和当地雷电效应模型。

（1）远处雷电效应模型。

国际无线电咨询委员会（CCIR）322 号报告提供了天电噪声包络一阶概率分布数据，这些概率分布是以在较短时间内（一般为 15min）用接收机测定的瞬时噪声电压确定的。

根据物理现象，雷电波频谱的每频率分量经远距离多路径传输，其效应可用低电平高斯噪声来表示。然而，由于实际的测试接收机带宽不为无限小，因此得到的远处雷电效应模型不是高斯噪声。其概率分布形状决定于接收机带宽，但随着带宽缩小，噪声越接近于高斯噪声。

在各个频率上，雷电噪声包络一阶概率分布依赖于包络均方根值和平均值的比 V_d。对于高斯噪声来说，包络的瞬时值具有瑞利概率密度，V_d 等于 1.05dB。典型的 V_d 估计值均为 V_d 的中值，是在接收带宽为 200Hz 情况下得到的。一般来说，V_d 随着频率的增大而减小，这说明，在较高的频率上，200Hz 接收带宽内所出现的噪声将更接近高斯噪声。在低于20MHz 的频率范围，在所有时间内 V_d 的估计中值为 2～14dB。

（2）当地雷电效应模型。

当接收机位于雷雨区附近时，闪电所产生的脉冲场将超过接收机所能承受的设计噪声电平。雷电发生在云内、云间、云地间和云与周围空气之间。人们最关心的是云对地放电。云地间的雷电可包括一个或多个断续局部放电。每次雷电放电总过程被称为一次雷电闪光，每个局部放电被称为一次冲击。通常雷电闪光包括 3～4 次冲击。雷电闪光持续时间约为0.2s，冲击间隔时间约为 40ms。发生雷电时，在放电区附近会出现极高的电场。通常，雷电冲击之间的脉冲间隔时间比较长，足以使带宽为几百到几千赫兹的短波接收机恢复到安静状态。每个放电脉冲是离散地出现的，但在雷雨期间不同地方同时产生的放电脉冲也可能重叠在一起，因此，接收机输出端出现的脉冲是具有随机振幅的准随机脉冲群。由于脉冲是成群出现的，因此这个过程并不具有脉冲完全是随机出现的泊松噪声的性质。

3）大气无线电噪声的长期特性

天电噪声强度随时间缓慢变化，并随地理位置变化而变化。用覆盖地球的等温线或称等噪声温度线来表示这些变化。在约 10MHz 以下，天电噪声几乎在地球上各地区都居首位，在 20MHz 以上，天空背景噪声（银河噪声）占优势。相较于安静地区，工业集中和交通繁忙地区，人为噪声可增加 20dB 左右。

4）雷击

雷击放电除产生射频噪声外，还常常伤害人员、损坏结构和设备。对航空航天系统来说，雷电是一种危险现象，大多数系统都应有防雷击措施。到现在为止，还没有一种技术能够防止飞机遭受雷击。

3．地球外噪声

地球外噪声，即来自地球外层空间的噪声，主要噪声源包括太阳、天空背景辐射和分布在银河系的宇宙噪声。

4．其他自然噪声——沉积静电

沉积静电是一个重要的自然噪声，它引起的电磁干扰会直接影响整个飞行器的效能和安全。飞行器表面静电荷累积过程和由此引起的电晕放电和流光放电会产生宽带射频噪声。这种噪声的频谱分布在几赫兹至千兆赫兹的范围内，严重影响高频、甚高频、超高频的无线电通值和导航。

3.3.5 人为干扰源

本节讨论连续波干扰源、瞬态干扰源、非线性现象等典型的人为干扰源。

1. 连续波干扰源

连续波干扰源的波形主要包括纯的正弦波或用窄频带信号调制的正弦波；高重复频率的周期性信号，它的各次谐波间隔大于接收机的接收带宽，使一个接收带宽内不可能同时接收到两个或两个以上的谐波。

连续波干扰源的估计和处理方法与宽带干扰的估计和处理方法完全不同。连续正弦波以单一频率存在，其频谱为一条线。当正弦波受调制时，频谱由载频和上下边带组成。重复频率高的周期性信号的频谱是由间隔较大的离散谱线组成的。由于这类信号的能量集中在离散频率上，一般可用频率分配或阻带较窄的干扰抑制网络来解决。

1）发射机

（1）干扰信号。

发射机所产生的干扰信号包括有意发射信号、谐波发射信号，以及与谐波无关的乱真发射信号。

发射机发射信号的最低带宽要求是由有用信号特性和所用调制方法决定的。调幅波的带宽是最高调制频率的两倍。调频波的带宽约为最高调制频率和最大频偏之和的两倍。当用脉冲调制时，带宽是脉冲上升时间的函数。

乱真发射信号是指发射源"所需"带宽之外的发射信号，降低这种信号的电平不会影响传输有用信号的质量。乱真发射信号包括发射机基频 f_0 的谐波；主控振荡器产生的乱真信号；乱真模拟振荡器产生的乱真信号；乱真寄生振荡；边带泼刺声；上述信号的交叉产物。

边带泼刺声是在调幅发射机的调制度超过百分之百时和载波调制峰值被削去时发生的。在单边带发射机中，边带泼刺声往往是由功率放大器激励过大而工作在非线性区造成的。调频发射机的过调制会使最大频偏超过设计规定的系统最大频偏。发射机辐射宽带噪声，尽管其电平很低，但有时高得足以对同一地点的接收机造成干扰。

（2）干扰发射。

来自发射机的连续波干扰能以几种方式发射：天线主瓣、旁瓣、后瓣和杂瓣；发射组件（驱动级和末级功率放大级）的壳体；天线馈线和电源线。尽管天线发射是最重要的，但当位于舱内的发射机壳体附近有敏感设备时，壳体的接缝、散热孔、输入/输出连接器的泄漏也不能被忽视，同时天线馈线电缆也是一个干扰辐射源，电缆上的能量会向空间辐射或耦合到附近电缆。

（3）发射机输出频谱统计特性。

频率、功率、功能不同的发射机具有不同的频谱特性，即使是同类别的发射机，由于采用不同的线路、结构和制造工艺，其频谱分布也相差较大，所以在系统设计初期，一般用发射机统计特性或军用规范极限值来估计该发射机对环境的影响。

2）本机振荡发射

接收机外差用的本机振荡器是一种潜在的干扰源。其产生的基波和谐波信号可经电源线传导，从机壳直接辐射或经天线辐射。

在数字计算机中，时钟振荡器产生的脉冲信号含有丰富的谐波，能经传输线传导或从壳体辐射出去。

3）交流声

交流声是低频连续波干扰，它由进入系统的周期性低频信号引起。通常这些信号先以低电平进入，然后被逐级放大。交流声可能是下述频率：输入电源频率、电源脉动频率、电源谐波、同步频率、扫描和搜索频率，以及时标频率等。引起交流声的常见原因有元器件老化、接地不良和电源变压器等电感元器件的磁通泄漏等。

2．瞬态干扰源

人为宽带干扰主要起因于瞬态现象。手动开关和继电器的单次性开关转换动作，以及旋转设备、荧光灯、自动点火和半导体开关等的重复性转换工作方式引起电流或电压的突然改变，并有时在触点间形成电弧。这种电弧在固体介质中会引起或促使介质击穿，造成元器件损坏，在气体介质中虽不使设备产生故障，但会形成严重干扰。

1）开关转换动作

图 3-3 所示为简化的开关转换电路。低频时，如果电路和部分阻抗完全是呈阻性的，则转换开关可认为是立即起作用的，开关闭合时负载电阻两端产生阶跃电压。然而，由于实际开关电路触点动作并不是即刻完成的，所以开关闭合时负载电阻两端的电压 $V(t)$ 按指数规律上升：

$$V(t) = V\left[1 - \mathrm{e}^{-t/\tau}\right] \tag{3-1}$$

式中，$V(t)$——负载电阻两端的电压，单位为 V；

τ——L/R，单位为 s；其中，L 为电感，单位为 H；R 为电阻阻值，单位为 Ω；

V——终值电压，单位为 V；

t——时间，单位为 s。

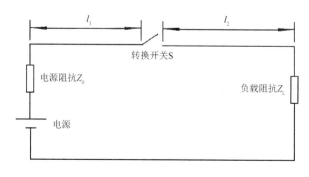

图 3-3　简化的开关转换电路

频谱幅值为

$$S(f) = \frac{V}{\pi f \left[(2\pi\tau)^2 + 1 \right]^{1/2}} \tag{3-2}$$

为简化起见，$S(f)$ 可用电压线性上升到最大值 A 时的开关转换近似波形的频谱 S_s 的包络来近似：

$$S_s = \left(\frac{A}{\pi f} \right) \frac{\sin \pi f t}{\pi f t} \tag{3-3}$$

式中：S_s ——频谱幅值，单位为 dBμV/MHz；

t ——上升时间，单位为 μs；

A ——终极电压，单位为 V；

f ——频率，单位为 MHz。

2）电弧现象

开关断开时，电流迅速从一定值减小到零，由于 di/dt 很大，电路电感两端会产生幅值很高的瞬时电压脉冲。此高电压使开关触点间形成电弧，从而使电流继续流动。若触点断开时，接触电导 $1/R_c$（R_c 为触点电阻阻值）在时间 τ 内线性地减少到零，则触点两端的峰值电压 V_{pk}[见图 3-4（a）]为

$$V_{pk} = V / (1 - L / R_c) \tag{3-4}$$

式中，V_{pk} ——开关触点两端的峰值电压，单位为 V；

τ ——触点转换时间，单位为 s；

L ——电路电感，单位为 H。

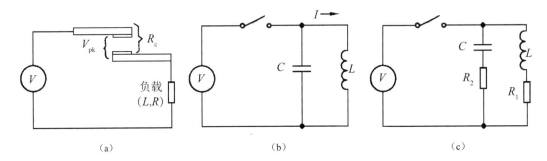

（a）　　　　　　　　　　（b）　　　　　　　　　　（c）

图 3-4　触点电弧的抑制

对于典型电路来说，τ 大于 L/R，V_{pk} 可能要比 V 大得多。

在图 3-4（b）所示电路中，在电感两端接上电容，即能减小或有效消除电弧现象。这时，电压是振荡性的，最大电压 V_{max} 为

$$V_{max} = I\sqrt{L/C} \tag{3-5}$$

在支路中接电阻[见图 3-4（c）]，且使 $R_1 = R_2 - \sqrt{L/C}$，即可将振荡现象消除。

若采用瞬动开关，则开关闭合时，触点要反跳几次后才能闭合；开关断开时，所产生的尖峰电压会在触点两端形成电弧，电弧也能熄灭而再起弧，重复几次后才能断开。由于

产生电弧和触点反跳，开关闭合或断开时，电流迅速变化不止一次而是多次，整个转换瞬态电压实际是由一群脉冲组成的。

一般来说，反跳和电弧发生的间隔时间为几毫秒，而电压尖峰的持续时间为几微秒。这种短脉冲干扰可能很严重，对于数字系统尤甚，可能造成几个比特信息的错误。

电弧或振荡的多次出现对干扰发射频谱的影响是使电弧或振荡频率上的频谱幅度增大。频谱的低频部分只取决于电流或电压的变化量。某一频率的幅度增大时可能会使更高频率的频谱幅度下降。

输电线中的瞬态现象尤为严重，因为它可能使某一电路产生很大的电流和感应电压。已观测到 110V 输电线因瞬变而产生的电平高达几百伏。观测到的脉冲持续时间变化很大，为 $1\mu s \sim 100\mu s$。此外，还有小于 $1\mu s$ 的脉冲出现。尽管输电线上的尖峰信号通常是由差模电流的开关转换产生的，但这种信号很容易耦合到共模电路或接地环路中，从而大大增加输电线的辐射干扰能力。

瞬态现象是由在含有继电器的电路中继电器本身触点的闭合和断开，以及控制继电器线圈的其他触点动作时产生的。装有电磁阀的电路中也会出现瞬态现象。继电器线圈或电磁线圈作为一种电感，断开时会产生一个电压尖峰。虽然继电器线圈中的电流与继电器触点切换的电流相比是很小的，但线圈电路所产生的电压尖峰幅值可能差不多，因为继电器线圈电感与电源电路电感相比是很大的。继电器线圈和电磁线圈产生的瞬态现象，除线圈本身所引起的瞬变外，其他均与开关电路所产生的瞬态现象相似。

实际观察发现，除电流很小外，传导干扰电平与电流强度成正比。当电流比较大时，频谱下降速率与频率成反比。当电流比较小时，频谱曲线随频率上升，有可能是触点电路的负载电阻增大使电路电感的阻尼减小引起的。

上面讨论的瞬变原理适用于直流和交流电路，但在交流电路中，瞬变和接触电弧的幅度与电路断开时刻相关。最大电压或电流相等时，瞬变幅度属于同一数量级。然而，磁路中由于流入很大电流而产生的饱和效应，可能对瞬变过程本身造成很大影响。

3）重复转换

（1）旋转电动机。

含有整流子和电刷的发电机和马达是固有的宽频带瞬态干扰源。因为整流电刷实际上是一种触点不断变化的电阻，执行自动重复转换功能，转换电路的负载是电枢绕组电感，所以它和继电器一样，也是因电流快速变化和电弧现象引起的电磁干扰。

（2）气体放电灯。

气体放电灯是根据电弧击穿（每交流周期击穿两次）的原理工作的。

由于荧光灯（包括镇流器）的阻抗很大，因此所产生的传导噪声电压很小。然而，在阻抗谐振频率范围内，荧光灯存在几乎是持续的振荡，这种振荡在某些情况下可能造成严重的辐射电磁干扰。

在实际荧光灯上测得的辐射干扰电压可以看到荧光灯的辐射干扰频谱很宽，在特高频段数值还较大。如果在荧光灯罩表面涂覆导电涂层，并将该涂层与金属屏蔽网格搭接，那么可将灯管本身辐射的电场消除。

4）点火

发动机点火系统是一个重要的宽带干扰源，产生干扰最主要的原因也是电流的突变和电弧现象。点火时产生波形前沿陡峭的火花电流脉冲群和电弧，火花电流峰值可达几千安培，并且具有振荡性质，振荡频率范围为 20kHz～1MHz，其频谱包括基波及这些基波的谐波，并一直延伸到 X 波段。

点火噪声的干扰对环境影响很大，以机动车辆点火噪声为例：机动车辆点火噪声在100MHz 以下往往是垂直极化的，其电平服从正态分布，干扰最强的频段范围为 10Hz～100MHz。点火噪声的干扰场强与交通车辆频度有关，车辆频度增加，噪声场强随之增加。

5）电力线

电力线系统主要有下列两种电磁干扰源：间隙击穿、电晕放电。

间隙击穿发生在电力设备两个互相靠近、电位不等的尖端之间。间隙击穿时，放电电流产生很宽的辐射频谱，辐射分量延伸至特高频段。除产生噪声外，间隙击穿还会造成机械损伤、失效破裂和导电表面污染等。

电晕放电是由电力线的高压造成的。高达几万到几十万伏的电压产生很强的电场，引起周围粒子激烈的惯性碰撞过程。此过程导致蓝色可见光辐射和延伸至特高频段的射频辐射。

电力线像同轴波导和地平面上的单根导线一样，对高频瞬态和其他信号具有长距离、低衰减的传播能力。同时，由于其周期性的有规律的机械结构，因此传输线路中出现谐振现象，这种谐振很可能会稍微抬高噪声频谱峰值。

电力线的时域波形是随机的冲击性脉冲群。典型的脉冲群宽度为几毫秒。组成脉冲群的窄脉冲重复频率很高，宽度和上升时间约为几纳秒。

3. 非线性现象

几乎所有的电磁干扰现象都与非线性有关。例如，几乎所有的开关转换过程所产生的起弧现象都涉及某种非线性作用。

从电磁干扰源的角度，非线性现象有下列几种类型。

（1）非线性失真。

（2）开关瞬态。

（3）调制。

（4）互调。

1）非线性失真

当不同电平的输入信号被不等倍率放大时，出现非线性失真。放大器出现非线性失真的原因是在整个动态工作范围内，输入/输出关系出现非线性，使输出波形发生畸变。当输入信号幅度超过动态范围时，放大器进入饱和区或截止区，产生"削波"，引起大量谐波出现。

非线性失真情况可从输入/输出关系曲线图上估计。对于甲类放大，解决方法是把静态工作点设置在动态范围中心，使每级放大器有尽可能大的动态范围。同时可以利用自动增益控制电路增加几个放大级，以获得足够的动态范围。

然而为了提高效率，发射机末级功率放大器往往工作于丙类工作状态，在 360° 周期中，仅在 0°～100° 范围内导通，失真极其严重，必须用滤波器滤去失真所引起的各种谐波成分。

2）开关瞬态

除了上文所述的各种机械开关引起的瞬态现象，整流滤波器、检波器、可控硅电路，以及目前大量使用的晶体管脉冲电路都工作于开关状态，输出信号具有电平突变的特点，产生干扰的情况类似于机械开关。

3）调制

射频信号常常会被一些无用信号调制，常见的噪声调制现象如下。

（1）由于电源电路中元器件老化或射频放大器与电源电路去耦不够，射频信号被电源频率或电源纹波频率调制。

（2）发射机电源第一次被接通时出现的阵发型瞬态或来自电网的瞬态对发射信号进行调制。

（3）设备受振动和冲击时，触点（如连接器中的触点）阻抗随之变化，使电流和电压被冲击或振动波调制。

（4）信号通过随机媒质或衰弱媒质传播时产生瑞利衰弱现象。例如，高频信号从电离层反射回地球提供远距离无线电波传输、对流层散射、水下通信等，由于多径传播，因此接收信号被一振幅随机变化的信号调制，该调制信号的振幅服从瑞利分布。

4）互调

两个以上的频率信号作用于非线性器件，会因互调而产生杂波频率。例如，如果有几个频率信号同时作用于非线性器件，则互调产生的频率为

$$f_i = pf_1 + gf_2 \pm rf_3 \pm \cdots \pm zf_n \tag{3-6}$$

式中，f_i 是互调后生成的新频率；p、g、r、$\cdots$、z 是整数，其和（$p+g+r+\cdots+z$）定义为互调的阶数。

人们已观察到发射天线附近的建筑物会产生这种射频非线性效应，具有磁性的金属、受腐蚀的金属和金属之间受腐蚀的接缝，特别是有松动的接缝都会出现这种效应。有关这个问题的研究总结如下。

（1）所发现的非线性现象都具有奇对称电压—电流特性，即围绕原点的幂级数展开只有奇数幂。

（2）焊接比铆接或螺钉接缝要好得多，紧线器和电缆线夹也是潜在的非线性源。

（3）这种非线性效应常出现在磁性材料上，如钢、镍和 μ 合金。在磁性材料表面加上如铜这样的导电镀层能大大降低这种效应。

（4）钢材上的凹凸不平表面和氧化面，以及铜材上的氧化层都会产生非线性效应，将这些金属清洗和磨光对降低这种效应是有效的。

（5）这种非线性效应往往出现在尖锐拐角和弯头附近。

在接收机输入端产生的干扰电平取决于非线性器件接收到的发射信号能量，以及将此能量转换成干扰频率的效率和有关建筑物的再辐射能力。若接收机天线离建筑物很近，则受干扰可能性很大。若接收机天线离建筑物有 3m 以上距离，则受干扰可能性小到可忽略不计的程度。

3.3.6　电磁干扰的频谱

研究电磁干扰传播问题是一项困难的工作，原因之一就是电磁干扰涵盖频谱非常宽。

以周期时域梯形脉冲为例，其波形图如图 3-5 所示。如果 $t_0 + t_r = T/5$，则频谱如图 3-6 所示。其各条谱线的幅度可以写成：

$$A_n = 2A \frac{(t_0 + t_r)}{T} \times \frac{\sin[\pi n(t_0 + t_r)/T]}{\pi n(t + t_r)/T} \times \frac{\sin(\pi n t_r/T)}{\pi n t_r/T} \tag{3-7}$$

图 3-6 所示的负的幅度表示相位相反，图中各条谱线顶端的包络实际上是不存在的。

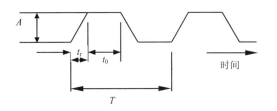

图 3-5　周期时域梯形脉冲波形图

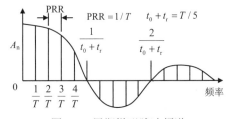

图 3-6　周期梯形脉冲频谱

令 $t_0 + t_r = d$，$n/T = f$。其中 f 为各条谱线所处的频率。此时式（3-7）包络可写为

$$e = 2Ad \frac{\sin \pi f d}{\pi f d} \tag{3-8}$$

通过举例，读者可对频谱有一个总的概念。在电磁干扰研究时，一般不必去研究每条谱线及其相位，甚至对其包络的变化细节也不必过分关心，只需要注意包络顶端连线的变化规律，就能对不同时域波形相应的频域特性有个大体的了解。这种了解对于理解电磁干扰的传播特性和电磁兼容测量已经足够了。

图 3-7 给出了 TTL 电平的 1MHz 梯形脉冲的频谱变化规律。由图可见，频谱包络有两个转折点，当频率低于 $1/\pi d$（0.637MHz）时，包络幅度基本不变；当频率为 $1/\pi d \sim 1/\pi t_r$ 时，包络幅度按 20dB/10 倍频程下降；当频率高于 $1/\pi t_r$ 时，包络幅度按 40dB/10 倍频程下降。

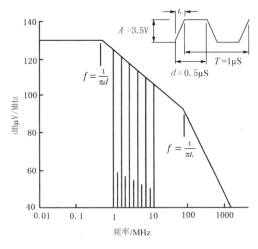

图 3-7　TTL 电平的 1MHz 梯形脉冲的频谱变化规律

3.3.7　电磁干扰的幅度

电磁干扰的幅度可表现为多种形式，除了用不同形式的幅度分布（概率，它是确定的幅度值出现次数的百分率）表示，还可用正弦的（具有确定的幅度分布）或随机的概念来说明干扰性质。随机就是未来值不能被预测。例如，随机干扰可能是一种冲击干扰，它们是一些在时间上明显分开的、稀疏的且前后沿很陡的脉冲；也可能是热噪声，它们是彼此重叠的，多次发生的且在时间上不易分开的密集脉冲。这些密集脉冲在幅度性质上是不易被确定的干扰。

3.3.8　电磁干扰的波形

电磁干扰有各种不同的时域波形，如矩形波、三角波、余弦波、高斯波等。由于波形是决定带宽的重要因素，设计人员应很好地控制波形。为了保持定时准确度或保证某种形式的准确动作，有时需要上升沿很陡的波形。然而，上升沿斜率越陡，所占的带宽就越宽。

如图 3-8 所示，各种波形占用带宽由宽到窄地排列为矩形波－锯齿波－梯形波－三角波－余弦波－高斯波。

由此可见，使干扰减小到最小的方法之一，是在可靠工作的情况下，使设计的脉冲波形具有尽可能慢的上升时间。通常脉冲下的面积决定了频谱中的低频含量，而其高频成分与脉冲沿的陡度有关。在所有脉冲波中，高斯脉冲占有频谱最窄。

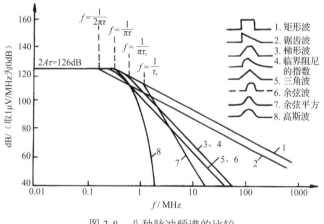

图 3-8　八种脉冲频谱的比较

3.3.9　电磁干扰的出现率

干扰信号在时间轴上出现的规律被称为出现率。电磁干扰按出现率分为周期性电磁干扰、非周期性电磁干扰和随机性电磁干扰三种类型。周期性电磁干扰是指在确定的时间间隔（周期）内能重复出现；非周期性电磁干扰是不重复的，即使没有周期，出现也是确定的，而且是可以预测的。随机性电磁干扰则是以不能预测的方式变化的干扰，它的表现特性是没有规律的。随机性电磁干扰的定义允许限定其幅度或频率范围，但要防止用时间函数来分析、描述它。

通常，干扰问题中遇到的周期电压和电流是功能性的，它们的产生是为了特定的目的，如 50Hz 电源及其谐波或遥测信号。许多非周期性电压和电流也用于特定目的，如指令脉冲。然而，随机电压和电流是无用副产品，或者是自然界产生的，如热噪声。

3.4　电磁干扰传播途径及其特性

3.4.1　电磁干扰传播途径分类

如果干扰源和敏感部位在同一设备内，则称为系统内电磁兼容问题；如果干扰源和敏感部位在两个不同的设备内，则称为系统间电磁兼容问题。大部分电磁兼容标准都是针对系统间电磁兼容问题的。同一设备在一种情况下是干扰源，而在另一种情况下或许是敏感设备。

形成干扰的除了干扰源、敏感设备，在干扰源和敏感设备之间的干扰还应有合适的传播途径，即耦合通道。设备要满足性能指标，减小干扰耦合往往是消除干扰危害的唯一手段，因此弄清楚干扰耦合到敏感设备上的机理是十分必要的。通常减小干扰发射的方法也能提高设备的抗扰性，但为了分析方便，往往分别考虑这两方面的问题。

干扰源和敏感设备在彼此靠近时，就有从一方到另一方的潜在干扰路径。当组建系统时，我们必须知道组成设备的发射特征和敏感性。遵守已制定的发射和敏感度标准并不能保证解决系统内的电磁兼容问题。标准的编写是从保护特殊服务（在发射标准中，主要指无线电广播和远程通信）的观点出发的，并要求干扰源和敏感设备之间有最小的隔离。

许多电子设备硬件包含着具有天线能力的元器件，如电缆、印制电路板的印制线、内部连接导线和机械结构。这些元器件或构件以电场、磁场或电磁场方式传输能量并耦合到线路中。在实际应用中，系统内部耦合和设备间的外部耦合可以通过屏蔽、电缆布局和距离控制得到改善。地线面或屏蔽面既可以因反射而增大干扰信号，也可以因吸收而衰减干扰信号。电缆之间的耦合既可以是容性的，也可以是感性的，这取决于其走向、长度和相互间距。绝缘材料可以因吸收电磁波使场强减小，尽管在许多场合其影响与导体相比可以被忽略。

系统内或系统间的相互干扰通过两种耦合模式，即辐射模式和传导模式。第 1 种途径是干扰源和接收器之间只有传导模式；第 2 种途径是干扰源和接收器之间只有辐射模式；第 3 种途径是干扰源产生的干扰先通过传导模式再通过辐射模式耦合到接收器；第 4 种途径是干扰源产生的干扰先通过辐射模式再通过传导模式到达接收器。

辐射模式是指两个隔离的设备、子系统或系统间的相互干扰直接通过辐射场的耦合完成的干扰模式，而传导模式是指干扰源和接收器之间通过电流流动引起的干扰模式。

传导模式可以分为共模（Common Mode，CM）和差模（Differential Mode，DM）两种。共模干扰是指干扰源和接收器之间相连的导线上具有同相的干扰电流，即所有导线上的干扰电流 I_{cm} 的大小相等、相位相同，它们的回流线是共用的地线，这种电流被称为共模电流。干扰源和接收器相连的导线上的差模干扰电流 I_{dm}，在不同的导线上它的大小相等而相位相差 180°，因此差模干扰电流不流经系统的共用地线。

3.4.2　公共阻抗耦合

公共阻抗耦合是由干扰源与敏感部位共用一个线路阻抗产生的。最明显的公共阻抗是阻抗实际存在的场合，如干扰源和敏感部位共用的导体；但公共阻抗可以由两个电流回路之间的互感耦合产生，或者可以由两个电压节点之间的电容耦合产生。理论上，每个节点和每个回路通过空间都能耦合到另一个节点和回路。实际上，耦合程度随距离增大而急剧下降。

1．导体连接

如图 3-9（a）所示，当干扰源与敏感部位共用一个接地时，由于干扰源的输出电流流过公共阻抗，因此在敏感部位的输入端产生电压。公共阻抗仅仅是由一段导线或印制电路板走线产生的。导线的阻抗呈感性，因此输出中的高频或高 $\mathrm{d}i/\mathrm{d}t$ 分量将更容易耦合。当输出和输入在同一系统时，公共阻抗构成乱真反馈通路，这可能导致振荡。解决方法如图 3-9（b）所示，分别连接两个电路，因而在两个电路之间没有公共通路，也就没有公共阻抗。该方法的代价是多用了一根导线，该方法可用于任何包含公共阻抗的电路，如电源汇流条连接电路。

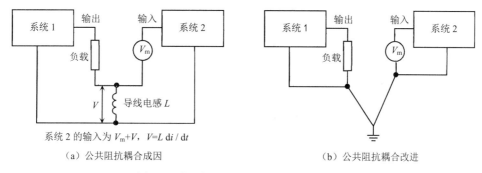

（a）公共阻抗耦合成因　　　　　　　　　　　（b）公共阻抗耦合改进

图 3-9　传导性公共阻抗耦合成因及其改进

2．磁场感应

导体中流动的交流电流会产生磁场，这个磁场将与邻近的导体耦合，在导体上感应出电压[见图 3-10（a）]。在敏感导体中感应的电压为

$$V = -M \times \mathrm{d}I_{\text{L}}/\mathrm{d}t \tag{3-9}$$

式中，M 是互感，单位为 H。M 取决于干扰源和敏感电路的环路面积、方向、距离，以及两者之间有无磁屏蔽。

磁场耦合的等效电路相当于电压源串接在敏感部位的电路中。值得注意的是，两个电路之间有无直接连接对耦合没有影响，无论两个电路对地是隔离的还是连接的，感应电压都是相同的。

3．电场感应

导体上的交变电压产生电场，这个电场与邻近的导体耦合，在导体上感应出电压[见图 3-10（b）]。在敏感导体中感应的电压为

$$V = C_C \times Z_{in} \times \mathrm{d}V_L / \mathrm{d}t \tag{3-10}$$

式中，C_C 为耦合电容；Z_{in} 为敏感电路的对地阻抗。

这里假设耦合电容阻抗大大高于电路阻抗。干扰似乎是从电流源注入的，其值为 $C_C \times \mathrm{d}V_L / \mathrm{d}t$。

C_C 的值与导体之间距离、有效面积和有无电屏蔽材料有关。典型例子是两个平行绝缘导线间隔 0.1 in（1 in=25.4 mm）时，其耦合电容大约为 50pF/m；未屏蔽的中等功率电源变压器的初、次级线圈间耦合电容为 100pF～1000pF。

在上述情况中，两个电路都必须连接参考地，这样耦合路径才能完整。如果有一个电路未接地，那么并不意味着没有耦合通路。未接地的电路与地之间存在杂散电容，这个电容与直接耦合电容串联。另外，即使没有任何地线，干扰源至敏感部位的低电压端之间也存在寄生电容。噪声电流能够加到敏感部位，但其值由 C_C 和杂散电容的串联值决定。

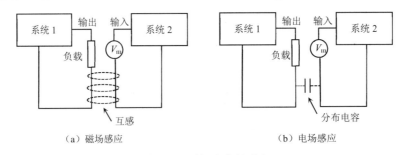

（a）磁场感应   （b）电场感应

图 3-10 磁场和电场感应

4．负载电阻的影响

需要注意的是，磁场和电场耦合的等效电路之间的差异决定了电路负载电阻的变化引起的结果是不同的。电场耦合随 R_L 增大而增大，磁场耦合随 R_L 增大而减小。

这个性质可以用于问题诊断：你在观察耦合电压时，改变 R_L，你能够推断哪一种耦合模式起主导作用吗？

同样，低阻抗电路对磁场耦合的影响更大，高阻抗电路对电场耦合的影响更大。

3.4.3 电源耦合

所有干扰能够从干扰源经电源配电网络进入敏感部位，由于两者是连接在一起的，因此对高频不利。尽管从线路上可以容易预测阻抗，但是在高频时很难精确估算。在电磁兼容试验中，电源的射频阻抗可用 50Ω 电阻并联 50μH 电感近似表示（LISN）。

对于较长的距离电源电缆，在 10MHz 以下，其损耗是很低的，等效于特性阻抗为 150Ω～200Ω 的传输线。然而在任何一个局部配电系统中，因负载连线、电缆接头和配电元器件引起的干扰是影响射频传输特性的主要因素，所有这些因素将增加回路的传输损耗。

3.4.4　辐射耦合

为了理解能量是如何通过没有导体互连的较远距离从干扰源耦合到敏感设备的，需要了解一些电磁波传播的特性。

1．电磁场的产生

电场（E 场）产生于两个具有不同电位的导体之间。电场的单位为 V/m，电场强度正比于导体之间的电压，反比于两导体间的距离。

磁场（H 场）产生于载流导体的周围，磁场的单位为 A/m，磁场强度正比于电流，反比于离开导体的距离。

当交变电压通过导体网络产生交变电流时，产生电磁（EM）波。在远场时，电磁波的 E 场和 H 场互为正交，同时传播。传播速度由媒介决定，在自由空间的传播速度等于光在真空中的传播速度（3×10^8 m/s）。

在靠近辐射源时，电磁场的几何分布和强度由干扰源特性决定，仅在远处是正交的电磁场。电磁场如图 3-11 所示。

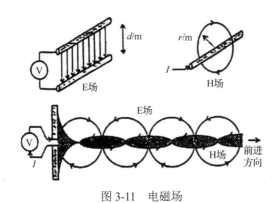

图 3-11　电磁场

电场强度与磁场强度之比称为波阻抗（见图 3-12）。

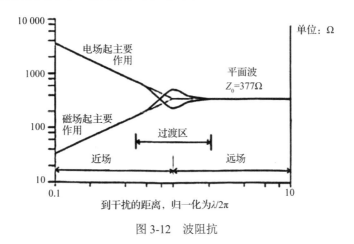

图 3-12　波阻抗

对于任何已知电磁波，波阻抗是一个十分关键的参数，因为它决定了耦合效率，也决定了导体的屏蔽效能。

此处，假设辐射源到接收设备间距为 d（单位为 m），电磁波的波长为 λ（单位为 m）。

对于远场，$d > \lambda / 2\pi$，电磁波称为平面波，平面波的阻抗是恒定的，等于自由空间的阻抗：$Z_0 = 120\pi = 377\Omega$。

对于近场，$d < \lambda / 2\pi$，波阻抗由辐射源特性决定。小电流、高电压辐射体（如棒）主要产生高阻抗电场，而大电流、低电压辐射体（如环）主要产生低阻抗磁场。如果辐射体阻抗正好约为 377Ω，那么实际在近场就能产生平面波，这取决于辐射体形状。

在 $\lambda / 2\pi$ 附近区域，或者近似六分之一波长的区域，是处于近场和远场之间的传输区域。该区域又被称为过渡区。

通常，平面波总是假设在远场，当分别考虑电场或磁场时，则假设是在近场。

2．耦合方式

差模、共模和天线模辐射场耦合是电磁兼容的基本概念，在干扰的发射和入侵耦合方面都起作用。

1）差模

考察一根电缆连接起来的两台设备，如图 3-13（a）所示。电缆中两根靠近的导线传输差模（去和回）信号电流。辐射场可以耦合到这个信号传输环路中，并在两根导线之间感应出差模干扰；同样，差模电流在环路传输时也产生对外辐射场。

地参考面（可以是设备外部的大地，也可以是设备自身的支撑结构）在该耦合中不起作用。

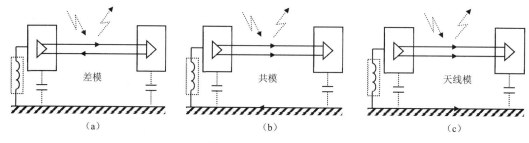

（a）　　　　　　　　（b）　　　　　　　　（c）

图 3-13　辐射耦合方式

2）共模

电缆上还会传输共模电流，如图 3-13（b）所示，即电流在每根信号传输导线上都在同一方向流动，并通过公共地平面从负载端返回信号源端，从而构成共模电流传输环路。这些电流通常与信号电流无关。

共模电流可以由外部电磁场耦合到由电缆、地参考面和设备与地连接的各种阻抗形成的回路引起；当共模环路中有电流流动时，会对外辐射共模电磁场。

当外界电磁场在共模环路中感应出共模电流时，由于各信号通道的传输阻抗的不平衡，因此该电流可以引起内部差模电流，设备对差模电流是敏感的。共模电流也可以由地平面和电缆之间的内部干扰电压引起，这是共模辐射发射的主要原因。

需要注意的是，与导线和设备外壳有关的寄生电容和电感是共模耦合回路的主要部分，在很大程度上决定着共模电流的幅度和频谱分布。

这些寄生电抗是由设备各部分之间的高频分布参数产生的，而不是设计的，因此控制或预测这些参数比控制或预测那些决定差模耦合的参数（如电缆的间隔和滤波参数）更困难。

3）天线模

天线模电流沿电缆和地平面同向传输，如图 3-13（c）所示。天线模电流通常不是由内部干扰产生的，当整个系统（包括接地平面）暴露于外场时，天线模电流将会流动。

例如，飞机飞入雷达发射的波束区域时，飞机机身作为内部设备的接地平面，它像内部导线一样传输同方向的电流。

当不同的电流通路上的阻抗不同时，天线模电流会变为差模或共模，这时，天线模电流就成了系统的辐射场敏感性问题。

3.5　装备电磁敏感性及其评价

电磁环境对系统性能的影响取决于系统中敏感设备对环境中各种干扰的敏感性。同一设备对不同类型的干扰有不同的响应，同时，同一个干扰源的干扰发射对不同的设备也有不同的影响。本节首先介绍各种类型设备或系统电磁干扰敏感性的评定方法，然后从干扰进入方式的角度阐述设备对电磁干扰敏感的原因和对敏感性进行评估。

3.5.1　装备对电磁干扰的敏感性

评定电磁干扰对系统或设备性能影响的标准是根据该系统或设备的使用目的来确定的。

语音通信系统利用在主观清晰度试验中得到的可懂度试验数据来判断电磁干扰对系统正常功能的损害程度。图像通信系统敏感性以各种干扰情况下观察人员对图像质量评分的主观性试验的统计数据来确定。雷达系统与电视、传真系统不同，把电磁干扰引起的目标探测时间增加量作为干扰影响的评判标准。数字数据系统采用的衡量标准是出错率，模拟数据系统通常用均方误差作为估量系统质量的基础。

操作人员的经验和疲劳是影响系统性能的一个重要因素。一个有经验的操作人员往往能在受干扰时正确读出没有经验的操作人员无法读出的信号。此外，操作人员精力充沛时与疲劳时相比，在有干扰情况下接收信息的质量是有差别的。总之，操作人员的因素对系统性能的影响难以精确确定，这里只是作为一个必须引起重视的问题提起而已。

为了便于系统电磁兼容预测分析，把各种性能评定标准与信号噪声比联系起来，并提出可接受比，即门限值。

1．语音通信系统

由于发送和接收信号的随机性、信息内容的千变万化，以及接收机操作人员在听力和理解力上的差异，要规定语音通信系统工作性能的测量标准是很复杂的。一种评定标准是可懂度，即清晰度，它是清晰度试验时听话人能听懂的单词数量与试验所用的单词总数的百分比。

清晰度试验由经过训练的发话人和听话人参加。试验程序是一个发话人或一个标准化的语音发生器（如磁带记录的语音）读出一组经选择的单词或音节，经通信系统传输后，听话人把听到的单词或音节写在试卷上。试验时将各种电平的干扰注入传输信道。根据听话人听懂的单词或音节的数量来评定分数，清晰度得分代表了可懂度水平。

为了便于在系统电磁兼容预测过程中确定语音通信系统的性能，把得到的经验数据转换成适当的电特性，如信号干扰比（S/I）。

在有用信号和干扰信号几种不同组合情况下，信号干扰比与清晰度得分（可懂度）之间的关系，如图 3-14 所示。图 3-14 中各种干扰情况均为同道干扰情况。很明显，语音通信系统的性能随 S/I 变化从良好到差劣的转换速率很快。

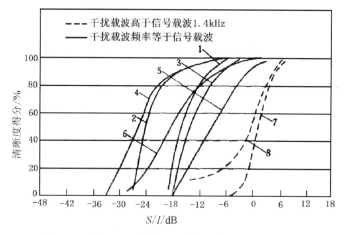

1—AM 信号-SSB 干扰；2—AM 信号-SSB 多路干扰；3—DSB 信号-SSB 干扰；

4—DSB 信号-SSB 多路干扰；5—SSB 信号-SSB 干扰；6—SSB 信号-SSB 多路干扰；

7—AM 信号-AM 干扰；8—AM 信号-AM 多路干扰

图 3-14　语音通信系统性能清晰度得分与信号干扰比关系

采用清晰度试验法既费时又费钱，可用分析法代替。这种方法利用语言的预定频谱特性和干扰信号的频谱特性来得出清晰度的估计值，即"清晰度指数"。它是以图 3-15 所示的频谱分布为估算的依据，图中的曲线表示大声说话时离讲话人 1m 处的声压频谱密度电平。大声说话时的语音电平比正常说话时的语音电平高 6dB、图中的三条曲线分别为语音峰值电平曲线、语音平均电平曲线和语音最低电平曲线。语音峰值电平比语音平均电平高12dB，语音最低电平比语音平均电平低 18dB。频率范围为 200～6100Hz，分成 20 个评判频带，使每个评判频带在横坐标上占相等的宽度，这样在清晰度指数中所占百分数相同。若峰值电平曲线与最低电平曲线之间的区域未被干扰污染，没有被滤掉，也没有降到可听阈以下或进入过载区，则清晰度为 100%。若这个区域中有一部分听起来模糊不清，则清晰度指数的降低值由听不清区域的面积确定。横坐标上标出的数值是 20 个评判频带的中心频

率，每个评判频带占清晰度指数的 5%。清晰度指数的估算公式为

$$A = \sum_{n=1}^{20} 0.05 W_n \tag{3-11}$$

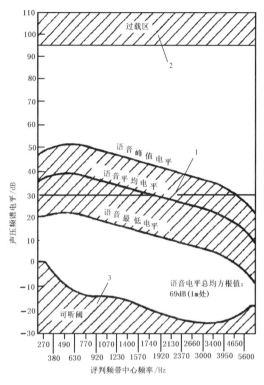

1——一个人大声说话的语音区；2——一般男人的耳朵不能听见的过载区；3——年轻人耳朵的可听阈

图 3-15　语音频谱电平图

2．图像通信系统

图像通信系统的性能是根据终端图像显示的质量来评定的。电磁干扰很可能会降低图像传输质量，使显示画面污染（如出现各种点、线或杠），或者使接收机失去同步而引起画面滚动。电视接收机尤其是彩色电视接收机对电磁干扰相当敏感，如为了避免雷达脉冲的"雪花"干扰，信号与干扰的峰值幅度之比要大于 15dB。

干扰对图像通信系统性能影响的评定结果数据带有几分主观性。有一种评定标准是根据系统受干扰程度把其性能分成 5 个等级：很好、好、合格、勉强合格、差。

应用上述标准对电视机的电磁干扰敏感性进行过一次广泛的测量，试验对象包括彩色电视机和黑白电视机，试验时注入了各种不同类型的干扰。有近 200 个人参加了这次试验，得到了约 3800 个评判数据。

典型试验结果显示，对于同道干扰的情况，随着同道干扰和信号之间频率间隔的增大，50%以上观众给出合格或优于合格的评判所需的信号干扰比减小。对于随机干扰情况，50%以上观众给出至少是合格的评判结果所要求的 S/I 为 27dB。这是同步信号幅度的均方根值与 6MHz 电视通道内噪声均方根值之比。

3．数字通信系统

数字通信系统根据错误概率评定性能优劣。其中有两种错误，一种是虚警（把干扰或噪声误认为信号），另一种是漏警（没有意识到信号存在）。虚警率是在无信号情况下判断有信号的条件概率，检测概率是假定信号被发送情况下判断有信号的条件概率，漏警率等于 1 减去检测概率。虚警和漏警的相对发生率要以接收机输出中信号、干扰和噪声概率密度来确定。

0 和 1 的基本判决方法如图 3-16 所示。密度函数 IN(X) 为干扰和噪声存在时输出概率分布密度，而 SIN(X) 是当信号、干扰和噪声存在时（$S+I+N$）输出的分布密度。判断范围定义为当输出超过门限 T 时，判断为"信号存在"；反之，当输出小于门限 T 时，判断为"无信号存在"。

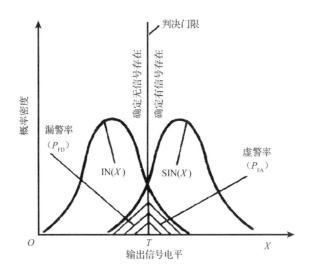

图 3-16　0 和 1 的基本判决方法

4．雷达系统

雷达在机载系统、导航、气象、卫星和空间探测方面的使用正在不断增加。这些雷达往往与其他设备位于同一区域，如运输机、军用基地和导弹发射场等。由于频谱大量使用和地理位置靠近，因此系统之间相互干扰问题日趋复杂化。

警戒雷达系统是一种正在广泛使用的雷达系统，可用来监视一个相当大的区域。它最主要的用途是用于国防和交通管制。这种典型的雷达系统通过显示屏显示为操作人员提供雷达作用范围内的目标物的角度和距离信息。这种显示装置被称为平面位置指示器。

最常见的干扰是由其他雷达的发射脉冲引起的，被干扰现象是在雷达显示屏上出现干扰点或干扰螺旋线。这种被称为"兔子"的干扰常常在显示屏上不停地移动，甚至很可能覆盖大部分显示区域，使目标难以辨认。对于操作人员来讲，这种干扰相当烦人，长时间监视有干扰的显示画面极其容易引起疲劳，由此降低工作效率和质量。若干扰扇形区包含一个目标，则有可能增加探测时间，或者如果干扰很严重，那么甚至可能会把干扰误认为目标，造成虚警错误。

3.5.2　电磁干扰敏感机理

按照 GJB 151B，装备需要进行敏感度测量和评价的端口包括电源线端口、地线端口、天线端口、互连线端口、壳体端口。

干扰进入这些端口通过两种作用方式引起设备敏感：线性作用、非线性作用。

经验表明，大多数干扰现象是因干扰进入接收机射频端口引起的。近年来，随着计算机及自动控制系统的使用，音频整流现象开始频繁发生。

1. 接收机线性干扰

在线性干扰方式中，接收机的作用相当于普通的带通滤波器，能接收落在接收通带内的任何频率分量。进入接收机输入端的线性干扰信号可分为以下两类：自然干扰源或人为干扰源产生的宽带干扰；来自通信电子设备或其他高频发生装置的信号，这种信号的频率与接收机调谐频率相同或相近，带宽较窄。

1）宽带干扰

宽带干扰有不相干和相干两种。

不相干干扰（如自然干扰）可用其功率谱密度表示；电动机和荧光灯人为噪声源产生的相干噪声可用噪声脉冲的电压谱密度来表示。

检波器的输入信噪比可利用相关的计算公式和输出信号电平来确定，输出信噪比取决于调制信号、噪声波形和检波方式。

2）来自其他有用源的干扰

（1）同道干扰：来自载波频率相同或相近的通信系统的干扰。一般可采用下列两种简单的方法估算同道干扰，若干扰信号的带宽与接收机中频带宽相比很窄，则可将干扰信号看成纯正弦波，按有用信号的计算方法来估算中频放大器输出的干扰功率；若干扰信号的带宽与接收机的中频带宽相比较宽，则可将干扰信号看成宽带相干噪声，按宽带相干噪声估算方法来处理这种干扰。

（2）邻道干扰：工作于相邻信道的通信系统之间的干扰。信道间距的规定各不相同，在这里"邻道"是指相邻信道频率的差值大于两个信号中频带宽的平均值，但小于射频带宽的平均值。尽管接收机的边缘频率灵敏度与带内灵敏度相比是很低的，但是，位置与邻道发射机靠近的接收机所收到的干扰信号电平却是很大的。

估算邻道干扰的方法一般有以下三种。

（1）干扰信号为未调制载波或调制带宽很窄，此时，可将干扰信号看成纯正弦波来处理。

（2）干扰信号中心频率与接收机调谐频率相差较大，因而干扰频谱在接收机通带内近似为幅度不变的宽带噪声，此时可用宽带不相干噪声估算方法来处理。

（3）频带有限的干扰，其频谱有一小部分与接收机选择性曲线重叠。该干扰可通过相关的公式进行估算。

2. 接收机非线性干扰

非线性干扰是由接收机输入滤波电路对无用信号抑制不充分，或者电子元器件中某种非线性过程造成的，此外接收机滤波电路前面的导线连接不好也会产生非线性干扰。

接收机常见的非线性干扰现象有乱真响应、互调、交调和灵敏度降低。

1）乱真响应

当带外干扰信号、其谐波与本机振荡频率或其谐波在接收机前级非线性电子元器件上混频，产生的频率接近接收机中频时，将产生乱真响应。在接收机的每个调谐频率上都存在一些特定的乱真响应频率，但每个乱真响应频率的电平不相同。

（1）乱真响应频率的计算。

设接收机本机振荡频率为 f_o，中频为 f_i，则乱真响应频率 f_s 可表示为

$$f_s = |mf_o \pm f_i| / n \tag{3-12}$$

式中，m 和 n 为非零整数。

（2）乱真响应强度的估算。

设非线性电子元器件晶体管、二极管和真空管等的输入（X）和输出（Y）特性可用幂级数表示：

$$Y = \sum_{n=0}^{N} a_n X^n \tag{3-13}$$

式中，a_n 为常数。

（3）镜像响应。

镜像响应是乱真响应的一个特例。镜像频率 f_{im} 与信号频率 f_{SD} 以本机振荡频率 f_o 对称。如果信号频率 f_{SD} 为

$$f_{SD} = f_o + f_i \tag{3-14}$$

则镜像频率 f_{im} 为

$$f_{im} = f_o - f_i \tag{3-15}$$

式中，f_i 为接收机中频。

2）互调

接收机的互调是由两个或两个以上带外干扰信号同时出现在非线性电子元器件输入端，混频后产生落入带内的新的干扰信号造成的。

（1）互调频率的计算。

设接收机带外存在两个强干扰信号，频率分别为 f_1 和 f_2，若 f_1 和 f_2 满足：

$$mf_1 + nf_2 = f_0 \tag{3-16}$$

式中，f_0 为接收机调谐频率（其中 m、n 为任意不等于 0 的整数，组合频率中除 $m<0$、$n<0$ 不存在外，其他三种情况均可以成立）。

则可能造成互调干扰，互调阶为

$$K = |m| + |n| \tag{3-17}$$

对于两个以上的强干扰信号，互调频率可表示为

$$\sum_{i=0}^{N} n_i f_i = f_0 \quad （n_i 为整数） \tag{3-18}$$

式中，f_i 为干扰信号频率。

互调阶 K 为

$$K = \sum_{i=1}^{N} |n_i| \tag{3-19}$$

（2）互调产物估算方法。

考虑两个干扰信号的情况，三阶互调干扰是互调干扰中幅值最强者。在 f_1 和 f_2 相差不大的情况下，三阶互调干扰中最邻近接收机调谐频率 f_0 危害最大的是 $2f_1 - f_2$ 项。

3）交调

接收机交调是由干扰信号的调制转移到有用信号载波上引起的。电子元器件三次非线性项产生的交调产物是交调产物主部，下面给出估算此量值的方法。

设有用信号为

$$X_S(t) = V_S \cos\left[2\pi f_S t + \phi_S(t)\right] \tag{3-20}$$

干扰信号为

$$X_1(t) = V_1 \cos\left[2\pi f_1 t + \phi_1(t)\right] \tag{3-21}$$

则电子元器件三次非线性项产生的交调产物为

$$I = \frac{3a_3 V_1^2(t) V_S(t)}{2} \cos\left[2\pi f_S t + \phi_S(t)\right] \tag{3-22}$$

4）灵敏度降低

灵敏度降低是指在一个强干扰信号进入接收机时接收机总增益或灵敏度，甚至两者均降低，而不产生其他可以察觉出来的影响。大功率通信发射机和雷达发射机的高幅值发射信号常会使邻近接收机前级过载而引起这类干扰。

接收机灵敏度降低效应主要由下述原因造成。

（1）电子元器件的输入—输出转移特性曲线对大信号的限幅作用。

（2）强干扰信号穿过接收机其他元器件进入检波器，从而影响自动增益控制 AGC 电压。

3. 音频整流现象

音频整流或音频解调是模拟放大器和数字电路对高频电磁干扰敏感的主要原因，在自动控制系统广泛使用的今天，这种现象经常发生。下面讨论音频整流现象产生的原因。

由于内部布线和元器件的寄生电感和电容，模拟放大器和数字电路的带外响应曲线偏离理想值，出现许多谐振点。当落在这些谐振区的干扰信号通过电源线或信号电缆耦合至放大器或数字电路时，内部非线性电子元器件会将干扰信号解调，从而引起干扰。

例如，放大器理想带外响应曲线随着频率升高而衰减，实际的放大器因内部寄生电路影响，其阻带响应曲线可能会出现许多谐振点，形成射频泄漏窗口，这些窗口便构成了电磁干扰高频敏感区。

引起音频整流现象的高频干扰信号不一定为调幅信号，调频干扰信号同样会引起这类干扰，因为放大器的带外响应曲线能对 FM 干扰信号斜率检波。

第 4 章

装备电磁兼容管理与标准发展沿革

4.1 装备电磁兼容管理

电磁兼容是装备在使用中显示出来的一种基本特性，是通过一系列过程，设计、制造到装备中去的。要保证装备具有良好的电磁兼容水平，必须在设计、制造的过程中开展一系列活动，采取一系列措施，以控制和防止电磁兼容问题的产生。这些活动需要通过有效的行政手段和技术手段进行组织和管理。

根据经验，如果没有在项目的设计、设备和系统的研制等阶段考虑电磁兼容要求，那么很容易出现干扰问题和增加大量额外成本。为使装备具备良好的电磁兼容，应对全寿命周期中各阶段实施电磁兼容管理。

电磁兼容管理是指从系统的观点出发，保证用最佳的方案实现装备的电磁兼容要求。为了有效而又经济地达到这个目的，必须通过建立和运行一个管理系统，通过制订和实施科学的计划，组织、监督和控制电磁兼容活动的开展，保证电磁兼容要求在装备的全寿命周期均得以实现。

计划：分析明确装备的电磁兼容指标，制订装备电磁兼容工作计划，以及各项工作的实施要求（工作内容及进度），评估相关工作所需的资源。

组织：确定项目电磁兼容的总负责人，建立管理网络（电磁兼容小组），明确专职和兼职电磁兼容工作人员职责、权限和关系，形成电磁兼容工作的组织体系和工作体系。

监督：保证各项电磁兼容工作按计划进行，其手段包括检查、评审、鉴定和认证等活动。同时，利用转包合同、订购合同、现场考察认证、参加评审和产品验收等方法，对协作单位和供应单位进行监督。

控制：通过制定和建立各种标准、规范和程序，以及其他文件，指导和控制各项电磁兼容活动的开展。设立一系列检查、控制点，使研制过程处于受控状态，及时分析、评价和处理出现的问题，制定改进策略。

4.1.1 国内装备电磁兼容管理要求

国防科学技术工业委员会在 1991 年发布了 GJB/Z 17—1991《军用装备电磁兼容性管理指南》，适用于军用系统、分系统和设备在研制、生产和使用中的电磁兼容管理。

该指南对装备从论证开始到退役为止的全过程，包括论证阶段（主要战术技术指标及可行性论证）、方案阶段（方案论证、方案设计和模样研制）、工程研制阶段[初样、试样（试验装置）研制和试验]、定型阶段（定型鉴定试验、设计定型、工艺定型、生产定型）、生产和使用阶段（批量生产、装备部队、使用改进和退役处理）的电磁兼容均提出了相应的管理要求和管理方法。

该指南主要从以下几个方面对装备的全寿命周期的电磁兼容管理提出要求。

1．一般要求

电磁兼容是装备的基本性能之一，为使装备具备良好的电磁兼容，应对全寿命周期中各阶段实施电磁兼容管理，一般应包括：

（1）尽早提出电磁兼容要求。

（2）制订和实施电磁兼容大纲和电磁兼容控制计划，明确各阶段电磁兼容的各项工作和进度。

（3）建立电磁兼容管理和协调网络及工作程序。

（4）在研制过程中应进行电磁兼容预测与分析。

（5）电磁兼容设计纳入系统和设备的功能设计中，不要依靠事后的补救措施。

（6）全寿命周期各阶段应进行电磁兼容评审。

（7）确认装备能否实际达到电磁兼容要求，若不能，则应及时采取措施，以保证满足装备的主要功能要求。

（8）装备使用的频段和频率应及时申报批准，以便进行频率的配置、使用和管理。

（9）对有关人员进行电磁兼容培训。

2．详细要求

1）论证阶段

论证阶段的电磁兼容工作一般应包括：

（1）分析装备预期的电磁环境。

（2）提出装备在电磁环境中的一般兼容性要求。

（3）分析可供选用方案的电磁环境效应。

（4）分析可供选用方案有关电磁兼容的费用、风险和对任务完成能力的影响。

（5）研究频谱利用问题。

2）方案阶段

方案阶段的电磁兼容工作一般应包括：

（1）成立电磁兼容技术组。

（2）制定电磁兼容大纲。

（3）选用和剪裁适用的标准。

（4）确定系统、分系统和设备的电磁兼容要求。

（5）拟定各分系统、设备及天线的最佳布置方案。

（6）确定频谱要求，提交频率分配申请。

（7）制订电磁兼容控制计划。

（8）确定验证要求，制订试验计划。

（9）调整计划进度和经费预算。

（10）进行电磁兼容工作评审。

３）工程研制阶段

工程研制阶段的电磁兼容工作一般应包括：

（1）实施电磁兼容控制计划，在功能设计的同时进行电磁兼容设计。

（2）进行模拟、试验、改进和完善设计。

（3）对设备、系统和分系统间进行电磁兼容考核试验，验证是否符合合同中的有关要求，提交试验报告。

（4）评审电磁兼容超差申请，分析工程更改对电磁兼容的影响。

（5）综合分析装备整体电磁兼容。

（6）确定生产工艺和安装要求时要考虑电磁兼容。

（7）编制装备频率使用管理文件。

（8）使用、维修文件中应有电磁兼容方面的内容。

（9）进行电磁兼容工作评审。

４）定型阶段

定型阶段的电磁兼容工作一般应包括：

（1）按照批准的定型试验计划进行电磁兼容定型鉴定试验，确认是否满足《研制任务书》和合同中有关电磁兼容方面的要求。

（2）审查电磁兼容有关文件的完备性。

（3）提交电磁兼容综合评价报告，作为批准装备定型的依据之一。

５）生产和使用阶段

生产和使用阶段的电磁兼容工作一般应包括：

（1）严格按照工艺文件和安装要求中保证电磁兼容的要求进行生产，并加强检验。

（2）制订与实施使用和维修人员培训计划。

（3）实施频率管理和使用计划。

（4）维修中保持装备的电磁兼容。

（5）建立装备电磁兼容的检测、使用及维修的信息反馈系统，报告、解决使用和维修中的电磁兼容问题。

（6）装备加改装时，应分析对电磁兼容的影响。

（7）装备退役前，由使用部门全面总结使用、维修中有关电磁兼容方面的资料、数据、经验、费用等，存档或存入数据库。

4.1.2 国外装备电磁兼容管理要求

为了确保装备在实战中的性能得到有效的保障，各个国家特别是欧美等科技水平领先的国家，对装备的电磁兼容是极为关注的，其通过对装备的全寿命周期的有效电磁兼容管理来确保装备的电磁兼容。

下面以美国国防部手册 MIL-HDBK-237D《采办过程的电磁环境效应和频谱保障性指南》的第 5 章《电磁兼容的管理和规划》相关内容，简要介绍一下美国对装备的电磁兼容管理要求。

1．概要

执行合适的电磁兼容管理和规划是很重要的，其目的可归纳如下。

（1）在设计、制造和质量保证方面都应该承担电磁兼容的责任。

（2）把电磁兼容和其他要求结合起来，如成本、可靠性、维护和对环境的要求。

（3）监测设备设计上的变化和缺陷，并把包含的电磁兼容信息传送给所有相关人员。

（4）对是否需要改变以满足电磁兼容要求进行评估，并把这作为必须要求去执行。

（5）所有相关的人员保持联络。

2．电磁兼容协调员和工作组

设计机构应负责电磁兼容的管理和规划。对于一个复杂的设备、系统或分系统，很有必要任命一个电磁兼容协调员。电磁兼容所涉及的方面可能很复杂，所以需要成立一个电磁兼容工作组，通常这个工作组会由协调员负责。协调员的主要责任如下。

（1）联络设计专家、美国国防部项目管理者和承包人。

（2）组织制订控制计划。

（3）组织制订试验计划。

（4）组织评估试验报告。

3．电磁兼容控制计划

电磁兼容控制计划必须确保电磁兼容要求得到充分处理，费用得到有效利用。

4．电磁兼容试验计划

要使试验步骤和试验安排的细节有效，电磁兼容试验计划是必要的。对与受试特殊设备、系统或分系统有关的标准要求进行解释时，电磁兼容试验计划也是必要的。没有电磁兼容试验计划，试验时会出现大量的变化，尤其是在不同的试验厂房中测试复杂的系统。

5．电磁兼容试验报告

电磁兼容试验报告可用来证明遵守了项目的电磁兼容要求和完成了承包人的责任。

6．设备手册

如果没有应有的电磁兼容知识而进行设备的维护、维修和改造，那么系统的电磁兼容也许很危险。因此，设备手册应包括与电磁兼容相关的关键细节，并且在操作人员进行维护、维修和/或改造时提供指导。

7. 电磁工程管理

武器平台和武器系统的电磁性能降级是复杂的，通常也是武器平台设计中的一个理解误区。当系统集成时，通常按照其各自的优势进行选择，而很少或根本没有考虑集成到复杂电磁环境下现代武器平台中所遇到的问题。这常常导致在复杂电磁环境，有时是敌对方电磁环境中系统间的性能竞争。

随着武器平台上所用电子电气设备和系统的增长，电磁干扰源的数量也相应增加。许多设备在控制条件下特别容易产生电磁辐射。人们能够预测并考虑这些有意辐射的影响。但是，这些设备和许多其他设备也许还产生无意辐射和无用辐射，人们就不容易考虑或控制这种类型的辐射。当设备需要同时在现代平台受限制环境中运行时，这些无意辐射和无用辐射问题就会被扩大。武器平台上遇到的大部分电磁干扰问题是设备自身所产生的相互干扰，如干扰源和敏感设备在同一平台上。通过仔细设计武器平台和其上使用的设备避免了很多这些问题。

8. 电磁工程规范

电磁工程应用中相应的国家或国际标准，是按照满足相关合同或技术要求说明的最低要求来定义的。武器平台及设备项目经理要规定何处需要遵守电磁工程标准或规范。在每个应用领域，将这些标准指定强制执行或作为参考。特殊标准中放弃的内容也可能包括任何隐含的电磁兼容要求。需要指出的是，这些应用到设备和系统上的标准同样仅仅反映了最基本的电磁兼容要求。

9. 电磁工程设计研究

在设备、系统或武器平台的设计阶段，电磁工程设计研究主要是确定并解决设备间的不兼容性。对于电磁工程来讲，在设计阶段解决设备间的冲突是最有效的方法。

4.1.3 电磁环境效应管理

随着电磁兼容技术的发展和其内涵的进一步拓宽，目前在系统级别的电磁干扰和与抗干扰相关的研究已经从电磁兼容向电磁环境效应拓展。

我国 2016 年发布了 GJB 8848—2016《系统电磁环境效应试验方法》，就参考美军标MIL-STD-464C 用"系统电磁环境效应"取代"系统电磁兼容性"。该标准为 GJB 1389 配套使用的试验方法标准。2023 年 1 月 5 日，中央军委装备发展部发布国军标 GJB 1389B—2022《系统电磁环境效应要求》代替了 GJB 1389A—2005《系统电磁兼容性要求》，也是用"系统电磁环境效应"取代"系统电磁兼容性"。这也宣告了从该标准发布开始，对系统级装备将会用"系统电磁环境效应"全面取代"系统电磁兼容性"。

目前，国内的系统电磁环境效应管理还处于起步阶段，在此简要介绍美国军方电磁环境效应管理相关的要求。

为有效控制电磁环境效应，美国军方重视电磁环境效应的管理。电磁环境效应工作分为电磁环境效应基础研究工作和武器装备全寿命周期电磁环境效应工作，美国军方将电磁环境效应管理分为基础研究管理和武器装备全寿命周期管理，下面简要分析其管理内容和管理机制，总结美国军方电磁环境效应管理的特点，为我国实施电磁环境效应管理提供借鉴。

1．概述

美国电磁环境效应（E3）管理经过长期的实践总结，不断丰富完善。其管理特点是有法可依、有章可循、权责明晰、方法科学。具体来说，国防部指令 DoDD 322.3—2004《国防部 E3 纲要》规定了 E3 政策，明确了 E3 管理职责，各军兵种部如陆军 ADA 270441《陆军 E3 纲要》、海军 OPNAVINST 2400.20F《E3 和频谱支持性政策和程序》、海军航空兵 NAVAIRIST 2400.1—2009《E3 和频谱可支持性政策和程序》等也都建立了本军种内部的 E3 程序，使得 E3 管理责权明晰；MIL-HDBK-237D《采购过程的 E3 和频谱保障能力指南》规定了各个采办阶段需要审查的技术文档及试验报告，使得研制装备的管理控制有章可循；联合频谱中心等单位开发的 EMC 预测分析与 E3 评估软件和数据库，使得控制 E3 的系统设计方法得以利用；MIL-STD-461G《分系统和设备电磁发射和敏感度要求与测量》、MIL-STD-464C《系统 E3 要求》使得武器装备的 E3 要求和试验有法可依。

2．E3 定义及其研究内容

随着人们对 E3 认识的不断深化，对 E3 的定义也在不断拓展。MIL-STD-464C 对 E3 的定义：电磁环境对军事力量、设备、系统和平台运行能力的影响，它涵盖所有的电磁学科，包括电磁兼容、电磁干扰、电磁易损性、电子防护、电磁脉冲、静电放电，以及电磁辐射对人员、军械和易挥发性物质如燃油的危害。E3 包括射频系统、超宽带设备、高功率微波系统、雷电和沉积静电等辐射源产生的电磁环境引起的电磁效应，这使得 E3 研究范围扩展到了电子防护、高功率微波及超宽带武器。

E3 管理的内容分为两类，一类是对装备研制起支撑作用的 E3 基础研究工作；另一类是武器装备论证、研制、生产和使用中涉及的武器装备全寿命周期 E3 的工作。

1）电磁环境效应基础研究

为确保武器装备研制生产过程中全面控制电磁环境效应，美国开展了一系列的基础研究工作来支持和保证。这些基础研究工作包括电磁环境（EME）基础研究、系统 E3 要求的论证及设计技术、EMC 预测分析及数据库构建、E3 评估、E3 试验与评价，以及 EME、E3 标准的制修订等。电磁环境效应基础研究工作做得越好，电磁环境工程技术基础平台和管理水平就越高，其保障和监督作用就越大。

2）武器装备全寿命周期电磁环境效应工作

武器装备全寿命周期电磁环境效应工作包括确定电磁环境及电磁环境效应要求、进行控制 E3 的设计、EMC 预测分析及 E3 评估、开展 E3 试验与评价等方面的内容。这些工作的正常开展离不开 E3 基础研究工作成果的支撑，如 EME 数据库及 E3 标准是武器装备 E3 要求论证的依据；EMC 预测分析及 E3 评估软件为 E3 顶层要求的向下分配、EMC 预测及 E3 评估提供了手段；E3 试验与评价为识别 E3 设计风险、验证 E3 控制水平提供了方法基础。

3．美国军方电磁环境效应管理

电磁环境效应管理是指为达到有效控制电磁环境效应的目的，对电磁环境效应基础研究工作和武器装备系统工程中的电磁环境效应工作进行有效的组织、计划、监督和控制的管理活动。电磁环境效应管理体制是一个由多个层次、多种机构组成的综合系统，主要包括管理政策、管理内容及职责、管理机构、运行机制等。

1）电磁环境效应管理的政策

美国军方 E3 管理实行美国国防部统一领导和各军兵种分散实施相结合的管理体制。美国国防部和各军兵种的指令、指示明确了 E3 管理的政策、职责。

美国国防部指令 DoDD 3222.3《国防部 E3 纲要》规定了电磁环境效应管理的政策和职责。美国各军兵种依据 DoDD 3222.3，结合本兵种实际，在本兵种范围内建立了 E3 管理的政策和职责。美国国防部和各军兵种的 E3 管理政策是一致的。

（1）所有电子电气系统、分系统、设备和有电引爆装置的武器，在预期的电磁环境中相互兼容工作，不会因 E3 的影响造成不可忍受的性能降级。

在方案精选和技术开发阶段尽早研究 E3 控制要求。相关文件如能力研制文件（CDD）、能力生产文件（CPD）、设备说明书、信息保障计划（ISP）、试验与评价计划（TEMP）中明确 E3 控制和验证要求。

需要验证美国国防部武器、控制、通信、情报、预警、侦查和信息系统在预期工作电磁环境中的使用效能和生存性。在进入系统验证和生产与部署阶段之前，需要确定和评估 E3 问题，并在关键设计审查中评审。试验与评价计划应包括关键的使用问题，需要验证系统、分系统和设备的 E3 得到有效控制。在信息保障计划中需要说明系统、分系统和设备的电磁兼容。

在部队训练、作战和其他活动中应减轻电磁辐射对军械的危害（HERO）、电磁辐射对人体的危害（HERP）、电磁辐射对燃油的危害（HERF）。

（2）编制军方 E3 规范、标准和手册，强调接口和验证要求，确定使用性能，明确研制和使用试验方法。

（3）研制 EMC 分析工具和数据库、E3 评估工具，以预测、防止和改进 E3 缺陷。

（4）美国国防部有军用系统在使用电磁环境中的 E3 试验能力。

此外，DoDD 3222.3 指令将电磁环境效应管理职责在美国国防部范围内进行了分配。

2）电磁环境效应基础研究管理

（1）电磁环境效应基础研究管理的内容。

电磁环境效应基础研究管理的内容包括 EME 基础工作（EME 测量、采集、数据处理、数据应用及分析技术）、系统 E3 要求论证及设计技术、EMC 预测分析及 E3 评估技术、E3 试验与评价、EME 和 E3 相关标准的制定等。

（2）E3 基础研究管理机构。

美国联合频谱中心（JSC）负责美国国防部 E3 的基础研究和管理。在 E3 基础研究方面，JSC 设计、开发并维护着电磁环境及与 E3 相关的评估工具和数据库。目前，美国军方使用的 EMC 分析软件及数据库、E3 评估工具、EME 数据库及预测分析、E3 试验与评价等都由 JSC 开发，JSC 开发并维护着 2000 多种分析工具及数据库；同时，JSC 还编制 EME 和 E3 标准、指南等，所有这些基础研究工作有力地支撑了武器装备全寿命周期的 E3 工作；

在 E3 管理方面，各军兵种部采集的电磁环境数据、用频武器装备电磁频谱特性参数等都要按照 JSC 要求的格式上报；JSC 的专家为美国各军兵种提供了解决 E3 问题的服务；自 1993 年开始，JSC 主办年度 E3 项目审查会议，就 E3 相关项目进行审查，以及新技术、新标准培训等。

美国各军兵种都设立的 E3 基础研究和管理机构。美国陆军通信电子司令部（CECOM）下属的研究研制和工程中心（RDEC）空间和陆地通信处（S&TCD）；美国海军航空兵、美国海军陆战队、美国空军等也都设立了 E3 的研究和管理机构。

3）美国武器装备全寿命周期 E3 管理

（1）美国武器装备 E3 管理的内容。

对具体 E3 工程项目而言，E3 管理内容就是美军标 MIL-STD-464C 规定的 15 个方面的要求，即安全裕度、系统内电磁兼容、外部射频电磁环境、高功率微波系统、雷电、电磁脉冲、分系统和设备电磁干扰、静电荷控制、电磁辐射的危害、全寿命周期 E3 加固、电搭接、外部接地、TEMPEST、系统间电磁兼容、电磁频谱兼容性管理。与我国 GJB 1389B—2022 的要求基本一致。

（2）美国武器装备 E3 采用产品综合小组（IPT）管理模式。

美国武器装备 E3 的管理采用产品综合小组的管理模式。项目办公室针对每个项目建立了一个 E3 工作级产品综合组（WIPT），协助项目主任确保正在研制的平台、系统、分系统和设备能与自身的 EME 和外部的 EME 在电磁方面兼容，监控与项目有关的 E3 工作，在确定和实施 E3 问题解决方案方面提供协助，建立高层次协调渠道，E3 的 WIPT 起到了作为问题审查、咨询和技术顾问的重要作用。

（3）美国武器装备 E3 采用技术审查（IPT）管理机制。

在项目的系统工程中设置关键点，并在该点检查 E3 的相关信息，做出相应决策，以降低项目风险。MIL-HDBK-237D 详细规定了在系统工程技术审查的各阶段的审查目的、审查内容和推荐的 E3 措施。

（4）E3 试验与评价管理。

E3 试验分为研制试验与评价（DT&E）、使用试验与评价（OT&E）。美国极其重视试验与评价工作，美国国防部和各军兵种部都设立的 DT&E、OT&E 的管理机构建设了 E3 试验设施。利用 E3 试验确定 E3 性能水平，帮助发现和修正 E3 缺陷，为权衡分析、降低风险和细化要求提供支持。

4. 美国 E3 管理的特点

1）注重 E3 基础研究

美国对 E3 相关基础的研究在美国国防部范围内进行了分工，在最初的美国国防部电磁兼容程序 DoDD 3222.3 中明确：美国海军部负责研究制定 EMC 的标准和规范；美国陆军部负责 EMC 测试方法和测试设备研制；美国空军部负责 EMC 预测分析和数据库研制。后来，随着美国对 E3 认识的不断提高，以美国国防部 EMC 分析中心为主体组建了美国联合频谱中心，将美国国防部 EMC 程序拓展为美国国防部 E3 纲要，对 E3 相关基础的研究工作在美国国防部范围内进行了分配，规定了每项工作的责任人。目前，美国在基础研究方面取得了很多成果，并将这些研究成果固化为技术支撑手段，为 E3 相关工作服务，大大提高了美国控制 E3 的水平。

2）重视 E3 试验与评价

试验与评价的作用是确定性能水平，帮助研制者纠正缺陷，同时是决策过程的一个重要环节，为权衡分析、降低风险和细化要求提供支持性信息。美国利用研制试验与评价验证是否已经满足技术性能规范，利用使用试验与评价确保武器装备在真实的环境下满足用户要求。美国对试验与评价工作极为重视，并将其作为武器装备采办过程中的一个必不可少的组成部分，为各阶段里程碑决策提供了重要技术支持。

3）对研制项目 E3 的全寿命周期管理

美国对项目 E3 进行全寿命周期管理，从电磁环境论证、E3 要求的提出、E3 要求细化为装备规范到预测分析和试验分析 E3 要求的满足程度，以及定型试验考核实施全寿命周期管理，切实做好了武器装备的优化工作。

4.2 装备电磁兼容标准发展沿革

1887 年，赫兹的电极放电试验首次证实了电磁波的存在；1901 年，马可尼使用铜线阵列利用电磁波实现了远距离通信，从而奠定了无线电广播与通信的基础。与此同时，人们也逐渐发现了电和磁带来的干扰问题。1881 年，英国科学家希维赛德发表了一篇题为《论无线电干扰》的文章，电磁干扰问题首次被正式提出。20 世纪，各种电子系统和设备的快速发展，也带来了更多的干扰问题，电磁兼容因此也成了装备设计、研发及使用过程中重点关注的领域之一。

4.2.1 美国装备电磁兼容标准发展历程

1．"无线电噪声干扰"时代

为了解决无线电噪声干扰问题，在 20 世纪 30 年代，美国光电协会和电气制造商协会联合发布了电磁干扰测量技术和相关标准，研发出了测量无线电干扰和场强的仪表，初步确定了无线电干扰容限的基本理论。同时，为了加快制定出统一的无线电干扰系统性标准，1933 年，由 IEC 和 UIR 共同组建了 CISPR。CISPR 首先确定了无线电干扰可接受的上限和测量这种干扰的方法，并进一步规范了测量设备，明确 160kHz～1605kHz 频段内无线电噪声测量的操作规程。

2．"电磁干扰"时代

电信和雷达技术在二战期间的广泛应用，进一步推动了电子系统无线电干扰控制技术的发展。随着军事通信、导航、雷达系统需求的不断增加，电磁频谱愈发拥挤，很多干扰现象超出了无线电范畴，人们将这些干扰问题统称为电磁干扰（EMI）。与此同时，对频谱的合理规划也逐渐提上日程。二战期间，电子通信、导航和雷达系统作为影响战局的重要因素，EMI 测试和控制技术也成了军队关注的焦点。1945 年，美国军队总结了 CISPR 等组织在 EMI 测试方面的经验，制定出了第一个 EMI 测试军用标准 JAN-1-225《150kHz～20MHz 无线电干扰测量方法》，从而规范了美国陆军、海军无线电干扰的测量方法，使各种设备的 EMI 测试结果更具有效性。1946 年，JAN-1-225 由美国国家标准学会（ANSI）变更为 ANSI C63.1。1963 年，ANSI C63.1 修订为 ANSI C63.2，测试频率提高到 30MHz。1964 年，ANSI C63.2 修订为 ANSI C63.3，频率范围上限达到 1000MHz。2009 年，ANSI C63.4 正式发布，频率范围为 9kHz～40GHz，并且标准名称变更为《低压电子电气设备无线电噪声发射测量方法》。在此期间，美国军队还发布了 MIL-I-6181《干扰控制要求》、MIL-STD-826《航空设备干扰控制要求》等 EMI 控制标准。同时，在单一设备 EMI 测试和控制的基础上，美国军队也开展了系统级设备的 EMI 测试方面的技术研究，为之后的 MIL-E-6051《系统电磁兼容要求》标准发布奠定了基础。

3. "电磁兼容"时代

为了适应技术发展需要，IEEE 在 1964 年将旗下著名学术期刊"*Transactions RFI*"改名为"*Transactions EMC*"。EMC 概念的提出，将 EMI 向多设备、多系统间实现兼容，以及时间和空间上实现兼容的领域扩展。美国军队一直致力于 EMC 技术和标准的研究工作。对于设备和分系统级 EMC，在 MIL-STD-461 系列标准颁布以前，美军标中设备 EMC 标准是非常复杂和多样的，美国各军兵种为满足各自的需要，制定了各自的 EMC 要求标准。例如，1950 年美国空军发布了 MIL-I-6181《机载设备电磁兼容控制》；1952 年美国陆军发布了 MIL-I-11748《电子设备干扰抑制》；1954 年美国海军发布了 MIL-I-16190《电子干扰测量方法和限值》；1958 年美国空军发布了 MIL-I-26600《航空设备干扰控制方法》。这些标准大多经历了多次修订，到 1967 年，在被 MIL-STD-461 取代之前，各自有效的版本为 1958 年 6 月发布的 MIL-I-26600；1958 年 11 月发布的 MIL-I-11748B；1959 年 11 月发布的 MIL-I-6181D；1967 年 11 月发布的 MIL-I-16190C。这种多种标准共存的体制给实际使用带来了许多难以克服的困难。首先，这些标准规定的限值差别很大，当按某一标准设计一个设备时，如果要同时满足另一个标准的要求，则常常要重新设计和测试，否则，不是达不到要求，就是造成浪费，很难两全；其次，每个标准规定的频率范围不同，测试方法不同，使用的测试设备也不同，要完成所有的测试，装备起所有的测试设备，费用就相当大。因此，这就给标准的制定者和使用者提出了一个非常现实而又迫切的问题，即制定一些新标准来统一名目繁多的标准，把标准数目减至最少，以供三军共同使用。1964 年，美国国防部组织专门小组制定了三军统一的 EMI 测量和控制要求标准。在 1965 年，美国国防部发布了标准 MIL-E55301《电磁兼容》，首次将"电磁兼容"概念引入军事领域。之后在 1967—1968 年先后发布了 MIL-STD-462《电磁干扰特性的测量》、MIL-STD-461《控制电磁干扰的电磁发射和敏感度要求》。MIL-STD-461 和 MIL-STD-462 两个标准相互配套共同使用，这两个标准成了当时美国军队最基础的电磁兼容标准。MIL-STD-461/462 适用于安装在美国国防部平台上所有军用电子电气设备，如坦克、舰船、飞机、固定设施等平台。其在世界范围得到广泛应用，已被许多国家采纳作为其 EMI 规范的基础。

"电磁兼容"时代，美国军队制定了 MIL-STD-461 系列标准，包括 MIL-STD-461、MIL-STD-462、MIL-STD-463《电磁干扰技术的定义和单位制》。MIL-STD-461 系列标准是三位一体的标准，组合在一起成了美国军队装备基本的电磁干扰要求。从而使得美国军队装备 EMC 要求进入了 461 标准的时代。

不过，美国军队也逐渐意识到，即使组成系统的各设备均符合 MIL-STD-461/462 的要求，但也不能保证各设备组成系统后能够在所处的电磁环境中兼容正常工作，因此开展系统级 EMC 的研究迫在眉睫。不过，系统级 EMC 的研究难度较大，不但要实现组成系统各设备间的电磁兼容，而且要求系统对所处的电磁环境实现兼容。1967 年，美国军队针对民用领域的航空装备，发布了 MIL-E-6051D《系统电磁兼容性要求》，标准中规定了系统电磁兼容性总要求，包括危险程度、降级准则、线缆、电源、接地、雷电防护、静电放电、人身危害、对火工品的危害等。

4．"电磁环境效应"时代

1992 年，美国军队针对航空武器装备（飞机、地面设备）对 MIL-E-6051D 进行了修订改版，发布了 MIL-STD-1818《系统电磁环境效应要求》；1993 年，又对 MIL-STD-1818 进行了修订，发布了 MIL-STD-1818A。在 1993 年之前，美国军队关于系统级 EMC 的标准，主要针对的是航空武器装备。随着水面和水下舰艇、航天系统、地面武器装备向复杂大系统发展，美国军队着手开展顶层的、三军通用的、适用范围广泛的系统级 EMC 标准研究，并将 EMC 的概念进一步扩展，提出了电磁环境效应（E3）的理念。1997 年，美国军队发布了 MIL-STD-464《系统电磁环境效应要求》，首次将航空装备、水面和水下舰艇、航天系统、地面装备等的 EMC 要求全覆盖，明确了美国军队在上述装备设计和使用的 EMC 考核要求。MIL-STD-464 的发布是美国军队系统级 EMC 研究的里程碑，随着技术的发展，MIL-STD-464 经历了 4 次修订，2002 年更新为 A 版，2010 年 10 月更新为 B 版，2010 年 12 月更新为 C 版，2020 年 12 月更新为 D 版（目前最新的为 MIL-STD-464D）。为了顺利开展 MIL-STD-464 的系统级 E3 考核需求，美国军队投入大量经费，建设了许多大型的试验场地，用于系统级 E3 的试验验证和考核，如美国马里兰州帕图克森特海军航空作战中心的 E3 试验场地，其最大规模的电波暗室达到了 55m×55m×18m，可容纳整机的 E3 试验；美国海军海上作战中心达尔格伦分部为海军水面舰船进行 E3 相关的测试、研究和评估。随着军用电子设备日趋小型化、高密度的特点，电磁干扰现象愈发频繁。

MIL-STD-461/462 标准从第一次发布到现在已经走过了 50 多年的历程，为了进一步加强和规范军用设备的 EMC，美国军队对 MIL-STD-461/462 进行了几次重大修订。从 MIL-STD-461 标准的演变过程来看，它一直处于既想使标准统一，又不得不照顾各军种和各种不同用途的设备特点这一矛盾中。MIL-STD-461 标准的出现，虽然使美国国防部统一名目繁多的军用标准的想法得以实现，但是统一的规定和统一的限值要求又使得各军种发现标准的许多条款不满足自己的需求。该标准并没有充分考虑到不同的设备预定用途和安装平台将导致一些要求上的差异，于是为了满足特定的需求，一些军种在 1969—1973 年以通告的形式发布了各自的要求。这些通告虽然是在 1968 年发布的 MIL-STD-461A 这一统一的标准号之下，但从内容看，实际上是产生了一些新的标准，此时的三军通用标准 MIL-STD-

461A 已名存实亡。在这种情况下，美国国防部经过多年的征求意见，对 MIL-STD-461A 进行了全面的修改，于 1980 年正式颁布了 MIL-STD-461B。MIL-STD-461B 在编制思想上有了重大转变，在保持一个标准号的前提下，根据不同的用途和安装平台，用 10 个分标准的形式对设备和分系统的电磁干扰和电磁敏感度要求分别做出了规定。1986 年，发布的 MIL-STD-461C 的编写思想是对 MIL-STD-461B 的延续，它仅在一些具体条款上进行了一些改动。但是，1993 年发布的 MIL-STD-461D 的颁布使该标准又"回归"到了只有一个标准的编写模式上。不过，这次不是简单的回归，而是通过各种方式考虑了不同设备在要求上的差异之后的"统一"。后续版本的编写也一直在这一框架内进行修改。1999 年，发布的 MIL-STD-461E 最大的变化是将 MIL-STD-462 并入，使得"EMC 测量要求"和"EMC 测量方法"两个标准合二为一，至此 MIL-STD-462 被废止。在具体要求和方法上 MIL-STD-461E 与 MIL-STD-461D 和 MIL-STD-462D 的变化不大，也仅在一些具体条款上进行了一些改动。20 世纪 90 年代后，MIL-STD-463 标准也被废止，技术定义参照 ANSI C63.14《电磁兼容性（EMC）、电磁脉冲（EMP）和静电放电（ESD）的技术词典》。2007 年，发布的 MIL-STD-461F 是对 MIL-STD-461E 的延续，增加了 CS106 项目、可更换模块类设备等要求，对 RE101 测试方法、敏感度测试方法、输入电源线的屏蔽要求等进行了变动。目前最新版本为 2015 年发布的 MIL-STD-461G《设备和分系统电磁发射和敏感度要求与测量》。MIL-STD-461G 反映了美国军队在 EMI 测量和控制领域的多年技术经验积累，很多国家将该标准作为装备研制和使用中 EMI 测试和控制的准则。

标准 MIL-STD-461G 对设备和分系统的 EMC 要求和试验进行了规范，MIL-STD-464D 对整个系统的 E3 提出了要求及试验考核，从而全面确保了美国军队装备在复杂电磁环境条件下执行任务的可靠性。

4.2.2　我国装备电磁兼容标准发展状况

GJB 151 系列标准是目前我国使用最广泛，也是最权威的军用设备电磁兼容测试标准，该系列标准在武器装备论证、研制、检测与生产中得到了广泛应用，推动了武器装备电磁兼容工作的全面开展，对提高武器装备的电磁兼容起到了关键的作用。

1. 我国装备电磁兼容标准发展历程

我国军队开展电磁兼容标准的研究编制始于 20 世纪 80 年代。1985 年颁布了 GJB 72—1985《电磁干扰和电磁兼容性名词术语》，首次在全军对电磁干扰、电磁兼容等给出了定义。1986 年颁布了 GJB 151—1986《军用设备和分系统电磁发射和敏感度要求》、GJB 152—1986《军用设备和分系统电磁发射和敏感度测量》（等效采用美军标 MIL-STD-461B/462），这套标准是我国第一套三军通用的电磁兼容标准，也就是我们通常所说的 151 系列标准。该标准的颁布成了我国军队电磁兼容标准化历史上的一个重要标志，极大地推动了装备电磁兼容技术的发展。随后，这一系列标准不断修订。1995 年开展了 GJB 151—86 和 GJB 152—86 的修订工作，其修订版 GJB 151A—1997《军用设备和分系统电磁发射和敏感度要求》和 GJB 152A—1997《军用设备和分系统电磁发射和敏感度测量》于 1997 年正式颁布实施（等效采用美军标 MIL-STD-461D/462D)。

GJB 151A/152A 标准主要针对 86 版标准中暴露的问题进行修改完善，主要包括以下几个方面。

(1) 极限值规定不尽合理。有些项目极限值过严，如 CE01、CE03、RE01、RE02 等，尤其是 RE02，大部分设备难以通过。按此要求设计的产品大大提高了研制成本，造成了浪费。而某些极限值又太宽，如 CS01、CS02、RS03 等，设备几乎均可以顺利通过试验，但却不能保证其在具体使用中不敏感。这些问题在一定程度上造成了欠设计和过设计。

(2) 测试辐射发射时有窄带发射限值与宽带发射限值之分。长期以来，人们对宽带或窄带发射概念的理解和判别方法不一致，使测试结果造成较大误差，给测试工作带来很大麻烦。况且宽带、窄带之分，对提高产品的电磁兼容水平起不到作用。

(3) 有些试验项目对模拟产品实际工作时的电磁干扰或电磁敏感度不尽合理，如瞬态传导干扰、尖峰传导敏感度等。而有些在实际环境中遇到的干扰和抗干扰问题却未涉及，如核电磁脉冲、电缆束的抗扰度等。

(4) 标准本身过于烦琐，且各部分之间交叉重复，对标准不熟悉的人很难操作。

2013 年，我国再次对 GJB 151 系列标准进行修订，并发布了新版的 GJB 151B—2013《军用设备和分系统电磁发射和敏感度要求与测量》，这也是迄今为止 GJB 151 系列的最新版标准。GJB 151B 在原标准基础上，参考并采用了 MIL-STD-461F，部分项目还参考了其他标准，包括 GB/T 17626.2《电磁兼容试验和测量技术静电放电抗扰度试验》、HJB 34A—2007《舰船电磁兼容性要求》、AECTP 500—2011 第 4 版《电磁环境效应测试和验证》、RTCA/DO-160E—2004《航空设备环境条件和测试方法》和 DS 59-411-part3—2007《电磁兼容性设备和分系统测试方法和限值》等标准，并考虑了我国军队装备的实际情况。GJB 151B 与 GJB 151A/152A 相比有了很大变化，其差异主要体现在总体结构、项目的适用性、限值、测试设备、测试方法、测试配置和测试步骤上。GJB 151B 包含了电磁兼容测量要求和测量方法，将 GJB 151A（电磁兼容测量要求）和 GJB 152A（电磁兼容测量方法）合二为一，并全面取代了这两个标准。换版后的标准继续使用 GJB 151 的编号，同时，GJB 152 的编号将不再使用。

2. GJB 151B—2013 的变化

GJB 151B—2013 的变化主要发生在以下几个方面。

(1) 引用文件。

新版标准中对引用文件进行了修改，其中有些引用文件是对旧版标准的更新替换，另一些是对原有不合适引用标准的更改，此外还新增了部分引用标准。

(2) 试验限值。

GJB 151B—2013 对不少试验项目的限值都进行了修改，包括 CE101、CE102、CS101、CS106、CS114、CS116、RE101、RE102、RS101、RS103 和 RS105 等项目的限值。

(3) 试验方法。

GJB 151B—2013 在总体的试验方法上更加严谨，主要体现在测试布置更加真实和测试设备更加规范上。测试布置方面，考虑到平台上的输入（主）电源的分布布线一般不是完全屏蔽的，因此增加了输入（主）电源线（包括回线和地线）不应屏蔽的要求；屏蔽室外测试用的金属接地板尺寸增大，并给出了方块电阻的注释；对绝缘支持垫的介电常数提出了要求等。测试设备方面，进一步明确规定 LISN 的信号输出端需要端接 50Ω 负载；修改了发射测试中有关频率范围划分和测量时间的内容；在 1kHz 频率范围以上，将驻留时间由 GJB 152A 按电网频率 60Hz 的周期（0.015s）取值修改为按电网频率 50Hz 的周期（0.02s）取值，采用可选的扫描技术，允许用多次更快的扫描速度加最大保持来替代常规的扫描。

GJB 151B—2013 对 CE102、CE107、CS101、CS106、CS109、CS114、CS116、RE102、RS103 和 RS105 等项目的试验方法进行了修改。

（4）试验项目。

新增了 CS102（25Hz～50kHz 地线传导敏感度）和 CS112（静电放电敏感度）试验项目，使项目数由原来的 19 个增加到 21 个。

CS102 项目适用于水面舰船、潜艇上对低频干扰信号敏感且带地线的设备和分系统，考核其对地线干扰的抗干扰能力。除舰艇有限适用外[被测装备（EUT）接船体地]，其他平台的适用性都由订购方确定。试验限值为在 25Hz～50kHz 向 EUT 地线注入 $1V_{rms}$ 的开路电压。

CS112 项目适用于大多数人手能直接接触到的设备。从实际应用环境来看，人体静电放电的现象到处存在，在空气干燥、大量使用化纤材料或人造面料的环境中，静电放电现象尤其严重。静电放电常常导致设备和分系统出现故障、性能下降甚至损坏。从已广泛开展静电放电敏感度测试的民用来看，静电放电项目是 EUT 出问题相对较多的一个项目。所以，军用设备和分系统开展本项目很有必要。测试设备和方法引用了 GB/T 17626.2。

3. GJB 151B—2013 实施

GJB 151B—2013 实施适应了装备发展对电磁兼容技术的需求，补充完善了测试项目对各安装平台的适用性，统一测试结果的评定准则，进一步提高了测试结果的可比性等。

装备发展方面，一是从武器装备面临的电磁环境出发，结合国内外电磁兼容标准的发展动态，充分考虑了电磁环境效应中的一些现象；二是结合新技术在装备中的应用，补充完善了电磁干扰控制要求。

测试项目适用性方面，综合考虑了平台内外部电磁环境、平台结构、平台供电特性、背景信号的存在特点、平台上发射、接收设备的工作频率范围、设备在平台上的安装位置、类型、使用气候条件等，按照设备和分系统的安装平台（或装置）进行分类，确定了电磁干扰控制要求与预定安装平台或装置的关系，使标准要求更接近设备和分系统所处的实际电磁环境。为便于对标准的理解和使用，GJB 151B—2013 中增加了附录 A "各项目对 EUT 的适用性"，给出了 EUT 端口类型（如壳体、电源线端口、地线端口、信号线端口、天线端口等）、各项目的目的和测试项目与端口的对应关系。

测试结果评定方面，避免了不同单位对不同测试结果评判标准带来的差异，增加了测试结果的评定条款，规定了 "本标准中，对测试结果的评定以直接测试数据为准，不需要考虑测量不确定度。对于 EMI 测试，测试结果小于或等于限值时为符合标准要求，否则为超标"。

测试结果的可比性方面。各测试方法在 GJB 151B—2013 中基本上都只给出一种方法，以避免采用不同的方法可能得到不同的结果/结论，但同时充分考虑测试技术的发展，以附录形式给出了其替代方法。例如，RS101 的交流赫姆霍兹线圈法和 RS103 的步进搅拌模式混响室法。考虑到 EUT 技术状态的固化，对测试过程采取的临时措施提出了记录要求。考虑到测试结果的重复性和可追溯性，修改了大多数项目的提供数据要求。

4．装备电磁兼容标准发展的意义

GJB 151 系列标准颁布实施 30 多年来得到了全面贯彻实施，作为核心和基础性标准，其起到了主导和牵引作用，对提高我国军队武器装备电磁兼容技术水平起到了举足轻重的作用。其发挥的作用主要体现在以下三个方面。

一是带动了相关电磁兼容工作的全面开展，标准的颁布实施使装备电磁兼容工作真正走上正轨，从某种意义上来说，武器装备电磁兼容工作的真正展开，正是这套标准推动的结果。电磁兼容作为一项重要的性能指标，已贯穿到装备论证、研制、试验、定型等全过程。目前在各型号研制中，设备和分系统电磁兼容考核基本实现全覆盖。

二是引导能力建设快速提升，GJB 151 和 GJB 152 颁布之初，标准规定的很多指标，国内基本不具备检测能力。随着标准的广泛实施和更新换代，标准符合性检测手段建设得到快速发展。在设备和分系统级检测手段上，目前国内具备检测能力的单位已超过几十家，数量、规模和水平已处于国际前列。

三是推动装备水平整体提高，标准贯彻实施极大地促进了装备电磁兼容指标的提高，装备 EMC 标准符合性检测合格率大幅提升，推动了装备电磁兼容技术的发展，整体上提高了装备适应战场复杂电磁环境的能力。

4.3　装备电磁兼容标准规范概述

EMC 标准、规范及手册是进行 EMC 设计的指导性文件，是实现装备最佳效能的重要保证，而且具有很大的强制性。其内容可以归纳为以下几个方面。

（1）规定名词术语。

（2）规定电磁干扰允许值（或电磁发射极限值）和敏感度要求。

（3）规定统一的试验方法和测量方法。

（4）规定 EMC 控制方法或设计规范。

（5）规定静电放电、屏蔽、接口等方面的要求。

（6）指导装备的电磁兼容管理、测量和设计。

装备 EMC 管理、测量、设计等技术方面与有关标准和规范关系密切，在这方面，美国是研究机构最多、标准与规范最多、配套最齐全并系列化的国家，其已形成健全的电磁兼容管理机构，并已制定了一系列的技术标准与规范及手册，尤其是美国军队更有其成功的经验，美国军队用标准及军用手册等就是他们成功经验的总结。而且，随着电磁环境的日趋复杂和恶化，美国军队的 EMC 标准与规范也越来越完善和考虑周详细致。所以，世界各国的 EMC 军用标准制定大多以美国军用标准与规范（手册）为蓝本并加以补充和本地化。

4.3.1　美国军用 EMC 标准

美国军用 EMC 标准是一套完整的、应用广泛的标准。为适用技术和装备的发展需求，美国军用 EMC 标准规范和手册历经多次修订完善、换版升级。

1．MIL-STD-461/462《设备和分系统的电磁兼容要求与测量方法》

1965 年，针对美国各军兵种自行制定了各自的标准，给实际使用带来了许多难以克服的困难，美国陆、海、空三军联合制定了 MIL-STD-46x 系列标准，其中，MIL-STD-461（测量要求）和 MIL-STD-462（测量方法）标准于 1967 年 7 月正式发布，从而形成了美国军队第一代配套的 EMC 标准和规范。20 世纪 60 年代至 90 年代，MIL-STD-461/462 经过了一系列的修订，不断更新和完善。1999 年 8 月，美国军队将 MIL-STD-461D 和 MIL-STD-462D 合并发布为 MIL-STD-461E，形成了测量要求和测量方法合二为一的单一标准。2007 年 12 月美国军队发布的 MIL-STD-461F 是对 MIL-STD-461E 的延续，主要增加了 CS106 项目。2015 年 11 月，美国军队发布了 MIL-STD-461G，截至目前，仍为现行有效的版本。

MIL-STD-461G 标准名称为《设备和分系统电磁干扰特性控制要求》。其主要内容有前言、概述、参考文件、定义、一般要求、详细要求、提示、附录 A—应用指南。MIL-STD-461G 涉及的测试项目共有 19 个，基本全面涵盖了军用电磁兼容领域关注的主要内容。可以说，它是美国军队电磁兼容标准体系中最基本（内容包括电磁兼容的理论体系、基本概念、定义术语和几乎所有评价项目）、应用最广泛（陆、海、空三军通用）、影响力也最大（不仅美国军队使用，其他国家的军队和在国际上有影响力的军事联盟也都纷纷采用，因其被视为电磁兼容技术发展的"风向标"而备受全世界军方和非军方组织的广泛关注）的系列标准。

2．MIL-STD-464《系统电磁环境效应要求》

针对系统的电磁兼容，20 世纪 80 年代美国军队制定了 MIL-E-6051，该规范概述了系统电磁兼容的总要求，包括系统电磁环境控制、雷电防护、静电、屏蔽和接地。它适用于整个系统，包括一切有关的分系统和设备。这是美国军队最初的系统规范。MIL-E-6051 在使用过程中，也经过多次改版，迭代完善。1992 年为适应空军采购的需要，对 MIL-E-6051D 进行了更新，修改为 MIL-STD-1818。1997 年，美国军队发布了 MIL-STD-464 "系统电磁环境效应性要求"，该标准适用于所有平台，取代之前一系列的系统电磁兼容标准和规范。该标准当前有效版本为 2020 年发布的 MIL-STD-464D。

MIL-STD-464D 的重要性仅次于 MIL-STD-461G。它涉及系统内电磁兼容、外部电磁环境、大功率微波源、雷电、电磁脉冲、分系统和设备电磁干扰、静电沉积、电磁辐射伤害（包括对人体、燃油和军械）、全寿命周期与加固、电气搭接、外部接地、TEMPEST（信息设备电磁泄漏发射与防护）、系统辐射发射、电磁频谱保障等。

3．MIL-STD-1541A《航天系统电磁兼容性要求》

MIL-STD-1541A 于 1973 年 10 月发布，经修订后于 1987 年 12 月发布了第二版，即 MIL-STD-1541A。它对 MIL-STD-461 中的某些试验项目的极限值等进行了修改，并增加了一些新的要求。

MIL-STD-1541A 标准适用于整个航天系统，包括运载火箭、飞行器、遥测、跟踪和指令系统，以及有关航空航天地面设备。要求进行全系统的电磁兼容试验，强调设计阶段的电磁兼容分析，并制定一个按系统参数产生的干扰要求，按此要求对飞行器或地面站进行全系统的电磁兼容试验，并在工程试验阶段前解决已预测到的 EMC 问题。极力反对那种通过试验发现问题后再来寻求补救措施的干扰控制方法。

4．MIL-STD-1385B《预防电磁辐射对军械系统危害的一般要求》

MIL-STD-1385B 标准对暴露在电磁场中具有电子引爆装置的武器规定了防止引起危害性的一般要求。MIL-STD-1385B 标准适用的标称频率范围为 200kHz～18GHz 和 33GHz～40GHz。

MIL-STD-1385B 标准的这些要求适用于所有海军武器系统安全和应急装置，以及其他内部装有电起爆炸药、推进剂或火工品的辅助设备。由于雷达和通信设备的辐射功率越来越大，这就更需要重视电磁辐射对军械系统的危害。这些危害是由于军械系统使用了可由电磁能量意外引爆的电爆装置。除了考虑可能产生的危害，也应考虑性能降低。

5．MIL-STD-263A《电气和电子零件、组件与设备（电气触发引爆装置除外）的静电放电防护控制手册》

MIL-STD-263A 为制订、实施和监督静电放电控制计划提供指南，重点包括鉴别电气和电子零件、组件与设备上静电放电的起因及后果；静电放电的控制预防措施；对静电放电防护材料和设备的选择与应用考虑；静电放电防护工作和接地工作台的设计与构造；静电敏感产品的操作、处理、包装和标志；人员培训计划的制订；静电放电防护工作区及接地工作台的鉴定等。它提供了实施 MIL-STD-1686《用于电工与电子元件、部件及设备保护的静电放电控制计划》所必需的各种信息与数据。MIL-STD-263A 具有指南性质，所提供的数据、资料详细，可操作性强。

6．MIL-STD-1686C《用于电工与电子元件、部件及设备保护的静电放电控制计划》

MIL-STD-1686C 涉及对易遭静电放电损害的电子电气零件在设计、试验、检查、维修、制造、加工、装配、安装、包装、储存等环节制定和实施静电放电控制时的要求，以及对这些要求的情况进行检查和评审。MIL-STD-1686C 适用于静电敏感电压小于 16000V 的 III 类产品（I 类为 0～1999V；II 类为 2000～3999V；III 类为 4000～15999V）。在 MIL-STD-1686C 附录中给出了通过试验确定产品敏感类别的准则和程序。

7．MIL-STD-285A《电子试验用电磁屏蔽室的衰减测量方法》

MIL-STD-285A 包括频率范围为 100kHz～10MHz 的电子试验用电磁屏蔽室的衰减特性测量方法。

8．MIL-STD-1857《接地、搭接和屏蔽设计实施》

应用 MIL-STD-1857 规定了接地、搭接和屏蔽设计应用的特性，适用于建造与安装船用台站、地面固定台站、可移动的和地面机动的电子设备、电子分系统及电子系统。

9．MIL-HDBK-237D《采购过程的电磁环境效应和频谱保障能力指南》

MIL-HDBK-237D 旨在给国防部负责平台、系统和设备的设计、研制、采办的管理人员，为达到所希望的电磁兼容程度制订有效的工程计划提供必要的指南。其中描述了为在平台、系统或设备的全寿命周期中获得所希望的兼容性，保证电磁兼容在全寿命周期中的符合性必须采取的步骤。

10．MIL-HDBK-241B《电源中减少电磁干扰的设计指南》

MIL-HDBK-241B 在技术上对电源设计者们提供了指导，已经证明这些技术在减少由电源产生的传导性和辐射性干扰上是有效的。MIL-HDBK-241B 是由有关电源的广泛且分散的书刊中取得的资料和从电磁干扰工程师经验中获得的实际装配技术的综合汇编。

11．MIL-HDBK-253《系统预防电磁能量效应的设计和试验指南》

MIL-HDBK-253 目的是为方案管理人员提供电子系统预防电磁能量有害效应的设计和试验指南。

12．MIL-HDBK-419A《电子设备和设施的接地、搭接和屏蔽设计指南》

MIL-HDBK-419A 论述电子设备和设施的接地、搭接和屏蔽的基础理论与实施方法，并提供相应的原始资料；为新设备、设施的设计、制造操作等提供基本的指南；为现有设备、设施的接地、搭接和屏蔽提供改进措施。

13．MIL-HDBK-235-1D《军事作战电磁环境概况 第 1 部分 一般导则》

MIL-HDBK-235-1D 提供的信息用于剪裁和补充 MIL-STD-464 中规定的电磁环境（EME）水平和 MIL-STD-461 中的 RS103 辐射敏感性要求。这两个标准都可以用来确保在美国国防部（DoD）平台、系统、子系统或设备的设计、开发、采购和评估中充分考虑 EME。MIL-HDBK-235-1D 适用于在其全寿命周期内可能暴露于 EME 的任何电子电气设备、子系统、系统或平台，包括地面、船舶、飞机、航空航天和武器系统及其相关子系统和设备、军械、支持和检验设备、仪器。它旨在供负责需求生成和采办全寿命周期循环过程，包括这些最终项目的测试和评估的美国国防部人员使用。

14．DoDI 6055.11《保护人员免受电磁场伤害》

DoDI 6055.11 为美国国防部指令，主要规定如何通过管理和技术措施保护在高的电磁场强环境中工作的人员安全。

4.3.2　其他国家和组织军用 EMC 标准

1．北大西洋公约组织（NATO）的军用 EMC 标准

NATO 曾对设备和系统级 EMC 规范进行了几次重大修改，分别用于设备及系统设计

电磁兼容检测的标准 STANAG 3516、STANAG 3614 均有多种版本。这些文件与 MIL-STD-461、MIL-STD-464 类似。

2．英国（RAE）的军用 EMC 标准

在英国，航空和飞行武器系统方面的军用 EMC 规范与民用标准共用，于 1960 年使用共同标准 BS.2G.100，在 1967 年和 1972 年进行了修订，使之成为 BS.3G.100。随着军事电磁环境恶劣程度的增加，RAE 着手一项研究计划，目的在于制定一个新的飞机 EMC 规范，即 FS（F）510 规范。这个规范不包括专用通信测试，如静噪声和互调，在英国这些内容都是包含在设备的性能规范中的。

3．德国（VG）的军用 EMC 标准

在德国，EMC 军用规范的 VG 系列（VG95370～VG95377）几乎是很完整的。此外，此系列为规范的综合性文件，它对美军标（MIL）规范进行了重大修改和扩展，包括 EMC 测试控制和管理的各个方面。

4．日本的军用 EMC 标准（防卫厅标准 NDS）

有 NDSC 0011B《电磁干扰试验方法》；NDSC 6001《舰船用数字接口》等标准。

4.3.3　我国装备 EMC 标准

我国开展电磁兼容标准的研究编制始于 20 世纪 80 年代初。经过四十多年的发展，我国在装备的电磁兼容标准的制修订方面已经取得了长足的进展，已经发布了数十份通用的及专用的电磁兼容（包括环境电磁效应）标准；还有大量装备标准中也包含相关的电磁兼容要求，这些要求也通常会引用通用或专用标准中的检测方法进行检测、设计方法进行设计或管理方法进行管理。

这些装备电磁兼容/环境电磁效应标准，按照使用类别可分为管理类标准（如 GJB/Z 17—1991 等）、检测类标准（如 GJB 151B—2013 等）、设计类标准（如 GJB/Z 25—1991 等）；按照性质可分为基础标准（如 GJB 72A—2002 等）、通用标准（如 GJB 8848—2016 等）、专用标准（如 GJB 3590—1999 等）；按照要求的不同可分为要求类标准（如 GJB 1389B—2022 等）、方法类标准（如 GJB 6785—2009 等）、指南类标准（如 GJB/Z 132—2002 等）。这些标准从不同的侧面对装备的电磁兼容（包括环境电磁效应）相关内容加以规定，从而为装备的电磁兼容提供良好的保障。

下面选择几个较常用的装备电磁兼容（包括环境电磁效应）标准的当前有效版本加以介绍。

1．GJB 151B—2013《军用设备和分系统电磁发射和敏感度要求与测量》

GJB 151B—2013 于 2013 年 7 月 1 日发布，并于 2013 年 10 月 1 日实施，代替 GJB 151A—1997《军用设备和分系统电磁发射和敏感度要求》和 GJB 152A—1997《军用设备和分系统电磁发射和敏感度测量》。该标准规定了军用电子、电气及机电等设备和分系统电磁发射和敏感度的要求与测试方法；适用于军用设备和分系统的论证、设计、生产、试验和

订购。GJB 151B—2013 标准主要参考 MIL-STD-461F 制定。

GJB 151B—2013 标准共包括 21 个试验项目，根据传导/辐射、发射/敏感度的性质将 21 个测试项目分为四大类：传导发射（CE）共 4 项，传导敏感度（CS）共 11 项，辐射发射（RE）共 3 项，辐射敏感度（RS）共 3 项。项目名称如下。

（1）CE101 25Hz～10kHz 电源线传导发射。

（2）CE102 10kHz～10MHz 电源线传导发射。

（3）CE106 10kHz～40GHz 天线端口传导发射。

（4）CE107 电源线尖峰信号（时域）传导发射。

（5）CS101 25Hz～150kHz 电源线传导敏感度。

（6）CS102 25Hz～50kHz 地线传导敏感度。

（7）CS103 15kHz～10GHz 天线端口互调传导敏感度。

（8）CS104 25Hz～20GHz 天线端口无用信号抑制传导敏感度。

（9）CS105 25Hz～20GHz 天线端口交调传导敏感度。

（10）CS106 电源线尖峰信号传导敏感度。

（11）CS109 50Hz～100kHz 壳体电流传导敏感度。

（12）CS112 静电放电敏感度。

（13）CS114 4kHz～400MHz 电缆束注入传导敏感度。

（14）CS115 电缆束注入脉冲激励传导敏感度。

（15）CS116 10kHz～100MHz 电缆和电源线阻尼正弦瞬态传导敏感度。

（16）RE101 25Hz～100kHz 磁场辐射发射。

（17）RE102 10kHz～18GHz 电场辐射发射。

（18）RE103 10kHz～40GHz 天线谐波和乱真输出辐射发射。

（19）RS101 25Hz～100kHz 磁场辐射敏感度。

（20）RS103 10kHz～40GHz 电场辐射敏感度。

（21）RS105 瞬态电磁场辐射敏感度。

GJB 151B—2013 适用于装备所应用的海军、陆军、空军的不同平台。针对不同的平台，该标准对以上 21 个测量要求项目的适用性按照适用、有条件适用、由订购方规定是否适用、不适用在该标准表 5 "测试项目对各安装平台的适用性" 中进行对应规定。该标准针对不同项目标准按照平台的不同，分别规定了相应的适用范围和端口。

对于在特定系统或平台内使用的设备或分系统，当具体电磁环境和工程分析表明标准的要求不完全适用时，可对标准的要求进行剪裁，加严或放宽要求，以满足整个系统的性能，提高效费比，降低成本。要求改变后，可根据各具体应用对本标准中的测试方法进行相应的修改。剪裁的内容应列入设备或分系统的规范、合同或订单中。

GJB 151B—2013 已发布 10 年了，10 年中很多新技术、新工艺已经应用于装备中，在大幅度提升装备性能的同时，对装备的电磁兼容提出了更高的要求，因此，为满足军方新的需求，将新的技术和研究成果应用其中，使限值更合理、更明确，并改进和完善测试方法等，军委装发部委托电磁环境效应标准化技术委员会对该标准进行研究和修订。修订后将使标准更科学合理、更能满足工程需求；更经济，测试结果更准确，重复性更好。为满足装备研制提出的新需求，在过往实施 GJB 151 的基础上，针对装备暴露出来的问题，增加新的相关内容（将针对某些关键类别设备，提出间接雷电感应瞬态传导敏感度）；积极采用国外先进标准，吸收新技术（主要参考 MIL-STD-461G）；总结过去实施经验，根据国情编制标准相关内容，以制定适合我国国情的设备和分系统 EMC 标准。

2. GJB 1389B—2022《系统电磁环境效应要求》

GJB 1389B—2022 于 2023 年 1 月 5 日发布，并于 2023 年 3 月 1 日实施，代替 GJB 1389A—2005《系统电磁兼容性要求》。该标准规定了系统内所有分系统和设备之间的电磁兼容要求，以及系统对外部电磁环境适应性的要求；适用于军用系统的论证、设计、生产、试验和订购。

GJB 1389B—2022 涉及电磁安全裕量、系统内电磁兼容、外部射频电磁环境、雷电、电磁脉冲、分系统和设备电磁干扰、静电、电磁辐射伤害（包括对人体、燃油和军械）、全寿命周期电磁环境效应控制、电搭接、外部接地、防信息泄漏（TEMPEST）、系统辐射发射、频谱兼容性管理等方面的要求。这些测量要求相应的试验和验证方法在 GJB 8848—2016《系统电磁环境效应试验方法》中进行规定，并需要按照 GJB 8848—2016 中对应规定的试验方法进行试验和验证。该标准主要参考 MIL-STD-464D 来制定。

GJB 1389B—2022 要求应在典型（能反映电磁兼容整体水平的）系统上进行系统电磁环境效应的验证。验证应考虑到系统全寿命周期的所有状态，包括正常的工作、检查、储存、运输、搬运、包装、维护、装载、卸载和发射等，还要考虑实现上述各种状态相应的正常操作程序。

3. GJB 8848—2016《系统电磁环境效应试验方法》

GJB 8848—2016 于 2016 年 5 月发布，并于 2016 年 8 月实施，该标准为首次发布，该标准的制定参考了多个国外相关领域的标准，但主要的技术内容均由我国相关科研人员自行研发，具有自主知识产权。该标准规定了系统电磁环境效应试验方法，包括安全裕度试验与评估方法、系统内电磁兼容试验方法、外部射频电磁环境敏感性试验方法、雷电试验方法、电磁脉冲试验方法、分系统和设备电磁干扰试验方法、静电试验方法、电磁辐射危害试验方法、电搭接和外部接地试验方法、防信息泄漏试验方法、发射控制试验方法、频谱兼容性试验方法和高功率微波试验方法。该标准适用于各种武器系统，包括飞机、舰船、空间和地面系统及其相关军械，为这些系统的电磁环境效应要求规定相应的测量方法。

GJB 8848—2016 涉及的系统电磁环境效应试验方法分为安全裕度、系统内电磁兼容、外部射频电磁环境、雷电、电磁脉冲、分系统和设备电磁干扰、静电、电磁辐射危害、电搭接和外部接地、防信息泄漏、发射控制、频谱兼容性、高功率微波系列等，共规定了 22 项试验方法，具体内容如下。

（1）方法 101 系统安全裕度试验及评估方法。

（2）方法 102 军械安全裕度试验及评估方法。

（3）方法 201 舰船电磁兼容试验方法。

（4）方法 202　飞机电磁兼容试验方法。

（5）方法 203　空间系统电磁兼容试验方法。

（6）方法 204　地面系统电磁兼容试验方法。

（7）方法 301　外部射频电磁环境敏感性试验方法。

（8）方法 401　飞机雷电试验方法。

（9）方法 402　地面系统雷电试验方法。

（10）方法 501　电磁脉冲试验方法。

（11）方法 601　分系统和设备电磁干扰试验方法。

（12）方法 602　舰船直流磁场敏感度试验方法。

（13）方法 701　垂直起吊和空中加油静电放电试验方法。

（14）方法 702　机载分系统静电放电试验方法。

（15）方法 703　军械分系统静电放电试验方法。

（16）方法 801　电磁辐射对人体危害的场强测量与评估方法。

（17）方法 802　电磁辐射对军械危害试验方法。

（18）方法 901　电搭接与外部接地试验方法。

（19）方法 1001　防信息泄漏试验方法。

（20）方法 1101　发射控制试验方法。

（21）方法 1201　频谱兼容性试验方法。

（22）方法 1301　高功率微波试验方法。

应根据系统研制总要求或合同中规定的系统电磁环境效应要求，确定系统电磁环境效应试验内容和具体试验项目，按照该标准规定的要求和试验方法制定试验大纲，依据试验大纲开展系统电磁环境效应试验。

应在典型（能反映电磁环境效应整体水平）系统上进行系统电磁环境效应验证。对安全性关键功能应证明在系统内是电磁兼容的，并在使用之前证明其与外部环境是电磁兼容的。试验应考虑到系统全寿命周期的所有状态或阶段，包括正常工作、检查、储存、运输、搬运、包装、维护、加载、卸载和发射等，还要考虑实现上述各种状态或阶段相应的正常操作程序。

试验是验证系统电磁环境效应要求的基本方法，应根据该标准要求和规定的详细试验方法验证系统对每一项电磁环境效应要求的符合性，与要求偏离的内容应记录在试验报告中。对于某些试验项目（如 GJB 1389B—2022 符合性验证条款中规定的试验项目），可选择试验、分析、检查或其组合的方法。可根据试验结果，通过进一步分析对系统电磁环境效应要求进行符合性验证。验证方法的选择一般取决于方法的结果可信度、技术的适当性、涉及的费用和资源的可用性。

全寿命周期电磁环境效应控制应通过试验、分析、检查或其组合的方法验证。在全寿命周期，电磁环境效应控制包括但不限于维护、修理、监测和腐蚀控制。对电磁环境效应防护措施，如电搭接、接地、电磁屏蔽等应进行必要的测试验证及分析，其定期测试和检查采用本标准和相关标准规定的试验方法。

4．GJB/Z 17—1991《军用装备电磁兼容性管理指南》

GJB/Z 17—1991 由国防科学技术工业委员会于 1991 年 10 月发布，并于 1992 年 6 月实施。该标准提供了军用装备全寿命周期各阶段电磁兼容管理的要求和方法，适用于军用系统、分系统和设备在研制、生产和使用中的电磁兼容管理。现役装备的加改装也可参照使用。

该指南对装备从论证开始到退役为止的全过程包括论证阶段、方案阶段、工程研制阶段、定型阶段、生产和使用阶段的电磁兼容均提出了相应的管理要求和管理方法。

5．GJB 72A—2002《电磁干扰和电磁兼容性术语》

GJB 72A—2002 于 2003 年 2 月发布，并于该年 5 月实施，代替 GJB 72—1985《电磁干扰和电磁兼容性名词术语》。

GJB 72A—2002 规定了电磁干扰和电磁兼容性术语及其定义。该标准对术语的说明或定义仅限于电磁兼容专业范围，该标准中未定义的术语，可在有关标准及文件中另行规定。

GJB 72A—2002 已经发布了 20 年，有些名词术语已不再使用，需要去掉；新出现的大量名词术语需要纳入其中，装发部已组成相应的标准编制组启动对该标准的修订，目前，编制组已完成该标准的修订，报批稿已上交，处于等待批准发布中。

此次修订的出发点：统一电磁环境效应领域的术语及其定义，为 GJB 1389、GJB 8848、GJB 151 等电磁环境效应国家军用标准规范中的术语提供准确和科学的定义。从国家军用装备电磁环境效应标准实际需要出发，与相关国家军用标准和当前技术水平相协调。

修订依据：标准修订以 ANSI C63.14—2014 为主要参考蓝本，并参考 GB/T 4365—2003、GB/T 17626 系列标准、GB/T 6113 系列标准、GJB 151B、GJB 1389B 和 GJB 8848 等标准文献，根据需要补充增加 GJB 72A—2002 和 ANSI C63.14—2014 中均不包含的较常用术语。

6．GJB/Z 25—1991《电子设备和设施的接地、搭接和屏蔽设计指南》

GJB/Z 25—1991 由国防科学技术工业委员会于 1991 年 12 月发布，并于 1992 年 9 月实施。该指南参考 MIL-HDBK-419A 编制。

该指南论述了电子设备、设施的接地、搭接和屏蔽的基础理论与实施方法，并提供了相应的原始资料，为新设备、设施的设计、制造操作等提供基本的指南；并为现有设备、设施的接地、搭接和屏蔽提供改进措施。

该指南可供从事军用通信系统的设计、制造、安装、操作和维修人员参考，应用本手册所提供的基础理论与实施方法和原始资料，可解决电子设备、设施中有关接地、搭接和屏蔽问题。但该指南不能在采购规范中作为引证，也不能代替任何规范的要求。

如前所述，装备的 EMC/E3 的管理、试验评价和设计等与相关标准、规范关系密切，只有遵守相应的标准与规范，才能设计和制造出满足相应指标要求的装备，并在使用时发挥其最佳性能。所以，在进行装备设计时，必须要求装备符合 EMC/E3 的标准，即在规定的电磁环境电平下不因电磁干扰而降低设备与系统的性能，同样，各设备与系统本身产生的电磁辐射也不能超过规定的电平极限值。

近年来，我国在认真研究和积极采用国际标准与美军标等标准，并在消化和吸收国外先进标准的基础上，制定了一批相关标准与规范；同时，同步研发不少完全自主知识产权的标准，但是，由于我国开展 EMC 标准化工作较晚，制定军标的工作还赶不上欧美等发达国家，对 EMC 问题的认识还有待进一步提高。鉴于美军标的权威性已为各国公认，而且它们的确包含着丰富的信息，它们是大量的经验教训实例的总结与汇编，反映了良好甚至是最佳的实践经验，往往是国际间军贸与军工技术协作合同的重要依据。所以，我国装备的 EMC/E3 标准大量参考美军标，并根据我国装备的实际情况进行相应的取舍，并适当增加部分适合我国装备需要的要求。当然，美军标也有不符合我国国情和我军军情，以及不完善之处，我们应慎重对待，并进行进一步的研究与探索，不宜盲目套用。

第5章

电磁环境及其效应

5.1 电磁环境概述

5.1.1 构成

电磁环境由各种电磁发射源产生，其主要来源是系统自身的发射机、友方和敌方的发射机、设备自身的乱真发射、非线性效应所产生的互调产物和电磁脉冲等。自然界中有雷电、静电和大气噪声等来源。

装备电磁环境的来源主要取决于场所和周围环境。例如，在非实战工作条件下，电磁环境的主要来源是自身和友方的发射。在实战工作条件下，敌方的发射机将成为外加的主要来源。因此，系统生存和工作的电磁环境依赖于使用时的周围环境。

5.1.2 影响

电磁环境所产生的有害影响主要有以下几种。

（1）烧坏或击穿元件、天线等。

（2）接收机信号处理电路性能降低。

（3）机电设备、电子线路、元件、军械等错误或意外的工作。

（4）电爆装置、易燃材料等的意外触发或点燃。

电磁环境产生的有害影响有两个基本途径，一个是不希望的能量通过预定通路（天线、传输线）进入使用电磁能量的系统、设备或电路中；另一个是非预期的能量进入并响应。

消除第一种影响主要是接收机的设计问题；消除第二种影响不仅与设计有关，还包括频率的使用和对寄生发射的控制。

消除电磁环境的有害影响除从设计上考虑外，还可通过相应的安装和操作使用限制，对设备和人员生存、工作的电磁环境进行控制。

在某一具体电磁环境中，对受害者的影响取决于该受害者的敏感特性、环境电平、频域和时域特性。为避免有害影响问题，考虑电磁环境对系统、分系统和设备的影响十分必要。

5.1.3 分析确定

电磁环境应通过查询资料、预测分析或测试进行分析确定。分析系统和设备未来电磁环境时，应考虑以下几个方面。

1. 环境剖面

每个设备和系统在其全寿命周期中都将受到若干不同电磁环境的影响，应了解和确定各电磁环境电平，特别是最恶劣的电磁环境电平。例如，导弹在装卸、储存、检查、发射和接近目标的过程中将处于不同的电磁环境中。

2. 功能特性

设备和系统的功能特性随其配置而变化，从而引起对电磁环境敏感性的变化。因此，在制定性能要求的过程中，应明确在各种环境中的功能特性。

3. 工作和生存

在制定性能要求时，应区分工作条件和生存条件。通常，导致性能降低的环境电平与造成永久性损坏的环境电平之间有明显差别。例如，当设备不工作时，能采用许多预防措施防止其受电磁干扰的损害，而在设备工作时却很难做到。

4. 敏感特性

设备或系统的敏感特性根据其设计特性可能有所不同。它可能是选频的或是在宽频带范围内响应的信号电平，其响应时间可能是微秒量级的；它也可能是受环境的短时峰值电平影响，或者是受热影响、响应较慢的平均信号电平。在评估电磁环境对设备或系统的影响时，所有这些特性，以及元件和材料的选择、屏蔽和滤波技术的应用均应予以综合考虑。

5. 综合考虑

确定系统可能遇到的电磁环境时，应同时考虑系统或设备未来任何可能的应用和环境变化，如设计在某种环境中工作的设备或系统可能被安装或工作在其他环境中，或者执行的不是最初设计的功能和任务。因此，尽管预测和分析较多的电磁环境会造成设备或系统的成本增加，但从未来应用的适用性来考虑，这种增加已证明是有价值的。

6. 环境电平

虽然一般仅用场强值或功率密度规定环境电平，但还存在许多能改变电磁环境对系统影响的参数，如脉冲重复频率和宽度、频谱覆盖范围、天线主瓣和副瓣方向、天线极性等。当确定环境电平时，应考虑到可能消除这些电平影响的任何操作程序或安装条件，以及系统和环境方面的其他因素。

5.2 静电效应

静电的许多功能已经应用于工业生产。同时，静电放电（ESD）又成了电子设备领域的一种重要危害。这主要表现为电子设备内的薄膜和厚膜固态器件、金属氧化半导体器件、膜电阻、电容、晶体分立元件、集成电路芯片、混合集成电路器件及压电晶体等，由于 ESD 造成某些器件、元件损坏，因此设备维修费用增加、维修时间加长，于是大大降低了设备的利用率。

由 ESD 引起的装备失效比比皆是，如第 2 章所述，ESD 也是国外多起航空航天设备发射失败的罪魁祸首。

静电对火箭的测试、操作、发射及飞行会造成严重的危害。20 世纪 60 年代以来，由于静电放电，发生了火箭 III 级固体发动机意外点火、火箭在飞行中完全失效甚至炸毁、制导计算机在飞行中失控等事件。

静电对航空航天飞行器及其飞行系统的效能会产生直接影响。一次静电放电就能永久性地毁坏晶体管之类的器件。静电产生的干扰是宽带干扰且频谱连续。由于静电的干扰，驾驶员在驾驶飞机的过程中会对飞机内仪表、语音和无线电导航设备产生错误响应；静电对无人驾驶飞机的影响更为严重，因为这时计算机和控制系统区别所需信号和噪声的能力受到限制，如果采用对沉积静电敏感的频段，那么有可能产生毁机情况。

本节着重对静电的起因、静电效应、静电放电失效的机理等进行叙述，以便为设计师能更好地控制静电放电、减少其危害提供参考。

5.2.1　与静电效应相关的几个概念

（1）静电放电（ESD）：有以下两种定义。一是不同静电电位的物体靠近或直接接触时产生的电荷转移；二是由高静电场引起的静电电荷的快速、自发转移。

（2）沉积静电（P-静电）：有以下两种定义。一是由于空气、潮雾、空气间的粒子与运动的飞行器（如飞机和航天飞机等）之间的电荷转移造成电势逐步升高，引起静电放电而造成的电磁干扰；二是因摩擦起电、引擎电离、交叉场梯度在运载工具上引起静电，由于尖端的废气排放、非金属表面的电晕、不良搭接点或面板处的电弧产生的电磁干扰。

（3）抗静电材料：表面电阻系数大于 $10^9\Omega/m^2$，但不超过 $10^{14}\Omega/m^2$ 的 ESD 防护材料。

（4）静电放电敏感（ESDS）部件：由规定试验电路测得地对 15kV 或小于 15kV 静电电压敏感的电子电气部件和设备。

（5）ESD 防护材料：具有下面一种或多种能力的材料。限制产生静电、能迅速耗散材料表面体积上的静电电荷，或者屏蔽 ESD 火花放电或静电场。ESD 防护材料根据表面电阻系数（或导电性）分为导电材料、静电耗散材料和抗静电材料。

（6）静电场：一个带静电的表面同另一个具有不同静电电位表面之间的电位梯度。

（7）绝缘材料：表面电阻系数大于 $10^{14}\Omega/m^2$ 的材料。

（8）表面电阻系数 ρ_S：材料导电率的倒数，等于表面每单位宽度的电位梯度和电流之比。其中，电位梯度按材料中电流流动的方向测量。

（9）体积电阻系数 ρ_V：材料导电率的倒数，等于电位梯度同电流密度之比。其中，电位梯度按物质中电流流动方向测量。

5.2.2　静电起因

物质接触并随即分开，会产生静电。物质可以是固体、液体或气体。当两个非导电体（绝缘体）接触时，这些电荷（电子）就会从一个物体转移到另一个物体。当这两个物体分开时，这些转移的电荷有可能不再回到原来物体上，这是因为它们在绝缘体中本身不灵活的缘故。如果这两种物体最初是中性的，那么它们会被充电，其中一个带正电，另一个带负电。

产生静电的方法可参照摩擦起电的效应。有一些物体准备吸收电子，而另一些物体要释放电子。按照物体释放电子能力的大小，可以列出序列，如表 5-1 所示。

表 5-1　摩擦起电序列表

	正						
1	空气	11	真丝	21	镍、铜	31	聚丙烯
2	人体皮肤	12	铝	22	黄铜、银	32	乙烯树脂
3	石棉	13	纸	23	金、铂	33	硅
4	玻璃	14	棉布	24	聚苯乙烯泡沫	34	特氟纶
5	云母	15	木头	25	丙烯	35	聚四氟乙烯
6	人的头发	16	钢、铁	26	聚酯		负
7	尼龙	17	封口蜡	27	赛璐珞		
8	羊毛	18	硬橡胶	28	奥纶		
9	毛皮	19	聚酯薄膜	29	聚氨基甲酸乙酯		
10	铅	20	环氧树脂	30	聚乙烯		

有些物体容易释放电子，故获得正电荷；有些物体容易吸收电子，故获得负电荷。当两个物体相互接触摩擦时，电子将会从容易释放电子的物体转移到容易吸收电子的物体上，两个物体分别带有异种电荷。在这个过程中，电荷转移的量级不仅取决于两个物体在摩擦起电序列表中排列的相对位置，而且取决于物体表面的清洁度、接触压力、摩擦的次数、接触面积和分离速度。当两个相同的物体接触后再分离时，也会产生电荷，塑料袋打开时的情况便是一个很好的例证。

5.2.3　静电的性质

摩擦起电，摩擦只是使接触良好的表面产生更多的电荷，进而促进电荷的转移。较快的分离可以缩短电荷重新流动的时间，同时减少储存的电量和电压。

家庭常用设备产生的静电电压大都在 10～20kV，但在工作环境中产生的静电电压幅值的范围是不确定的。

静电是一种表面现象。由于电荷只存在于物体表面而非物体的内部，所以绝缘体中的电荷只保持在产生静电的那些区域，而不会出现在整个表面。因而，绝缘体接地后不会失去这些电荷。与绝缘体相反，充电导体接地便会失去自身电荷。

感应充电，被充电的物体（绝缘体或导体）被静电场包围着。如果把被充电的物体放置在中性导体的附近，那么静电场会破坏中性导体中电荷的平衡，使之相互分离。导体中距带电体较近的那个表面出现的电荷极性与带电体所带电荷极性相反，距带电体较远的那个表面出现与此极性相同的电荷。然而，由于该导体带有相等数量的正电荷和负电荷，所以导体仍然保持中性。

聚集在物体上的电荷储存在物体的表面，即自由空间电容上。所有的物体都有自由空间电容，物体的表面相当于该电容的一个电极板，此时，相对物体的另一个电极板的大小实际上是无穷的，这也是一个物体所能具有的最小电容。规则物体的自由空间电容基本上是其表面面积的函数，这也适用于不规则的物体。因此，物体的自由空间电容可近似考虑为具有与该物体等表面积的简单几何球形的电容相等。人体的自由空间电容为 50pF，地球具有稍强于 $700\mu F$ 的自由空间电容。

5.2.4 主要静电源

1. 生产制造现场的静电源

在生产制造现场，通常遇到的主要典型的静电源包括物体或工艺加工的工作表面、场地地板、工人服装等，并由包装和操作过程、装配试验和修理过程等引起。主要典型的静电源基本上是绝缘体，而且是典型的合成材料。由这些绝缘体产生的静电电压可能非常高，因为静电电荷不容易在整个物质表面上分布或不容易被传导到其他相接触的物质上。某些绝缘材料在高湿条件下，吸收另外绝缘表面的水分，形成薄薄的导电湿气层，往往会耗散掉该物质表面上的静电电荷，而使其导电率增加。在典型的制造装置上的普通塑料产生 15kV 静电电压并不罕见。

2. 在航空领域的静电源

在航空领域，航天器入轨过程中存在几种静电干扰源；近地轨道高度存在某些不同的静电问题；处于同步高度的航天器的静电源又有所不同。

1）近地静电

近地飞行过程中有五种可能的静电源：火箭发动机、沉积和摩擦起电、雷电、近地电势梯度、助推器分离、电晕等。

在火箭发动机排气中，火箭外壳的空间电荷被气体带走并产生电流密度。总电流取决于外壳的空间电荷被排出的气体带出尾喷口的速度。电流排出现象不仅限于火箭，也出现在喷气式飞机发动机的排气中，它能使飞机充电到几十千伏的量级。

沉积和摩擦起电：火箭通过空气、灰尘、雨滴、冰晶和云层，产生电荷沉积在火箭上，同时沉积在不导电的表面上，如座舱盖、整流罩和平镶天线。这种静电会不断积累，直至电位差高得足以跨过不导电的表面与邻近的金属结构之间产生放电。在不导电的表面上涂覆静电导电材料有助于泄放这类电荷。由于这种静电效应，飞机的沉积静电电位可高达 300kV。通过类似环境的航天器、运载火箭也会产生同样的效应。

火箭或发射装置和云层之间的放电表现为雷电。这种电荷的重新分配是具有陡峭前沿的脉冲。在航天器附近发生的闪电也具有相似的效果。

近地电势梯度的情形，可将地球和地表面的充电区近似为电容器的两块极板，中间充满了介质。在 50km 的高度，相当于地球表面的电势约为 400kV。空间中的导电体将承受它所处的地球上空位置处存在的电势。快速上升的物体，如正在发射的航天器会具有相对于它所处的瞬时环境的电位差，电位差的大小取决于航天器的速度和它的导电性。在 3～20km 的高度，平均电势梯度约为 10V/m；低于 3km，电势梯度较大；高于 20km，电势梯度较小。当发生雷击时，电势梯度增加几个数量级。

假设火箭装置总电量恒定，则助推器会分离产生一个分离物体，该分离物体所带电荷比本体所带电荷少。电荷由于分离而重新分布，分布速度由火箭分离的方式和速度决定。分离的物体上如果还有别的电荷源或电荷阱，如燃料或电晕，那么电荷分布的速度会大得多。

在近地表面，当电势梯度超过空气阈值时，会产生电晕。电晕引起传输线功率损耗和绝缘体击穿。实际上，电晕限制了绝缘体两边的静电电位的继续增加。当产生的电荷等于电晕中消耗的电荷时，达到平衡。空气击穿所必需的电位梯度随高度的增加而减少，大约在 30～40km 时达到最小值。在火箭进到最小电压击穿区时，产生在火箭表面上的几千伏的电位差在几秒内就会消失。

2）近地轨道静电

近地轨道有三种静电源：光电和二次发射、等离子体、发动机充电。

当航天器表面受到紫外线和波长较短的光照射时，逸出电子，产生光电和二次发射，使航天器带正电。另外，具有足够能量的粒子撞击航天器也会引起光电二次发射，使航天器带正电。基于这种机理所形成的电位受到空间等离子体的限制。

等离子体是离子、电子、中子和分子的集合体。在等离子体中，粒子的运动受电磁相互作用支配。等离子体遍布整个空间。航天器在空间等离子体中的运动形成了一个正离子前端，留下电子尾流，这是因为电子比正离子的迁移率大。在近地轨道上由于空间等离子体的作用，在航天器上形成的平衡电位一般小于 25V。

在近地轨道上使用火箭发动机，会使航天器又以近地相同的方式带电。但是，空间等离子体会放电，它限制了电位的升空，所形成的电位取决于因发动机作用所产生的充电率、航天器的大小和环境等离子体的性质。

3）同步轨道静电

处于同步轨道高度的航天器会受到高能电子和质子的撞击，这些粒子来自地球黑暗面的太阳风产生的空间等离子体。这类电子和质子能使航天器充电到 10V～20kV。电弧放电的峰值电流高达 1kA，脉冲宽度达毫秒量级，相应的射频电场可达 1kV/m 或更高。由空间等离子体充电效应所产生的电弧放电的上升时间为 15ns，持续时间为 40ns，离放电点 30cm 处的峰值场强为 1.2kV/m。

3. 对电爆器件造成危害的静电源

静电放电使电爆器件误爆的事件曾多次发生，表 5-2 所示为常见的会对电爆器件造成危害的静电源。

表 5-2　常见的会对电爆器件造成危害的静电源

序号	静电源	电容量/pF	电压/V	能量/J	备注
1	将塑料台布从工作台上取下	1000	2000	2×10^{-3}	RH 50%
		1000	35000	0.6125	RH 26%
	将合成纤维台布从工作台上取下	1000	1500	1.125×10^{-3}	RH 50%
		1000	20000	0.2	RH 26%
2	12m 长橡胶轮胎拖车行进时	600	30000	0.27	—
3	30m 高火箭停放在发射台上	1000	2500	4.055×10^{-2}	大气电场 300V/m
4	人脱尼龙外衣（里穿羊毛衫）	300	2000	1.635×10^{-3}	—
5	人从椅子上起来、站到有机玻璃板上	300	8000	9.6×10^{-3}	—
6	地毯上行走，人的鞋、袜与地毯材料不同时	300	5000	3.75×10^{-3}	RH 50%
		300	39000	0.2282	RH 26%
7	人脱塑料雨衣时可使电引爆管起爆	300	7500	8.44×10^{-3}	—

5.2.5　静电敏感特性

电子产品或武器装备对 ESD 表现出的敏感特性，其实质是组成产品整机的主要器件对 ESD 的敏感特性。当器件的引出线两端出现 ESD 时，器件受到静电场的作用，很容易被损坏，此类器件称为静电敏感器件（Electrostatic Discharge Sensitive Device，ESDS）。当将 ESDS 器件的一端引线接到高压源上，另一端引线不接地时，该器件会被 ESD 破坏。安装在组件内的 ESDS 器件，通常都有引线接到导电性能良好的导电材料上，如印制线路板组件的布线和焊盘上。对 ESD 敏感的器件包括微电子器件、分立半导体、厚薄膜器件、薄膜电阻器、电阻器基片，以及压电晶体等。敏感值对不同试验电路将有所不同。含有 ESDS 器件的组件和设备，往往会同其所包含的大多数 ESDS 器件一样敏感。

1. ESD 失效类型

ESD 不但可以引起电子线路的硬件失效，而且可以引起间断失效或翻转失效。在某种类型器件，如大规模集成存储器上和基片上，无论是装盖和封装之前或以后，均可出现间断失效或翻转失效。设备在运行中也会出现这类失效。这类失效的特点通常是遗失信息，或者设备功能暂时失效。该类失效时硬件损坏不明显。在某些数字设备中受 ESD 作用而失效之后，通过对设备先重新编程再输入信息后，能自动重新开始正常工作。

1）翻转失效

一般是由靠近设备的 ESD 火花引起的。由 ESD 火花产生的电磁脉冲被设备拾取，导致错误翻转。ESD 脉冲通过电容或电感耦合，或者 ESD 通过某一信号通路直接放电，产生的干扰也会出现翻转。

2）致命失效

设备在运行过程中会出现翻转失效，也会出现致命失效。致命的 ESD 失效是由 ESD 引起的，对器件的高压绝缘击穿造成短路或大电流，使得器件内部引线过流烧毁形成短路。

某些致命的 ESD 失效在 ESD 作用后的某段时间内，可能不会立刻出现，因为对于在某种程度上损坏的 ESDS 器件，引起进一步性能降低，需要一定的工作应力和时间后才出现致命失效。有些类型的器件似乎对这种潜在失效过敏，有些类型的致命 ESD 失效会被误认为翻转失效。例如，ESD 可穿透 SiO_2 介质层导致铝短路，连续的短路大电流可使铝气化，把短路断开。这种失效如果在设备运行时出现也许同翻转失效混淆，由 ESD 引起的器件内部损伤是一种潜在的故障，可能会降低该器件的工作寿命。

2. 器件敏感机理

对 ESD 引起逻辑翻转很敏感的器件是某些逻辑电路系列，如 NMOS、PMOS、CMOS 和小功率 TTL。这些电路在开关状态需要小功率或在高阻抗线路中要求电压变化小。高阻抗的线性电路和高增益的输入电路同设备电平上的射频放大器和其他射频器件都是对 ESD 高度敏感的。ESD 对这些器件的干扰主要来自两个方面：由 ESD 放电电流直接进入这些器件的引脚引起；或者 ESD 对邻近物体放电，由空间电场或磁场进入装备内部电路感应的高压或大电流在这些器件的引脚上引起。其干扰原理与普通的传导或辐射干扰原理一致，抗射频传导和辐射干扰的设计可以保护这些器件免受 ESD 高压放电的损害。

3. 器件失效机理

典型的 ESD 失效机理包括：热二次击穿、金属喷镀熔融、介质击穿、气体电弧放电、表面击穿、体积击穿等。

热二次击穿、金属喷镀熔融和体积击穿与 ESD 功率有关，而介质击穿、气体电弧放电和表面击穿与 ESD 电压有关，上述全部失效机理适用于微电子和半导体器件。金属喷镀熔融和气体电弧放电在薄膜电阻器内非常明显；体积击穿在压电晶体内明显。

1）热二次击穿

热二次击穿也被称为雪崩衰变。由于半导体热时间常数通常比 ESD 脉冲有关的瞬变时间长，热量很少从功率耗散面积向外扩张，因而在器件内形成大的温度梯度。局部结温度可以接近材料的熔融温度，通常导致热点扩大，随后因熔融而使结短路。这种现象被称为热二次击穿。

2）金属喷镀熔融

当 ESD 的瞬变过程使器件的温度增高到足以使金属熔融或使连接线熔化时，也可以发生失效。由于互连材料的接触面积不均匀，因此局部电流密集，随后金属喷镀层内出现热点。由于氧化物的存在，因此金属片截面积减小的地方也会出现这类失效。

3）介质击穿

把一电位差加在一个界面两端，当电压超过该面积固有击穿特性时，就会出现介质击穿。这种形式的失效是由电压而不是功率造成的。根据脉冲能量的大小可以导致器件全部或有限的性能下降。这种类型的失效将导致潜在的故障，如果继续使用该器件，那么会引起严重失效。绝缘层击穿电压是脉冲上升时间函数，因为绝缘材料雪崩需要一定时间。

4）气体电弧放电

对只有间距很近的非钝化薄电极的器件，气体电弧放电可以使器件的性能降低。气体电弧放电引起气化和金属的运动，这种金属的运动使其离开电极进入空间。在间隙区域内，可能有小金属球，但其数量不足引起桥连。在声表面波（SAW）带通滤波器件上，由于 ESD 气体电弧放电影响，工作性能可能会下降。

5）表面击穿

对于垂直 PN 结，表面击穿为因表面结上空间电荷层变窄而引起的雪崩倍增过程。由于表面击穿取决于许多变量，如几何形状、掺杂质程度、晶格不连续性，或者不规则的梯度，因此在表面击穿期内，消耗的瞬时功率通常是不可预测的。表面击穿的破坏性机理导致在结周围形成大的泄漏通路，使结失去作用。这种效应和大多数电压敏感效应一样，类似介质击穿，它取决于脉冲的上升时间，而且通常在热失效出现之前，超过表面击穿电压门限时发生。

6）体积击穿

体积击穿是由在 PN 结面积内局部高温引起结的参数变化而造成的。这种高温导致金属喷镀的熔化和杂质扩散引起结的参数急剧变化。通常的结果是形成与结并联的电流通路。这种效应通常发生在热二次击穿之后。

5.2.6 飞行器的静电效应

1．沉积静电

飞行器在飞行过程中累积的沉积静电可能产生的影响有任务失败或夭折，或者是一般的干扰。

对于低频和中频，以及近程导弹等特别敏感的设备，需要分析具体情况。这种干扰是宽带干扰且频谱连续。沉积静电会产生一种与放大的射频噪声相似的冲击噪声。对有人驾驶的飞机来说，这是个严重的问题，因为沉积静电主要发生在暴风雨情况下，驾驶员必须依靠仪表、语音和无线电导航设备进行飞行。对无人驾驶飞机，这种情况下计算机和控制系统区别所需要信号和噪声的能力降低，如果使用了对沉积静电敏感的频段，则可能发生毁机事件。

2．山特·爱尔莫火花

山特·爱尔莫火花是由航空航天器的螺旋桨、机翼、突出部分和挡风板发出的一种刷子状电晕放电。它不会破坏飞行器，但可作为一个警告信号，即此刻飞行器或其周围的大气是高度带电的，且很可能发生雷击。

3．摩擦起电

摩擦起电是在雨点、冰晶、灰尘、砂子和核碎片撞击绝缘表面，并使其带电且电位达到比周围区域更高的情况下发生的。当带电表面的电位高于邻近或周围区域，且达到足够程度时，就会产生电晕、打火或电子流现象，从而产生宽带射频噪声。这种噪声的频谱分布在几赫兹到千兆赫兹的范围内，并且在具有塑料表面的那些高性能飞机上所用的甚高频和超高频频段（30MHz～3GHz）内的频谱分量是非常显著的。飞机通过空气时，实际上是在向着有害的质点前进。雨和雪的质点在撞击和弹离表面时会造成带电现象。沙尘在撞击并常常侵入表面的情况下产生带电现象。摩擦起电一般随速度增高而增强，但超过某个速度点时它就开始减弱。起电强度减弱的速度点高于现代飞机的速度。

4．静电放电

当单个质点与表面撞击时，就在表面留下一些电荷。大量撞击持续积累，机体静电电位不断增加。这种现象一直持续到周围的空气被累积的静电电位电离，从而形成一条电晕放电、电子流或跳火所需的放电通道为止。通道中，累积的电荷以指数曲线放电，形成甚高频和超高频干扰频谱。

1）电晕放电

当飞机上的电荷累积时，该电荷是与周围空气或与邻近的且绝缘的飞机部分相联系的。当电荷电位与周围空气相比足够高时，就会产生离子，消散在气流中。由于电离层的空气在电气上是导电的，加上静电电荷本来就集中在尖端部位和曲率大的或尖锐的表面部位，因此，电晕放电是以有规则的脉冲系列形式出现的。

2）电子流

当飞机的非金属表面上的电荷与周围的飞机金属部分上的电荷相比足够多时，就会发生可见的电气放电现象。从外表上来看，它们与小型的雷击相似，只是它们是连续的。

3）跳火

两个金属表面之间会发生跳火现象。这两个金属表面对直流电来说是彼此绝缘的，并且通过摩擦带电到不同的电位，这往往是表面区域有差别的结果。当超过分隔这两个表面的介质介电强度时，就会发生跳火现象。跳火产生高频和甚高频噪声。

5．交叉场梯度

交叉场梯度起电是在飞机穿过带电大气的情况下发生的，该带电大气或是具有不同电位的带电大气区域内，或者是邻近该区域。例如，两个不同的带电云块之间的空间内就有一个交叉场。截断此交叉场的飞机将横切组成该场的梯度线，从而使飞机表面上的电荷累积。

5.2.7　飞机燃油系统的静电效应

飞机燃油系统和油罐车内产生的静电，如在装卸碳氢化合物燃油过程中出现静电电荷累积现象是一种潜在的危险。带有大量燃油且加油次数多的现代军用飞机由于产生静电电荷而引起的危害较大。

航空涡轮燃油由于其电阻率极高而成了极好的电气绝缘物。燃油中少许杂质就能大大改变燃油的电气特性，使燃油的导电率提高 2～3 个数量级，且还会增大燃油带静电的可能性。燃油的导电率及其带静电的可能性均取决于可电离的杂质。某些离子可能以分子形式存在，很容易流动，因而带电可能性和导电率都会显著提高。某些抗静电添加剂就是这种类型的。另一些离子呈胶质状，很难流动，这样就会大大增加燃油带电的可能性，但对导电率不会有什么影响。一旦离子移除或加到燃油上，燃油就会带上静电。抗静电燃油添加剂能大大提高燃油的导电率，这样，所产生的静电电荷能很快而安全地泄放到地。抗静电添加剂不会消除或减少电荷。

一般来说，加油装置中的滤水隔离器极其容易产生电荷。此外，管道和软皮管中很高的流速、喷嘴喷射燃油和给燃油通风都会累积电荷。

5.3 雷电效应

与雷电有关的雷雨云是巨大的、汹涌的气团，伸向上层大气层高达 15～20km。通过快速的空间移动或其他方式，不同的气团或气团内的不同部位会带上不同的电荷，形成荷电区，这使得不同气团或气团内部不同部位之间存在高的电势差，在气团之间或之内形成几百兆伏甚至几千兆伏的电场梯度。当电场强度超过空气击穿电位时（约 3×10^6V/m），则发生雷电闪电，从而使荷电区得到中和。

经观测表明，典型的雷雨云的荷电方式为在云的下面部分存在强的负荷电区，而在云的上面部分存在与负荷电区相平衡的正荷电区。除这些主要荷电中心外，在云的底部还存在一个较小的正荷电区。由于强大的负电荷集中在云的较低部分，所以相对大地、云层则呈现负的电荷；但是在特别靠近地面的云下部，有较小的正电荷集中。

雷电的频谱较宽，为 1kHz～5MHz。

5.3.1 雷电放电类型

雷电可以认为是放电路径长度为千米计的瞬时大电流放电。当大气中某些部分（如雷雨云）的电荷及相应的电场强度大到足以使空气击穿时，即产生雷电。雷电可以发生在云内、云间、云地间或云与周围空气之间。大多数雷电是起因于在雷雨云中的电荷，超过半数的雷电放电是发生在云中（云内放电）的。人们最关心的是云对地放电（也称条状或叉状闪电）。云间和云与周围空气的雷电放电，相对于云中和云地的雷电放电少一些。

1. 云对地放电

典型的云和地之间的放电起源于云中，最终中和数十库仑负的云电荷。把全部放电过程称为电闪，大约持续 0.5s。一次电闪由各种不同成分组成，其间有 3 个或 4 个强电流脉冲，称为闪击。一个闪击大约持续 1ms，各次闪击之间的间隔时间，其典型值为 40～80ms。

理想的云电荷的模型，如图 5-1（a）所示，其主电荷区分别有数十库仑的正电荷和负电荷，但正电荷较少。梯级先导由云向地延伸移动，触发电闪中第一个闪击，如图 5-1 和图 5-2 所示。

在图 5-1 中，初次击穿是在云的较低部分正、负电荷区之间开始的。初次击穿后，空气变导体,主负电荷通过击穿的空气导体建立朝向地面的通路（称为梯级先导）。梯级先导的典型持续时间为1μs,梯级长为数十米,梯级与梯级之间的间隔时间为50μs[见图5-1（c）～图5-1（f）,图5-2（a）]。

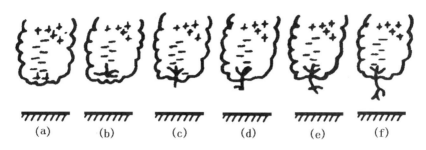

（a）雷电发生之前云电荷的分布；（b）在较低云层中"初次击穿"的放电；（c）～（f）朝向地面的梯级先导的发展过程

图 5-1　梯级先导的产生和发展

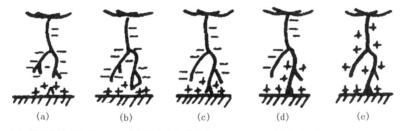

（a）梯级的最后阶段；（b）上行放电电荷的产生；（c）～（e）从地到云的回击的发展过程

图 5-2　回击的产生和发展

发展完全的梯级先导,在数十毫秒内向地面释放约为5C负的云电荷,向下延伸的平均速度约为$2×10^5$m/s。梯级先导至少有1kA的脉冲电流,其电磁场的脉冲宽度约为1μs或更短,上升时间约为0.1μs或更短。平均梯级先导电流约为100A。梯级先导在朝向地面发展期间,在朝向下的方向上分岔,如图5-1所示。初次击穿,接着由于梯级先导负电荷的降低,至云中负电荷的耗尽,共同产生总的电场变化,其持续时间在几毫秒至几百毫秒之间。

相对于地面的梯级先导通路的电位大约为$1×10^8$V。梯级先导的末端接近地面时,其下面的电场变得很大,并且在地面上激发引起上行的放电电荷,并开始附着过程。向地面附着过程有许多单元。当从地面上行的放电电荷中的一处在地面上几十米处与下行的梯级先导相遇时,梯级先导的末端与地电流相连,于是上行的地面正电荷通过先导通路放电,形成回击。回击的上行速度典型值是光速的1/3,通路从地面到顶的总瞬变时间的典型值大约为100μs。回击在接近地面的较低部位,产生30kA的典型峰值电流,从零到峰值的时间为几毫秒。在地面上的电流,在约为50μs内降到峰值的一半,数百安培电流持续几毫秒或更长些时间。回击能量的急剧释放,使先导通路加热到30000K左右的温度,产生膨胀的高压通路,造成冲击波,最终形成雷声。回击使最初由梯级先导积累到地面的电荷降低,放电电流随时间变化产生电场,时间变化范围从亚微秒到数十毫秒。

在回击电流停止流动以后,电闪闪光结束。

另外,如果云的内部放电,那么剩余的电荷可到达通路的顶部,此时,一个连续的直

窜先导可以以约为 $3×10^6$ m/s 的速度前进到残留的第一次闪击下，激发第二次回击。第一次发生的直窜先导和闪击通常不分叉。

第二次闪击电场变化相似于第一次闪击电场变化，但是通常是其一半或小些。第二次闪击电流比第一次闪击电流有更快的零峰上升时间，同时有相似的最大变化率。

雷电中强场冲击通常由回击产生，直窜梯级先导先于回击。在闪光中接连发生回击间的时间通常为 40～80ms。如果在闪击之后有连续电流在通路中流动，那么它能够维持几十分之一秒。连续电流为 100A 的数量级，代表从云到地的电荷直接转移。

除了通常下行的负电荷梯级先导，雷电也可以由下行的正电荷梯级先导激发。正电放电在许多雷雨中是相当少的，但是，其峰值电流和总电荷转移可以相当大。此时，雷电在地面由上行的梯级先导激励，如高的建筑物或山。

2．云中和云间放电

云中和云间放电发生在正的云电荷和负的云电荷之间，全部过程约为 0.5s，约等于对地的放电。典型的云的放电中和 10C～30C 电荷、总路径长度超过 5～10km。认为放电是由连续的扩展的先导组成的，当先导与在其对面的一团空间电荷接触时，产生 5 或 6 个弱的回击，称为反冲流光或 K 过程。云的 K 过程非常类似于发生在对地放电回击之间的间歇中的情况。电荷运动产生电场，其频谱图大致与对地放电具有一样的幅度分布，频率约在 1kHz 以下及 100kHz 以上。在 1kHz 和 100kHz 之间，对地放电是一个比较有效的辐射体，有非常强的回击。

3．云对空气放电

云对空气放电起始于云，在明净的天空中结束。这种类型的放电通常是严重分叉的，每个分叉明显结束于明净的天空中空间电荷区。云对空气放电是一种特殊形式，称为"晴天霹雳"。

5.3.2 雷电过程

云地间的雷电可包括一个或多个断续的局部放电。每次雷电总的放电称为一次电闪，每个局部放电称为一次闪击。通常每次电闪包括 3～4 次闪击。电闪持续时间约为 0.2s，闪击间隔时间约为 40ms。云地间的雷电可使云中负电荷区中数十库仑的电荷转移到大地。

云层中可以是正电荷中心放电，也可以是负电荷中心放电。负电荷中心放电由几个间断闪击和持续电流组成，如图 5-3 所示。正电荷中心放电小但占很长时间，如图 5-4 所示。

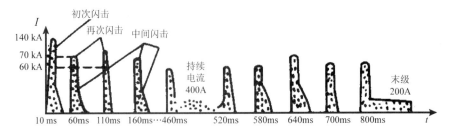

图 5-3　几个负的电闪电流波形

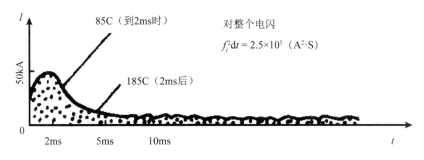

图 5-4　典型的正的电闪电流波形

雷电过程一般可以分为四个时期：初次击穿、高峰值电流、持续电流和再次闪击。

1．初次击穿时期

雷电发生之前云电荷的分布如图 5-1（a）所示。云电荷形成正的电偶极子，即大量的正电荷 P 位于大量的负电荷 N 之上，在云的底部还有少量的集中的正电荷 P。

每次电闪均由发弱光的预放电开始。雷雨云内 N 区与 P 区间的局部放电或击穿，可使附着在水或水的质点上的电荷移动，强的负电荷集中于雷雨云的底部，从而形成负电荷柱，相应的强电场则迫使负电荷柱向地面移动。此发光的预放电约以每 50m 为一梯级向地面移动，梯级间间歇时间约为 50μs，平均传播速度为 1.5×10^5m/s，20ms 可移动 3km，其平均电流约为 100A。由云到地的这种梯级式的预放电称为梯级先导。在整个梯级先导的通道中平均电荷量约为 5C。

2．高峰值电流时期

当梯级先导接近导电的物体时，如飞机或输电线的塔，由梯级先导电荷产生的电场可以通过导电物体向上放电的点加强。在架空线的保护设计中，对于电源线来说，这附着过程起着重要的作用。

高峰值电流发生在梯级先导到达地面时，相应的强电场足以引起由大地向上到达梯级先导尖端间的大电流放电，形成回击。回击的电流与梯级先导的方向相反。梯级先导通道提供了回击大电流放电的路径，在放电的同时发生强的闪光。回击的波前传播速度为光速的 1/3～1/10。通常在数微秒内电流可达 10～30kA。峰值电流可达 200kA 或更大。回击的电流变化很快，典型值大约为 10～30kA/μs 或更快。电流一般在 20～40μs 内衰减至峰值电流的一半。随后以数百安培的连续电流持续数毫秒。回击的中心温度可达 30000K。

当回击电流停止时，电闪就结束。如果此时有附加的电荷可补充时，那么电闪会包含附加闪击，这种电闪被称为多次闪击。

3．持续电流时期

雷电回击过程传输的总电荷相当小，只有几库仑。在电闪第一次回击以后的两个时期内传输大部分电荷。第一个是中间时期，期间在几微秒内流动电流约为几千安培；第二个是持续电流时期，期间流动的电流约为 200～400A，持续时间为 0.1～1s 不等。中间时期传输的最大电荷量约为 20C，持续电流时期传输的最大电荷量约为 200C。

4．再次闪击时期

在典型的电闪中，在第一个回击之后伴随着几个十分强的电流冲击，每隔几十微秒发生一次。因为在云中不同的电荷群是分开的，需要时间把这些电荷馈送到闪电通道中去。第二次闪击的平均速度比第一次闪击的平均速度更快，电流变化率更大，到达峰值电流的时间也更短，传输的电荷量较小。再次闪击的峰值一般为初始强电流的一半。若第二次闪击后仍有附加电荷可补充，则可继续以上过程，出现再次闪击。

5.3.3　电闪频谱

接收雷电频谱的统计样本，使用窄带接收机进行，测量带宽为 1kHz，大多数测量在 10km 以上空间进行，频谱上限超过 1MHz，其值比实际的要低一些，因为高频受地面波的强烈衰减。总电闪的频谱（测量高度为 10km，带宽为 1kHz）如图 5-5 所示。

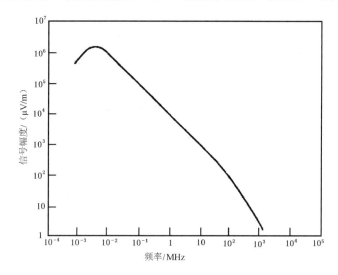

图 5-5　总电闪的频谱（测量高度为 10km，带宽为 1kHz）

5.3.4　雷电在大气和大地中的电场表达式

1．大气中的电场表达式

在雷电发生之前，大气中的电场可以表示为

$$E_y = \frac{1.798 \times 10^{10} H Q_0}{\left(H^2 + d^2\right)^{3/2}} \tag{5-1}$$

式中，E_y——电场的垂直分量，单位为 V/m；

H——电荷离地面的高度，单位为 m；

Q_0——雷雨云中心的电荷量，单位为 C；

d——电荷离在地面上投影点的距离，单位为 m。

通常，在电荷中心正下方的电场大于 30kV/m，在 2500m 之外的电场为 6kV/m。

2．大地中的电场表达式

先导可以在大地上形成电位梯度 E_r，它可以表示为

$$E_r = \frac{2}{\pi} \frac{I_0}{r_0} \frac{\upsilon}{\upsilon_0} \sqrt{\frac{\rho Z_0}{V_0 T}} \sqrt{\frac{t}{T}} \tag{5-2}$$

式中，I_0——主冲击的最大电流，单位为 kA；

r_0——离主冲击的距离，单位为 m；

υ——主闪击的传播速度，单位为 m/s；

υ_0——光速，3×10^8m/s；

ρ——大地电阻率，单位为 $\Omega \cdot$m；

Z_0——特性阻抗，30Ω；

t——时间，单位为 s；

T——闪击电流的上升时间，单位为 s。

大地电阻率越大，电场越强。即使离闪击点有 1000m 的距离，电场仍超过 6kV/m。

主闪击电流与先导闪击电流均产生磁场，由于先导闪击电流产生的磁场很小，故可以被忽略。主闪击电流产生的磁场 B 可以表示为

$$B = \frac{2Z_0 I_0 V \tau}{V_0^2 r_0 T} \tag{5-3}$$

式中，τ——磁场前沿到后算起的时间。

只有当 τ 小于 T 时，式（5-3）才成立。

5.3.5　雷电效应的影响

一次雷电放电过程，通常在短暂时间内包含几次放电。电荷转移可高达 400C，电闪的能量高达 10^8W·s。雷电放电可以产生机械、热和电效应。

1．机械和热效应

上升时间快、峰值幅值高的雷击电流，对物体在其放电通路上的损坏程度，与有关物体传输的功率有密切关系。十分强烈的放电，其峰值电流可高达 40kA、电荷量大于 200C，可以在实心的金属板上熔穿或烧成一些孔；轻微至普通级别的雷击，金属可以承受这种放电，且不损坏，但在这种电流的输入/输出金属的接触点上，可能发生严重损伤。

对于地面的建筑物或户外设施，如果安装一个适当的防雷接地系统，就可以提供良好的保护。但对于飞行器，如飞机或火箭就要十分重视。雷电对飞行器产生直接影响时（称为直接效应），表现为燃烧、熔蚀、爆炸和结构变形等，这是由雷电电弧附着、高压冲击波和因强电流伴随的磁力引起的。

持续电流在回击延长的间隔中流动，它会熔化或点燃固体材料，造成破坏。反之，短的持续时间、大的峰值电流会通过电磁力使金属零件损坏或扭曲，电磁力大小正比于瞬时电流的平方值。必须把保护系统的避雷棒、引下导体和其他元件可靠地紧固。

绝缘或半绝缘材料承受放电时，可能发生爆炸反应而严重损坏。对于树木和未加保护

的其他木质结构物体，如旗杆、桅杆或电灯杆，以及输电线杆或电话线杆之类，放电可能会发生烧灼或炸裂。放电穿越某些木质障碍时，可能引起起火甚至爆炸。对砖墙、混凝土、大理石或其他砖石材料，往往在放电电流通过之处被炸碎或断裂松动。

2. 电效应

雷电对建筑物或结构物放电，或者靠近建筑物，或者结构放电，往往会引起电气和电子设备损坏。导体熔化或烧毁发生在雷击点上。由快速上升的大幅值电流脉冲所形成（感应）的电压，往往高得足以击穿绝缘或造成人员伤亡，并引起元器件失效。这些电压由下列原因产生。

（1）雷电脉冲传播至电力线、信号线或架空接地线时，在结构件及引下导体或接地线连接电阻上产生压降。

（2）磁感应。

（3）容性耦合。

在电力、信号和控制电路中的雷电浪涌，往往由以上三种原因组合而成。

1）导体阻抗的影响

由于雷电放电产生的电流脉冲具有快速上升和大幅值的特性，所以，即使是相当短的导体，其电感和电阻都会使导体带上高电压。这电压往往高到足以超过空气或其他绝缘材料的击穿电压，引起对其他导体的飞弧或绝缘击穿。

2）感应电压效应

除雷电直接效应外，与雷电放电通路并无直接接触的电路，即使排除了飞弧交连，也可能受到损坏。

由于强大电流变化率很快，在邻近导体上就会产生电磁感应电压。试验和分析数据表明，这样感应出来的浪涌电压，很容易超过许多元件特别是固体器件所允许的电平。浪涌电压也可以由下列方式感应出来：雷电被埋设的长电缆感应；雷电电流流入引下导体或结构件；云对云放电的电流，既可以对地上，也可以对地下的平行长电缆构成感应。

3）容性耦合电压

在雷电放电之前，电荷将慢慢地聚集在带电云层下方的地面物体上。这种电荷的积聚速度很慢，因而接地导体相对于大地的电位并没有明显变化，甚至在导体对地的阻抗很高的情况下也是如此。雷电袭击一个建筑物的顶端或其他与大地相接触的点时，所有邻近接地的物体的电荷将突然重新分布。电荷重新分布产生的电流在接地物体的接地导体中流动时，将在此导体阻抗上形成电压。

对于典型的雷电闪击，在接地良好的物体上所感应的容性电压是非常小的。

4）大地阻抗

由于设施可能具有多条对地的电气通路，如在变压器的支撑杆处，以及在建筑物多个供电入口处，都有埋入大地的接地棒，其电阻可能是25Ω或更高些，但仍符合要求。

公用设施的金属管道，如自来水管往往呈现相当低的对地电阻（1～3Ω）。如果电气接地点不与水管搭接，雷电袭击配电系统时，在接地点将产生一个足够高的电位差，此电位差可能在电气接地点与公用设施的金属管道之间引起电弧。对人身安全构成一定的威胁，因为这时在设备与建筑物的地和水管之间形成高压。正由于这种原因，同时为防止在电力线系统发生故障时出现类似的危险，因此要求将电气安全接地系统与建筑物的金属管道系统搭接。

雷电脉冲沿着电缆传播，尽管电缆电阻和介质损耗会使雷电脉冲幅值减小，但它仍然足以损坏建筑物内设备的电路元件。

在电闪期间，雷电放电到达大地时，其附近地表上的电压梯度会对人身安全构成一定的威胁。威胁程度取决于电流的大小、大地电极的接地电阻和离大地电极的距离。

3. 对人员的影响

对于航天器尤其是飞机，雷电经常使乘务人员在飞行方向上产生短暂失明，这可持续30s 或更长时间，使乘务人员不能使用眼镜并影响对仪表的读数。飞机上的人员还有受雷击的危险，它会使人的手或脚失去知觉，还可能使飞机迷航或陷入混乱状态。

4. 对飞行器的影响

航空航天飞行器的雷击过程对飞机、火箭和导弹的影响略有区别，下面分别简述。

1）飞机受雷击过程

雷电最初在一个或更多附着点进入或离开飞机。初始附着点一般是在飞机的极端处，这些极端处包括机头、机翼端部、升降舵、稳定翼端部、伸出来的天线和发动机吊舱或螺旋桨叶片。雷电也可以附着后掠翼的前缘和某些控制面。

在传输电荷时，雷电通路在一定程度上是稳定的。当飞机飞入通路时，飞机便成了通路的一部分。然而，由于飞机在飞行，如雷电通路存在一段时间，飞机则相对于雷电通路运动。当飞机前端部，如机头或装有发动机吊舱的机翼飞入雷电通路时，其表面通过雷电通路时运动，于是雷电通路沿飞机表面向后扫掠，这就称为扫描闪击特性。由于扫描作用的存在，一些典型的表面可以产生雷电通路附着点，它在不同时期停留在各种表面上，因此沿着扫描路径产生一系列不连续的附着点的跳跃作用。

由于扫描闪击作用，在飞机任何一点上产生损伤的程度，取决于材料的类型、飞弧在附着点停留的时间长短和附着期间流过的雷电电流大小。

在飞机表面可以分为以下三个区域，这些区域具有不同的雷电附着及传输特性。

区域 1：具有高概率初始电闪附着的飞机表面。

区域 2：具有高概率电闪从区域 1 初始冲击附着点通过气流扫描到的飞机表面。

区域 3：除了区域 1 和区域 2 的全部飞机表面区域。在区域 3 中任何电闪电弧直接附着的概率很低。其表面可以承受相当量的电流，但是仅在一些成对的直接附着点之间，或者在扫描闪击附着点之间可以承受相当量的电流。

区域 1 和区域 2 进一步可以分为 A 区和 B 区，由雷电附着持续时间的概率决定。A 区的电弧保持附着概率低，B 区的电弧保持附着概率高。有以下例子。

区域 1A：初始附着点，它具有低的电闪附着概率，如前缘。

区域1B：初始附着点，它具有高的电闪附着概率，如后缘。

区域2A：扫描闪击区，它具有低的电闪附着概率，如中等翼展机翼。

区域2B：扫描闪击区，它具有高的电闪附着概率，如机翼内侧后缘。

2）对火箭和导弹的影响

（1）高电压效应。

高电压、强电场会对绝缘材料、搭接结构等造成穿孔、破裂和变形等。由高压电子流产生的破坏一般是轻微的。但是沿电子流的路径，随之而来的大闪击电流会产生高温、高压及冲击波，造成较大的破坏。高电压、强电场引起的火花对燃料系统也会带来很大的危险。由于强电流产生的大的电压降还会造成内部导线绝缘的破坏等。

（2）强电流效应。

直接雷击流过壳体外表的强冲击电流可达200kA。由于其电荷量较少，对于大的导电结构不致产生大的热效应和腐蚀作用。但由此引起的强脉冲磁场与强电流相互作用产生的力，会导致材料撕裂或弯曲。如果电流流过的导线的载流量不够，那么导线也会爆炸造成很大的破坏。由$\mathrm{d}i/\mathrm{d}t$引起大的感应电压，会造成击穿或打火。

（3）大电荷效应。

几百安培直流电流，持续几百毫秒，如同电焊机一样，会产生烧蚀、金属导线熔化及可燃物的起火，也会造成有机合成材料的破坏。

（4）感应交连效应。

雷电造成的事故，大多是由在电缆网及电子电路中产生的强感应电压造成的。雷电冲击电流产生的强磁场及漏电流会引起电磁交连。电场对导弹的穿透作用较弱，磁场的穿透作用较强。电磁交连与雷电闪击电流的增长率有关。电流增长率可达100kA/μs。由于大量采用易受干扰的固体电路及数字控制电路，因此妥善布线、注意接地及屏蔽以减小感应电压造成的破坏是十分重要的。

（5）电磁波效应。

装备附近100km内的雷电产生的30kHz以下的电磁波，会对导弹控制系统、遥测系统等产生干扰。

5.4　核电磁脉冲效应

核电磁脉冲（Nuclear Electromagnetic Pulse，NEMP或EMP）是伴随核爆炸产生的一种瞬时电磁辐射。它是核爆除冲击波、热辐射和核辐射效应外的又一种重要效应。任何形式的爆炸，从地下到高空都可以产生电磁辐射，但地面爆炸和高空爆炸所产生的EMP场强更高，其电场强度可达10kV/m或更高。对于爆炸高度在100km以上的高空爆炸，这种高场强的地面覆盖范围可达上千千米。EMP的频率覆盖范围很宽，可以从甚低频到几百兆赫兹，而主要能量集中在常用无线电频率范围，因而可以对广大范围内的地面和飞行器上的电气与电子系统构成严重威胁。

5.4.1 EMP 产生的机理

EMP 产生机理大体可分为两类，即康普顿电子模型和场位移模型。康普顿电子模型主要适用于大气层内外核爆炸情况，场位移模型主要适用于地下核爆炸。

1. 康普顿电子模型

核爆炸时会产生高能瞬发γ射线，γ射线向外飞射过程中遇到周围空气或其他物质分子或原子，就产生相互作用。其主要过程是康普顿散射，经过一次散射后的γ射线还具有足够高的能量，可能再与物质发生作用。在康普顿散射中产生了大量的康普顿电子，它们具有很高的能量，并且大体上是从爆炸中心沿径向向外运动的，形成康普顿电流，这种随时间变化的电流就可以激励出瞬变电磁场。

2. 场位移模型

核爆炸时产生的高温高压使爆心附近形成电导率极高的等离子区域。区域中的等离子体的一个特点是磁力线不能从中穿过。因而，在爆炸过程中，随着等离子区域的迅速扩大，原来在该区域内的地球磁场的磁力线变得稀疏，而在等离子区域外部附近的磁力线被挤压后变得密集，即随着核爆炸的发生，地球磁场受到严重的扰动，因而产生了电磁辐射。这种辐射的频率极低，约在亚声波频率范围，只对邻近的大金属结构产生影响。这种机理主要适用于地下核爆炸。由于土壤、岩石的衰减作用，这种辐射很少能到达地面上和空间，一般对系统不构成严重威胁。因此，通常所说的 EMP，除非另有说明，都指由于康普顿效应在各种核爆炸环境所产生的电磁辐射。

5.4.2 EMP 类型

1. 均匀大气层核爆炸产生的 EMP

假如核爆炸发生在密度均匀的大气层里，并且γ射线的发射是各向同性的，康普顿散射产生的康普顿电子，球对称地由爆心沿径向向外运动；质量大、迁移率低的正离子被留在爆心附近，因电荷分离产生了径向场。

康普顿电子带有很高的能量，在运动过程中使空气分子电离，具有一定的电导率。因而在径向场建立的同时，就产生了随时间变化的传导电流。径向场上升到一定幅度就趋于饱和，饱和时的径向场被称为饱和场 E_s。低空爆炸时 E_s 的幅度大小在 10kV/m 量级。饱和场的空间范围用饱和半径 R_s 表示。R_s 的大小与爆炸当量有不灵敏的关系，与周围空气密度有较明显的关系。低空及近地面百万吨级爆炸时饱和半径在几千米到十几千米。

均匀大气层核爆炸时，假定环境对称，γ射线均匀发射，因而产生的径向电场也是球对称的。这时，不存在磁场，同时没有辐射场向外发射。这是一种理想情况，现实中并不存在。当核爆炸周围环境不对称或γ射线的发射不是各向同性时，就会使电流发射不对称，从而在某个方向上有了净电流发射，于是就产生辐射电磁脉冲。

核爆炸发生在中等高度（10～40km）时，电子发射的不对称因素主要是爆炸点上下大气密度的差异，所产生的净电流较小，辐射也较弱。

2. 地面与近地面爆炸产生的 EMP

当核爆炸发生在地球表面时，爆炸辐射出来的γ射线向下运动的部分全部被地面吸收，而向上运动的部分是半球状向外辐射的，形成一个半球形的源区。地面造成了极大的不对称因素，这时垂直向上的净电子流达到最强，因而沿地面形成很强的辐射场。同时，导电的地面为从爆心向外运动的电子提供了有效的回路，形成了电流环路。该电流环路在空气和大地中产生很强的方位角磁场。在爆心附近，由于空气电导率超过大地电导率，电流进入大地的趋势降低，因此爆心附近在空气中和大地里的磁场都相应降低。

近地面爆炸指爆炸点高于地面，但γ射线的发射高度仍受到地面的影响。例如，3km以下，这时还存在地面的影响，同时有爆炸点上下空气密度不同的影响。所产生的 EMP 可认为由两部分组成：源区内部径向场和源区以外的辐射场。源区内部径向场的饱和场强为数万伏/米，而源区以外辐射场的场强高于中等高度同样爆炸时的场强，低于地面爆炸时的场强。

地面和近地面爆炸在几十千米处测到的辐射电场随时间变化的波形，如图 5-6 所示。其第一半周前沿在几十纳秒，持续时间与当量有关。整个波形的持续时间为几十微秒，所对应的高频分量为几十兆赫兹，低频分量在几千赫兹。

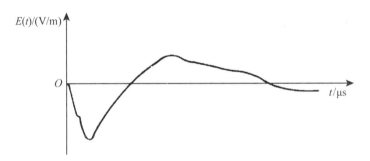

图 5-6　EMP 辐射场随时间变化的波形

地面和近地面爆炸产生的 EMP 辐射场随距离的一次方衰减，在距离 100km 处峰值幅度衰减到 10V/m 的量级。对于大部分电子电气设备构不成严重威胁。只有在源区附近那些经受住冲击波和热辐射等核爆效应而仍能生存的系统应考虑 EMP 的威胁。

3. 高空爆炸 EMP（HEMP）

高空爆炸指爆炸高度大于 40km 的爆炸。高空爆炸产生的 EMP 具有场强高（10kV/m以上）、频率范围宽（低频至几百兆赫兹），尤其是高场强区覆盖范围广（上千千米）的特点。高空爆炸时由于大气的衰减作用，核爆炸的其他效应，如冲击波、热辐射、核辐射对地面或低空中的系统影响很小，EMP 效应更显得突出。

1）高空爆炸 EMP 产生机理

高空大气密度极为稀薄，高空爆炸时所产生的γ射线可能飞行几十千米或几百千米，而不与空气分子碰撞，只有向地球辐射的γ射线到达离地面 40km 左右，空气密度逐渐增高时，才开始明显地与空气发生相互作用，产生康普顿散射，并且大部分射线在 20～40km 的高度被大气吸收。因此，高空爆炸时 EMP 的源区厚度约为 20～30km，半径是由爆炸点到地球切线所决定的广大圆盘状空间，半径可达几百千米至上千千米。

在 20～40km 高空产生的康普顿电子，在它们电离空气分子把能量消耗殆尽之前，要运动大约上百米的路程，在这期间康普顿电子受到地球磁场的作用，即受到与速度方向垂直的偏转力，于是康普顿电子绕磁力线进行旋转运动，旋转半径大约为 100m。这样就产生一个对γ射线传播方向的横向电流分量，这个分量可以有效产生辐射电磁场，这是高空爆炸时 EMP 的主要辐射源。

2）高空爆炸 EMP 的地面覆盖范围

高空爆炸 EMP 的地面覆盖范围与爆炸高度有关，最大地面范围取决于爆炸点至地球表面的切线，最大地面半径是该切线至爆炸地面零点间的弧长，被称为切线半径。假如爆高为 400km 的核爆炸产生的 EMP，所波及的地面半径约为 2200km。地面覆盖面积可以根据切线半径来估算。如果这种爆炸发生在美国国土上空，那么可以覆盖整个美国本土及其邻近地区。

5.4.3　HEMP 特性

高空爆炸产生的 EMP 虽然只占爆炸总能量的很小份额，但由于爆炸总能量很大，在广大的地面覆盖区域上，对不加防护的电子与电气系统仍可以构成很大威胁。

一般认为，高空爆炸 EMP 电场的最大幅度约为 20～50kV/m，前沿上升时间约为 10ns，脉冲持续时间为几百纳秒。它在地球表面辐射的电磁场可以看成平面波，其波阻抗等于自由空间波阻抗。这样，高空爆炸 EMP 的磁场具有和电场相同的时间特性，幅度可由电场求出，只要讨论其电场特性就足够了。

1. HEMP 的总能量特性

平均说来，核爆炸瞬发γ射线大约携带爆炸总能量的 0.3%。在高空爆炸时这部分能量的大约 1%（地表面爆炸要低得多）以电磁能量的形式辐射出去。对于百万吨（1Mt）当量的高空爆炸，其总能量为 4.2×10^{15}J，以电磁波的形式辐射出去的能量约为 10^{11}J。虽然能量分布在很大的面积上，但对于有些装备来说，拾取 1J 的能量是可能的，而远小于 1J 的能量足可以使相当一部分电子器件产生永久损伤或暂时功能退化。

如果考虑脉冲持续时间在几百纳秒，那么所得总能量密度在 $1J/m^3$ 量级。

2. HEMP 幅度的地面分布

高空核爆炸 EMP 主要是由于康普顿电子受地球磁场偏转引起的。HEMP 幅度大小不仅取决于核装置的爆炸当量、爆炸高度和观察者的位置，还与爆炸相对于地磁场的方位有关，即与爆炸的地理纬度有关。

高空爆炸时 EMP 峰值在北纬 30°～60°的地面分布如图 5-7 所示。

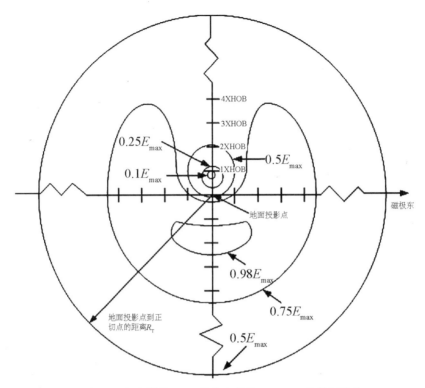

图 5-7　高空爆炸 EMP 峰值在北纬 30°～60°的地面分布

　　这个峰值电场分布图适用于爆炸地面零点在北纬 30°～60°，爆高为 100～500km，当量在几十万吨以上的情况。图 5-7 中距离标尺以爆高（HOB）为准。在切线半径内的广大区域内，电场强度超过 $0.5E_{max}$，可达 10kV/m 以上，高空爆炸 EMP 场强空间变化主要是由地球磁场的方向和倾角的大小，以及由爆炸点到观察点的距离的几何因子引起的。在图 5-7 中，有零电场区。从康普顿电子受地球磁场偏转的机理出发，该区域内电场强度为零。对应于这个区域，康普顿电子运动方向与地球磁场磁力线一致，电子不绕磁力线偏转。高空爆炸发生在北半球时，这个区域在爆炸地面零点的北部。

　　在地面零点的南部有个最大峰值电场区，该区对应于γ射线运动速度方向与地球磁场磁力线垂直的那部分辐射。

　　对于当量小于几十万吨的爆炸，地球切线半径处电场强度小于 $0.5E_{max}$。

　　随着纬度的增高磁倾角改变，因而 E_{max}、$0.75E_{max}$ 曲线的形状逐渐趋近于圆形。在磁极上空，磁倾角为 90°，从理论上来说，曲线变成围绕地面零点的一系列圆圈，地面零点就是零值场强区；当纬度低于 30°时，曲线变得更不像圆形，并向外扩展。

　　对于南半球的情况，高空爆炸 EMP 峰值曲线图形刚好与图 5-7 中的图形相反。

3．HEMP 的时间和频率特性

　　归一化的 HEMP 时间波形，可用一个双指数表达式近似地进行解析表示：

$$E(t) = 5.25 \times 10^4 \left[\exp\left(-4 \times 10^6 t\right) - \exp\left(-4.76 \times 10^8 t\right) \right] \tag{5-4}$$

式中，E 的单位为 V/m；t 的单位为 s。

这一脉冲的峰值是 50kV/m，脉冲从 10%至 90%幅值的上升时间为 5ns，脉冲能量半峰值时间为 200ns，图 5-8 所示为高空爆炸 EMP 电场的时间波形。由于该辐射场是自由空间平面波，EMP 磁场也具有同样的时间特性。

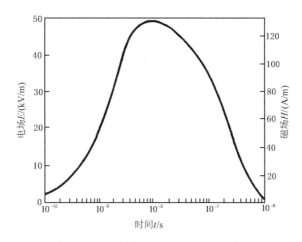

图 5-8　高空爆炸 EMP 电场的时间波形

由于许多可能工作在 HEMP 环境的电子电气系统是选频的，它们只是在特定频率上接收电磁能量，因此找出电磁能量的频域分布特性是必要的，对式（5-4）描述高空爆炸 EMP 电场的时间波形进行傅里叶变换，就可以找出其组成频谱分布。

图 5-9 所示为归一化高空爆炸 EMP 能量密度谱。此脉冲谱的渐近线在 630kHz 的第一个频率转折点之前是恒定不变的，在到达 76MHz 的第二个频率转折点之前曲线以每 10 倍频程 20dB 的速率下降，之后以每 10 倍频程 40dB 的速率下降。由于此能量谱实际上是从直流延伸到几百兆赫兹的，因此电磁脉冲频谱非常宽。它与大多数人为产生的电磁场不同，人为产生的超大功率电磁场的能量谱通常只能在很窄的频率范围内实现。

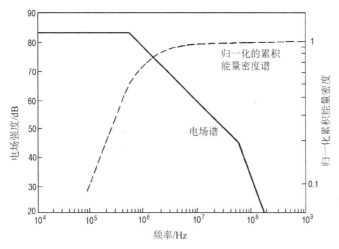

图 5-9　归一化高空爆炸 EMP 能量密度谱

从图 5-9 中归一化的累计能量密度谱来看，电磁脉冲能量绝大部分集中于 100MHz 以下。

5.4.4 核电磁脉冲与雷电冲击的比较

把核爆炸产生的电磁脉冲与雷电冲击相比就会发现，它们都是只有一部分能量以电磁辐射的形式释放出来。NEMP 和雷电两者都是在短时间产生巨大的电磁场，都可以在长电线或其他导体上产生大幅度的电压和电流。然而，核电磁脉冲和雷电冲击也有很大差别。首先，雷电冲击是一种局部现象。每次雷击的效应可能沿电线传播相当长的距离，但其能量很快就会沿发生点扩散至地面。虽然雷击在其直接发生处的辐射能量是很大的，但随着距离的增加，能量很快就会减弱下来。而核电磁脉冲是一种广泛的扩散现象，尤其是高空爆炸 EMP 的覆盖面积极其广阔。其次，它们的时间或频率特征不同。典型高空爆炸 EMP 波形的上升前沿时间约为 10ns，脉冲宽度约为 500ns；而一次典型雷击的电流和电压脉冲的上升时间则大于 100ns，其脉冲宽度为毫秒量级。此外，一次大型核爆炸以电磁形式辐射出来的能量比雷击辐射出来的能量幅值大好几个量级。

5.4.5 NEMP 特性综述

核爆炸电磁脉冲所辐射出来的电场和磁场的波形及频谱与任何自然的或人为产生的波形及频谱都不相同。NEMP 频谱很宽，它从极低频一直延伸到超高频范围，而雷电或人为电磁场大多数只限于较窄的频带。从时间上来看，NEMP 波形比雷击产生的电磁场幅值更高，并且有快得多的上升时间，尤其是 HEMP，电磁场的空间分布是极广阔的，而雷电或人为的电磁场则只限于局部地区。

5.4.6 内电磁脉冲（IEMP）

1. IEMP 产生机理

当γ射线或 X 射线穿透一个系统的壳体时，它们与壳壁材料的原子或分子相互作用，产生电子。这些电子多数情况下主要是γ射线产生的康普顿电子，有时是 X 射线产生的光电子，或者两者都有。辐射在穿透壳体材料过程中，整个壁厚上都产生电子，但只有在射线穿透壁厚的最后一个电子射程的距离内产生的电子才能脱离壳壁表面，进入系统内部空间。进入系统后，电子运动方向有一定的角分布，但总趋势是沿γ射线或 X 射线运动方向向前运动的，形成初级电子电流，因而在系统腔体内部激励出电磁场。如果系统内部有介质（如空气）存在，那么也会被电离，因而出现传导电流（次级电流）。这时，初级电流和次级电流一起作为激励源，在腔内产生 IEMP。电子运动到腔壁，与壳壁上留下的正离子复合，这一过程结束。电子在腔内运动时，由于空腔谐振作用，场的某些频率分量可能被放大，这与空腔形状、尺寸、激励方向及空腔壁的电导率有关。

IEMP 的场强高，且在系统内部产生，薄薄的金属外壳对γ射线没有什么屏蔽作用，所以 IEMP 对系统内的电子器件，尤其是逻辑电路，带来严重的威胁。

2. IEMP 特性

腔体内部产生的 IEMP 与射线入射方向、照射量率大小有关，还与腔体的尺寸、形状、腔内介质特性和测点部位有关。

电场强度和磁场强度的数据近似与γ射线照射量率成正比。对于半径 $R=0.5m$，长度 $L=1m$ 的圆柱形金属腔体，当腔内气压接近真空时，在 $1 \times 10^6 C/kg \cdot s$ 照射下，内部激发场强可达 $10kV/m$ 量级。由于空间电荷限制，照射量率增大到一定数量，场强将不再增加。当腔内气压上升，场强减小时，在标准大气压情况下，场强约减小至真空时的 $1/5 \sim 1/7$。

腔体尺寸减小时，IEMP 场强降低，在腔内不同部位，IEMP 场强不同。在腔体的中心部位场强最低。腔体形状改变也会引起场的大小、方向的改变，但没有数量级的变化。γ射线入射方向不同会引起场的方向变化，而强度变化不大。

5.4.7 系统电磁脉冲（SGEMP）

系统电磁脉冲指核爆炸产生的 X 射线或γ射线在系统壳体表面及其邻近区域产生的脉冲电磁场。当射线与系统的壳体作用时，在系统表面及其邻近区域产生光电子或康普顿电子，这些电子可飞离壳体，或者被壳体吸收，从而在系统表面及其邻近区域产生电磁场。此外，射线穿透腔体时，在壳体前后表面均可打出电子，这种电子的飞离是不均匀的。在系统结构为非对称形状时，各部位打出的电子也不均匀。在壳体表面就有电荷的流动，形成表面电流，从而在系统内部的电路上感应电压。

对于高空核爆炸，当导弹、卫星系统在大气层上方飞行时，由于会受到核辐射的直接影响，SGEMP 对系统中的电子器件和电路的影响最为严重。对于大气层内核爆炸，如果系统处在 EMP 沉积区（源区），而未被核爆炸的其他效应破坏，那么 SGEMP 也是主要效应。

5.4.8 HEMP 环境效应

高空（高于 30km）核爆炸会产生三类电磁脉冲，这三类电磁脉冲在地球表面都可以被观测到：早期高空核电磁脉冲（快）、中期高空核电磁脉冲（中等）、晚期高空核电磁脉冲（慢）。

从历史上来看，人们将大部分注意力都集中在早期高空核电磁脉冲上，曾经一度将高空核电磁脉冲简单认为就是指早期高空核电磁脉冲。由于 HEMP 的不同时期，对地面的电磁环境效应差别明显，在这里，我们针对 HEMP 所有这三类电磁脉冲效应分别进行分析。

1. HEMP 的辐射效应

当核弹在高空爆炸时，爆炸产生的大部分辐射（如 X 射线、γ 射线和中子）能量在爆心下方的高密度大气层沉积。在沉积区内（也称源区），γ 射线与空气分子发生康普顿作用，产生康普顿电子。这些运动电子在地球磁场的作用下发生偏转，产生横向的电流，从而产生一个横向的电场并传播到地球表面。上述机理描述了早期 HEMP 的产生过程。早期 HEMP 的描述参数如下：峰值场强大（几十 kV/m），上升前沿快（几 ns），持续时间短（最多 100ns），波阻抗为 377Ω。早期 HEMP 辐射范围是爆心视野范围内的地球表面，电场的极化方向与其传播方向和沉积区内的局部地磁场方向垂直。在北半球和南半球上距离赤道足够远处，早期 HEMP 电场极化方向几乎是水平的。

紧接着，核爆早期快 HEMP 瞬态脉冲，由爆炸辐射中子产生的散射 γ 射线和硬 γ 射线发生附加电离，产生中期 HEMP 信号。该部分信号的幅值在 10V/m 到 100V/m，持续时间在 100ns 到几十毫秒。

最后一部分 HEMP 信号为晚期 HEMP，也被称为磁流体动力学电磁脉冲（MHD-EMP）。晚期 HEMP 电场幅值小（几十伏/米），上升前沿慢（几秒），持续时间长（几百秒）。它会在电力线网和通信网络上感应电压和电流，其作用效果与在加拿大和北欧等国家经常观测到的太阳磁暴在电力线网和通信网络上的作用效果类似。晚期 HEMP 与通信网络和电网作用，产生感应电流，将会造成谐波和相位的失衡，从而会对主要电力系统部件（如变压器）造成损伤。

由于中期 HEMP 和晚期 HEMP 的幅值小，因此在公开的文献资料中，中期 HEMP 和晚期 HEMP 效应经常被忽略。相较于早期 HEMP 50kV/m 的电场峰值，中期的 100V/m 和晚期的 40mV/m 可忽略不计。

在某些情况下上述推论是有依据的，特别是当"敏感"系统的物理尺寸很小（耦合区域小）时，如车辆等移动设备。这种情况下只能耦合高频部分的 HEMP。不管怎样，从源到敏感设备的耦合机制都是与频率有关的。

若某敏感系统物理尺寸很大（如电力系统或是很长的通信线路），或者是连接在通信线路上的一个很小的器件时，则需要考虑中期 HEMP 和晚期 HEMP 的作用了。

2．HEMP 的传导效应

由高空核爆炸产生的电磁场能够在所有的金属结构上感应出电流和电压。这些在导体内传播的电流和电压，被称为传导环境。这就是说，传导环境是二次现象，是伴随辐射场产生的后果。

所有的金属结构（电线、导体、管道、导管等）都要受到 HEMP 的影响。传导环境应当引起重视，因为它能通过信号线、电源线和接地线将 HEMP 能量引至敏感电子器件上。

对于建筑物或任何其他设施外壳，导体必须区分为性质各异的两类：外导体和内导体。

外导体和内导体的不同之处在于它们所在处的电磁环境大相径庭。一般来说，外导体位于建筑物外，完全暴露在 HEMP 环境中。这类导体包括输电线、金属通信线、天线电缆，以及输送水和气的金属管道，它们或架设在地面上方或埋设于地下。内导体是指位于部分或完全屏蔽的建筑物内的导体，建筑物内的 HEMP 场已被衰减。这是一种非常复杂的情况，虽然可从 HEMP 模拟试验中得到一些测量数据，但由于建筑物的屏蔽作用，HEMP 场的波形发生显著改变，因此对于建筑物内导体和电缆的耦合问题很难被计算。

外部传导环境的通用模式是用简化的导体形状和早、中、晚期 HEMP 标准波形进行计算的。这些外部传导环境一般被用来评估建筑物外面的防护装置的性能。对于内导体，也确定了一种方法，用来评估适用于设备检测的传导环境。对于非屏蔽多芯电线，用共模电流来评估。

1）早期 HEMP 外部传导效应

对于早期的 HEMP，其高幅值的电场能有效地耦合进天线，以及输电线、通信线之类暴露的任何导线。天线耦合机制极具多样性，它取决于天线设计的细节。在许多场合下，适合于采用连续波对天线进行测试，并用卷积方法将天线响应函数与入射 HEMP 环境结合起来。对于长线，依赖少量几个参数可完成一组综合性通用模式的计算，其结果是可靠的。

这些参数包括导体的长度、暴露的状况（地上或埋于地下）和地表（深度在 5m 以内）电导率。此外，HEMP 耦合取决于仰角和极化方式，所以可以从统计的角度来分析产生特定大小电流的概率。

2）中期 HEMP 外部传导效应

中期 HEMP 只能对长度超过 1km 的长导体产生有效的耦合。因而这里主要关注输电线和通信线之类的外导体。因为这种环境的脉冲宽度远远大于早期的 HEMP 环境，所以仰角对耦合影响很小。这意味着统计变化规律没有在早期 HEMP 耦合中那么重要。另外，除埋地线外，大地电导率对架空线的影响也很重要。

3）晚期 HEMP 外部传导效应

晚期 HEMP 只对长的外导体（如输电线和通信线）的耦合是重要的。因为把晚期 HEMP 环境描述为在大地中产生的电压源，而这种电压源只在那些二点或多点接地的导体中产生电流。

因为晚期 HEMP 环境的最高频率在 1Hz 数量级，所以这可作为一个准直流问题处理，直接由晚期 HEMP 环境用电压源计算。可假定电压源 V_S 与时间的函数关系和 E_0 相同。

4）HEMP 内部传导效应

HEMP 内部传导环境（在建筑物或设备内部）比 HEMP 外部传导环境更难被确定。内部传导信号有两种来源：一由外部传导信号贯穿屏蔽层（无论建筑物或设备内部有无进入点防护装置产生的衰减）产生，二由穿透建筑物且对暴露导线发生耦合的 HEMP 场产生。因为建筑物的电磁屏蔽材料种类繁多，从木质结构到焊接良好的钢板屏蔽室各种各样，所以对于设备内部电缆和其他导体的耦合很难被计算。然而，有可能确定一种简单的方法使我们能够估计内部的瞬变传导信号。

解决内导体问题的第一步是要认识到外部瞬变传导信号的漏入量是要考虑的主要对象。根据以上得出的传导环境来确定设备进入点防护措施的类型。利用计算数据或测量数据，可以估计投入设备的电流波形。

第二步是估计屏蔽层对早期 HEMP 辐射环境的衰减量（不必计中期场和晚期场，因为这些低频场对设备内部布线紧凑的电缆耦合量不大）。因为入射电磁场的衰减并不是各频率都相等的，特别是有孔缝存在时，这种处理方法是不精确的。另外，一旦内部场建立起来，在经常有许多电缆存在的情况下，精确的耦合计算就变得困难起来。最后，由设备产生的谐振（波的模式由谐振腔的尺寸和形状决定）对耦合电流也有影响。尽管有这么多困难，但是用这种方法依然能够粗略估计内部传导电流。

最精确获得内导体电流的方法是通过试验测量。这种方法包括使用 100kHz～500MHz 的连续波模拟器。在测量内部电缆电流时，建筑物暴露在几种不同仰角和场极化情况下。将传递函数与入射的早期 HEMP 波形进行卷积即可计算出内部电缆的电流波形。通常需要测定多个电流波形峰值和脉冲形状的变化，以导出设备测试用的组合波形。

值得指出的是，这三种方法仅仅给出了 HEMP 场直接耦合产生的内部电流。有必要通过估算（或测量）外部电流贯穿设备屏蔽体（包括浪涌抑制器）的漏入量，来确定外部电流对内部总电流的贡献。

第二篇

电磁兼容试验

电磁兼容试验是为了检验产品的电磁兼容是否符合装备研制总要求、技术协议或产品规范等技术文件中所要求的电磁兼容标准或相关电磁兼容要求，也是验证产品电磁兼容设计的合理性及最终评价产品电磁兼容质量的重要手段。装备全寿命周期的电磁兼容试验是一项复杂的系统工程，需要周密策划、顶层部署、逐级分解并逐项落实。根据试验对象不同或试验性质不同，装备电磁兼容试验有不同的分类，不管是哪类试验，都涉及试验项目的选取、试验方法的确定、试验场所的选定、试验环境的控制和测试设备的使用等要素，因此为了更科学地开展电磁兼容试验，需要重点关注这些对产品电磁兼容试验结果有重要影响的因素。

本篇主要介绍装备电磁兼容试验的基本情况、测量的一般要求和具体试验方法，并对GJB 151B—2013《军用设备和分系统电磁发射和敏感度要求与测量》中要求的 21 个设备和分系统级电磁兼容试验项目分别进行介绍。

第6章

装备电磁兼容试验概述

随着我国军队武器装备的跨越式发展，武器系统中电子信息设备越来越多，信息化程度越来越高，装备所面临的内外部电磁环境越来越复杂，这对装备的电磁兼容提出了严峻的挑战。历次重大军事演习演练和局部战争结果表明，装备电磁兼容的好坏已成了制约装备作战效能发挥的关键因素之一，电磁兼容也成了装备考核的关键性指标之一。随着装备试验鉴定体系的完善，装备电磁兼容试验已成了装备研制、鉴定定型、专项评估过程中常态化的重要试验项目之一。

6.1 电磁兼容试验内涵

装备试验是为了满足装备研制和作战使用需求，采取规范的组织形式，按照规定的程序和条件，对装备的技术方案、关键技术、战技指标等进行验证、检验和考核的活动。装备试验对于发现装备问题缺陷，掌握装备性能底数，严把鉴定定型关，确保装备实用、好用、耐用具有重要的作用。从整体上来看，装备试验具有以问题为导向、标准严格、试验对象众多、针对性强的特点。

首先在试验中发现问题，在评估中分析问题，在改进中解决问题，是装备试验工作的典型特点。无论是外国军队还是我国军队，无论是何种军事装备，装备试验的工作都具有明显的问题导向性，即发现问题缺陷、改进提升装备性能、确保装备实战适用性和有效性。同时，装备试验是一项科学严谨的综合性军事实践活动，无论是验证类还是鉴定类，都要严格执行相关的法规、标准、技术规范，要求在试验设计、试验准备、试验实施的各个阶段，在试验数据采集、整理、分析等方面，都需要用精细严格的标准作为支撑和保证。因此，严格规范的装备试验标准是客观性、公正性和权威性的基本保证。

其次装备试验对象众多，具有很强的针对性。从装备试验类型来看，既包括验证类试验，又包括鉴定类试验；从装备类型来看，既包括传统装备的试验，也包括新概念装备的试验，如无人机作战系统、高超声速武器、激光武器、高功率微波武器等；从装备试验场域来看，既有海、陆、空、天的一维、二维、三维空间实施的试验，又有在虚拟电磁空间实施的试验，如电磁空间武器试验等；从试验依托的条件来看，既有专门在靶场进行的试验，又有依托于具备条件的实验室实施的试验；从试验对象来看，既包括单装，又包括相互影响、相互作用的装备分系统和系统，以及装备体系等。

装备电磁兼容试验是装备试验科目中的一种，它是指按照相应标准，对设备、分系统、系统内部或系统之间的电磁兼容指标进行的测试，它是一个通过仪器设备对量化的电磁参数进行检验，考核其是否符合标准要求和设计要求的过程。由于装备的复杂性和研制过程的不确定性，以及电磁环境分布的多样性，解决装备型号工程中的电磁兼容问题必须依靠大量的试验研究、实际测量和评估分析。电磁兼容试验是验证产品电磁兼容的重要手段，通过电磁兼容试验可以全面验证设计指标的符合性，评价其设计的合理性，从而有效控制装备的电磁兼容，降低工程风险。电磁兼容试验涉及测试方法、测试仪器设备和测试场所等内容，后文将分别进行阐述。

由于任一电子设备在所处的电磁环境中既是干扰源，又是敏感体，因此电磁兼容试验从测试的本质上可分为两大类：一是对电磁干扰发射的测量，即对干扰源的测量；二是对设备的电磁干扰敏感度，以及设备所能承受的最大干扰强度的测量，即对敏感体的测量，如图 6-1 所示。

图 6-1 电磁兼容试验内涵示意图

发射测试是测量电子设备工作（或静态）时向外发射的电磁能量，包括传导发射测量和辐射发射测量。

敏感度测试是测量电子设备抵抗外界电磁干扰的能力，包括传导敏感度测量和辐射敏感度测量。

为了保证测试结果的准确性和可靠性，电磁兼容试验对测试环境有严格的要求。测试环境要保证测量过程不受外部电磁干扰影响，同时要求在测试过程中不能对外部系统的正常工作造成影响。

6.2 电磁兼容试验现状

从电磁干扰三要素可以看出，发射源、耦合通道和敏感源是构成电磁干扰必不可少的三要素。由于任一电子设备在所处的电磁环境中既是干扰源，又是敏感体，可以说自电子设备出现以来，电磁兼容问题就一直存在。随着电子信息技术的发展，武器系统中设备电平的降低、工作频率的增加和数字技术的广泛应用，装备的电磁兼容问题越来越突出，尤其是在装备信息化、数字化和智能化程度越来越高的今天，信息化战争已成了现代战争的主要形态之一。在信息化战争条件下，交战双方对对方的主要攻击目标是电子信息系统。电子信息系统一旦受到攻击瘫痪，就将彻底失去作战能力，因此世界各国，尤其是主要军事强国对武器装备的电磁可靠性问题越来越重视。科学开展武器装备电磁兼容试验，加强电磁防护，提升装备电磁可靠性具有十分重要的现实意义。

美国对电磁兼容问题的研究已经开展了 70 多年，在各个领域均处于领先地位。20 世纪 70 年代末 80 年代初，美国由于军用电子设备受到电磁干扰的严重影响，迫切需要有能够保证设备在干扰环境中正常工作的有效方法，这带动了电磁兼容试验技术的迅速发展。现在美国军队已具有非常成熟的电磁兼容试验技术、试验鉴定体系和试验鉴定能力。

我国对电磁兼容问题的研究起步较晚，无论是理论还是实践，与国外先进水平相比都有一定的差距。20 世纪 80 年代以后，随着电磁兼容及电磁环境效应逐步为人们所重视，相关研究工作得以较广泛开展。电磁兼容学术组织纷纷成立，许多单位建立或改造了电磁兼容实验室，引进较为先进的 EMI、EMS 自动测试系统和设备，在一些地区和军工系统建立了国家级电磁兼容测试中心，并具备开展各种电磁兼容试验的能力。

我国军队现役武器装备大多数为国产装备，尤其是早期生产的装备，考虑电磁兼容问题较少。但由于当时装备的电子化、自动化和信息化程度不高，因此所带来的电磁兼容问题不是很突出。

随着我国军队装备跨越式发展，装备所使用的电子器件越来越多，电路的集成度越来越高，其对电磁能量的作用越来越敏感，装备中的电磁兼容和电磁防护问题变得越来越突出。为此，在 1997 年和 2005 年，我国军队分别制定了相应的设备和分系统级电磁兼容标准 GJB 151A—97《军用设备和分系统电磁发射和敏感度要求》、GJB 152A—97《军用设备和分系统电磁发射和敏感度测量》和系统级电磁兼容标准 GJB 1389A—2005《系统电磁兼容性要求》，并以这些标准为依据进行了大量的电磁兼容试验。根据试验对象的不同，电磁兼容标准相应地分为集成电路级、设备和分系统级、系统级三类。当前设备和分系统级，以及系统级电磁兼容试验开展得比较普遍。

随着装备技术发展和试验技术的进步，我国军队装备电磁兼容标准经过多年的实践应用，也在不断完善更新。当前设备和分系统级最新有效电磁兼容标准已经更新为 GJB 151B—2013《军用设备和分系统电磁发射和敏感度要求与测量》，系统级的电磁兼容标准更新为 GJB 1389B—2022《系统电磁环境效应要求》和 GJB 8848—2016《系统电磁环境效应试验方法》。

6.3　电磁兼容试验目的和意义

电磁兼容试验的目的是通过从系统或设备的电磁干扰发射和电磁敏感度两方面进行测试，找出干扰源的干扰特性和被干扰对象的抗干扰能力，从而科学地评价被测装备的电磁兼容性能。电磁兼容试验必须对各种干扰源的干扰发射量、干扰传播特性、敏感设备对干扰的敏感程度给出定量结果。这种测试必须在规定的测试场地、使用规范的测试设备，按照规定的标准要求和指定的试验方法来进行。

通过开展电磁兼容试验，可以暴露产品潜在的电磁兼容问题，不断进行电磁兼容设计改进，从而提高产品的电磁兼容性能。

首先，装备电磁兼容试验贯穿装备研制全过程。实践结果表明，将装备电磁兼容试验工作前延至工程研制阶段或立项论证阶段，后延至装备使用和退役阶段，对提升装备质量效果十分显著。因此，装备电磁兼容试验应贯穿装备全寿命周期，覆盖立项论证、工程研制、状态鉴定列装定型、生产部署与使用维护各个阶段。在装备研制的全寿命周期中，电磁兼容试验是装备电磁兼容设计与验证必不可少的重要环节。为了确保装备电磁兼容设计的正确性和可靠性，科学评价装备电磁兼容性能，需要在装备研制全过程中对各种干扰源的干扰发射、干扰传递特性和电子设备的干扰敏感度进行定量测量。

其次，装备电磁兼容试验是准确评估装备电磁兼容性能和确保装备质量的有力保障。装备质量建设有其自身规律，其电磁兼容的好坏已成了制约装备作战效能发挥的关键因素之一。如果装备研制过程中电磁兼容试验验证不到位、电磁兼容问题暴露不充分，其质量必然难以保证，很可能导致装备在外场使用时表现不佳，甚至状况频发。从近年我国武器装备型号的研制历程来看，也经常出现因在研制过程中对装备的电磁兼容设计和性能考虑不充分，影响装备型号的研制质量和进度的情况。装备的电磁兼容问题只有在实际工作状态下才能充分暴露出来，只有将装备放置于贴近实战环境中进行电磁兼容考核，才能准确评价装备的电磁兼容性能。因此，科学开展电磁兼容试验，准确获取武器装备的电磁兼容数据，对于把好武器装备质量关，确保武器装备"实用、耐用、管用、好用"具有至关重要的意义。

6.4　电磁兼容试验特点及影响因素

由于产品电磁干扰具有随机性、多变性等特点，其时域波形不太规则，频谱也比较复杂，同时电磁干扰与产品的电路结构、工艺和布局等因素有关，电路分析中的许多分布参数不容忽视，加之电磁兼容试验的测试条件要求比较苛刻，因此需要在专门的实验室中进行测试，且测量设备要求具有稳定性好、灵敏度高、频谱宽、动态范围大等特点，从而电磁兼容试验所需的测量仪器和设备精密昂贵且十分复杂。

影响产品电磁兼容试验结果的因素众多，如图 6-2 所示。其中主要有测试场地、测试仪器设备、实验室环境、试验依据标准和试验方法，以及产品技术状态等，另外产品的性能监测与合格判据、试验人员等也很重要。例如，在产品技术状态方面，通常进行电磁兼容试验策划时会要求被测装备技术状态符合以下要求：结构完整、组成齐套、状态典型，功能特性满足要求，配合产品试验的辅助设备和电缆等不能影响试验结果。为了对装备的电磁兼容进行摸边探底，往往会要求装备除了在各类典型使用状态下进行试验，还要求装备在极限工作条件下进行试验，尤其是在我国军队提出对装备进行实战化考核的要求之后，更逼真地模拟真实使用场景，在各种典型和极限条件下开展试验就尤为重要。

由于对装备开展电磁兼容试验需要力争真实地反映该装备的电磁兼容，试验实施过程中要尽量保证结果的准确性，因此为了避免对电磁兼容参数数据的异议性，在电磁兼容标准或规范中，不仅规定了所使用仪器设备的具体指标要求，还规定了测试方案的组成、产品工作状态和环境要求等。

图 6-2　电磁兼容试验影响因素

6.5　电磁兼容试验分类

　　装备电磁兼容试验贯穿了装备研制的全过程，从装备立项论证、工程研制（初样设计、详细设计），到状态鉴定、列装定型和生产部署与使用维护的全寿命周期，都需要开展电磁兼容试验，只是不同阶段的试验对象、试验目的、试验方法要求和试验内容会有所不同。

　　根据试验对象的不同，装备电磁兼容试验可分为芯片和板卡级试验、设备和分系统级试验、系统级试验三种类别，如图 6-3 所示。

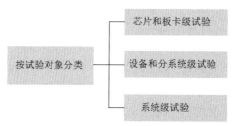

图 6-3　装备电磁兼容试验按试验对象分类

　　按试验性质的不同，装备电磁兼容试验可分为性能验证试验、性能鉴定试验、作战试验和在役考核四种类别，如图 6-4 所示。

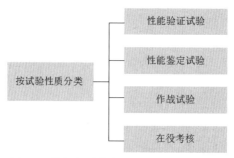

图 6-4　装备电磁兼容试验按试验性质分类

按试验场所的不同，装备电磁兼容试验可分为实验室试验和外场试验，如图 6-5 所示。

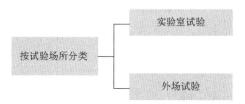

图 6-5　装备电磁兼容试验按试验场所分类

在装备研制过程中，根据装备顶层研制要求开展电磁兼容设计需求分析，明确电磁兼容设计要求并进行指标逐级分解。在工程研制阶段，需要有针对性地规划各种试验活动，如试验开展时机、试验对象、试验项目、试验方法等。通常在初样设计阶段开展关键、重要芯片和板卡级电磁兼容试验；在详细设计阶段开展设备级电磁兼容试验；在联调联试阶段开展分系统级电磁兼容试验；在首飞（对飞机而言）阶段开展完整的设备、分系统及系统级试验；在状态鉴定阶段根据研制总要求、任务书或技术协议中的电磁兼容要求，开展性能鉴定试验。在装备状态鉴定试验之前技术状态应该已经被固化。

当被测装备通过了设备和分系统级电磁兼容试验时，一般情况下能够保证它们组成系统后实现系统的自兼容。但随着电子技术和军事技术的迅速发展，电子系统功能越来越复杂，系统集成度越来越高，潜在的电磁干扰大大增加，系统内电磁环境越来越恶劣，被测装备的电磁兼容在设备和分系统试验时很难考虑周全。通过系统级电磁兼容试验，可以掌握系统内及系统与其环境的电磁兼容数据。本篇仅针对设备和分系统级电磁兼容试验进行介绍。

第 **7** 章

装备电磁兼容试验场地及试验设备

第 6 章提到装备电磁兼容试验是一种需要对干扰发射量、干扰传播特性、敏感设备对干扰的敏感程度给出定量结果的一种活动，这种试验的条件要求比较苛刻，必须在规定的试验场地、使用规范的试验设备，按照规定的标准要求和指定的试验方法来进行。同时，影响电磁兼容试验结果的因素有很多，其中主要有试验场地、试验设备、实验室环境等。本章针对电磁兼容试验场地和试验设备进行介绍。

7.1　电磁兼容试验场地

由于电磁兼容试验要求在标准规定的电磁环境条件下进行，因此对应各试验项目需要配备符合特定技术要求的试验场地。常用的试验场地有电磁屏蔽室、电波暗室、开阔场、横电磁波小室（TEM 小室）和混响室等。根据装备试验类型不同，需要在不同的试验场地开展试验，表 7-1 所示为设备和分系统试验场地技术要求。

表 7-1　设备和分系统试验场地技术要求

序号	试验类型	试验场地	主要技术要求
1	电磁传导发射及敏感度	电波暗室、电磁屏蔽室	尺寸、SE、接地等
2	电磁辐射发射	电波暗室、开阔场	尺寸、SE、NSA、接地等
3	静电放电抗扰度	静电实验室	温湿度环境、尺寸、接地等
4	电磁辐射敏感度	电波暗室、TEM 小室、混响室	尺寸、SE、FU、接地等

注：SE 为屏蔽效能；FU 为场均匀性；NSA 为归一化场地衰减

7.1.1　电磁屏蔽室

在进行装备的发射测量时，为保证测量的准确性，我们需要采取措施，隔离周围环境的电磁发射，以保证到达测量天线或传感器采集的电磁信号均来自被测装备的发射；同样地，进行装备的敏感度测试，为保证测量的准确性，我们需要采取措施，隔离周围环境的电磁发射，以保证到达被测装备的电磁信号均来自测试系统发射天线的辐射发射及耦合网络的注入。电磁屏蔽室是对电磁场起隔离作用的设备，电磁屏蔽室可以同时满足以上两个方面的要求，因此，装备的发射和敏感度等试验通常需要在电磁屏蔽室内进行。

　　电磁屏蔽室是一个由低电阻金属材料制成的封闭室体，一般为采用拼接或焊接的六面体金属结构。利用电磁波在金属体表面产生反射和涡流而起到屏蔽作用。当与大地连接后，能起到静电屏蔽作用。电磁屏蔽室广泛用于小信号高灵敏度要求的场合及计算机房等。电磁屏蔽室如图 7-1 所示。

图 7-1　电磁屏蔽室

　　理论上，金属材料均可作为电磁屏蔽室材料，但从电导率、成本及腐蚀等方面综合考虑，一般采用钢和铜两种材料。常用的有钢（铜）板屏蔽室和丝网屏蔽室。电磁屏蔽室从低频到微波整个频段均需要有良好的屏蔽作用，而铜板对低频的磁场没有屏蔽作用，因此，电磁屏蔽室的屏蔽材料只能选择钢板、铁板等；铜网材质的屏蔽室在高频有良好的屏蔽效果，铜板在高频和微波段均有很好的屏蔽效果，因此，铜质外壳的屏蔽室适用于对高频或微波的屏蔽。

1．屏蔽室的评价指标

　　用于装备电磁兼容测量的电磁屏蔽室能提供符合测量要求的屏蔽测试空间、电磁环境，其主要指标包括屏蔽效能（SE）、绝缘电阻、接地电阻等。

　　屏蔽体的屏蔽效能是指模拟干扰源置于屏蔽室外时屏蔽室安放前后的电场强度、磁场强度或功率之比。屏蔽效能表示为

$$S_{\rm H} = 20\lg\left(\frac{H_1}{H_2}\right), \quad S_{\rm E} = 20\lg\left(\frac{E_1}{E_2}\right), \quad S_{\rm P} = 10\lg\left(\frac{P_1}{P_2}\right) \tag{7-1}$$

式中，H_1、E_1、P_1——无屏蔽室情况下的磁场强度、电场强度和场功率。
H_2、E_2、P_2——屏蔽室内的磁场强度、电场强度和场功率。

　　屏蔽室的屏蔽效能按照使用要求和周围环境的电场强度来确定，一般使用要求为60～80dB，屏蔽效能大于100dB的被称为高性能屏蔽室。屏蔽效能与频率有关：在低频段，如10Hz～100Hz，屏蔽效能比高频段的屏蔽效能差；而当频率高达微波段，如1GHz以上时，屏蔽效能也会下降。这与屏蔽体的材料、加工制作工艺和屏蔽室体的几何尺寸有关。

　　电磁屏蔽室的工作频率范围和屏蔽效能，应根据使用功能要求、电磁屏蔽室所处的电磁环境情况和场地对电磁环境的要求等因素综合确定，一般按用户要求确定，屏蔽室屏蔽效能指标要求如表 7-2 所示。屏蔽体完工后的屏蔽效能测试作为施工方等的摸底测试，最终的屏蔽效能指标以所有设备安装后的最终使用状态下的屏蔽效能测试结果作为验收指标。屏蔽室的屏蔽效能每3～4年进行一次测量验证。

表 7-2　屏蔽室屏蔽效能指标要求

频率范围	屏蔽效能要求	场源
0.01MHz～1MHz	>60dB	磁场
1MHz～1000MHz	>90dB	平面波
1GHz～40GHz	>90dB	微波

电磁屏蔽室供电系统对屏蔽室金属壁应能承受绝缘耐压，电源进线对屏蔽室金属壁的绝缘电阻及导线与导线之间的绝缘电阻应大于 2MΩ。

电磁屏蔽室的接地电阻应小于 4Ω，且越小越好。

电磁屏蔽室的接地装置接地电阻测量方法按照 GB/T 17949.1—2000《接地系统的土壤电阻率、接地阻抗和地面电位测量导则 第 1 部分：常规测量》相关规定进行，一般使用三极夹角法或三极直线法。

2. 与电磁屏蔽室有关的辅助设施

电磁屏蔽室除了有良好屏蔽性能的屏蔽室体，屏蔽门、通风波导、滤波器及接地等还是影响屏蔽室总体性能的主要辅助设施，因此，对不同性能的电磁屏蔽室，需要配备相应性能的辅助设施。

1）屏蔽门

屏蔽门是屏蔽室的关键部位，必须精心设计、精心加工，有些材料还需要经过特殊工艺处理，如镀银等。小的屏蔽门大都采用手动，结构尺寸大的屏蔽门一般采用电动或气动。不管大小，都必须使门、门框与屏蔽室体紧密接触，需要防止电磁波从门缝处泄漏，对屏蔽室的屏蔽效能而言，屏蔽门是影响屏蔽效能的主要因素。

2）通风波导（截止波导）

电磁屏蔽室作为一个金属封闭体，室内的通风是通过通风波导来实现的。波导的孔径、深度等几何尺寸根据电磁屏蔽室的屏蔽效能来确定，即在要求的截止频率以下能提供与屏蔽效能相适应的隔离度。空气的流量是按屏蔽室体的空间大小、温度调节范围来进行计算的。一个屏蔽室一般应有多个通风波导。

3）滤波器

滤波器的作用是滤除线路中传输的高频干扰分量。凡进出电磁屏蔽室的所有电缆，包括电源线、信号线、控制线等均需要通过滤波器，以滤除其中无用的高频干扰分量。连接到电源线上的滤波器被称为电源滤波器，与信号控制线连接的滤波器被称为信号滤波器。

滤波器对高频信号的抑制性能用"插入损耗"来衡量，插入损耗不仅取决于滤波器本身的电路结构参数，还取决于与它相连的端接阻抗、负载电流、负载电压及其他因素。

4）接地

将屏蔽室与大地用低电阻导体连接起来，称为接地。接地可分为以下三类。

（1）避雷接地，防止雷电影响。

（2）电气接地，与电网连接，保护设备和人身安全。

（3）高频接地，使高频信号与地构成通路。

三类接地的目的和用途不同，其接地要求也不一样。

对于电磁屏蔽室，其接地为高频接地，一般要求单点接地。

5）电磁屏蔽室的接地要求

（1）屏蔽室宜单点接地，以避免接地点电位不同造成屏蔽壁上的电流流动。此种电流流动，将会在屏蔽室内引起干扰。

（2）为了减小接地线阻抗，接地线应采用高导电率的扁平状导体。

（3）接地电阻应尽可能小，一般分为三个等级：小于 4Ω、小于 2Ω 和小于 1Ω。

（4）接地线应尽可能短，最好小于 $\lambda/20$（λ 为屏蔽室最高工作频率的相应波长）。对于设置在高层建筑上的微波屏蔽室，可采用浮地方案。

（5）必要时，对接地线采取屏蔽措施。

（6）严禁接地线和输电线平行敷设。

为了获得低的接地电阻，通常采用地线网络接地，以及在铜板和连接铜带周围加降阻剂，效果好的可以做到小于 1Ω。

6）电磁屏蔽室的谐振

普通电磁屏蔽室金属内壁存在电磁波的全反射，内部反射波与入射波同相位叠加会产生空腔谐振。任何的封闭式金属空腔都可以产生谐振现象。屏蔽室可视为一个大型的矩形波导谐振腔，根据波导谐振腔理论，其固有谐振频率按下式计算：

$$f_0 = 150 \cdot \sqrt{(m/l)^2 + (n/w)^2 + (k/h)^2} \tag{7-2}$$

式中：　f_0——屏蔽室的固有谐振频率，单位为 MHz。

l、w、h——屏蔽室的长、宽、高，单位为 m。

m、n、k——分别为 0、1、2 等正整数，但不能同时取两个或三个为 0；对于 TE 型波，m 不能为 0。

屏蔽室谐振是一个有害的现象。当激励源使屏蔽室产生谐振时，会使屏蔽室的屏蔽效能大大下降，导致信息的泄漏或造成很大的测量误差。为避免屏蔽室谐振引起的测量误差，应通过理论计算和实际测量来获得屏蔽室的主要谐振频率点，把它们记录在案，以便在以后的电磁兼容试验中，避开这些谐振频率。若在谐振点上有超标的现象，则不能直接判定产品不合格，应通过其他方式或手段再确定该点测量是否超标。

正是由于电磁屏蔽室内的固有谐振存在，为避免场地谐振对装备辐射发射（RE）测试和辐射敏感度（RS）测试的影响，一般电磁屏蔽室主要用作装备传导发射（CE）和传导敏感度（CS）测试场地。

7.1.2　电波暗室

1. 电波暗室的规格

电波暗室是进行辐射发射试验和辐射敏感度试验的基本场所。根据测试距离，一般分为 3m 法暗室、10m 法暗室等。电波暗室可进行辐射发射试验和辐射敏感度试验等电磁兼容试验。

普通电磁屏蔽室的谐振使其不适于装备的 RE 测试和 RS 测试。为满足 RE 测试和 RS 测试的要求，需要在电磁屏蔽室内壁加装吸波材料，抑制其内表面的电磁波反射。

内壁装有吸波材料的电磁屏蔽室被称为电波暗室（Anechoic Chamber，AC），是 RE 测试和 RS 测试的场所，又被称为电波消声室或电波无反射室。电波暗室能提供背景干净、符合 RE 测试和 RS 测试要求的电磁环境。

当电磁屏蔽室六个内表面均装有射频吸波材料（也就是 RF 吸收器）时，该吸波材料能够吸收所关注频率范围内的电磁能量，此类电磁屏蔽室被称为全电波暗室（Fully Anechoic Room，FAR），全电波暗室用来模拟没有电磁波反射的自由空间，如图 7-2 所示。

图 7-2　全电波暗室

当电磁屏蔽室除金属地面外其余五个内表面均装有吸波材料，该吸波材料能够吸收所关注频率范围内的电磁能量，此类电磁屏蔽室被称为半电波暗室（Semi-Anechoic Chamber，SAC）。半电波暗室用来模拟除地面全反射外周围均没有电磁反射的开阔试验场地（Open Area Test Site，OATS），如图 7-3 所示。

一般电波暗室可进行半/全电波暗室转换，以方便 RE 测试和 RS 测试的不同需求。

电波暗室主要包括暗室本体、屏蔽控制室、屏蔽负载室、屏蔽功放室、转台、升降天线等部分。电波暗室的主要设施包括屏蔽体、钢结构、屏蔽门、吸波材料、转台、转毂、天线塔、滤波器等，如图 7-4 所示。

民用电磁发射测试通常将开阔试验场地设定为标准试验场地，由于好的开阔试验场选址不易，使用不便，建在市区又会因背景噪声电平大而影响 EMC 测试，因此模拟开阔试验场的电磁屏蔽半电波暗室成了应用较普遍的 EMC 测试场地。

图 7-3　半电波暗室

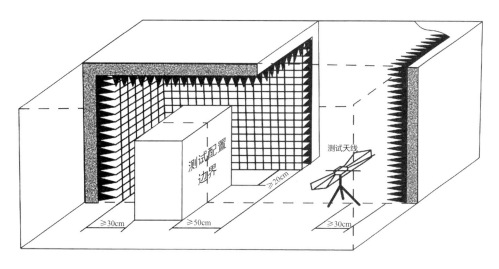

图 7-4　电波暗室组成图

电波暗室用于装备的 RE 测试时，主要性能指标用归一化场地衰减（Normalized Site Attenuation，NSA）（1GHz 以下时）和场地电压驻波比（1GHz 以上时）来衡量；用于装备的 RS 测试时，主要性能指标用测试面场均匀性（Field Uniformity，FU）来衡量。

2．电波暗室的结构

电波暗室中的测试环境是要模拟开阔试验场或自由空间的传播条件，因此暗室尺寸应以开阔试验场的要求为依据。测试距离 R 为 3m、10m 等，测试空间的长度为 $2R$，宽应为 $1.73R$。

民用 RE 测试在 30MHz～1GHz 频率范围时，接收天线的高度通常要求在 1～4m 内改变；军用 RE 测试时，接收天线的高度通常要求高于地面接地平板 120cm。

吸波材料的选择直接关系到电波暗室的性能，材料的吸波性能越好，即入射电波的反射率越小，对电波暗室中场强测量产生的不确定度就越小。

常用的吸波材料有单层铁氧体片、角锥形含碳海绵复合吸波材料和角锥形含碳苯板复合吸波材料等。几种材料各有优缺点：铁氧体片的特点是低频性能好，占用空间体积小，缺点是高频性能差；角锥形含碳海绵复合吸波材料和角锥形含碳苯板复合吸波材料的特点是工作频率范围宽，高端可达 40GHz，承受功率大。目前已有综合了两类材料优点的新型复合吸波材料。

对内表面贴铁氧体片且在铁氧体片表面安装含碳海绵的复合吸波材料的暗室，1GHz 以下主要靠铁氧体片起作用，1GHz 以上主要靠含碳海绵的复合吸波材料起作用。

3．电波暗室的评价指标

电波暗室的评价指标要求包括：总体要求、屏蔽结构、供电系统要求和滤波、电波暗室的屏蔽效能（SE）、归一化场地衰减（NSA）、场地电压驻波比、测试面场均匀性（FU）等，应每 3～4 年进行一次测量验证，并要保持规定的性能指标。

电波暗室在完成屏蔽壳体的建造后，进行屏蔽效能的测试。在粘贴吸波材料后，进行归一化场地衰减、场地电压驻波比和测试面场均匀性的测试。

1）总体要求

电波暗室主要技术指标和要求如下。

（1）电波暗室的最小尺寸应满足 3m 法测试的要求，以满足标准的测试要求。

（2）电波暗室的屏蔽效能应满足屏蔽室屏蔽效能的要求，屏蔽效能测试应符合 GB 12190—2021 的相关要求。

（3）进行 RE 测试时，电波暗室的场地有效性应满足 GB/T 6113.104 标准要求；频率在 1GHz 以上测量时，应按照 GB/T 6113.104 中规定的场地确认方法，所得到的场地电压驻波比 $S_{VSWR} \leqslant 6dB$。

（4）进行 RS 测试时，电波暗室内的测试空间场分布均匀性应满足 GB/T 17626.3 的要求，并定期检查、确认。

（5）应按照 GB/T 6113.104 的附录，对归一化场地衰减进行测量验证，归一化场地衰减满足±4dB 的要求。

（6）应分析可能存在的谐振频率，应记录主要谐振频率点。

（7）电波暗室的接地电阻应小于 2Ω。

2）屏蔽结构

屏蔽结构通常为镀锌钢板的拼装结构或焊接结构，屏蔽体宜采用单点接地方式，屏蔽体相互连接处接触电阻小于 10mΩ。

3）供电系统要求和滤波

供电电源滤波必须是在被测装备（Equipment Under Test，EUT）负载变化的整个过程中对 EUT 额定电压进行滤波。供电电源滤波必须将待测电路的任何潜在干扰降低至测试限值之下至少 10dB。屏蔽室内测试设备的电源供电滤波应确保测试路径上无任何电磁噪声引入，其滤波效能应确保供电系统的环境噪声低于测试电路限值 10dB 以下。

7.1.3　开阔场

在早期的电磁兼容测试时，为测量设备空间电磁发射情况，通常找一块空旷的场地布置 EUT，并使其正常工作，在距离 EUT 规定的距离上（测量距离）架设接收天线，接收 EUT 发射的电磁场，并传输到测量设备进行测量。此时，天线接收到的电场强度是以空间直射波与地面反射波在天线接收点相互叠加的。由于不同的地面材质（如泥土、石头、水泥）及地面的不同干湿程度，因此地面的反射系数均不同，测量结果的可重复性极差。电磁兼容标准化机构在制定标准时，将对接收天线反射波有影响的地面区域指定使用平整的金属地平面，使得到达天线的地面反射波为全反射，从而保证了地面反射的一致性，并在此基础上制定了相应的标准场地规范，规定了指定距离上的归一化场地衰减（NSA）值，相应的规范化后测试场地即开阔场，并基于开阔场指定测量距离制定了不同产品辐射发射限值。在民用 EMC 测试标准中，RE 测试均将开阔场作为标准测试场地。因此，开阔场是重要的电磁兼容测试场地。

1．开阔场的结构

开阔场的特点是具有空旷的水平地势和接地平面。地面使用金属接地平面。这种试验场地应避开建筑物、电力线、篱笆和树木等，并应远离地下电缆、管道等，除非它们是 EUT 供电和运行所必需的。

为了得到一个有效的开阔场，在 EUT 和场强测量天线之间需要一个无障碍区域。无障碍区域应远离那些具有较大的电磁场散射体，并且应足够大，使得无障碍区域以外的散射不会对天线测量的场强产生影响。如果试验场地配备了转台，那么推荐使用平坦空旷、电导率均匀良好、无任何反射物的椭圆形试验场地。其长轴是两焦点距离的 2 倍；短轴是两焦点距离的 $\sqrt{3}$ 倍。发射天线（或被测装备）与接收天线分别置于椭圆的两焦点上，如图 7-5 所示。

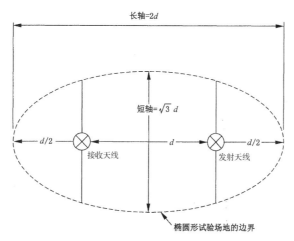

图 7-5　开阔场椭圆形试验场地与天线布置

对于该椭圆形的试验场地来说，其周界上任何物体的不期望反射波的路径距离均为两焦点之间直射波路径距离的 2 倍。如果放置在转台上的 EUT 较大，那么要扩展无障碍区的周界，以保证从 EUT 周界到障碍物之间的净尺寸。

在众多电磁兼容标准中，对民用电子设备辐射发射的测试及对开阔场的校验，均在 3m 法、10m 法和 30m 法情况下进行。因此，椭圆形开阔场尺寸的大小与所要满足的试验标准有关。如果要满足 10m 法试验，那么场地必须为 20m×18m。

用于发射场强测量的试验场，CISPR 标准推荐用导电材料或金属板建造。鉴于钢板相比铝板、铜板耐腐蚀且价格低，通常都采用花纹钢板建造。

开阔场宜选择电磁环境干净、本地电平低的地方建造，以免周围环境中的电磁干扰给 EMI 试验带来影响和误判。由于在城市中各种广播通信等发射塔和能辐射电磁波的种种电子设备密集，国外的开阔场通常在远离城市的地方建造。国内已建开阔场的单位不少，一般选址为远郊，需要花昂贵的购地费，并且给建造、试验和日常管理等带来一些不便。但由于开阔场是 EMC 测试的基础场地，因此，有些单位还是因地制宜地进行建造。开阔场剖视图如图 7-6 所示，该开阔场为钢质开阔场。为便于维修、走线及转台安装，该开阔场采用地下室结构安置测量间。

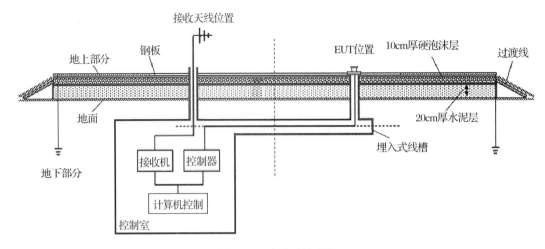

图 7-6　开阔场剖视图

如果开阔场全年被使用，则需要气候保护罩。气候保护罩应能够保护包括 EUT 和场强测量天线在内的整个开阔场，或者只保护 EUT。所用材料应具有射频透明性，以避免造成不需要的反射和 EUT 辐射场强的衰减。气候保护罩的形状应易于排雪、冰或水。被测试验台带气候保护罩的开阔场如图 7-7 所示。

图 7-7　被测试验台带气候保护罩的开阔场

2．开阔场的评价指标

（1）对设备和分系统来说，开阔场应满足设备和分系统测试及相关标准对场地的要求，开阔场的最小尺寸应满足 3m 法测试要求。

（2）开阔场应满足 GB/T 6113.104 中有关开阔场的物理特性、电特性和场地有效性的要求。

（3）开阔场应按 GB/T 6113.104 的要求测量归一化场地衰减，并保证归一化场地衰减满足±4dB 场地可接受原则。

（4）开阔场应具备气候保护罩、转台和天线升降塔，并符合 GB/T 6113.104 中的相关要求。

（5）开阔场周围的电磁环境电平与相应限值相比应足够低，试验场地的质量按下述三级给予评估，第一级：周围环境电平比相应限值低 6dB；第二级：周围环境电平中有些发射比相应的限值低，但其差值小于 6dB；第三级：周围环境电平中有些发射在相应的限值之上，这些干扰可能是非周期性的（相对测试来说这些发射之间的间隔是足够长的），也可能是连续的，但只在有限的可识别频率上。当 EMC 测试时，应在测试报告中注明场地级别，并说明背景环境情况。

7.1.4 横电磁波小室

1．组成

横电磁波小室（TEM 小室）利用其可用空间与其高端频率反射率成正比的特性，来作为 RS 测试场地。

2．功能

横电磁波小室为测试提供符合要求的测试空间和电磁环境。

3．指标要求

（1）所用横电磁波小室的类型应是符合国家/国际标准规定的；横电磁波小室应给出其工作频率的上限，其工作频率范围应满足所申请认可的业务和相应标准的要求。

（2）横电磁波小室内场分布均匀性的大小应与被测装备的尺寸相适应，当被测装备高度小于空间高度的 2/3 时，在此区域内的分布不均匀度应小于±3dB。

（3）横电磁波小室的输入电压驻波比应≤1.5，横电磁波小室的特性阻抗应为 50Ω 或 150±6Ω（3dB 均匀区）。

7.2 电磁兼容试验设备

电磁兼容试验主要分为发射类试验和敏感度类试验，发射类试验最重要的测量仪器是电磁干扰测量接收机，另外根据需要配置相应的辅助设备，如线路阻抗稳定网络、电流探头、电压探头和各种类型的适用于不同场景和各个频段的测试天线或探头。敏感度类试验的测量仪器主要由信号发生器、功率放大器、注入探头、天线和监测装置组成。

7.2.1 测量接收机

测量接收机是电磁发射测量最基本的设备，如图 7-8 所示，频率可为 20Hz～40GHz。除谐波电流和电压波动外，其他的电磁发射类试验项目几乎都要用到它。

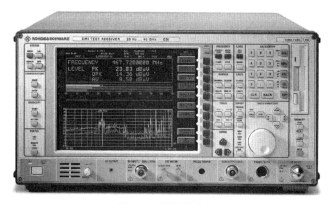

图 7-8 测量接收机

测量接收机是一台具有符合 EMI 测量特殊要求的频谱分析仪，适用于测量微弱的连续波信号和幅值很强的脉冲信号。基本要求包括本机噪声小、灵敏度高、动态范围大、过载能力强，在整个测量频段内测量精度能满足±2dB 的要求。测量接收机的组成框图如图 7-9 所示。

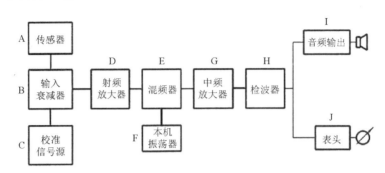

图 7-9　测量接收机的组成框图

1．测量接收机各部分功能

（1）传感器：被测信号的输入端口，可由人工电源网络（Artificial Mains Network，AMN）、电压探头、电流探头、各类天线等部件组成。根据测量的目的，选用不同部件来拾取信号。

（2）输入衰减器：对外部进来的过大信号或干扰电平给予衰减，通过调节衰减量大小，保证测量接收机输入的电平在测量接收机测量线性范围之内，同时可避免过电压或过电流造成测量接收机损坏。

（3）校准信号源：与普通接收机相比，测量接收机本身提供内部校准信号源，可随时对测量接收机的增益加以自我校准，以保证测量值的准确。

（4）射频放大器：利用选频放大原理，仅选择所需测量的信号（或干扰信号）进入下级电路，其他无用信号则排除在外。

（5）混频器：将来自射频放大器的射频信号和来自本机振荡器的信号合成产生一个差频信号输入中频放大级，由于差频信号的频率远低于射频信号频率，因此中频放大级增益得以提高。

（6）本机振荡器：提供一个频率稳定的高频振荡信号，用于与输入的信号进行差频产生中频。

（7）中频放大器：由于中频放大器的调谐电路可提供严格的频带宽度，又能获得较高的增益，因此保证接收机的总选择性和整机灵敏度。

（8）检波器：通常具有 1～4 种检波方式，这 4 种检波方式通常为平均值检波、峰值检波、准峰值检波和均方根值检波。

（9）输出指示：采用表头或显示屏指示电磁干扰电平值，也可用通信端口连接到计算机上，通过计算机显示器显示或打印。

2．测量接收机的特点

1）预选器

与频谱仪相比，测量接收机要采用对宽带信号有较强抑制能力的预选器。预选器通常包括一组固定带通滤波器和一组跟踪滤波器，完成对信号的预选，衰减强的带外信号。

2）6dB 带宽

频谱仪通常采用 3dB 带宽，即比中频频率点的电平响应低 3dB 的频率范围，而测量接收机采用 6dB 带宽，即比中频频率点的电平响应低 6dB 的频率范围。显然，当频谱仪与测量接收机设定相同的带宽时，它们对信号的实际测试值是不同的。

3）多种检波方式

由于测量接收机常用于测量脉冲干扰电平，除了通常的平均值检波功能，还有峰值检波、准峰值检波、均方根值检波等检波方式，为确定对数字通信系统产生的潜在干扰，测量接收机还引入幅度概率分布（Amplitude Probability Distribution，APD）测量功能。

4）机箱具有完善的屏蔽效能

测量接收机用于高电平场强环境中时，若自身屏蔽效果不佳，则势必出现衰减器"失准"现象。按照 GB/T 6113.101 的规定，测量接收机的屏蔽应做到：在 3V/m（未调制）的电磁环境中，在 9kHz～1000MHz 频率范围内任一频率点上，制造商所规定的 CISPR 指示范围的最大值和最小值所产生的误差不得大于 1dB。

5）带有校准信号发生器

测量接收机自带的校准信号发生器在自检时，可以执行闭环检测，校准其内部测量链路各个环节中的偏移量，并自我修正。

6）过载能力强

测量接收机的过载能力用过载系数来表征。过载系数是指电路（或电路组）的实际线性函数的范围所对应的电平与指示仪器满刻度偏转时对应的电平之比。脉冲通过测量接收机后，脉冲持续时间 τ 和测量接收机带宽 Δf 的关系为 $\tau=1/\Delta f$，在 30MHz～1000MHz 频率范围内的准峰值测量时，带宽 $\Delta f=120$kHz，则脉冲持续时间 $\tau=1/\Delta f=0.00833$ms，检波器的充电时间常数 t_c 为 1ms，因此电容器上的充电电压只达到：

$$V \approx E(\tau / t_c) = 0.00833E \tag{7-3}$$

式中，E 为脉冲幅值。

可见，测量脉冲干扰时的指示值与测量某一正弦信号指示值相同时，干扰信号的幅值比正弦信号的幅值大 120 倍。因此，测量接收机内部各级放大器幅度的特性必须比测量正弦信号有 120 倍以上的动态范围储备，否则就会因动态范围小而使干扰脉冲在放大过程中饱和，增大测量误差。提高过载能力是测量接收机的技术难点之一。

3．测量接收机的常用检波及测量方式

检波器的一个功能是对出现在测量接收机中频（IF）及其带宽内的信号包络进行处理，去掉载波恢复基带信号或发射。应注意区分检波器的功能和在测量接收机上输出指示的意义，所有检波器的功能（峰值、准峰值、平均值和 RMS 值）都是所有检波器的输出采用能产生相同指示的正弦波（已调谐未调制）的均方根值定标的，即采用等效的 RMS 值进行校准。对于接收机的正弦波输入，IF 及其带宽内的信号包络是一个直流电平，所有检波器均

产生相同指示的 RMS 输出。如果一个 0dBm 的未调制信号施加在接收机上，那么接收机无论采用何种检波方式，其输出都是 0dBm。

如果施加在接收机上的是调制信号，则检波器将产生不同的响应。接收机的 IF 及其带宽内看到的是施加的信号中处于中频及其带宽范围的部分。峰值检波器检测到的是 IF 中信号包络的最大电平，并显示一个具有相同峰值的正弦波的 RMS 值。

准峰值检波的输出结果与脉冲的重复频率有关，当脉冲重复频率提高一倍时，准峰值检波输出也随之上升，其上升规律与干扰对听觉的危害程度相同。

平均值检波的最大特点是检波器的充放电时间常数相同，致使检波的直流输出基本上正比于检波器前各级信号包络的平均值。在多数情况下，从平均值检波器得到的脉冲响应读数较之实际值小得多，除非噪声仪表的带宽非常窄，低至数百赫兹的量级。对于重复频率 100Hz，数量级为 10kHz 的带宽，平均值仅为峰值的 1%。该值对任意精度的测量仪器来说都太低了。因此，平均值检波一般不用于脉冲干扰测量，而是用于测量窄带信号，其优点是可以克服与调制和宽带噪声相关的一些问题。

GB/T 6113.101 对平均值检波器做出了新的要求，增加了对间歇的、不稳定的和漂移的窄带干扰的响应。对间歇的、不稳定的和漂移的窄带干扰的响应应做到：测量结果应与某一时间常数的仪表的峰值读数相当，即 A 频段和 B 频段的时间常数为 160ms，C 频段和 D 频段的时间常数为 100ms。对于 E 频段（1GHz～18GHz），线性平均值检波器的时间常数是 100ms，而对于对数平均值检波器的时间常数要求，尚在考虑之中。对于满足这一要求的平均值检波器，在 R&S（Ronde & Schwarz）公司的测量接收机里用 CISPR-AV 表示。

均方根检波器的一个优势：对于宽带噪声，均方根检波器的输出正比于带宽的平方根，即噪声功率直接与带宽成正比，这一特性使均方根检波器获得广泛应用，这也是测量背景噪声采用均方根检波器的主要原因之一。均方根检波器的另一个优势：均方根检波器可以针对不同源产生的噪声功率（如脉冲噪声和随机噪声）给出附加的修正，因此允许存在较大的背景噪声。

幅度概率分布（Amplitude Probability Distribution，APD）测量是用来测量干扰信号的统计特性，适用于分析不同特性的干扰源对不同制式数字通信系统的影响。干扰的 APD 定义为干扰幅度超出规定电平的时间概率的累积分布。由于数字系统是用误码率来评价系统性能的，只有确定了干扰的幅度统计特性才能确定数字通信系统的误码率，并且找出误码率和系统输入信噪比的关系，因此与衡量数字通信系统性能直接有关的是干扰的幅度统计特性。

4. 准峰值检波测量接收机

采用准峰值检波器的测量接收机被称为准峰值检波测量接收机。

最早引起人们重视的电磁干扰现象是各种干扰对广播、通信的影响，那时大部分潜在的电磁干扰受害者是调幅收音机，而潜在的电磁干扰源是人为脉冲，因此测量接收机的基本任务是客观定量地评定干扰对广播接收机/人类听觉的影响。通过大量研究发现用准峰值检波最能反映干扰信号的影响，随着 20 世纪 50 年代电视接收机的大规模引入，测量接收机的带宽增加了一个数量级，准峰值检波器也进行了修正。GB/T 6113.101 中规定的准峰值检波测量接收机的基本特性如表 7-3 所示。

表 7-3　GB/T 6113.101 中规定的准峰值检波测量接收机的基本特性

特　　性	频率范围		
	A 频段 9kHz～150kHz	B 频段 0.15MHz～30MHz	C 频段和 D 频段 30MHz～1000MHz
6dB 带宽/kHz	0.2	9	120
检波器充电时间常数/ms	45	1	1
检波器放电时间常数/ms	500	160	550
临界阻尼指示器机械时间常数/ms	160	160	100
检波器前端电路的过载系数/dB	24	30	43.5
检波器与指示器之间的直流放大器的过载系数/dB	6	12	6
注：① 机械时间常数的定义，假设指示器是一种线性设备，即相等的电流会产生相等的偏转增量。假如电流和偏转之间存在其他的转换关系，但只要满足本条要求，这种指示器也可被使用。在电子仪器中，机械时间常数可用某电路来模拟。 ② 电气和机械时间常数都没给出允差，测量接收机的实际值是由满足脉冲响应要求的设计来确定的			

测量接收机在所有频率上对试验脉冲的响应与相应的调谐频率上对未调制的电动势均方根值为 2mV（66dBμV）的正弦波信号的响应相等，允差不得超过±1.5dB。准峰值测量接收机试验脉冲的特性如表 7-4 所示。此脉冲在 50Ω 的源阻抗上具有：①μVs（微伏秒）电动势的脉冲面积；②在不小于 MHz 的频率范围下有均匀的频谱；③具有 Hz 的重复频率。脉冲发生器和正弦波信号发生器的源阻抗均为 50Ω。

表 7-4　准峰值检波测量接收机试验脉冲的特性

频率范围	脉冲面积/μVs	均匀频谱最小上限/MHz	重复频率/Hz
9kHz～150kHz	13.5	0.15	25
0.15MHz～30MHz	0.316	30	100
30MHz～300MHz	0.044	300	100
300MHz～1000MHz	0.044	1000	100

5．峰值检波测量接收机

1）充放电时间常数比

为了获得重复频率为 1Hz、误差不超过峰值真值 10%的仪器读数，放电时间常数与充电时间常数之比应不小于以下值。

（1）在 9kHz～150kHz 的频率范围内，其比值为 $1.89×10^4$。

（2）在 0.15MHz～30MHz 的频率范围内，其比值为 $1.25×10^6$。

（3）在 30MHz～1000MHz 的频率范围内，其比值为 $1.67×10^7$。

（4）在 1GHz～18GHz 的频率范围内，其比值为 $1.34×10^8$。

如果测量接收机具有峰值保持能力，那么保持时间应设置为 30ms～3s。

对于使用峰值保持技术（在保持时间后强制放电）或数字峰值检波技术的测量接收机，充放电时间常数比的要求不适用。对于幅度随时间变化的信号可使用显示上的最大保持功能。

如果使用频谱分析仪进行峰值测量，那么视频带宽（B_{video}）的设置应当不小于分辨率带宽（B_{resol}）。对于峰值测量，可从频谱分析仪的显示读出测量结果，其检波器工作在线性或对数模式。

2）脉冲响应

在 1000MHz 以下的频率范围，测量接收机对试验脉冲的响应应与对调谐频率上未调制正弦信号的响应相等，其中脉冲发生器和正弦波发生器的源阻抗均为 50Ω，试验脉冲的强度为 $1.4/B_{imp}$mVs（B_{imp} 的单位是 Hz），正弦波信号的电动势均方根值为 2mV（66dBμV）。正弦波信号电压电平的允差为±1.5dB，脉冲重复频率应保证测量接收机中频放大器输出端不出现脉冲重叠现象。相同带宽的峰值和准峰值测量接收机脉冲响应的相对值（9kHz～1GHz）如表 7-5 所示。

表 7-5　相同带宽的峰值和准峰值测量接收机脉冲响应的相对值（9kHz～1GHz）

频段	脉冲面积/mVs	脉冲带宽/Hz	峰值/准峰值（不同脉冲重复率）	
			25Hz	100Hz
A	$6.67×10^{-3}$	$0.21×10^3$	6.1	—
B	$0.148×10^{-3}$	$9.45×10^3$	—	6.6
C 和 D	$0.011×10^{-3}$	$126.0×10^3$	—	12.0
脉冲响应只是基于使用 GB/T 6113.101—2021 表 6 中的参考带宽给出的				

6. 平均值检波测量接收机

测量频率在 1000MHz 以下，对平均值检波测量接收机的规定（线性平均值）：测量接收机对试验脉冲的响应应与对调谐频率上未调制正弦信号的响应相等，脉冲发生器和正弦波发生器的源阻抗均为 50Ω，试验脉冲重复率为 n Hz，脉冲面积为 $1.4/n$(mVs)，正弦波信号的电动势均方根值为 2mV（66dBμV）。n 值在 A 频段为 25，B 频段为 500，C 频段和 D 频段为 5000。正弦波信号电压电平的允差为 2.5dB/-0.5dB。

1GHz～18GHz（E 频段），规定了两种模式：线性平均值（加权）检波器和对数平均值（加权）检波器。对于线性平均值检波器，测量接收机对试验脉冲的响应应与对调谐频率上未调制正弦信号的响应相等，其中脉冲发生器源阻抗均为 50Ω，试验脉冲的重复率为 nHz，脉冲面积为 $1.4/n$（mVs），正弦波信号的电动势均方根值为 2mV（66dBμV）。该脉冲规定为脉冲调制载波。n 值为 50000。正弦波信号电压电平的允差为±1.5dB。

对于对数平均值检波器，测量接收机对试验脉冲的响应应与对调谐频率上未调制正弦信号的响应相等，其中脉冲发生器源阻抗均为 50Ω，试验脉冲的重复率为 333kHz（周期 3μs 的倒数），脉冲面积为 6.7nVs（EMF，电动势），正弦波信号的电动势均方根值为 2mV（66dBμV）。正弦波信号电压电平的允差为±4dB（由于带宽存在 10%误差可能会引起大约±2.5dB 的变化）。

7. 其他测量接收机

以上介绍了准峰值、峰值、平均值检波测量接收机。虽然这些检波测量接收机的性能是利用其对规则重复脉冲的响应来规定的，但是它们也可用于测量各类非脉冲性质的无线电干扰信号，如宽带干扰及某些类型的窄带干扰。

目前，CISPR 在讨论使用均方根值（RMS 平均值）测量接收机来测量数字式电子设备的无线电干扰电平。此外，频谱分析仪和音频电压表也常被用于测量干扰信号。

8．使用注意事项

（1）测量无线电干扰电压、电流、功率及场强时，测量接收机必须与辅助测量设备组成系统。主要的辅助测量设备有人工电源网络、电流探头、电压探头、吸收式功率钳及测量场强的天线，为提高灵敏度可加前置放大器，为测量过强信号可加衰减器。

（2）测量接收机是精密的测量仪器，使用时应注意使用条件，包括电源电压、频率、温度与湿度、振动及干扰信号的量级等，必须符合仪器的要求。输入端不能加直流电压。前级电路易损坏，在测量天线端和射频输出端有用信号时应特别小心。某些卫星接收机的天线端有直流馈电，测量时应采取隔直措施。测量过程可能出现强脉冲信号的测量，输入端可加限幅器和衰减器来保护。进口的测量接收机的输入端一般为英制的 N 型端口或 BNC端口，此时，最好避免用公制的连接头连到输入端，应选用匹配的英制的 N 型连接头和 BNC连接头进行对接，连上及断开连接头用力要均匀，否则易损坏输入端口。

7.2.2　频谱分析仪

在电磁兼容测量工作中除了使用窄带工作的测量接收机，也广泛使用窄带工作的频谱分析仪。从基本工作原理来看，频谱分析仪与可以自动扫描的测量接收机十分相似，并且当前仪器生产商也逐渐使两类仪器互相融合。例如，具有频谱显示功能的测量接收机或将典型的频谱分析仪改造，以满足 GB/T 6113.101 标准对测量接收机的要求。

频谱分析仪与测量接收机相比，价格比较低，在调试及预测试过程中会被大量使用。此处重点介绍其工作原理及特性。

1．频谱分析仪的工作原理

为了对频谱分析有明确的概念，我们首先描述一个信号在时域和频域的显示。图 7-10所示为周期方波时域与频域的关系图，按照傅里叶变换，该信号可分解为基波、三次谐波、五次谐波等奇次谐波。图中 A 方向显示的是用时域测量仪器（示波器）测得的波形显示，B 方向显示的是用频域测量仪器（频谱分析仪）测量时的仪器显示。

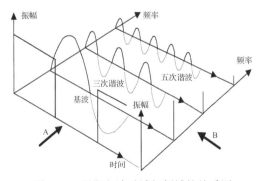

图 7-10　周期方波时域与频域的关系图

频谱分析仪的功能就是对一个复合信号的各个频谱成分进行分析，包括各分量的频率与幅度。常见的频谱分析仪一般不给出各个频谱成分的相位关系。

当前工业生产过程中使用的频谱分析仪，从基本原理来看，可分为两大类，一类是利用快速傅里叶变换（FFT）进行频谱分析，另一类是利用频率扫描方式进行频谱分析。

1）利用快速傅里叶变换（FFT）进行频谱分析

利用数字技术的频谱分析仪都采用的是快速傅里叶变换技术。此类频谱分析仪在商品上被称为信号分析仪，其组成框图如图 7-11 所示。由图可见，被测信号先经过模／数转换器取样成一系列数字信号，存入数据缓存器。当按选定的取样时间对被测信号取样完毕后，调出数据缓存器中的所有数据进行快速傅里叶变换（FFT），从而获得全部频谱。其工

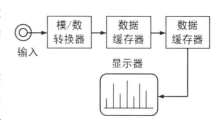

图 7-11　FFT 频谱分析仪组成框图

作过程好像一批并行的中心频率不同的滤波器同步进行测量各个频谱分量。目前，按照 GB 17625.1 标准进行谐波测量的仪器就是利用该原理进行频谱分析的。

2）利用频率扫描方式进行频谱分析

利用频率扫描方式进行频谱分析的工作原理框图如图 7-12 所示。人们发现，要实现图 7-12 所示的使滤波器在频率轴上扫描的最方便的方法，就是利用外差式电路结构。外差式频谱分析仪满足：

$$f_i = f_o - f_l \tag{7-4}$$

式中，f_i——中频（IF）频率；

f_o——仪器的工作频率；

f_l——本机振荡频率。

这样，当改变 f_l 时，就可以在保证 f_i 不变的条件下相应改变工作频率 f_o。由于中频频率不变，所以中频滤波器可以工作在固定频率下，滤波器的带宽、选择性曲线的形状等都是容易被控制的。

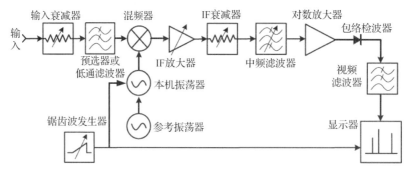

图 7-12　利用频率扫描方式进行频谱分析的工作原理框图

如图 7-12 所示，频谱分析仪的工作过程可简述如下：本机振荡器可由电压控制其振荡频率。该控制电压由一个锯齿波发生器提供，当锯齿形电压随时间线性上升时，f_l 也随时间线性升高。这样在 f_i 固定的情况下，就相当于仪器的工作频率随时间线性升高。也就是

说，中频滤波器的"窗口"允许通过的工作频率是随时间线性改变的。通过中频滤波器的各个频率成分，进入对数放大器。该对数放大器的作用是将输入电压取对数，这样其输出就以分贝为单位，以便增大在显示屏上显示的动态范围。包络检波器用于将中频检波成直流或脉动电流，之后送至显示屏的 Y 轴显示。这样显示屏的 Y 轴显示正比于输入信号不同频率分量的对数（分贝）。而显示屏的 X 轴则由驱动本机振荡频率的锯齿形电压提供，显示屏的 X 轴虽然是随时间线性变化的电压，但它反映了随时间线性变化的频率。于是，显示屏的 X 轴是频率，Y 轴是电平，得到了整幅的频谱图。至于锯齿波发生器的快速下降沿和下降沿后短暂的零电压部分，则成了显示屏 X 轴扫描的返程，在显示电路上将其消隐，其工作原理与一般的示波器的工作原理一样。

混频器前的低通滤波器，其通带应能保证频谱分析仪直到工作频率的高端都能正常通过。而其阻带是为了抑制工作频率高端以上信号的进入，以防这些信号与频谱分析仪工作频率内的信号或本振信号在混频器中产生寄生的中频频率的信号。这种中频信号是假的，不是测量对象中应该有的，因此被称为寄生响应。这些寄生响应会在显示屏上显示出本来不存在的谱线，造成错误的测量结果。

用快速傅里叶变换的频谱分析仪主要用于低频工作频段，其高端频率主要受限于计算机运算速度和 A/D 转换器的取样速率。一般用于低频频谱分析，在电磁兼容测量领域的应用有谐波电流分析仪。在一般的电磁兼容测量中，主要用外差式频谱分析仪，本节以后各部分将直接用频谱分析仪代替外差式频谱分析仪。

2．频谱分析仪的主要指标

频谱分析仪指标的项目非常广泛，涉及的技术细节也比较深入。在本节中仅就与电磁兼容测量有关的方面予以介绍。

1）工作频率

工作频率指频谱分析仪能够测量的全部频谱范围。有的频谱分析仪并不能在同一显示器上显示全部工作频率的频谱（由低端至高端），而可能分为两个或三个分频段显示。尤其是带有附加变频器（如频谱分析仪工作频率的高端为 20GHz，附加变频器后可工作至 40GHz）的频谱分析仪。在频谱分析仪上全屏扫描全部工作频率的方法，在测量中最好少用，一方面是由于全屏显示时不可能获得高的分辨率，另一方面是容易产生寄生响应，出现在待测量信号中本来不存在的谱线。

在选购频谱分析仪时，对于其工作频率的选择应该注意以下两点：对于高频段，在能够满足最高需要测量频率并考虑今后技术上的一定发展即可，不必盲目追求工作频率尽量高。盲目追求高频率的指标不仅价格昂贵，而且频谱分析仪的混频管工作频率越高越容易损坏。对于低频段，应该注意到，当频谱分析仪工作在最低频率时，本机振荡频率十分接近中频频率，本机振荡器的边带噪声有可能落入中频滤波器选择性曲线之内，从而在显示屏上出现较高电平的噪声，所以此时仪器的灵敏度会大受影响。因而往往频谱分析仪的最低工作频率实际使用价值不大。如果特别需要进行很低频率（如几千赫兹以下）的频谱分析，则采用基于快速傅里叶变换的信号分析仪更实用。

2）滤波器及其带宽

频谱分析仪中涉及最终显示结果中频谱分析能力的滤波器有两处，一处是在中频放大器中的中频滤波器，另一处是在检波后的视频滤波器。中频滤波器决定频谱分析仪的频率分辨能力。在频谱分析仪中，其带宽被称为分辨率带宽（RBW）。频谱分析仪通常具有多个可供操作者选择的分辨率带宽，并且按1、3、10的倍数设置。窄的带宽对应于高的分辨率，各个厂家生产的频谱分析仪分辨率带宽值的定义可能是不同的，可用 3dB 带宽 B_3、6dB 带宽 B_6 或脉冲带宽 B_{imp} 表示。

由于仪器前级产生的热噪声会通过中频滤波器并经过检波反应在显示器上，而热噪声是典型的随机噪声（宽带噪声），所以中频滤波器的带宽（分辨率带宽）直接影响着最终在显示器上的噪声显示。若分辨率带宽增加 10 倍，则会使通过滤波器到达检波器的噪声功率约略增加至 $10^{1/2}$ 倍，因而显示的平均噪声电平（电压）将增加 10dB 左右（随滤波器频响曲线的形状而略有差别），反之亦然。

决定分辨率的滤波器的参数除带宽外，还有形状因数，其定义为

$$SF_{60/3} = \frac{B_{60}}{B_3} \tag{7-5}$$

式中，$SF_{60/3}$——形状因数；

B_{60}——60dB 带宽；

B_3——3dB 带宽。

形状因数越小，表示滤波器选择曲线的前后沿越陡峭，越能够将互相邻近的两条谱线在显示器上分开。一般模拟滤波器可做到10：1～15：1，而数字滤波器仅可做到 5：1。

视频滤波器是在包络检波器与显示器之间的低通滤波器，其通带从 0Hz 开始。在仪器面板上其带宽被称为视频带宽（VBW）。该滤波器是用以平滑检波以后的噪声起伏，可以改善在显示器上对弱信号的鉴别力和在低信噪比下测量的可重复性。但它与分辨率无关，也不改变仪器的灵敏度。仪器操作时，要求 VBW≤RBW，并且仪器本身的联锁关系可以保证不出现 VBW>RBW 的情况。

有的频谱分析仪具有对噪声"平均"的功能，也是利用视频滤波的结果。由于热噪声属于随机噪声，所以在"平均"几次之后，可明显改变本机噪声的显示形状，有利于观察被测信号。

在一定条件下可以使用频谱分析仪获得平均值检波的效果：当 VBW≪RBW 时，频谱分析仪可以对一定重复频率的被测信号进行适当的平均。当减小 VBW 进行测量时，要保证扫描时间足够长，以便视频滤波器能够得到正确的响应。

3）前置放大器

从图 7-12 中可以看出，在混频器之前不设高频放大器，输入信号经过低通滤波器后直接进入混频器。早期的商品频谱分析仪是这种结构，其目的是有利于在很宽的工作频率范围内获得均匀一致的响应。

近年来，一些频谱分析仪在混频器前增加了前置放大器，将输入衰减器、前置放大器与射频滤波器串联组成了整个前级，统一设置在该仪器内部，类似于测量接收机的高频放大器。这样做有几个目的，第一，混频器的灵敏度不可能做得很高，在增加前置放大器后，如果其噪声系数足够低，则可以改善频谱分析仪的灵敏度。第二，被测信号如果直接加至混频器，则使仪器很容易产生寄生响应，前置放大器与相应的带通滤波器的组合，可以有效地改善寄生响应的指标，这一措施在测宽带的电磁噪声时特别需要。所以有的频谱分析仪将前置放大器与滤波器的组合称为预选器。第三，有利于保护混频器。因混频器能承受的最大输入电平有限，在加有前置放大器的电路中，可以经常保持一定量的射频衰减器（如10dB），而不致过多降低仪器的灵敏度。当仪器的输入端接有射频衰减器而不是接至前置放大器输入，更不是直接接至混频器的时候，不仅可以保护混频器不致烧毁（因衰减器的功率承受能力比混频器强），而且可以改善输入端的电压驻波比，使仪器与天线等干扰采集设备匹配得更好，从而减小失配误差。例如，某频谱分析仪在 10MHz～2GHz 频段直接接至前置放大器输入时，其电压驻波比为 2.5。而当输入端接有 10dB 射频衰减器而不用前置放大器时，电压驻波比可改善至 1.5。

4）动态范围

频谱分析仪的动态范围并非指显示器显示的最高电平与最低电平之差，而是频谱分析仪可以测量的最高电平与最低电平之差。严格来讲，频谱分析仪的动态范围涉及仪器设计的许多细节，包括互调等指标。在此仅给出"显示的平均噪声电平"与"1dB 压缩电平"两个指标。

射频衰减器与显示的平均噪声电平无关。因为在射频衰减器之前无电子器件，所以不会有热噪声，但其会衰减被测信号，从而降低信噪比。

中频滤波器之前（前置放大器、混频器、中频放大器的前级）各级产生的热噪声都会受中频滤波器的限制，因而分辨率带宽会影响显示的平均噪声。前已述及，分辨率带宽增加 10 倍时，显示的平均噪声电平将增加 10dB。"平均"指视频带宽足够窄，足以平均"噪声"或"信号+噪声"。随着工作频率的升高，本机噪声也将随之加大。

当被测信号电平与显示的平均噪声电平相等时，在显示器上信号将以近似 3dB 的突起显示在平均噪声之上。我们认为这是频谱分析仪可以测量的最低电平。

"1dB 压缩电平"指当输入端信号高至该电平时，第一混频器的输入—输出曲线实际响应与理想响应相比压缩 1dB，如图 7-13 所示。对于大多数频谱分析仪"1dB 压缩电平"的典型值为 0～-10dBm，而仪器输入端不产生 1dB 压缩的最大可输入电平为

第一混频器的"1dB 压缩电平"+射频衰减器衰减

较好的频谱分析仪，在无外加衰减器的条件下，最大可输入电平可达 30dBm（1W，对 50Ω 系统约为 7V，相当于 137dBμV）。

操作时，防止出现压缩的检查方法是将射频衰减器增加 10dB（或 5dB），测量结果应该不变。如果测得幅度数据大于未加衰减器时的值，则表明已出现幅度压缩。

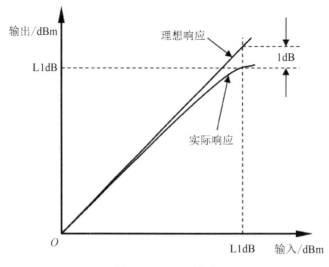

图 7-13　1dB 压缩点

3. 测量接收机与频谱分析仪的差异

1）测量接收机和频谱分析仪的原理差异

频谱分析仪是当前频谱分析的主要工具，尤其是扫频外差式频谱分析仪是当今频谱分析仪的主流，即应用扫频测量技术，通过扫频信号源得到外差信号进行频域动态分析。

测量接收机是进行 EMC 测试的主要工具，以点频法为基础，应用本振调谐的原理测试相应频点的电平值。接收机的扫描模式是以步进点频调谐的方式得到的。

实际使用中，大量按照 GB/T 6113.101 标准对接收机进行专门设计的改进型频谱分析仪用于 EMC 认证测试和预测试。

（1）基本原理。

根据工作原理，频谱分析仪和测量接收机可分为模拟式和数字式两大类。外差式分析是当前使用最为广泛的接收和分析方法。下面就外差式频谱分析仪与测量接收机之间的主要差别进行分析。

从原理框图（见图 7-12）上来看，频谱分析仪与测量接收机类似，但是频谱分析仪与测量接收机在前端预选器、本振信号扫描、中频滤波器、杂散信号和精度方面差别较大。

（2）输入信号的前端处理。

测量接收机与频谱分析仪在输入端对信号进行的处理不同：频谱分析仪的信号输入端通常有一组较为简单的低通滤波器；而测量接收机要采用对宽带信号有较强的抗扰能力的预选器，通常包括一组固定带通滤波器和一组跟踪滤波器，完成对信号的预选。

由于 RF 信号的谐波交调和其他杂散信号的影响，频谱分析仪和测量接收机测试产生误差。相对于频谱分析仪而言，测量接收机需要更高的精度，这要求在测量接收机的前端比普通频谱分析仪多出一个预选器，提高选择性。测量接收机的选择性在 GB/T 6113.101 中有明确规定。

（3）信号的扫描方式。

在 EMC 测量时，人们不但要求能手动调谐搜索频率点，而且需要快速直观地观察 EUT

的频率电平特性。这就要求仪器既能测试规定的频率点，也能在一定频率范围扫描。

频谱分析仪是通过扫频信号源实现扫频测量的。早期的频谱分析仪采用模拟扫频方式，通常通过斜波或锯齿波信号控制扫频信号源，在预设的频率跨度内扫描，获得期望的混频输出信号。现代频谱分析仪为了增加频率精度，本机振荡器采用合成信号，与模拟扫频频谱分析仪相比，本机振荡器不能连续调节，而是步进式调节，步长依赖分辨率带宽，小的步长对应小的分辨率带宽。现代频谱分析仪的扫频方式与接收机的扫频方式比较类似。

测量接收机的频率扫描是步进的、离散的点频测试。测量接收机按照操作者预先设定的频率间隔，通过处理器的控制，在每个频率点进行电平测量，显示的测量结果曲线实际是单个点频测量的结果。

（4）中频滤波器。

频谱分析仪和测量接收机的中频滤波器的带宽是不同的。

通常定义频谱分析仪分辨率带宽是幅频特性的 3dB 带宽 B_3，而测量接收机的中频带宽是幅频特性的 6dB 带宽 B_6。当频谱分析仪与测量接收机设定相同带宽时，它们对同一信号的实际测量值是不同的。

从图 7-14 中可以看出，当频谱分析仪 3dB 带宽 B_3 与接收机 6dB 带宽 B_6 值设为一样时，实际通过两种滤波器的信号幅频特性是不一样的。依据 EMC 标准，无论是民用标准还是军用标准，接收机标准带宽均为 6dB 带宽。

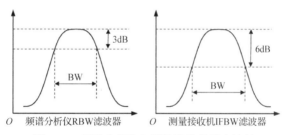

图 7-14　频谱分析仪与测量接收机带宽比较

部分频谱分析仪的带宽定义可以有 B_3、B_6 选择，频谱分析仪用于 EMC 测试时，应选择 6dB 带宽 B_6，并按照带宽 B_6 设置相应频段的测量带宽。

（5）检波器。

依据 EMC 标准，要求测量接收机带有峰值、准峰值和平均值检波器，通用频谱分析仪一般带有峰值和平均值检波器，没有准峰值检波器。

（6）精度。

从测量接收机对信号处理方式和 EMC 测试要求来看，测量接收机要比频谱分析仪有更高的精度，更低的乱真响应。

2）测量接收机与频谱分析仪在 EMC 测试应用的差异

在市场上，我们可以见到一些通过频谱分析仪改造而来的测量接收机，如果应用它们进行测试，则必须符合相应的标准。对于民用 EMC 测试，测量设备的标准依据是 GB/T 6113.101。对于军用 EMC 测试，测量设备的标准依据是 GJB 151B。

根据以上分析，我们可以总结出下面一个简单的公式：通用频谱分析仪+预选器+6dB

中频滤波器+三种检波器+点频测试功能+高精度信号处理=测量接收机。在公式左边各项并非简单罗列，每项都有特殊要求，同时根据设计原理，在使用中必须依据仪器生产商的说明进行操作，才能达到相应要求。

（1）预选器。

频段的选择必须依据生产商的说明，如果扫描跨度设置不合适，那么预选器中的固定滤波器和跟随滤波器就无法正常工作。

（2）点频测试和检波器。

在依据 EMC 标准进行测试时，许多情况下需要对某些固定的频率点进行实时测试。例如，许多测试工程师在进行辐射发射测试时，依据标准要求，需要选择合适的频率点，进行转台的转动和天线的升降，实时快速观察和记录该点的电平值。在这种情况下，具有点频测试功能的接收机能够方便准确地完成，而通用频谱分析仪无法准确实时测试单一频点的电平变化，EMI 测试用频谱分析仪必须有增加的功能，能够在扫描跨度（SPAN）为零时，快速准确地进行测试，不只是峰值显示，同时要有准峰值和平均值。

依据标准 GB/T 6113.101，在对峰值、准峰值和平均值检波器对脉冲响应测试时，测量接收机可以对单一频率进行点频监测，判断其是否符合标准，而通用频谱分析仪完成这种测量是很困难的。脉冲响应测量是判断测量接收机合适与否的一个重要指标，不符合标准要求的仪器仅能作为预测试设备。

4．电磁发射测量对频谱分析仪的使用要求

频谱分析仪也可用于电磁发射测量，尤其是为了缩短测量时间。然而，对于这些仪器的某些特性必须给予特殊的考虑，包括过载、线性、选择性、对脉冲的正常响应、扫频速率、信号捕捉、灵敏度、幅度准确度，以及峰值检波、平均值检波和准峰值检波等特性的要求。当使用频谱分析仪进行测量时，应考虑以下特性。

当频谱分析仪在使用时满足以下要求，即可用于电磁发射测量。

1）过载

在 2GHz 的频率范围内，大多数频谱分析仪都不具有射频预选功能，即输入信号被直接馈到宽带混频器中。为了避免过载、防止仪器损坏和使频谱分析仪工作在线性状态下，混频器端的信号幅度一般应小于 150mV 峰值，为了把输入信号降至此电平，也许需要设置射频衰减或附加的射频预选器。

2）线性度

使用频谱分析仪时，应通过验证，确保被测量在频谱分析仪的线性范围。

3）选择性

频谱分析仪必须具有符合 GB/T 6113.101 中规定的带宽，以便在标准带宽内正确测量宽带信号和脉冲信号，以及有几个频谱分量的窄带干扰。

4）对脉冲的正常响应

具有准峰值检波功能的频谱分析仪的脉冲响应是否满足检测要求，能用符合 GB/T 6113.101 中规定的校准试验脉冲信号来检验。

5）峰值检波

原则上，频谱分析仪的常规（峰值）检波方式可以提供永不小于准峰值指示的显示值。用峰值检波进行发射测量是很方便的，因为较之准峰值检波它允许使用更快的扫描速率。

6）扫描速率

频谱分析仪的扫描速率应相对于标准频段和所用的检波方式来进行调整：最小扫描时间/频率，即最快扫描速率。扫描速率如表 7-6 所示。

表 7-6 扫描速率

频段	峰值检波	准峰值检波
A	100 ms/kHz	20 s/kHz
B	100 ms/MHz	200 s/MHz
C 或 D	1 ms/MHz	20 s/MHz

对用于固定调谐非扫描方式下的频谱分析仪，调整显示扫描时间与检波方式无关，可以按照观测发射性能的要求来进行。如果干扰电平不稳定，那么测量接收机的读数必须至少观察 15s，以确定干扰最大值。

7）信号捕捉

间歇发射的频谱可用峰值检波和数字显示存储（如果有）来捕捉。与单一、慢速的频率扫描相比，多重、快速地频率扫描能减少捕捉发射的时间。应变化扫描的起始时间，以避免与任何发射同步，从而导致隐匿发射。对一个给定的频率范围，总的观察时间必须比发射的间隔时间长。

8）平均值检波

用频谱分析仪进行平均值检波是利用减小视频带宽直到观察到的显示信号不能更平滑为止来获得的。扫描时间必须随视频带宽的减小而增加，以保持幅度校准。对于这种测量，接收机必须在检波器的线性状态下使用。在线性检波之后，为了显示，信号可能要进行对数处理。

9）灵敏度

在频谱分析仪前使用低噪声射频前置放大器可以增加灵敏度，输入放大器的信号电平应该用衰减器来调整，以保证整个测量系统对受试信号的线性度。

10）幅度精确度

频谱分析仪的幅度精确度可以用信号发生器、功率表和精密衰减器来检定，必须对这些仪器、电缆和失配损耗的特性加以分析，以估算出检定试验中的测量误差。

5. 预防频谱分析仪损坏

（1）保证良好接地。

（2）仔细阅读警告标签和仪表技术指标。

（3）避免输入功率超容限。

（4）防止混频器饱和或烧毁。

（5）保护射频输入接口。

（6）正确使用以保护射频电缆、光纤、射频连接器和光连接器。

（7）遵守防静电规程。

（8）注意良好的通风。

（9）检查仪表的设置。

7.2.3　人工电源网络

1．人工电源网络的作用

人工电源网络（AMN，民用较多使用该说法）是电源端子传导发射电压测量的主要设备，如图 7-15 所示，又称为线路阻抗稳定网络（LISN，军用较多使用该说法）。能在射频范围内，在被测装备端子与参考地之间，或者端子之间提供稳定阻抗，同时将来自电源的无用信号与测量电路隔离开来，而仅将被测装备的干扰电压耦合到测量接收机输入端。无论何种类型的电源，LISN 的支路数都应与供电电源的线路数相同，网络与测量接收机之间的连接应保持匹配。

图 7-15　人工电源网络

人工电源网络有两种基本类型：耦合不对称电压的 V 型网络、可耦合对称电压和非对称电压的△型网络。

人工电源网络一般配有三个端子：连接电源的电源端、连接被测装备的设备端和连接测试仪器的测量端。

2．人工电源网络的网络阻抗

当干扰输出端接 50Ω 负载时，在设备端测得的相对于参考地的阻抗的模，即人工电源网络的网络阻抗。

人工电源网络设备端的阻抗定义为被测装备呈现的终端阻抗。因此，当干扰输出端不与测量接收机相连时，该输出端应接 50Ω 的终端阻抗。

下面为几种常用的人工电源网络参数及适用范围。

（1）$50\Omega/50\mu H+5\Omega$ V 型人工电源网络（适用于 9kHz～30MHz 频率范围测量），该网络阻抗的模的允差为±20%，相角的允差为±11.5°。

（2）50Ω/50μH V 型人工电源网络（适用于 0.15MHz～30MHz 频率范围测量），该网络阻抗的模的允差为±20％，相角的允差为±11.5°。

（3）50Ω/5μH+1Ω V 型 AMN（适用于 0.15MHz～108MHz 频率范围测量），该网络阻抗的模的允差为±20％，相角的允差为±11.5°。

（4）150Ω V 型人工电源网络（适用于 0.15MHz～30MHz 频率范围测量），该网络阻抗的模为 150±20Ω，相角不得超过 20°。

（5）150Ω Δ 型人工电源网络（适用于 0.15MHz～30MHz 频率范围测量），该网络阻抗的模为 150±20Ω，相角不得超过 20°。

3. 隔离

尽管人工电源网络中对电源输入有滤波隔离，但其隔离度有限。为了确保在所有测试频率上存在于供电电源上的无用信号不影响测量，也许需要在人工电源网络和供电电源之间插入附加的射频低通滤波器。使用低通滤波器后，其阻抗也应满足网络阻抗的要求。

4. 接地

人工电源网络应通过低射频阻抗连接到参考地。接地不好，会严重影响测试结果。良好接地可将 AMN 的外壳与参考地或屏蔽室的一个参考壁面直接搭接，或者用一个尽可能短而宽的（最大长宽比为 3：1）低阻抗导体来连接。

5. 装备电磁发射测量对 LISN 的要求

对于装备的电磁发射测量，GJB 151B—2013 中要求所有测试方法都使用 LISN 来隔离电源干扰，并为 EUT 提供规定的电源阻抗。LISN 的电源端口与试验场地供电电源连接，其 EUT 端口与 EUT 的输入电源线连接。EUT 的输出电源线不要连接 LISN。LISN 应与试验接地平面或设施地面搭接，并且直流搭接电阻不超过 2.5mΩ。LISN 电路应符合图 7-16 的要求，其阻抗特性应符合图 7-17 的要求。LISN 的信号输出端应端接 50Ω 负载。

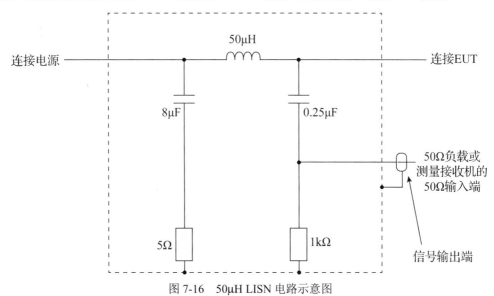

图 7-16　50μH LISN 电路示意图

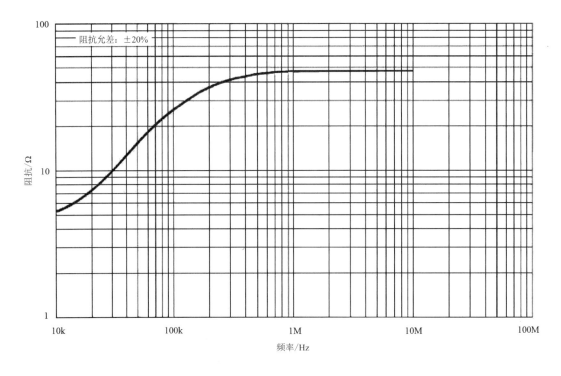

图 7-17　50μH LISN 阻抗特性曲线

　　对于大电流负载，当电源分配布线较短或有沿高位线敷设的专门回线（相对结构回线而言）等情况时，GJB 151B 的 CE101、CE102 中规定使用的 50μH LISN 可能不再适合，此时可使用 5μH LISN 进行测试。GJB 151B 中的附录 B 提供的方法可以作为 CE101、CE102 的替代法，但需要得到订购方的同意。5μH LISN 电路应符合图 7-18 的要求，其阻抗特性应符合图 7-19 的要求。

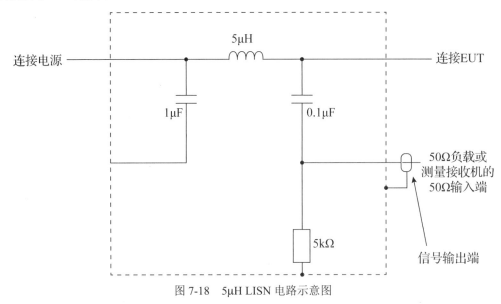

图 7-18　5μH LISN 电路示意图

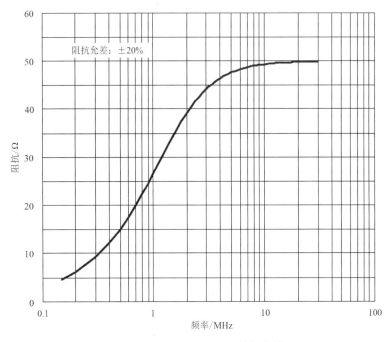

图 7-19　5μH LISN 阻抗特性曲线

LISN 阻抗特性在下列条件下进行测量。

（1）在 LISN 负载端电源输出线与 LISN 金属壳体之间进行阻抗测试。

（2）LISN 的信号输出端端接 50Ω 负载。

（3）LISN 的电源输入端空载。

7.2.4　电流探头

电流探头是一种将流过导线的电流成比例地转换为电压的耦合装置，用于测量或注入干扰电流。电流探头实质上是一个带有环形磁芯的宽带变压器，其外观和结构图如图 7-20所示。为方便使用，电流探头做成钳式结构以便于卡住被测导线。被测导线充当一匝的初级线圈，次级线圈则包含在电流探头中。使用时，电流探头不需要与被测导线接触，也不用改变其电路，可在不打乱正常工作或正常布置状态下进行复杂导线系统、电子线路等的测量。测试时，应防止被测导线中的直流或工频电流所产生的磁场使探头磁芯饱和。

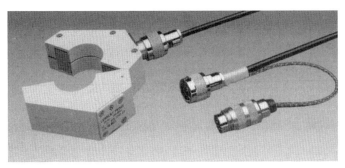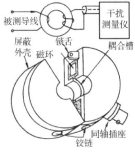

图 7-20　电流探头外观及结构图

电流探头的重要参数是传输阻抗 Z_t，Z_t 为被测导线上的干扰电流与电流探头的输出电压之比。Z_t 通常用相对 1Ω 的分贝（dB）$Z_{t\,dB\Omega}$ 表示。传输阻抗标定以后，就可以方便地将干扰测量仪上测得的干扰电压 $U_{dB\mu V}$ 换算为干扰电流 $I_{dB\mu A}$：

$$I_{dB\mu A} = U_{dB\mu V} - Z_{t\,dB\Omega} \tag{7-6}$$

电流探头频率范围可达 30Hz～1000MHz。当测量常规电源系统 100MHz 以上的持续电流时，应将电流探头置于电流最大位置。

电流探头在通带内具有平坦的频响。低于通带的频率范围，仍可进行精确测量，只是由于传输阻抗的减少降低了灵敏度。高于通带的频率范围，由于电流探头产生谐振，测量将不精确。

电流探头附加屏蔽结构后，可以测量非对称（共模）干扰电流或对称（差模）干扰电流。

1．构造

电流探头的孔径应能容纳被测的载流导体。典型电流探头的次级匝数为 7～8 匝，它是一个最佳匝数比，能获得最宽的频率范围和小于 1Ω 的插入阻抗。在 100kHz 以下频段，采用硅钢叠片磁芯；100kHz～400MHz 频段采用铁氧体磁芯；200MHz～1000MHz 频段不采用磁芯（空心）。

电流探头的构造能方便地卡住被测导线。被测导线充当一匝的初级线圈，次级线圈则包含在电流探头中。电流探头的卡式构造保证能在不断开电源线的情况下进行测量。

2．特性

（1）插入阻抗：$\leqslant 1\Omega$。

（2）传输阻抗：$0.1～5\Omega$，在平坦线性范围内；$0.001～0.1\Omega$，低于平坦线性范围（电流探头端接 50Ω 负载）。

（3）附加的并联电容：在电流探头外壳与被测导线之间，小于 25pF。

（4）频率响应：在规定的频率范围内校准传输阻抗。

（5）磁饱和：规定误差不超过 1dB 时初级导线中最大直流或最大交流电源电流。

（6）外磁场的影响：当将载流导线从探头孔径内移至探头外附近时，测量指示器应至少减少 40dB。

（7）外电场的影响：对于 10V/m 以下的电场不敏感。

（8）位置的影响：使用探头时，任何尺寸的导线放置在孔径内任何部位，位置偏差在 30MHz 以下小于 1dB；在 30MHz～1000MHz 范围内，小于 2.5dB。

（9）电流探头的孔径：至少 15mm。

7.2.5 电压探头

电压探头如图 7-21 所示。

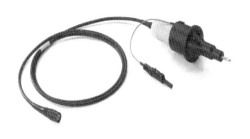

图 7-21　电压探头（左为接触式电压探头，右为非接触式容性电压探头）

1．接触式电压探头

接触式电压探头由一个隔直电容 C 和一个电阻 R 串联组成，使得电源线与地之间的总电阻为 1500Ω。此探头用来测量电源线与参考地之间的电压，也可用来测量其他线上的电压，此时可能需要增加探头的输入阻抗，以避免高阻抗电路过载。为安全起见，电感可跨接在测量接收机的输入端（与地之间），其感抗 X_L 宜远大于 R。

接触式电压探头的插入损耗应在 9kHz～30MHz 的频率范围的 50Ω 系统中校准。任何测量用保护装置对测量精度的影响都不得超过 1dB，否则应予以校准。要确保被测干扰电平远大于环境噪声电平，否则测量就没有意义了。连接探头的导线、被测电源线和参考地之间形成的环应尽可能小，以减少强磁场的影响。

2．非接触式容性电压探头

非接触式容性电压探头（CVP）由两个同轴电极、一个接地端、一个电缆夹具和一个跨阻放大器组成。外电极用于静电屏蔽，以降低沿着电缆外皮的静电耦合引起的测量误差。当电缆和地之间存在电压时，在内电极和外电极间将产生一个静电感应电压。该电压先由一个高输入阻抗放大器检测，再经过跨阻放大器变换成低阻抗输出。其输出由测量接收机测量。

CVP 利用夹式的容性耦合装置可以测量电缆的不对称干扰电压，且不需要与干扰源导线直接导电接触，也不用改变其电路。这种方法的实用性是不言而喻的；对于复杂的导线系统、电子线路等，测量可以在不影响正常工作或正常配置的状态下或在不切断电缆（以便插入测量装置）的情况下进行。CVP 的结构允许其可以方便地卡住被测导线。

CVP 用于 150kHz～30MHz 频率范围的传导干扰测量，其在测量频率范围内的频率响应几乎是平坦的。分压系数定义为电缆上的干扰电压与测量接收机输入电压的比值，其大小与电缆的类型有关。在规定的频率范围内，对每种类型电缆的分压系数应进行校准。

可能需要对 CVP 采取额外的屏蔽，以便对来自电缆周围的不对称（共模）信号提供足够的隔离。这种 CVP 可用于电信端口的干扰测量。最小可测电平通常优于 44dBμV。

7.2.6　天线

天线是装备辐射发射（RE）测试、辐射敏感度（RS）测试中必须用到的辅助测量设备。天线的主要作用是用来发射或接收电磁波，在 RS 测试时，在被测装备（EUT）周围一定空间内产生规定的电场或磁场场强；在 RE 测试时，接收来自 EUT 的辐射发射的电场或磁场场强。电磁兼容测试常用天线如图 7-22 所示。

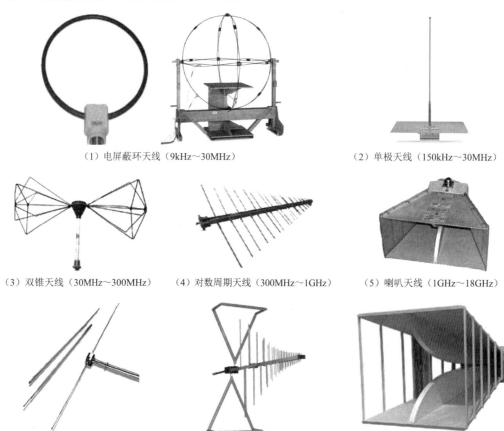

(1) 电屏蔽环天线（9kHz～30MHz）　　　　　　　　　　（2）单极天线（150kHz～30MHz）

(3) 双锥天线（30MHz～300MHz）　　（4）对数周期天线（300MHz～1GHz）　　（5）喇叭天线（1GHz～18GHz）

(6) 调谐偶极子天线（30MHz～1GHz）　　（7）复合天线（30MHz～1GHz）　　（8）大喇叭口天线（200MHz～1GHz）

图 7-22　电磁兼容测试常用天线

1. 天线的工作原理

天线是一种能量转换器，当作为发射天线时，它将传输线送来的高频电流转变成空间的电磁波；当作为接收天线时，它将空间的电磁波转变成传输线中的信号功率。这两种能量的转换过程是可逆的，因而，接收天线和发射天线具有互易性。

天线的种类多种多样，按照不同的分类标准，可将天线分成不同的类型。例如，按工作频段分类，天线可分为短波天线、超短波天线、微波天线等；按方向性分类，天线可分为全向天线和定向天线；按对电场和磁场分量的响应不同分类，天线可分为电场天线和磁场天线；按发射的电磁波的极化特性分类，天线可分为线极化天线和面极化天线等。

2. 天线的特性参数

在电磁兼容测量中，与测量相关的天线特性参数如下。

1）天线频率范围

不同结构的天线有其适用的频率范围。在此频率范围内，天线的特性保持不变，如天线的电压驻波比始终不大于某一规定的值。

2）天线增益

天线增益（G）是指天线在其最大辐射方向上的辐射功率密度与理想的全向天线将相等的输入功率均匀辐射时的平均功率密度之比。天线增益通常通过实际测量得到，也可以通过经验公式进行估算。当天线增益是通过与理想的全向天线相比较而得到时，单位采用 dB_i；一般情况下，当天线增益通过与偶极子天线相比较而得到时，单位采用 dB_d 或 dB。

3）天线系数

天线系数（$AF^{E/H}$）是指在远场条件下，将空间某点被测场强与接收机输入端测得的端口电压直接相联系的系数。对于电场天线而言，上述定义中的被测场强指的是电场；而对于磁场天线而言，上述定义中的被测场强指的是磁场。天线在空间某点被测场强的作用下感应出相应电流，该电流流经与天线相连的接收机输入端得到接收机的端口电压。被测场强与接收机端口电压之间的关系式如下。

对于电场天线：

$$E = V_0 + AF^E \tag{7-7}$$

式中，E——被测电场场强，单位为 dB(V/m)；

V_0——接收机端口电压读数，单位为 dB；

AF^E——电场天线的天线系数，单位为 dB。

对于磁场天线：

$$H = V_0 + AF^H \tag{7-8}$$

式中，H——被测磁场场强，单位为 dB(A/m)；

V_0——接收机端口电压读数，单位为 dB；

AF^H——磁场天线的天线系数，单位为 dB。

由于天线系数的定义是在远场条件下给出的，所以电场的天线系数和磁场的天线系数之间很容易利用波阻抗进行相互转换。因为，在远场条件下，电场和磁场之间的关系满足：

$$Z = \frac{E}{H} \tag{7-9}$$

式中，Z——媒质的波阻抗，单位为 Ω。

波阻抗取决于电磁场所在的媒质特性：$Z = \sqrt{\varepsilon / \mu}$，式中，$\varepsilon$ 为媒质的介电常数；μ 为媒质的磁导率。

在自由空间中，媒质的波阻抗等于 120πΩ 或 377Ω。所以，在自由空间中，电场天线的系数和磁场天线的系数可以由下式进行转换：

$$AF^H = AF^E - 20\lg(120\pi) = AF^E - 51.5 \tag{7-10}$$

注意，上述转换公式只在远场条件下成立。

另外，天线系数除了有电场天线和磁场天线的系数之分，当天线的极化方向不同、测量距离不同时，其天线系数也不同。所以，在实际使用时，我们可以从天线手册中得到天线在不同极化方向、不同测量距离（如 1m、3m 或 10m）时的天线系数。在实际测量时，应根据实际测量条件而选择不同的天线系数。

不同测量距离的天线系数在远场条件下可以根据远场场强随距离呈反比的衰减特性进行转换。设测量距离为 d_1 时对应的天线系数为 AF_1，测量距离为 d_2 时对应的天线系数为 AF_2，则 AF_1 与 AF_2 之间的转换关系为

$$\mathrm{AF}_1 - \mathrm{AF}_2 = 20\lg d_2 - 20\lg d_1 \tag{7-11}$$

式中，d_1、d_2——测量距离，单位为 m；

AF_1、AF_2——天线系数，单位为 dB。

由于在不同极化方向时，电磁场的计算与不同天线的方向性、地面反射点的电特性参数等均有关系，因此，不同极化方向下天线系数之间的转换无法用统一的解析式给出。

4）天线的方向性

同一副天线从理论上来讲，既可以作为发射天线，也可作为接收天线。而当实际选择发射天线和接收天线时，应根据天线的特性参数来选择。对于发射天线而言，天线的方向性指的是天线的辐射场强与方向有关的特性，即有向天线的辐射场强在空间非均匀分布；对于接收天线而言，天线的方向性指的是接收天线的感应电流与来波方向有关。因为发射天线和接收天线具有互易性，所以天线作为发射天线和接收天线的方向性相同。

天线的方向性用归一化方向性函数或归一化方向性图来表示。常用的是天线在 E 面和 H 面两个平面上的归一化方向性图。E 面指的是与天线轴相垂直的平面；H 面指的是包含天线轴的平面。

5）输入阻抗和电压驻波比（VSWR）

天线输入端电压与电流正弦稳态复变量（相量）之比被称为天线的输入阻抗 Z_{in}，即

$$Z_{\mathrm{in}} = \dot{U}_{\mathrm{in}} \Big/ \dot{I}_{\mathrm{in}} \tag{7-12}$$

式中，$\dot{U}_{\mathrm{in}}$——输入电压相量，$\dot{U}_{\mathrm{in}} = U\mathrm{e}^{\mathrm{j}\varphi_v}$，$U$ 为输入电压的有效值或最大值；φ_v 为输入电压的相角。

$\dot{I}_{\mathrm{in}}$——输入电流相量，$\dot{I}_{\mathrm{in}} = I\mathrm{e}^{\mathrm{j}\varphi_i}$，$I$ 为输入电流的有效值或最大值；φ_i 为输入电流的相角。

天线的输入阻抗是天线的固有特性参数，与天线的结构、材料、制作工艺等有关，不随外加激励源的改变而改变。为了保证功率传输，选择天线电缆时必须考虑与天线的输入阻抗相匹配。

电压驻波比是反映天线电缆与天线输入阻抗匹配程度的参数。实际的天线系统，在其传输电缆中或多或少地会存在一定的驻波。电压驻波的波腹值与其波谷值之比的绝对值被称为电压驻波比（VSWR），驻波比没有单位，取值范围为（1，∞）。通常应选择驻波比小的天线。天线的驻波比越小，越有助于提高接收天线系统的接收灵敏度，节省发射天线系统的输入功率。

电压驻波比（VSWR）：根据传输线理论，传输线阻抗与负载阻抗在不匹配的情况下，必然引起输入波的反射，驻波比是表征匹配程度的系数：

$$\mathrm{VSWR} = (1+\rho) / (1-\rho) \tag{7-13}$$

式中，ρ——反射系数，即反射电压与入射电压之比。

匹配时，若 $\rho=0$，则 VSWR＝1；失配时，若 $\rho\neq0$，则 VSWR＞1。失配越严重则驻波比越大。

6）最大输入功率

最大输入功率实际指的是天线用作发射天线时应该考虑的天线可承受的最大功率。天线的实际输入功率不应超过它的最大输入功率，以免引起损坏。

7）天线极化方向

天线向周围空间辐射电磁波，电磁波的极化特性决定了天线的极化特性。天线有水平极化和垂直极化两种极化方向。规定天线所辐射的电磁波中电场的方向即天线极化方向，即发射电场垂直于地面为垂直极化，发射电场平行于地面为水平极化。

实际使用时，提到的同极化和交叉极化主要是相对于我们所考虑或所期待的极化方向而言的。如果一个极化方向和我们期待的主极化方向一致，那么称之为同极化；而如果一个极化方向和我们期待的主极化方向正交，那么称之为交叉极化。一般的交叉极化是指与主极化方向正交的极化分量，一般出现在双极化天线中。在测量中来自非主要极化的场会干扰测量结果。

8）天线的相位中心

从理论上来讲，天线辐射出去的电磁波可认为是从天线上某一点向外辐射出去的球面波，在以该点为球心的球面上的任意一点，电磁波的相位均相等。该点被称为天线的相位中心。考虑定向天线的测量误差时，需要考虑天线的相位中心带来的偏差。

3. 电磁兼容测量用天线

按照标准 GB/T 6113.104—2021《无线电骚扰和抗扰度测量设备和测量方法规范 第 1-4 部分：无线电骚扰和抗扰度测量设备 辐射骚扰测量用天线和试验场地》的规定，电磁兼容测量用天线应为线极化天线，并且极化方向是可以改变的，以便能够测量干扰辐射场的所有极化分量。以下为用于不同测量频率范围的常用天线。

1）频率范围为 9kHz～150kHz

试验表明，在频率范围 9kHz～150kHz 观测到的干扰现象主要是磁场分量起作用，所以在此频率范围内应测量无线电干扰的磁场分量，采用磁场天线。常用的磁场天线为电屏蔽的环天线和铁氧体棒天线。当天线在均匀场中旋转时，它在交叉极化方向上的电平至少比平行极化方向上的电平低 20 dB。

2）频率范围为 150kHz～30MHz

在频率范围 150kHz～30MHz 测量时，既可以测量辐射场的电场分量，也可以测量辐射场的磁场分量，因此，常用的测量天线既有电场天线也有磁场天线。

（1）电场天线。

常用的电场天线为 1m 长单极天线（杆天线），如图 7-22（2）所示。当辐射源和天线之间的距离小于或等于 10m 时，天线的总长度应为 1m。当辐射源和天线间的距离大于 10m 时，天线的总长度最好为 1m，但不应有超过距离的 10%的情况。

（2）磁场天线。

测量辐射的磁场分量，常使用电屏蔽环天线。在场强较低时可使用调谐的电平衡环天线而不用非调谐的电屏蔽环天线，如图 7-22（1）所示。

3）频率范围为 30MHz～300MHz

在频率范围 30MHz～300MHz 测量时，主要测量辐射场的电场分量，所以，常用的测量天线包括调谐偶极子天线、短偶极子天线和宽带天线均为电场天线。实际上，当频率高于 30MHz 以上时，就只测辐射场的电场分量了。

（1）调谐偶极子天线。

调谐偶极子天线在一些严格的测量、天线的校准和建立标准场中都是十分重要的。如图 7-22（6）所示。调谐偶极子天线常常用于天线的校准和场地衰减的测量，是对用于天线校准的参考场地进行测量的唯一天线。通常，调谐偶极子天线仅在它的调谐频率附近 5% 的频段内，其方向性才保持不变；在其他频率上，调谐偶极子天线的方向性变化很厉害。所以，调谐偶极子天线在辐射干扰场强的测试中使用时不是很方便。通常，当频率大于或等于 80MHz 时，调谐偶极子天线应调整到谐振长度；当频率小于 80MHz 时，调谐偶极子天线长度应等于 80MHz 时的谐振长度，并通过适当的变换装置进行调谐与馈源匹配。目前在电磁兼容测试中调谐偶极子天线由于上述原因而不常用。

（2）双锥天线。

在频率范围 30MHz～300MHz 中最常使用的电磁发射接收天线为双锥天线，如图 7-22（3）所示，并满足以下要求：天线应为平面极化；天线方向图的主瓣应满足在主瓣方向上的直射波射线与从地面反射的反射波射线的差值不大于 1dB；从与天线馈电端相连的接收机端测得的天线的电压驻波比不应超过 2∶1。

4）频率范围为 300MHz～1GHz

由于在 300MHz～1GHz 频率范围的简单偶极子天线的灵敏度非常低。因此，民用电磁发射测试时，通常使用比较复杂的组合天线。常使用有单极性和双极性对数周期天线，如图 7-22（4）所示。在军用测试领域，通常使用大喇叭口天线，如图 7-22（8）所示。

5）频率范围为 1GHz~18GHz

1GHz 以上的辐射发射测量应使用经过校准的线极化天线，常见的有双脊波导喇叭天线、矩形波导喇叭天线、锥形喇叭天线、最佳增益喇叭天线和标准增益喇叭天线，如图 7-22（5）所示。使用的任何天线的方向性图的主瓣应足够大，以覆盖在测试距离上的 EUT，或者允许对 EUT 进行扫描以确定辐射源或辐射源的方向。这些喇叭天线的孔径尺寸应足够小，以满足以下条件：

$$R_{\mathrm{m}} \geqslant D^2 / 2\lambda \tag{7-14}$$

式中，D——天线以 m 为单位的最大孔径；

λ——测量频率上以 m 为单位的自由空间波长；

R_{m}——测量距离，单位为 m。

6）频率范围为 30MHz～1GHz

在民用电磁兼容测试中，宽带复合天线的使用越来越常见，如图 7-22（7）所示。首先，因为复合天线带宽宽、频率选择范围广，在辐射干扰场强的测试中，不需要在测试过程中更换天线，因而可以提高测试的速度和效率；其次，复合天线的功率高、增益大、方向性好，天线尺寸和形式也可以选择，所以复合天线具有其他天线难以比拟的实用优点。通常，宽带复合天线是由双锥天线和对数周期天线组合设计制造出来的，所以，这类宽带复合天线的频率范围可以覆盖 30MHz～1GHz。目前，很多宽带复合天线的频率范围还远大于这个范围。

宽带复合天线的特性难以准确计算，复合天线的电压驻波比很难在全频段范围内都做得很好。

4．天线的校准

天线在用于测量以前，必须对其天线系数进行校准，以保证测量的精确度。天线必须在天线校准专用试验场地上进行校准。

测量中经常使用的天线应每隔一段时间按时进行校准，以保证测量的不确定度满足要求；天线的校准应送专业计量部门进行。由于天线的校准需要时间，为了不影响检测实验室的日常工作，建议检测实验室对常用天线进行备份。

第 8 章

装备电磁兼容试验一般要求

8.1 总则

本章所述电磁兼容试验主要基于 GJB 151B—2013 相关要求，并结合试验实践。

在进行设备或分系统电磁兼容试验前，应根据产品研制总要求、技术协议或合同中规定的电磁兼容要求，确定其电磁兼容试验内容和具体试验项目，并按照研制总要求、技术协议或合同中所要求满足的标准规定的要求和试验方法制定试验大纲，依据试验大纲开展电磁兼容试验。

8.1.1 试验基本原则

在开展电磁兼容试验时应考虑设备或分系统全寿命周期的所有状态或阶段，包括正常工作、检查、储存、运输、搬运、包装、维护、加载、卸载和发射等。除此之外，还要考虑实现上述各种状态（或阶段）相应的正常操作程序。

在进行电磁兼容试验时，通常先进行发射类试验，再进行敏感度类试验。在进行敏感度类试验时，通常先进行对产品不易造成损坏的项目，再进行可能对产品造成损坏的项目。

从理论上来讲，在进行发射类试验时，需要找到产品的最大发射状态，并在这种状态下进行测试；在进行敏感度类试验时，需要找到产品的最敏感状态，并在这种状态下进行测试。但在实际操作中，往往无法确认产品的工作状态是否为最大发射状态或最敏感状态，尤其是对于有多种工作状态、多种工作流程的复杂设备或分系统，这个时候理论基础和工程经验往往尤为重要，它可以避免我们陷入机械的排列组合的选择矩阵里，从而快速找到理想的工作状态。根据装备贴近实战和摸边探底的试验考核要求，在进行试验时，不仅要考虑装备的典型工作状态，还要考虑其实战环境下的各种极限状态。这对试验设计和实施而言会是一个不小的挑战。

8.1.2 试验准备流程

一次完整的电磁兼容试验，通常按以下流程开展。

（1）根据标准要求，结合被测装备特点和安装平台，选取试验项目，确定相应技术要求。

（2）确定试验环境条件，包括电磁环境和试验场地气候环境等，是否满足有关要求。

（3）确定被测装备技术状态，是否符合试验大纲的要求。

（4）检查互连电缆，试验所用电缆应与实际使用情况状态一致。

（5）根据试验项目要求进行试验布置，正确连接。

（6）检查被测装备、陪试设备、测试设备等，确保各自工作均正常。

（7）根据试验项目，确定被测装备工作状态。

（8）检查试验系统，确保工作正常。

（9）正确设置测试设备的测量参数，如带宽、测量时间、扫描步进和驻留时间等。

（10）开始试验。

以上流程完成后，方可开展电磁兼容试验。

8.2　试验项目

8.2.1　试验项目分类

GJB 151B—2013 中规定的设备和分系统电磁兼容试验项目共有 21 个，分为传导发射（CE）类、传导敏感度（CS）类、辐射发射（RE）类和辐射敏感度（RS）类。其中 CE 类有 4 项，CS 类有 11 项，RE 类有 3 项，RS 类有 3 项。设备和分系统电磁兼容试验项目如表 8-1 所示。本章将对这些项目逐一进行较为详细的介绍。

表 8-1　设备和分系统电磁兼容试验项目

试验类别	项目编号	试验项目名称
传导发射（CE）类	CE101	25Hz～10kHz 电源线传导发射
	CE102	10kHz～10MHz 电源线传导发射
	CE106	10kHz～40GHz 天线端口传导发射
	CE107	电源线尖峰信号（时域）传导发射
传导敏感度（CS）类	CS101	25Hz～150kHz 电源线传导敏感度
	CS102	25Hz～50kHz 地线传导敏感度
	CS103	15kHz～10GHz 天线端口互调传导敏感度
	CS104	25Hz～20GHz 天线端口无用信号抑制传导敏感度
	CS105	25Hz～20GHz 天线端口交调传导敏感度
	CS106	电源线尖峰信号传导敏感度
	CS109	50Hz～100kHz 壳体电流传导敏感度
	CS112	静电放电敏感度
	CS114	4kHz～400MHz 电缆束注入传导敏感度

续表

项目类别	项目编号	试验项目名称
传导敏感度（CS）类	CS115	电缆束注入脉冲激励传导敏感度
	CS116	10kHz～100MHz 电缆和电源线阻尼正弦瞬态传导敏感度
辐射发射（RE）类	RE101	25Hz～100kHz 磁场辐射发射
	RE102	10kHz～18GHz 电场辐射发射
	RE103	10kHz～40GHz 天线谐波和乱真输出辐射发射
辐射敏感度（RS）类	RS101	25Hz～100kHz 磁场辐射敏感度
	RS103	10kHz～40GHz 电场辐射敏感度
	RS105	瞬态电磁场辐射敏感度

8.2.2　试验项目选取

对设备和分系统军用产品进行电磁兼容试验时通常依据 GJB 151B—2013 开展。该标准对开展设备和分系统电磁兼容试验的要求和测量方法进行了详细的规定，明确了预期安装在各类军用平台（包括平台内、平台上和从平台发射出去）的设备和分系统的要求项目。安装平台适用项目选择表如表 8-2 所示。

表 8-2　安装平台适用项目选择表

平台属性		项目选择			
平台类别	军兵种	适用（A）	有条件适用（L）	订购方规定（S）	不适用
舰艇	水面舰船	CE101、CE102、CS101、CS106、CS114、CS116、RE101、RE102、RS101、RS103	CE106、 CS102、 CS109、 CS112、 RE103、RS105	CE107、CS103、CS104、CS105、CS115	—
	潜艇	CE101、CE102、CS101、CS106、CS114、CS116、RE101、RE102、RS101、RS103	CE106、 CS102、 CS109、 CS112、 RE103、RS105	CE107、CS103、CS104、CS105、CS115	—
飞机及空间系统	陆军飞机（包括机场维护工作区）	CE101、CE102、CS101、CS114、CS115、CS116、RE101、RE102、RS101、RS103	CE106、 CS112、 RE103、RS105	CE107、CS102、CS103、CS104、CS105、CS106	CS109
	海军飞机	CE102、CS101、CS114、CS115、CS116、RE102、RS103	CE101、 CE106、 CS112、 RE101、 RE103、 RS101、 RS105	CE107、CS102、CS103、CS104、CS105、CS106	CS109
	空军飞机	CE102、CS101、CS114、CS115、CS116、RE102、RS103	CE106、 CS112、 RE103	CE107、CS102、CS103、CS104、CS105、CS106	CE101、 CS109、 RE101、 RS101、 RS105

续表

平台属性		项目选择			
平台类别	军兵种	适用（A）	有条件适用（L）	订购方规定（S）	不适用
飞机及空间系统	空间系统	CE102、CS101、CS114、CS115、CS116、RE102、RS103	CE106、 CS112、 RE103	CE101、CE107、CS102、CS103、CS104、CS105、CS106、RE101、RS101、RS105	CS109
地面设备	陆军地面	CE102、CS101、CS114、CS115、CS116、RE102、RS103、	CE106、 CS112、 RE103、RS101	CE107、CS102、CS103、CS104、CS105、CS106、	CE101、 CS109、 RE101、RS105
	海军地面	CE102、CS101、CS114、CS115、CS116、RE102、RS101、RS103	CE106、 CS112、 RE103、RS105	CE107、CS102、CS103、CS104、CS105、CS106、	CE101、 CS109、 RE101
	空军地面	CE102、CS101、CS114、CS115、CS116、RE102、RS103	CE106、 CS112、 RE103	CE107、CS102、CS103、CS104、CS105、CS106	CE101、 S109、 RE101、 RS101、RS105

标 "A" 的为适用项目，即必做项目；标 "L" 的为有条件适用项目，即凡是在限定条件内的设备或分系统均适用，是必须做的；标 "S" 的为由订购方规定项目。

在对设备或分系统进行电磁兼容试验前，通常应根据设备或分系统的安装平台特性，以及所面临的电磁环境和作战使命需求，选取适用的试验项目及确定测试指标，如测试频率范围、适用限值等。当某种设备或分系统预期安装在多种平台上或有多种安装条件时，应以其中最严格的那一类平台或那一种安装条件的要求为准开展。

除了确定适用的试验项目和测试指标，还应明确测试要求，如被测装备（EUT）的组成、接口关系和连接方式、电缆类型和长度、工作状态和陪试设备等。

GJB 151B—2013 中的各试验项目均是针对被测装备的端口提出的，发射类试验对各端口的适用性如图 8-1 所示，敏感度类试验对各端口的适用性如图 8-2 所示。

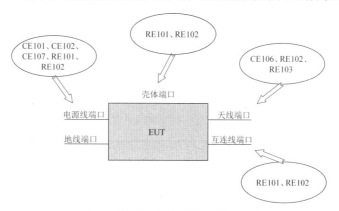

图 8-1　发射类试验对各端口的适用性

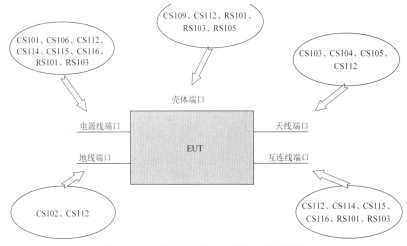

图 8-2　敏感度类试验对各端口的适用性

8.2.3　试验项目剪裁

在实际试验中，往往需要针对具体设备或分系统的特性进行合理的剪裁，才能科学合理地考核装备的电磁兼容。对于在特定系统或平台内使用的设备或分系统，根据其安装平台的电磁环境，可对标准的要求（如试验项目、测试频率范围、适用限值等）进行剪裁，加严或放宽要求，以满足整个系统的性能，提高效费比，降低成本。

剪裁的前提是不对装备的电磁兼容产生影响，在进行剪裁时要全局考虑，不仅要考虑对周边设备是否产生影响，还应考虑对系统、平台和战场环境等是否产生影响。

1．剪裁的定义

剪裁是对选用标准中的每项要求进行分析、评估和权衡，确定其对特定产品的适用程度，必要时对其进行修改、删减或补充，并通过有关文件，提出适用于特定产品最低要求的过程。

2．剪裁的目的

剪裁的目的通常是保证系统性能满足要求（包括战技指标、电磁兼容等）、技术可行、降低成本或缩短研制周期。

3．剪裁的过程

剪裁通常要通过分析和评估的过程才能实施。

1）分析

首先要全面、准确地分析设备或分系统的电磁兼容环境要求和装备技术指标要求；其次要分析标准要求对特定设备或分系统的适用性，包括项目适用性、限值适用性、试验方法适用性和试验配置要求适用性等；最后要分析剪裁对电磁兼容的影响。

2）评估

评估剪裁对电磁兼容的影响是否在可接受的范围内；评估剪裁的技术可行性；评估剪

裁对成本的影响，权衡电磁兼容与成本；评估剪裁对研制周期的影响，权衡电磁兼容与研制进度。

4. 剪裁的内容

剪裁的内容包括试验项目、适用限值（加严或放宽）、试验参数（频率、步进、驻留时间、扫频速率）、EUT 配置、试验方法、试验布置。

5. 需要避免的问题

在具体实施剪裁的过程中，不能只是为了通过标准而不考虑剪裁对装备电磁兼容的影响而剪裁，如剪裁掉那些不容易通过的试验项目。

8.3　试验环境

8.3.1　气象条件

试验时的温度、湿度及大气压等气象条件应不超出测试仪器、设备及 EUT 在正常工作时允许承受的范围，且气象条件不应对测试结果产生影响。在试验记录中应注明气象条件，包括温度、湿度和大气压。

8.3.2　电磁环境电平

电磁环境电平不应影响试验结果。当进行发射类试验时，电磁环境电平应至少低于规定的限值 6dB。在外场进行测试时，若不能满足此条件，则可采用其他技术消除电磁环境电平影响，处理后的背景电平也应低于规定的限值 6dB，否则，应在电磁环境电平处于最低点的时间和条件下进行测试，识别并记录环境中存在的电磁干扰背景信号，并评估其对试验结果的影响。试验期间，应监测试验场区电磁环境，并在试验报告中记录电磁环境电平。

在屏蔽室内进行测试时，EUT 断电和所有辅助设备通电后测得的电磁环境电平应至少低于规定的限值 6dB。

如果在屏蔽室外进行测试，则应在电磁环境电平处于最低点的时间和条件下进行测试，并在试验报告中记录电磁环境电平，且电磁环境电平不应影响试验结果。

8.4　EUT

8.4.1　基本要求

EUT 应满足以下要求。

（1）EUT 性能应符合任务书中规定的战技指标要求，并在试验过程中保持技术状态（包括软件）的固化。

（2）EUT 的硬件和软件应具有代表性，能反映系统的典型技术状态，可以为 EUT 增加硬件和软件，以使其具有性能评估能力，所增加的软件和硬件不能影响技术状态，并在试验大纲中说明。

（3）用于 EUT 运行的所有外部电源均应符合系统的电源品质标准。

8.4.2　试验配置

试验配置要求如下。

（1）EUT 的配置应符合实际状态，确保设备、电缆等安装正确；试验过程中，不得破坏设备的结构和质量；因试验工作需要而对 EUT 进行的任何更改（如电源线屏蔽层的剥离）都应确认其实施后的效果，不应影响 EUT 正常工作。

（2）试验期间，除系统或平台上应配置的设备外，其他临时性检测仪表、设备，以及相应的信号连接线和电源线均应停止加电工作并拆除。

（3）系统上需要进行测试的部位附近的所有临时设施、无关金属物品、管线材料等物品都应清除干净。

8.4.3　工作状态

1．概述

试验期间，EUT 应处在由系统的工作特性要求组成的最可能出现干扰和敏感的工作模式中。对于发射类试验，EUT 应工作在最大发射状态；对于敏感度类试验，EUT 应工作在最敏感状态。对于具有几种不同状态（包括软件控制的状态）的 EUT，应对发射和敏感度进行足够多的状态试验，以便对 EUT 的全状态进行评估。

为了更全面、客观地评价装备的电磁兼容，需要在实战化条件下进行试验，并且在考核过程中尽量摸边探底，在多种边界条件下进行试验。因此，在 EUT 的工作状态选择方面，要注意各种极限状态。

2．可调谐射频设备的工作频率

对于包含可调谐射频设备的 EUT，试验应在下述情况下进行：在每个调谐频段、可调谐单元或固定频道范围之内，可调谐射频设备都应工作在不少于三个频率上，即频带中心频率 f_0、所测频带内比最低端高 5%和比最高端低 5%的两个端点频率。

3．扩频设备的工作频率

对于包含扩频设备的 EUT，两种典型扩频设备的工作频率要求如下。

（1）跳频。试验应至少在扩频设备整个可用频率组 30%的跳频模式下进行。跳频在扩频设备的工作频率范围内等分成低、中和高三段。

（2）直接序列。试验应在扩频设备以可能的最高数据传输速率处理数据条件下进行。

4．敏感度监测

敏感度试验期间，应监测 EUT 性能是否降低或误动作。监测通常使用机内自检（BIT）、图像和字符显示、声音输出，以及其他信号输出和接口的测试来实现。允许在 EUT 中安装专门电路来监测 EUT 的性能，但这些改动不应影响测试结果。

8.5　EUT 要求和设置

8.5.1　基本要求

在进行电磁兼容试验前，应根据试验项目和试验场地选择合适的 EUT。EUT 的基本要求如下。

（1）EUT 的技术性能指标应满足 GJB 151B—2013 中相应试验方法所规定的要求。

（2）EUT 应经过计量检定、测试或校准，并保证工作在有效期之内。

（3）试验期间，不应改变 EUT 的电磁特性。

（4）任何测量接收机，包括 EMI 接收机、频谱分析仪和基于 FFT 的接收机，只要其性能（如灵敏度、带宽、检波器、动态范围和工作频率等）满足 GJB 151B—2013 试验项目的要求，都可用，典型仪器特性参见 GB/T 6113.101—2021。

（5）示波器及其探头应具有足够的带宽、取样速率、动态范围。

（6）信号源能够覆盖测试所需的频率范围，并能用 1kHz、50% 占空比的脉冲进行调制（开关比≥40dB）。

（7）信号源与用来放大信号（已调制的和未调制的）和驱动天线以输出所需场强电平的射频功率放大器，其谐波应尽量小，产生各次谐波频率下的场强应比基波场强至少低 6dB。

8.5.2　常用测试设备

1. EMI 接收机

EMI 接收机是电磁干扰测量最基本的设备，如图 8-3 所示，频率为 20Hz～40GHz。EMI 接收机是一台符合 EMI 测量特殊要求的频谱分析仪，适用于测量微弱的连续波信号和幅值很强的脉冲信号。基本要求：本机噪声小、灵敏度高、动态范围大、过载能力强，在整个测量频段内测量精度能满足±2dB 要求。在 GJB 151B—2013 中，发射类试验都需要用到 EMI 接收机。

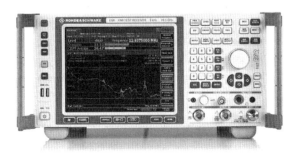

图 8-3　EMI 接收机

测量无线电干扰电压、电流、功率及场强时，EMI 接收机必须与辅助测量设备组成系统。辅助测量设备主要有人工电源网络、电流探头、电压探头、吸收式功率钳及测量场强的天线，为提高灵敏度可加前置放大器，为测量过强信号可加衰减器。

EMI 接收机是精密的测量仪器，使用时应注意使用的条件，包括电源电压、频率、温度与湿度、振动及干扰信号的量级等，必须符合仪器的要求。输入端不能加直流电压。前级电路易损坏，在测量天线端和射频输出端有用信号时应特别小心。某些卫星接收机的天线端有直流馈电，测量时应采取隔直措施。测量过程可能出现强脉冲信号的测量，输入端可用限幅器和衰减器加以保护。EMI 接收机的输入端一般为英制的 N 型端口或 BNC 端口，最好避免用公制的连接头接到输入端，应选用匹配的 N 型连接头和 BNC 连接头与输入端进行对接，连上及断开连接头时用力要均匀，否则易损坏输入端。

2. 示波器

示波器是一种用途十分广泛的电子测量仪器，如图 8-4 所示。示波器搭配电压探头或电流探头使用，能够将看不见、摸不着的电信号变换成直观的图像，以便人们对信号进行分析。在电磁兼容试验中，示波器用于测量分析电压、电流等时域信号波形。

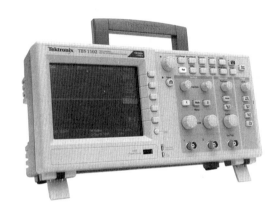

图 8-4　示波器

需要注意的是，示波器测量通道的参考地与电源地是共地的，在测量过程中，如果电压探头的负极接的点位不是零电位，那么需要将示波器通过隔离变压器供电，实现浮地操作。当示波器浮地时，可能存在触电危险。另外，目前市面上的示波器大多数都是有多个通道的，每个通道的参考地是互通的，使用一个示波器的多个通道同时测量多个信号时，需要留意每个通道的参考地电位是否一致，如果不一致，那么会导致错误的测量结果。同时，由于示波器通道的参考地将几个被测信号的负回流路径短接在一起，严重时可能会烧坏 EUT。

3. 信号发生器

信号发生器是敏感度类试验必不可少的设备，其作用是产生各种信号模拟真实情况考核 EUT，如图 8-5 所示。信号发生器以单频点输出连续正弦波，配合调制模块，可以输出各种调制信号。根据不同的需求，信号发生器输出频率为 1Hz～40GHz，甚至更高，内部调制模块通常包含幅度调制、相位调制、脉冲调制、方波调制等调制方式。

图 8-5　信号发生器

4．天线

天线是把高频电磁能量通过各种形状的金属导体向空间辐射出去的装置，反之，天线的逆向功能也可把空间的电磁能量转化为高频电磁能量收集起来。天线使用 LC 回路作为谐振回路，因为 LC 回路具有比 RC 回路大得多的"品质因数"，一般 LC 回路的品质因数可达几十至几百。品质因数大于 1 的谐振回路，可以吸收并"放大"（实际是转换）外来信号，品质因数为几百的谐振回路，可以在很弱的外电场条件下，感应出很强的"振荡信号"；按照麦克斯韦电磁场理论，变化电场在其周围空间产生变化磁场，而变化磁场又产生变化电场。这样，变化电场和变化磁场之间相互依赖，相互激发，交替产生，并以一定速度由近及远地向空间辐射出去。

天线是辐射干扰场强和辐射敏感度类试验的主要辅助设备。在辐射测量过程中，利用天线将电磁能量转换为电压进行测量。在敏感度测量过程中，利用天线发射电磁能量，产生电磁场。

5．电流探头

电流探头是测量传导的一种特殊的测量设备，部分标准明确规定用电流探头测量传导干扰。其优点是不需要与源导线导电接触，也不用改变其电路。这种方法的实用性是不言而喻的。

电流探头原理与变压器原理相似，分为监测电流探头和注入电流探头两种。监测电流探头用于传导发射类试验，承受功率小，体积相对较小。而注入电流探头用于传导敏感度类试验，承受功率大，体积相对较大。

1）监测电流探头

当探头夹在导线上时，导线其实相当于变压器的初级绕组，而探头的绕组是次级绕组。当导线（初级线圈）中通过电流时会产生磁场，由该磁场产生的磁力线会集中在电流探头内部的环形磁芯中循环流动，根据法拉第定律，磁芯中流动的磁场会在次级线圈上感应到电动势，电流探头输出端就形成电压。

监测电流探头在通带内具有平坦的频响。低于通带的频率范围，仍可进行精确测量，只是由于传输阻抗的减少降低了灵敏度。高于通带的频率范围，由于电流探头产生谐振，测量将不精确。

2）注入电流探头

与监测电流探头原理一样，注入电流探头卡在导线上之后，在探头输入端注入电流，探头磁芯形成磁场，使注入电流探头卡着的导线产生相应的电流，从而到达施加干扰考核设备的目的。

6．线性阻抗稳定网络

线性阻抗稳定网络（LISN）是电源端子传导干扰电压测量的主要设备，能在射频范围内，在 EUT 端子与参考地之间，或者端子之间提供一稳定阻抗，同时将来自电源的无用信号与测量电路隔离开，仅将 EUT 的干扰电压耦合到测量接收机输入端。GJB 151B—2013 中使用的 LISN 内部电路结构如图 8-6 所示。

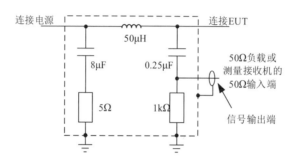

图 8-6　GJB 151B—2013 中使用的 LISN 内部电路结构

8.5.3　检波器的选择

在频域进行的发射类试验和敏感度类试验中都应使用峰值检波器。峰值检波器在接收机通带内检测调制包络的峰值。接收机使用能产生相同峰值指示的正弦波的均方根值定标。当具有其他检波方式的测量仪器（如示波器、非选频电压表或宽带场强仪等）用于敏感度类试验时，需要对测量值加以修正，以便将读数修正为调制包络峰值的等效均方根值。修正系数可以通过比较检波器对有、无调制情况下具有相等峰值电平信号的响应来确定。

8.5.4　发射类试验参数设置

1．带宽

除非试验大纲或试验项目另有规定，否则发射类试验都应采用表 8-3 中列出的测量接收机带宽。该带宽是测量接收机总选择性曲线 6dB 带宽，不应使用视频滤波器限制接收机响应。如果测量接收机有可控的视频带宽，则应将它调到最大值。

表 8-3　带宽及测量时间

频率范围	6dB 带宽/kHz	驻留时间 a, b, c/s	最小测量时间（模拟式测量接收机）
25Hz～1kHz	0.01	0.15	0.015s/Hz
1kHz～10kHz	0.1	0.02	0.2s/kHz
10kHz～150kHz	1	0.02	0.02s/kHz
150kHz～30MHz	10	0.02	2s/MHz

频率范围	6dB 带宽/kHz	驻留时间 a, b, c/s	最小测量时间（模拟式测量接收机）
30MHz～1GHz	100	0.02	0.2s/MHz
1GHz 以上	1000	0.02	20s/GHz

a. 驻留时间的规定仅适用于步进式EMI接收机和频谱分析仪。

b. 可选的扫描技术：对于步进式EMI接收机和频谱分析仪，在使用最大值保持功能且总扫描时间不小于以上规定的最小测量时间时，可以用扫描速度更快的多次扫描替代。

c. 对于基于FFT的接收机，驻留时间应大于脉冲干扰信号的重复周期

2．频率扫描

对于发射类试验，每个适用的试验都应在整个频率范围内进行扫描。模拟式测量接收机的最小测量时间如表 8-3 所示。步进式 EMI 接收机和频谱分析仪的扫频步长应不大于半个带宽，且驻留时间应符合表 8-3 中的规定。如果表 8-3 中的规定不足以捕捉 EUT 最大发射幅度和满足频率分辨率要求，则应采用更长的测试时间和更低的扫描速率。

3．离散测试频率选取

特殊情况下，当需要采用手动选频测量时，在规定的频段内，每十倍频程应选择不少于七个频点（频率选择时应包括所测频带内比最低端高 5%和比最高端低 5%的两个端点频率，其余频率可根据实际要求确定）；同时，应覆盖 EUT 各关键性频率（如电源频率、谐波频率、本振频率、中频频率、设备工作频率、时钟频率、晶振频率等）。

4．发射数据记录

记录发射数据的幅度、频率、试验带宽和步进。除非另有规定，否则发射数据的幅度-频率曲线应在测试时连续、自动地生成并显示。显示的信息应计入所有的修正系数（传感器、衰减器、线缆损耗及类似的系数）并包括相应的限值。绘制的发射类试验曲线应具有被测频率的1%或2倍于测量接收机带宽的频率分辨率（取大者），最小幅度分辨率为1dB。

8.5.5　敏感度类试验参数设置

1．频率扫描

在敏感度类试验中，信号源的扫描速率和频率步长不应大于表 8-4 中的值。速率和步长用信号源调谐频率（f_0）的倍乘因子表示。模拟式扫描指连续调谐的扫描，步进式扫描指依次调谐在离散频率点上的扫描。对于步进式扫描，在每个调谐频率上至少驻留 3s 或 EUT 的响应时间。为观察到可靠的响应，必要时应降低扫描速率和频率步长。

表 8-4　敏感度类试验扫描参数

频率范围	模拟式扫描最大扫描速率	步进式扫描最大频率步长
25Hz～1MHz	$0.0333\,f_0$ /s	$0.05\,f_0$
1MHz～30MHz	$0.00667\,f_0$ /s	$0.01\,f_0$

续表

频率范围	模拟式扫描最大扫描速率	步进式扫描最大频率步长
30MHz～1GHz	0.00333 f_0 /s	0.005 f_0
1GHz 以上	0.00167 f_0 /s	0.0025 f_0

2．离散测试频率选取

特殊情况下，当需要进行手动选频测量时，信号源应设置在选定的离散测试频率驻留。离散测试频率的选取，应考虑 EUT 实际工作状态和要求的频率范围，并应覆盖 EUT 固有的频率。在 HERO 测试中不应少于 100 个离散测试频率点，推荐的 HERO 测试频率参见 GJB 7504—2012 中 5.2.1 节的要求。对于外部射频电磁环境测试，应推荐不少于 275 个离散测试频率点（包括推荐的 100 个 HERO 离散测试频率点）。

3．敏感度类试验信号的调制

调制通常包括 AM、FM 和脉冲调制，以及在电磁辐照试验中使用峰值脉冲以复现可能遇到的调制。若试验大纲或具体试验方法中未规定，则敏感度类试验信号应采用 1kHz、50% 占空比的脉冲调制方式。

4．辐照方式选择

优先选择在规定测试等级下对 EUT 进行均匀辐照。由于 EUT 等条件限制而无法满足时，可采用局部辐照。

5．敏感度门限电平

当 EUT 在测试中出现敏感现象时，应在敏感现象刚好出现的情况下确定敏感度门限电平。敏感度门限电平应按以下步骤确定。

（1）当出现敏感现象时，降低干扰信号电平直至 EUT 恢复正常。

（2）继续降低干扰信号电平 6dB。

（3）逐渐增加干扰信号电平直至敏感现象刚好重复出现，此时干扰信号电平即敏感度门限电平。

6．敏感度数据记录

记录敏感度数据的幅度、频率和波形，并记录测试过程中出现的所有敏感和异常现象、敏感度门限电平、频率范围、最敏感的频率及其电平，以及其他适用的测试参数。

8.5.6 极化方式设置

当频率高于 30MHz 时，采用垂直极化和水平极化。当频率低于 30MHz 时，可只采用垂直极化。

8.5.7　EUT 的校准

1．EUT 计量

EUT 及附件应按相关标准进行计量。

2．天线校准

测试天线的天线系数按 GJB/J 5410—2005 校准，但测试天线使用非 GJB/J 5410—2005 规定的其他距离时，天线系数应采用相应方法进行校准。

3．测试系统校验

在每次发射类试验开始前，应对测试系统（包括测量接收机、电缆、衰减器、耦合器等）按照各项测试方法的规定进行校验，以确认系统正常工作。

4．自动测试软件

应在测试报告中提供自动测试软件的制造商、型号和版本号等标识信息。

8.6　允差

除非另有要求，否则允差如下。

距离：±5%。

频率：±2%。

幅度：测量接收机，±2dB。

幅度：测试系统（包括测量接收机、传感器、电缆等），±3dB。

时间（波形）：±5%。

电阻：±5%。

电容：±20%。

电感：±20%。

8.7　试验程序

8.7.1　EUT 预测试

在试验开始前，对 EUT 进行预测试，以确定试验重点，制订详细的试验计划，如下。

（1）确定 EUT 完整组成和功能。

（2）确定最大和最小敏感性的 EUT 配置、工作模式。

（3）确定电磁能量可能的进入点。

（4）确定合适的辐射场测试部位和注入电流的测量点。

（5）对能量耦合进行分析，以确定数据采集系统的类型和性能要求。

（6）确定需要检测和监视的 EUT 关键数据。

（7）确定验证准则、通过或不通过判据。

（8）确定 EUT 工作和检查程序。

8.7.2　试验实施

根据试验大纲完成试验，并记录试验数据。

8.7.3　注意事项

1．辅助设备

试验中使用的辅助设备不应影响测试结果。

2．人员及设备

试验区内应没有无关的人员、设备、电缆架和桌子等。按系统实际工作要求配备现场操作人员，只有必须参与试验工作的人员才允许进入试验区，只有试验必须使用的设备才能放在试验区。

3．过载防护

使用前置放大器、无预选器的接收机或有源传感器等设备时要预防过载。为消除过载，可改变测试仪器的状态或更换测试仪器，如关掉前置放大器、增大衰减量或更换量程更大的仪器等。

4．射频危害

GJB 151B—2013 中某些试验的电磁场对人体有潜在危害。在人员存在的区域里不应有超过 GJB 5313—2004 中容许的暴露电平，应采取安全措施和使用安全装置，以防人员意外遭受射频危害的照射。

5．电击危害

对有潜在危险电压的试验项目，参试人员应遵守相关的安全防护要求。

8.8　敏感判据

EUT 进行敏感度类试验时的敏感判据一般由产品规范或试验大纲规定。

在试验开始前，由相关单位提供经订购方认可的产品规范、电磁兼容设计文件等技术材料和敏感判据。敏感判据应在试验大纲中明确表示。

敏感判据应包括检验方法（包括对监测设备的要求），监测的对象，干扰、扰乱、降级或损坏等失效现象的描述和失效程度的确认等内容。

8.9 测试结果评定

应将试验数据与 GJB 151B—2013 或试验大纲中规定的要求进行对比和评估,以确定 EUT 是否符合要求。试验报告中应对不符合或出现的敏感现象进行识别和分析。

在 GJB 151B—2013 中,对测试结果的评定以直接测试数据为准,不需要考虑测量不确定度。

对于发射类试验,测试结果小于或等于限值时为符合标准要求,否则为超标。

对于敏感度类试验,按规定限值施加干扰,若 EUT 功能检测符合产品规范要求或试验大纲中的敏感判据要求,则为合格,否则为不合格。

第 9 章

传导发射类试验

传导发射（Conducted Emission）类试验，简称 CE 类试验，是指系统内部的电压或电流通过信号电缆、电源线或地线传输出去，成为其他系统或设备干扰源的一种电磁现象。只要有电源线或信号线的设备都会涉及，包括直流供电和交流供电的产品。

传导发射类试验分为频域测量和时域测量，而在能量表现形式上又分为电压和电流。根据干扰的性质，传导发射类试验可能是连续波干扰电压、连续波干扰电流，也可能是尖峰干扰信号。按测试频段和被测对象的不同，GJB 151B—2013 中的传导发射类试验分为 CE101 25Hz～10kHz 电源线传导发射（电流）、CE102 10kHz～10MHz 电源线传导发射（电压）、CE106 10kHz～40GHz 天线端口传导发射、CE107 电源线尖峰信号（时域）传导发射。

9.1　CE101 25Hz～10kHz 电源线传导发射

9.1.1　目的及适用范围

1. 目的

本项目的目的是控制 EUT 和公共电源连接处向公共电源注入的谐波。谐波过大会使电源失真，当电源总失真大于 5%时，多数电子设备、感应电动机、磁装置和测量设备均可能出现性能下降。因此，对于含有感应电动机、磁装置等的设备，需要对电源谐波进行控制。

2. 适用范围

本项目适用于水面舰船、潜艇、陆军飞机（包括机场维护工作区）和具有反潜战能力的海军飞机上的由外部电源供电的设备和分系统电源线（包括回线）。当订购方有要求时，本项目也适用于空间系统。本项目对于交直流电源线均适用，但这些电源线是为 EUT 供电的，而 EUT 作为电源给其他设备供电的电源线并不适用。

对于直流电源线，测试频率范围为 25Hz～10kHz。

对于交流电源线：

（1）若是陆军飞机（包括机场维护工作区）、海军飞机和空间系统平台上的设备，则本项目的测试频率范围为电源频率的二次谐波至 10kHz。

（2）若是其余平台上的设备，则根据限值曲线确定测试频率范围。

9.1.2   项目剪裁

当存在以下情况时，订购方可以对项目进行剪裁。

（1）平台上有工作在本项目要求的测试频率范围内的灵敏接收机需要被保护。

（2）平台上的电源系统有特别要求（如总谐波失真）。

（3）其他订购方的特殊要求。

9.1.3   限值应用

由于在较低频率下难以控制实验室的电源阻抗，而只要求发射源阻抗相对电源阻抗足够高，发射电流大小与电源阻抗的变化基本无关。因此，本项目限值的单位规定为 dBμA。

本项目要求 EUT 电源线传导发射不超过图 9-1～图 9-4 中规定的限值，其中：

（1）图 9-1 适用于潜艇平台上直流电源供电的设备。

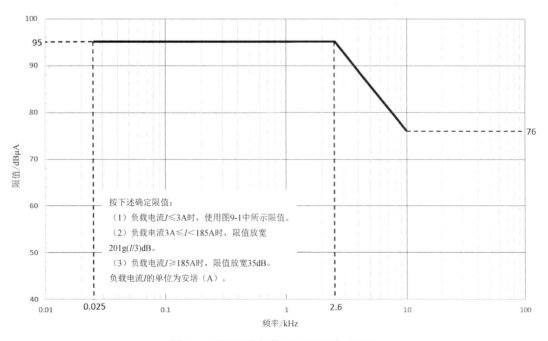

图 9-1   适用于潜艇的 CE101 限值（DC）

（2）图 9-2 适用于水面舰船和潜艇平台上 50Hz 交流电源供电的设备。

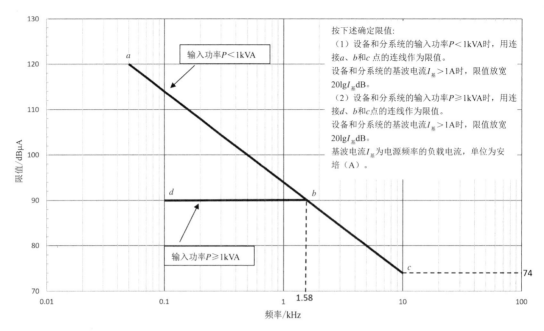

图 9-2 适用于水面舰船和潜艇的 CE101 限值（50Hz）

（3）图 9-3 适用于水面舰船和潜艇平台上 400Hz 交流电源供电的设备。

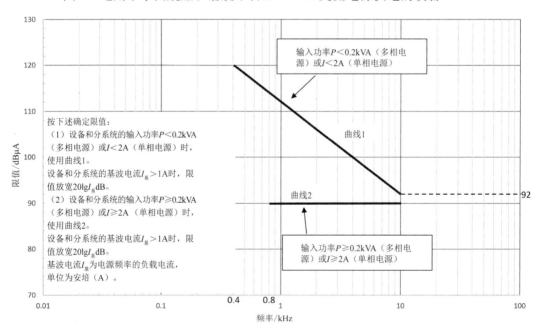

图 9-3 适用于水面舰船和潜艇的 CE101 限值（400Hz）

（4）图 9-4 适用于海军反潜战（ASW）飞机、陆军飞机（包括机场维护工作区）和空间系统平台上的交流电源和直流电源供电的设备。

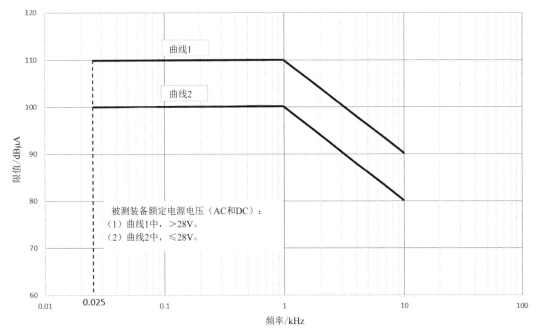

图 9-4　适用于海军 ASW 飞机、陆军飞机和空间系统的 CE101 限值

9.1.4　测试步骤

本项目整体分为两步，即校验和测试。试验时，具体测试步骤如下。

1．校验

（1）按照图 9-5 所示的配置进行校验布置。

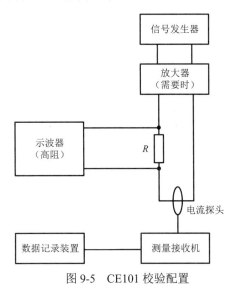

图 9-5　CE101 校验配置

（2）分别将 1kHz、3kHz 和 10kHz 标准正弦信号施加到电流探头，信号电平至少低于限值 6dB。

（3）用示波器和电阻负载检查电流电平，同时检查电流波形是否是正弦波。

（4）比较接收机系统（含电流探头和电缆）的测量值与示波器测量值的幅值偏差是否在±3dB 范围内。

（5）如果测量值偏差超过±3dB，则要在测试之前找出误差原因并纠正。

信号发生器输出电压在负载两端，示波器监测负载两端电压波形幅值是否与信号输出一致，通过示波器监测电压和负载算出回路电流，与测量接收机连接的电流探头监测的电流相比较，两者相差不超过 3dB 即可。此处没有对电阻 R 值大小进行规定，因为 R 值大小并不关键，任何便于测量、与信号发生器匹配的值均可使用。

由于电流探头在低频有较小的转移阻抗，仅用信号发生器输出，环路电流可能不足以被电流探头测量到，因此在检查测量系统时，信号发生器可能需要配功率放大器才能获得被电流探头测量到的电流。

2．测试

（1）按照图 9-6 所示的配置进行测试布置。

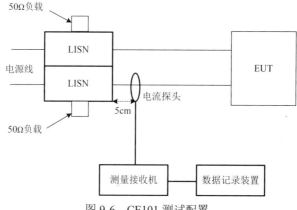

图 9-6　CE101 测试配置

（2）EUT 通电预热并达到稳定工作状态。

（3）使用交/直流钳测量电源线基波电流，并根据限值规定计算放宽值。

（4）将电流探头卡在某根待测电源线上，距离 LISN 5cm 处。

（5）测量接收机按表 8-3 所示设置带宽及测量时间，在规定频率范围内扫描。

（6）对其他每根待测电源线重复上述测试。

LISN 及以外电源视为 EUT 外部供电电源，故测试位置选在 LISN 与 EUT 连接的电源线靠近 LISN 5cm 处。

此处的基波电流测量，对于直流负载的基波电流，可以用带直流测量功能的卡钳类仪表测量。对于交流负载的基波电流，可以直接采用上述电流探头在基波频率上的测量数据，但放宽值计算公式上的基波电流单位为 A，而测试时的单位为 dBμA，测到的电流需要换算为单位 A 才可以计算。

对于交流供电设备，一种基波电流放宽值的快速算法是用电流探头测出的基波电流（dBμA），直接减去 120dBμA。例如，某个设备的基波电流大于 1A，CE101 试验限值为

图 9-2 的限值曲线且需要放宽限值。假如测得的基波电流为 140dBμA，减去 120dBμA，就是放宽值 20dB，也就是说在图 9-2 的限值曲线上再放宽值 20dB，则为此设备 CE101 试验的限值。

9.1.5　数据及结果

通常试验完成后，需要提供以下测量信息和数据。

（1）EUT 工作状态。

（2）测试曲线图（含坐标连续的幅频曲线、限值曲线）。

（3）测试超标频率、幅值等。

试验结果评定方法如下。

CE101 试验结果评定依据测试曲线确定是否存在超出标准限值的频点：如果存在超标频点，则判定测试不通过，同时标出超标频率和超标幅值；反之，判定测试通过。

9.2　CE102 10kHz～10MHz 电源线传导发射

9.2.1　目的及适用范围

1．目的

本项目的目的是控制 EUT 工作时通过电源线以传导或辐射的方式对外造成干扰。

在要求较低的频段，保证 EUT 不破坏平台电源线的电源质量（允许的电压失真）。由于电压失真是提出电源品质要求的基础，所以 CE102 限值的单位为伏（V）。

2．适用范围

本项目适用于所有军种、所有应用平台由外部电源供电的设备和分系统的电源线，包括电源回线。而对于 EUT 本身是一个电源为外部设备供电的，其输出电源线则不在本项目的考核范围内。

9.2.2　项目剪裁

根据 EUT 所处电磁环境实际情况及预测分析结果，订购方可能对本项目进行剪裁。例如，当平台上没有工作在较高频段的连有天线的设备时，可以对较高频段的要求进行剪裁；当存在其他特殊要求时，订购方也可以进行剪裁。

9.2.3　限值应用

本项目要求 EUT 电源线传导发射不超过图 9-7 中规定的限值。以 EUT 额定电源电压小于或等于 28V 为基本限值，在此基础上，根据不同的电源电压放宽不同的限值。当 EUT

额定电压 U=28～440V 时，本项目限值在基本限值的基础上放宽 10lg（U/28）dB，U 单位为 V。

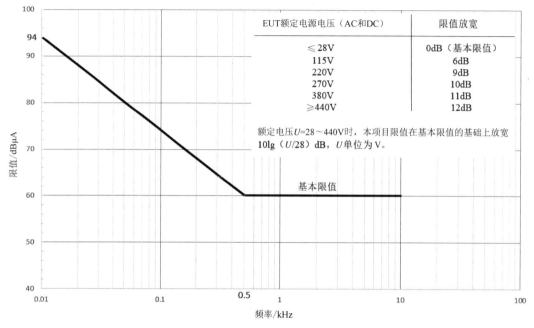

图 9-7　CE102 限值（AC 和 DC）

9.2.4　测试步骤

本项目整体分为两步，即校验和测试。试验时，具体测试步骤如下。

1. 校验

（1）按照图 9-8 所示的配置进行校验布置。

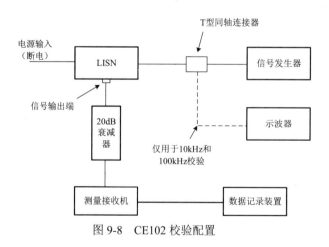

图 9-8　CE102 校验配置

（2）信号发生器输出信号到 LISN 电源输出端，其频率为 10kHz、100kHz、2MHz 和

10MHz，电平至少低于限值 6dB。在 10kHz 和 100kHz 时，用示波器确认其为正弦波并测量信号有效值电平。在 2MHz 和 10MHz 时，直接使用从 50Ω 信号发生器输出的信号电平。

（3）测量接收机测量值应在注入信号电平的±3dB 范围之内。修正系数包括 20dB 衰减器、LISN 中 0.25μF 耦合电容器的插入损耗。

（4）如果测量值偏差超过±3dB，那么要在测试之前找出误差原因并纠正。

（5）对其他每个 LISN 分别重复校验。

这里指出两个问题：一是为什么在 10kHz 和 100kHz 时需要用示波器校验，而在 2MHz 和 10MHz 时直接使用从 50Ω 信号发生器输出的信号电平；二是 10kHz 和 100kHz 校验时示波器的输入阻抗是选择 50Ω 还是选择高阻。

对于问题一，因为根据 LISN 的阻抗特性（见 GJB 151B—2013 中的图 7），LISN 在 1MHz 以上的阻抗为 50Ω，此时信号发生器和 LISN 通过三通连接（第三端口空载），阻抗处于 50Ω 匹配状态，在 LISN 输出端口的电压与信号发生器的指示值相等，故可省去示波器。

对于问题二，其输入阻抗既可以是 50Ω 也可以是高阻。因为根据 LISN 的阻抗特性，LISN 在 10kHz 和 100kHz 时的阻抗分别为 5.2Ω 和 25Ω。假设示波器的输入阻抗为 50Ω，它和 50Ω 信号发生器并联后的阻抗为 25Ω，即从 LISN 输出端向三通看的阻抗为 25Ω。假设示波器的输入阻抗为 1MΩ，它和 50Ω 信号发生器并联后的阻抗仍近似为 50Ω，即从 LISN 输出端向三通看的阻抗为 50Ω。由此可见，由于示波器输入阻抗的不同，示波器和信号发生器并联后的阻抗不同，因此组合后的输出信号大小不同。也就是说，无论示波器的输入阻抗是选择 50Ω 还是选择高阻，示波器测到的值都会不同，而测量接收机测到的值也会随之变化，只需考虑示波器和测量接收机两者的指示值是否在±3dB 范围内。

2．测试

（1）按照图 9-9 所示的配置进行测试布置。

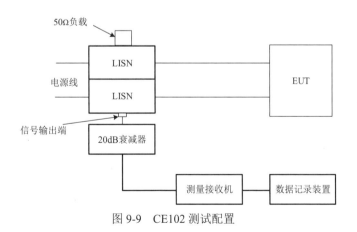

图 9-9　CE102 测试配置

（2）EUT 通电预热并达到稳定工作状态。

（3）选择一根待测电源线，将测量接收机按表 8-3 所示设置带宽及测量时间，在规定频率范围内扫描。

（4）对其他待测电源线分别重复测试。

CE102 试验采用测量 LISN 输出端口电压的方式来确定发射电平的大小。LISN 在本试验中的作用不可替代，各测试机构实验室的电源阻抗、使用的屏蔽室滤波器特性千变万化，需要通过标准化以提供良好的重复性。LISN 可以将这个阻抗标准化。因此，用 LISN 模拟电源阻抗是本试验的一个关键因素。

在试验中使用 20dB 衰减器的原因是防止电压过载烧坏测量接收机。对于 220V@50Hz 电源，在信号输出端会产生约 0.9V 的电压，对于 115V@400Hz 电源，LISN 中的 0.25μF 耦合电容会导致在信号输出端上的 50Ω 负载上有 3.6V 的分压。如果该 50Ω 负载用测量接收机替换，则接收机的输入端将直接面临这个 3.6V 的强信号，出现损害测量接收机的情况，如测量接收机、频谱分析仪前端的衰减器、混频器电路等被烧毁。为避免出现过载，标准规定在测量接收机前端外接一个 20dB 衰减器。

另外，在试验过程中还需要考虑工频电压导致测量接收机过载的问题。GJB 151B—2013 中的 4.3.8.3 节讨论了预防过载的问题，当预期遇到或遇到过载情况时，可用抑制衰减器衰减电源频率信号。此时，需要对发射数据进行修正，将滤波器的插入损耗补偿纳入进来。

9.2.5 数据及结果

通常试验完成后，需要提供以下测量信息和数据。
（1）EUT 工作状态。
（2）测试曲线图（含坐标连续的幅频曲线、限值曲线）。
（3）测试超标频率、幅值等。
试验结果评定方法如下。

CE102 试验结果评定依据测试曲线确定是否存在超出标准限值的频点：如果存在超标频点，则判定测试不通过，同时标出超标频率和超标幅值；反之，判定测试通过。

9.3 CE106 10kHz～40GHz 天线端口传导发射

9.3.1 目的及适用范围

1. 目的

本项目的目的是控制 EUT 工作时通过天线端口向外发射电磁干扰，如谐波、乱真发射等。

2. 适用范围

本项目适用于发射机、测量接收机和放大器的天线端口，基本的考虑是保护平台内外带天线的测量接收机，使其不因受 EUT 天线产生的辐射干扰而导致性能降级。不适用于天线不能拆卸的设备。对于天线不能拆卸的设备：
（1）可用 RE103 替代 CE106 对发射状态的发射机和放大器进行试验。
（2）可用 RE102 替代 CE106 对测量接收机、待发射状态的发射机和放大器进行试验。

免测频段：EUT 发射信号带宽或基频的±5%频率范围（取大者）。

测试频率范围如下。

（1）试验起始频率：依据 EUT 工作频率范围确定，具体可见 GJB 151B—2013 中表 6 的要求。

（2）试验上限频率：40GHz 或 EUT 最高发射或接收频率的 20 倍（取小者）。

（3）对于使用波导的设备，低于 0.8 倍波导截止频率的频率范围免测。

9.3.2　项目剪裁

订购方可以根据设备安装平台上的天线耦合情况，以及设备自身的特殊情况来对本项目进行剪裁，规定专门的抑制电平。

9.3.3　限值应用

本项目要求 EUT 天线端口的传导发射不超过以下限值。

（1）测量接收机：34dBμV。

（2）发射机和放大器（待发射状态）：34dBμV。

（3）发射机和放大器（发射状态）：除二次、三次谐波外，所有的谐波发射、乱真发射至少比基波电平低 80dB，二次、三次谐波应抑制到-20dBm 或低于基波电平 80dB，取抑制要求较松者。

为了避免过度设计，本项目限值设定时主要考虑了 EUT 与其他设备合理的兼容能力和 EUT 自身合理的实现能力。例如，测量接收机、发射机在待发射状态的限值设定主要考虑的是能保证与其他设备合理兼容的电平；而发射机在发射状态的限值设定主要考虑的是大部分类型的设备都能合理实现的电平。

9.3.4　测试步骤

本项目整体分为两步，即校验和测试。试验时，根据 EUT 的工作状态，按以下步骤测试。

1．发射状态的发射机和放大器

具体测试步骤如下。

1）校验

（1）根据 EUT 承受 EUT 发射功率的能力选择图 9-10 或图 9-11 中的系统校验路径，系统校验路径为 e 与 f 相连后的路径。

（2）用信号发生器施加一已知电平的校验信号到系统校验路径，其频率在中间频段的基频 f_0 上。

（3）测量接收机按正常数据扫描方式扫描，确认测量值在注入信号电平的±3dB 范围之内。

（4）如果测量值偏差超过±3dB，则要在测试之前找出误差原因并纠正。

（5）对测试频率范围两端的频点分别重复校验。

2）测试

对于发射机，按设备规范将 EUT 调到测试频率并调制；对于放大器，按设备规范给其输入一合适频率、幅度和调制的信号，该信号的谐波及乱真发射至少比限值低 6dB。对于参数可变的放大器和发射机，选择可产生最恶劣发射的频谱参数。

（1）根据 EUT 承受 EUT 发射功率的能力选择图 9-10 或图 9-11 中的系统测量路径，系统测量路径为 *a* 与 *c*、*d* 与 *f* 相连后的路径（EUT 为发射机），或者 *b* 与 *c*、*d* 与 *f* 相连后的路径（EUT 为放大器）。

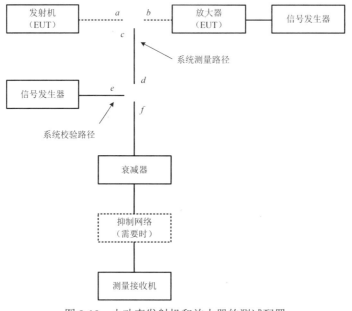

图 9-10　小功率发射机和放大器的测试配置

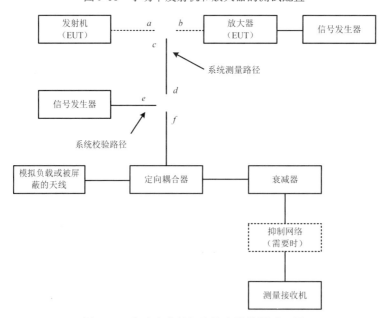

图 9-11　大功率发射机和放大器的测试配置

（2）EUT 通电预热，达到稳定工作状态。

（3）使用系统测量路径完成以下测试。

（4）给 EUT 加输入信号。

（5）将测量设备调谐到 EUT 的频率 f_0，并获得最大指示值。

（6）记录频率 f_0 的功率电平和测量接收机的分辨率带宽。

（7）需要时，插入基频抑制网络。

（8）保持前述步骤（6）中使用的测量接收机的分辨率带宽，扫描测试频率范围并记录所有谐波和乱真发射电平。测量数据应包括系统测量路径的衰减系数和插入损耗。

（9）确认谐波和乱真输出来自 EUT 而非测量系统。

（10）对其他频率分别重复上述测试。

对于发射状态的发射机和放大器的测试，测量接收机的分辨率带宽 RBW 不能按照标准中的扫描测试频率来分段设置。这是因为测量一个窄带信号时，设置不一样的分辨率带宽并不会影响测试结果，但测量一个宽带信号时，测量接收机显示的并不是某个频点的功率，而是分辨率带宽内的总功率。如果测量接收机设置的分辨率带宽比宽带信号带宽小，那么显示的功率会比实际总功率小，所以，测试时应该设置分辨率带宽等于测试信号带宽。测量接收机最大分辨率带宽也难以覆盖某些高频信号带宽，通常希望测量接收机带宽足够大，至少包括在调谐频率上的 90%信号功率。而带宽设置过小会增加测试时间，设置过大则会抬高测试系统底噪，使测量接收机测试时的动态范围不够，无法判断基波和谐波的相对量。EUT 发射状态测试考核的是基波和谐波或乱真发射的相对量，乱真和谐波输出与基波通常具有相同的调制特性。因此，在测试时，只要保持基波和谐波测试时的分辨率带宽一致即可，测量接收机不需要满足上述测量接收机带宽相对信号带宽的标准。

如果测试信号过大，则可能会引起非线性失真。当输入接收机混频器信号过大时，测量接收机内部会出现非线性失真信号，从而得到错误的测试结果。可以在测量接收机前端输入增加衰减器来分辨非线性失真信号和真实信号。如果增加了衰减器，显示信号是线性衰减，那么这个信号就是真实输入信号；如果是非线性衰减或消失了，那么这个信号就是内部产生的非线性失真信号。同样地，如果缺少外部衰减器，那么可以调节测量接收机内置输入衰减器来分辨信号的真实性，但需要注意，改变内置衰减器，测量接收机会自动补偿，真实信号显示值是保持不变的，而非线性失真信号是会改变的。

当 EUT 发射功率过大时，增加衰减器和使用定向耦合器的原理相同，都是提高衰减量，减小进入测量接收机的电压。但无论是增加衰减器还是使用定向耦合器，都需要在测量接收机内将衰减量补偿进去。如果 EUT 发射功率非常大，不断增大衰减量直到输入测量接收机的值合适，则会导致测量接收机低噪很高，动态范围很窄，小于限值所要求基波与谐波有 80dB 的相对量，此时并不合适继续增大衰减量。最佳的方法是使用基频抑制网络，它能将超强的基频信号抑制到很低的水平，基频抑制网络的参数根据 EUT 的技术参数而定，如带宽等。

由于对发射的测量是在传输线阻抗受控、屏蔽的条件下进行的，所以，测量结果与试验配置基本无关，不需要像 GJB 151B—2013 中其他试验那样保持基本的测试配置。CE106 试验使用直接的耦合技术，不考虑天线系统特性的影响。

发射机调制、频率、输入功率和功率放大器调制的选择会影响试验结果。本项目在测试时要求使用能产生最恶劣发射的频谱参数。最复杂的调制通常产生最恶劣的发射。

对于功率放大器，允许的最大驱动电平通常产生最大的谐波和乱真输出。但是，一些具有自动增益控制的功率放大器在输入最低允许输入电平时可能产生更高的失真，因为功率放大器此时使用了最高的增益。对选择测试参数的分析详情宜纳入电磁兼容试验大纲。

对于使用波导传输的 EUT，需要用波导同轴转换器将测量接收机与波导相连。由于波导具有滤波器特性，所以测量不需要在低于 $0.8\,f_{\mathrm{co}}$（波导截止频率）的频率上进行。

2．测量接收机、待发射状态的发射机和放大器

具体测试步骤如下。

1）校验

（1）按照图 9-12 所示的系统校验路径进行配置，系统校验路径为 b 与 c 相连后的路径。

（2）用信号发生器施加一幅度低于限值 6dB 的已知电平校验信号到系统校验路径，频率在中间测试频率上。

（3）测量接收机按正常数据扫描方式扫描，确认测量值在注入信号电平的±3dB 范围之内。

（4）如果测量值偏差超过±3dB，则要在测试之前找出误差原因并纠正。

（5）对测试频率范围两端的频点分别重复校验。

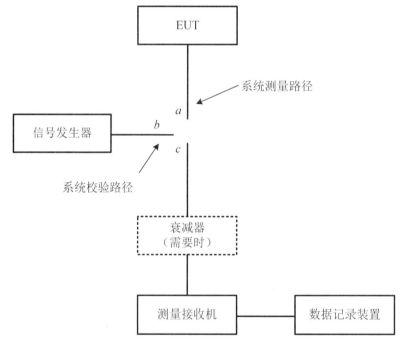

图 9-12　测量接收机、待发射状态的发射机和放大器的测试配置

2）测试

（1）按照图 9-12 所示的系统测量路径进行配置，系统测量路径为 a 与 c 相连后的路径。

（2）EUT 通电预热，达到稳定工作状态。

（3）使用系统测量路径完成以下测试。

（4）将 EUT 调到所需的工作频率。

（5）测量接收机按标准要求设置带宽及测量时间，在测试频率范围内扫描。

（6）对其他频率分别重复上述测试。

9.3.5　数据及结果

通常试验完成后，需要提供以下测量信息和数据。

（1）EUT 工作状态。

（2）测试曲线图（含坐标连续的幅频曲线、限值曲线）。

（3）测试超标频率、幅值等。

试验结果评定方法如下。

CE106 试验结果评定依据测试曲线确定是否存在超出标准限值的频点：如果存在超标频点，则判定测试不通过，同时标出超标频率和超标幅值；反之，判定测试通过。

9.4　CE107 电源线尖峰信号（时域）传导发射

9.4.1　目的及适用范围

1. 目的

本项目的目的是控制 EUT 在进行开关操作（包括手动或自动操作）时产生的瞬态信号向供电电源注入的尖峰干扰。

2. 适用范围

本项目适用于因开关操作而可能在交/直流电源线上产生尖峰信号的所有平台上使用的设备和分系统。

当订购方有要求时，本项目要求适用于从外部电源取电的设备或分系统的交/直流电源线。由于这些电源线有可能和其他电源线、信号电缆捆扎在一起，所以上述瞬态信号可能通过电源线传导和辐射的方式对其他潜在敏感设备产生干扰。

9.4.2　限值应用

本项目要求 EUT 随手动或自动操作而产生的开关瞬态传导发射不超过下列值。

（1）额定电压有效值的±50%（交流电源线）。

（2）额定电压的+50%、−150%（直流电源线）。

需要注意的是，尖峰信号的幅值以开关操作瞬间出现在电源电压波形处的电压为基准，而不是以示波器纵轴的 0V 为基准。

9.4.3 测试步骤

本项目试验不需要专门校验，试验时，具体测试步骤如下。

（1）按照图 9-13 所示测试配置进行布置。

（2）EUT 通电预热，达到稳定工作状态。

（3）将示波器电压探头连接到一根电源线和 LISN 的地之间。

（4）EUT 在典型工作状态下通断各种开关（包括状态切换开关和电源开关），每种操作至少重复五次，读取 EUT 在开关操作过程中产生的尖峰信号幅度最大值。当可能同步时，EUT 开关的切换应设在电源电压峰值和零值处，以便于监测。

（5）对其他待测电源线分别重复上述测试。

（6）记录测试结果。

为了使本项目测量结果的重复性更好，测试方法规定使用通用试验布置，并用 LISN 法进行测量。因为利用 LISN 和通用试验布置，可以使 EUT 电源线端接到规定的阻抗，控制了线缆和接地平板之间的分布参数影响，所以测量结果的重复性更好。

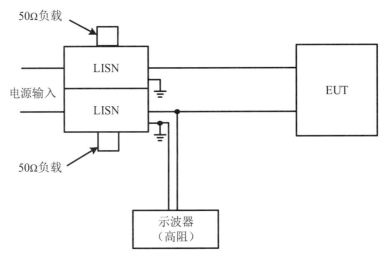

图 9-13 CE107 测试配置

尽管本项目已经规定了采用通用试验布置和 LISN 法进行测试，以减少测试结果的不确定性，但是在测试过程中仍然要特别关注以下因素对测试结果的影响，包括当需要使用外部开关来控制电源通断操作时，外部电源开关的类型、拨动电源开关的手法、在试验布置中的位置等对测量值的影响，以及示波器探头的监测位置对测量值的影响。因为本项目测量的是瞬态尖峰信号，上升沿或下降沿可能会很陡峭，尖峰信号沿线缆的传播衰减量很大，而且线缆的阻抗特性也可能使信号发生畸变，因此示波器探头的监测位置对测量结果有直接影响。示波器探头布置在 LISN 电源输入端，在靠近 EUT 端和在 LISN 电源输出端口（标准规定的监测位置）可能有很大的不同，因此在测试时要特别注意按照标准规定的监测位置进行测试。

9.4.4　数据及结果

通常试验完成后，需要提供以下测量信息和数据。

（1）EUT 工作状态。

（2）待测电源线信息。

（3）产生尖峰时的开关操作状态、尖峰信号电压幅值、极性、半峰值脉冲宽度。

（4）尖峰信号波形图。

试验结果评定方法如下。

每种开关状态测量五组数据，读取五组数据中的尖峰信号幅度最大值，对比限值，若超出限值，则判定为试验不通过；否则，判定试验通过。

第 10 章

传导敏感度类试验

10.1 概述

含有电子器件和电路的设备或分系统在正常工作时，不可避免地会对外产生电磁干扰，同样由于其内部存在或多或少的电磁敏感器件，因此会受到所处环境中电磁干扰的影响，有可能会影响其正常工作。

在对设备或分系统进行电磁兼容试验时，通常用敏感度类试验来考核评价其承受电磁干扰的能力。敏感度类试验的基本原理是通过模拟产品工作时所处电磁环境中的干扰信号，并施加在 EUT 上，观察 EUT 在干扰状态下是否能正常工作。敏感度类试验基本原理图如图 10-1 所示。

图 10-1　敏感度类试验基本原理图

依据 GJB 151B—2013，敏感度类试验分为传导敏感度类试验和辐射敏感度类试验。本章针对传导敏感度类试验进行阐述。

10.2　CS101 25Hz～10kHz 电源线传导发射

10.2.1　目的及适用范围

1. 目的

本项目的目的是考核设备和分系统对电源线传导干扰的承受能力，确保设备和分系统在电源波形失真允许纹波干扰电压作用下性能不发生下降。

2．适用范围

本项目适用于所有应用平台上的设备和分系统的交流输入电源线（每相电流不高于 100A）和直流输入电源线，回线不适用。

对于交流电源供电的 EUT，规定每相电流不大于 100A 的原因在于过大的电流可能会将工频信号反灌回施加干扰的功率放大器，使其不能正常工作，甚至损害功率放大器；另外，由于测试配置，EUT 可能不能正常启动。因此，增加了每相电流不大于 100A 的限定条件。对于每相电流高于 100A 的设备和分系统在按本要求进行测试时，建议对耦合变压器和功率放大器等设备，以及保护电路进行所需的适应性设计。

测试频率范围如下。

（1）对于交流电源线，测试频率范围为 EUT 电源频率二次谐波至 150kHz。

（2）对于直流电源线，测试频率范围为 25Hz～150kHz。

10.2.2　项目剪裁

订购方对本项目剪裁时主要根据实际安装平台上供电电源的品质特性，考虑是否调整本项目限值。

通常对于大多数设备和分系统，为了保证其电磁兼容方面的降额设计充分有效，降低系统测试、平台使用敏感问题等风险，以及提高平台在实际电磁环境条件下的可靠性保障水平，一般不建议在设备和分系统设计、研制及验收阶段降低敏感度限值要求。相反，如果已经预计到设备和分系统在实际安装平台中受到的干扰高于限值要求，则需要提高敏感度限值要求。

10.2.3　限值应用

本项目有两个限值，分别为图 10-2 中的电压限值和图 10-3 中的在 0.5Ω 负载上校验时的功率限值，两个限值曲线形状相似。当 EUT 按图 10-2 规定的电压限值进行试验时，不应出现任何故障、性能降低偏离规定的指标值，或者超出单个设备或分系统规范中给出的指标允差。在实际测试中，无论供电电压多高，当功率源的输出功率达到按功率限值进行校验时的输出功率时，即使示波器的监测电压还没有达到图 10-2 规定的电压限值，但只要 EUT 未出现敏感现象，就认为满足要求。

相较于旧版标准 GJB 151A—97，新版标准 GJB 151B—2013 中将电压限值和功率限值的频率上限从 50kHz 扩展到 150kHz，主要原因是在海军舰船平台的电源线上存在 50kHz 以上可能对用电设备造成影响的纹波干扰电压。

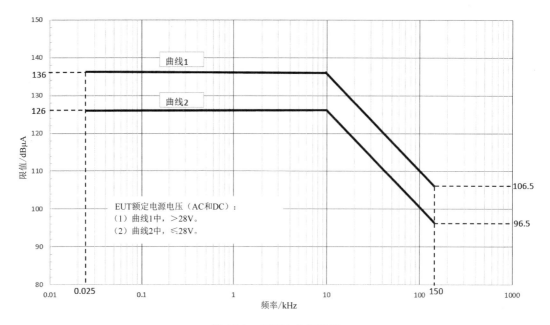

图 10-2　CS101 电压限值

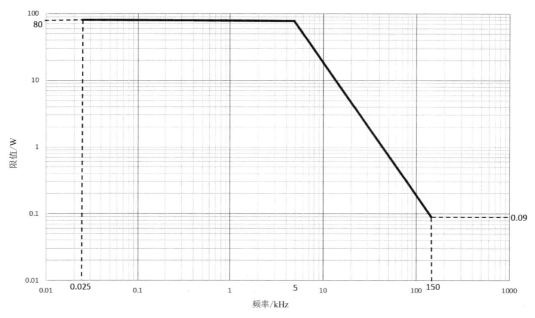

图 10-3　CS101 功率限值

10.2.4　测试步骤

本项目整体分为两步，即校验和测试。试验时，具体测试步骤如下。

1．校验

（1）按照图 10-4 所示的配置进行校验布置，用示波器监测 0.5Ω 电阻器两端的电压波形。

（2）EUT 通电预热并达到稳定工作状态。

（3）将信号发生器调到最低测试频率。

（4）增加信号电平直至示波器指示电压对应图 10-3 所示功率限值中规定的最大功率，检查输出波形是否为正弦波。

（5）记录信号发生器的设置值。

（6）在要求的测试频率范围内扫描，记录维持功率限值所需的信号发生器的设置值，该值为校验功率。

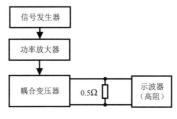

图 10-4　CS101 校验配置

2．测试

（1）按照图 10-5～图 10-7 所示的测试配置进行布置。其中，对 DC 或单相 AC 电源按图 10-5 所示配置进行布置，对三相△型电源按图 10-6 所示配置进行布置，对三相 Y 型电源（四根电源线）按图 10-7 所示配置进行设置（在测试过程中，允许使用差分探头进行测试，能有效避免电击危害）。

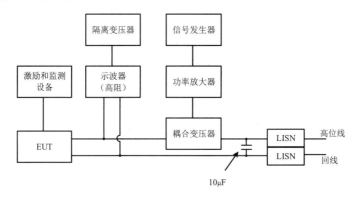

图 10-5　CS101 测试配置（DC 或单相 AC 电源）

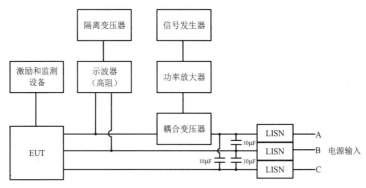

图 10-6　CS101 测试配置（三相△型电源）

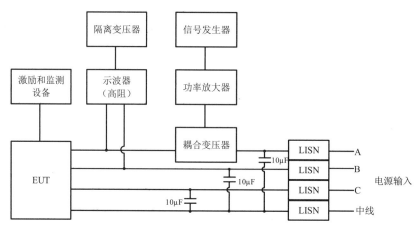

图 10-7 CS101 测试配置（三相 Y 型电源）

（2）EUT 通电预热并达到稳定工作状态，选择一根电源线进行测试。

（3）将信号发生器调到最低测试频率，增加信号电平，直至电源线上达到图 10-2 要求的电压限值或校验功率（取小者），此即要求的信号电平。

（4）保持信号电平不低于要求的信号电平，按表 8-4 所示设置扫描参数，在测试频率范围内扫描。

（5）监视 EUT 性能是否降低。如果出现敏感现象，那么降低信号发生器输出电平直至 EUT 恢复正常，然后慢慢增加信号发生器输出电平直至敏感现象刚好重复出现，确定敏感度门限电平。

（6）对其他待测电源线分别重复测试。其中，对三相△型电源按表 10-1 进行测试；对三相 Y 型电源（四根电源线）按表 10-2 进行测试。

（7）记录测试结果。

表 10-1 三相△型电源注入监测位置

耦合变压器所在的线	电压测试位置
A 相	A 相—B 相
B 相	B 相—C 相
C 相	C 相—A 相

表 10-2 三相 Y 型电源注入监测位置

耦合变压器所在的线	电压测试位置
A 相	A 相—中线
B 相	B 相—中线
C 相	C 相—中线

在进行 CS101 测试时，要特别小心电击危害。

在 CS101 试验过程中，在某些频点可能会出现输出功率已经到达校准时的功率限值，但加载在 EUT 两端的电压无法到达标准规定电压限值的情况，如图 10-8 所示。

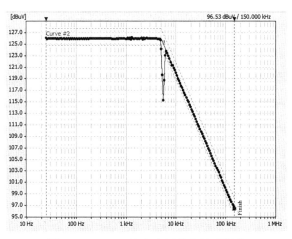

图 10-8　CS101 注入电压没有达到限值

这是因为 LISN 端分压过大，10μF 电容主要作用为在 LISN 端提供低阻抗环路，使耦合电压主要分布在 EUT 端。基尔霍夫电压定律表明，施加在隔离变压器次级绕组上的电压等于施加在 EUT 的电压及施加在电容和 LISN 端的电压总和。输出功率也不变，耦合变压器相当于一个稳定的电压源，当 LISN 和电容端电路发生谐振时，LISN 端的阻抗变大，分压也随之变大，而 EUT 端阻抗不变，分压自然变小。

10.2.5　注意事项

1．电击危害

一般情况下，电源回线与屏蔽室的地在测试场地内相对隔离，为正确测量注入电压，需要使用隔离变压器使示波器"浮地"，示波器的"安全接地线"被断开，此时存在潜在的电击危害，进行 CS101 试验时要特别小心。为避免电击危害，可在示波器接地的情况下采用差分探头测试，此时示波器既可以不通过隔离变压器供电，又可以继续保持地线连接，避免电击危害。这种探头适用于示波器或高阻接收机（只要其能承受高的输入电压）测量，能够将高压端和"隔离地"之间的差分测量值转换为测量设备接地的单端测量值，或者使用电池供电的示波器代替通过隔离变压器浮地的交流示波器，除了示波器"浮地"，还能避免电源短路。

2．功率放大器保护

EUT 在电源频率上的负载电流会在耦合变压器初级绕组上产生电压，负载电流越大，引起的电压越大，这些电压可能给功率放大器带来潜在的隐患。必要时，可采用图 10-9 所示的电路装置来减小这种感应电压，即用一个等效 EUT 的假负载和一个附加的耦合变压器，以使其感应电压等于注入耦合变压器的感应电压，但相位相反，以保护功率放大器。两个相同耦合变压器连接到放大器输出回路前应测量电压，以确认两电压抵消连接无误。如果可能，则假负载应有与 EUT 相同的功率因数。

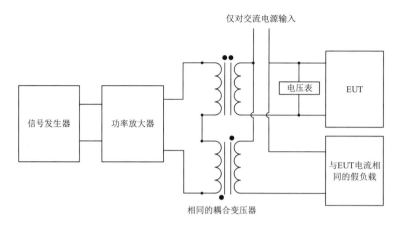

图 10-9　CS101 功率放大器保护

3．EUT 无法启动

存在一种情况，当 EUT 需要较大的启动电流时，由于串联了耦合变压器，抑制了启动瞬态电流，因此到达 EUT 端的启动电流偏小，无法正常启动。此时，可以在耦合变压器两端并联短路开关 K，合上短路开关将耦合变压器短路后启动 EUT，当 EUT 工作稳定后再断开短路开关进行测试。试验时，确保 EUT、信号发生器和功率放大器电源开关断开。先合上开关 K，短路耦合变压器输出，再打开稳压电源，给 EUT 供电，合上 EUT 电源开关，开启 EUT；待 EUT 正常启动后，断开开关 K。接通信号发生器和功率放大器电源，开始正常试验。试验时务必注意，开关 K 断开前，切勿打开功率放大器的输出，否则可能烧毁功率放大器。

10.2.6　数据及结果

通常试验完成后，需要提供以下测量信息和数据。

（1）EUT 工作状态。

（2）待测电源线信息。

（3）限值、实际施加的幅频曲线或数据表。

（4）各待测电源线是否满足敏感度要求的说明。

（5）EUT 发生敏感现象的电源线、频率、敏感度门限电平及其工作状态。

试验结果评定方法如下。

根据 EUT 或分系统产生的敏感现象，分析测试结果，进一步评定敏感现象产生的原因，评估其对测试系统的影响。

10.3　CS102 25Hz～50kHz 地线传导敏感度

10.3.1　目的及适用范围

1．目的

本项目的目的是考核潜艇和水面舰船上的设备和分系统对地线干扰的承受能力，确保其在受到地线接地点电位抬高的干扰影响下性能不发生下降。

2．适用范围

本项目适用于水面舰船、潜艇平台上对低频干扰信号敏感且带地线的设备和分系统。当订购方有规定时，本项目也适用于工作在其他平台上且带地线的设备和分系统，即除了水面舰船和潜艇有条件适用，其他平台的适用性都由订购方规定。

10.3.2　项目剪裁

对于海军平台，不建议对项目进行剪裁。其他平台参考使用时，订购方可根据平台特定情况对开路电压幅度和频率范围进行适应性调整。

10.3.3　限值应用

当在 EUT 的地线上注入 25Hz～50kHz、1V（rms）的开路电压时，EUT 不应出现故障、性能降低或超出技术条件中规定的指标容差。

10.3.4　测试步骤

本试验不需要专门校验，试验时，具体测试步骤如下。

（1）按图 10-10 所示配置进行布置，测试期间 EUT 和辅助设备均应浮地。

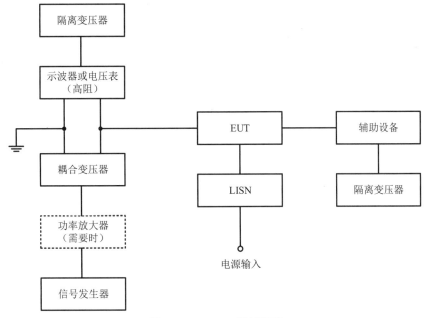

图 10-10　CS102 测试配置

（2）EUT 通电预热并达到稳定工作状态。

（3）将信号发生器调到最低测试频率，增加信号电平，直至示波器或电压表的读数为

1V。

（4）保持要求的信号电平，按表8-4所示设置扫描参数，在要求的测试频率范围内扫描。

（5）监视 EUT 性能是否降低。如果出现敏感现象，那么先降低信号发生器输出电平直至 EUT 恢复正常，再慢慢增加输出信号电平直至敏感现象刚好重复出现，确定敏感度门限电平。

10.3.5　数据及结果

通常试验完成后，需要提供以下测量信息和数据。

（1）EUT 工作状态。

（2）待测电源线信息。

（3）限值、实际施加的幅频曲线或数据表。

（4）是否满足敏感度要求的说明。

（5）EUT 发生敏感的频率、敏感度门限电平及其工作状态。

试验结果评定方法如下。

根据 EUT 或分系统产生的敏感现象，分析测试结果，进一步评定敏感现象产生原因，评估其对测试系统安全性的影响。

由于本项目测试采用的干扰信号注入方式和 EUT 与 CS101 项目中类似，因此 CS101 测试时的相关注意事项在进行本项目测试时同样需要关注，如因为示波器的浮地设置导致潜在的电击危害。另外，CS101 项目的 EUT 通常也适用于本项目测试。

10.4　CS103 15kHz～10GHz 天线端口互调传导敏感度

10.4.1　目的及适用范围

1．目的

本项目的目的是控制连接天线的接收设备和分系统对出现在接收频带内互调分量信号的响应。该互调通常由于分系统的非线性效应而在有用频带外的两个信号之间发生。

2．适用范围

当订购方有规定时，本项目适用于接收设备和分系统，如通信接收机、射频放大器、无线电收发信机、雷达接收机、声学接收机和电子对抗装备接收机等。多数情况下适用于频率固定、可调谐的超外差接收机，一般不能直接用于其他类型的接收机。

10.4.2　项目剪裁

由于分系统设计的广泛多样性，本项目的适用性及其限值需要订购方确定，并规定与该设备和分系统信号处理特性相一致的具体测试方法。

10.4.3　限值应用

当按订购方提供的限值要求和试验方法或按 GJB 151B—2013 中规定的测试步骤进行试验时，EUT 不应出现超过规定允差的任何互调产物。

10.4.4　测试步骤

本项目不需要专门校验。试验时，当产品规范没有规定其他测试方法时，可按以下步骤进行。

（1）按照图 10-11 所示测试配置进行布置，对于没有接收到信号的测量接收机不能提供干扰指示的情况，可使用信号发生器 C 产生调谐频率 f_0。

（2）EUT 通电预热并达到稳定工作状态。

（3）使信号发生器 B 的输出为零，将信号发生器 A 调谐至 EUT 调谐频率 f_0，并按规定进行调制。调节其输出电平，使 EUT 产生标准参考输出电平，记录信号发生器 A 的输出电平 V_{10} 与调谐频率 f_0，使信号发生器 A 的输出为零，对信号发生器 B 重复上述步骤，记录其输出电平 V_{20}。

（4）使信号发生器 B 的输出为零，信号发生器 A 按规定进行调制，调节其输出电平，使其等于产品规范规定的限值电平与电平 V_{10} 之和，并保持此输出电平不变，逐渐提高信号发生器 A 的频率，直至 EUT 没有响应，记录该频率 f_1，并使信号发生器 A 保持在 f_1，则 $\Delta f = f_1 - f_2$。

（5）使信号发生器 A 的输出为零，信号发生器 B 不进行调制，先将信号发生器 B 的频率调至 $f_2 = f_1 + \Delta f = f_0 + 2\Delta f$，然后使信号发生器 A 和信号发生器 B 的输出电平分别等于产品规范规定的限值电平 V_{10} 与 V_{20} 之和，观察互调产物。此时，若 EUT 无明显响应，则逐步增加两台信号发生器的输出电平，直至 EUT 出现响应，保持该输出电平不变，对信号发生器 B 的频率进行微调，使 EUT 响应最大，记录信号发生器 B 的频率。

（6）为观察 m 阶互调产物，从 f_2 开始逐渐增加信号发生器 B 的频率，保持恒定输出电平，直至 $10 f_0$ 或 10GHz（取小者），同时观察互调产物。

（7）使信号发生器 A 的输出为零，如果 EUT 的响应仍然存在，则说明该响应不是互调产物；如果响应随之消失，则说明该响应是互调产物。

（8）如果步骤（7）检查结果说明步骤（6）出现的响应是互调产物，则等量降低两台信号发生器的输出电平，直至 EUT 达到标准参考输出电平，此时记录两台信号发生器的输出电平 V_1 和 V_2，并计算互调抑制电平 $S_m = (V_1 - V_{10})$ 或 $S_m = (V_2 - V_{20})$，单位为 dB。

（9）将信号发生器 A 和信号发生器 B 的频率分别调节到 $f_1 = f_0 - \Delta f$ 和 $f_2 = f_0 - 2\Delta f$，重复上述步骤。

（10）为观察 m 阶互调产物，慢慢降低信号发生器 B 的频率并保持恒定电平直至 $0.1 f_0$ 或 15kHz（取大者）。

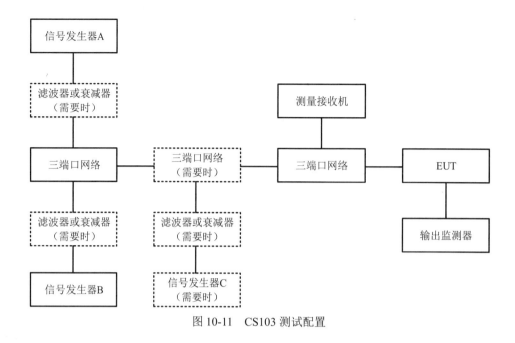

图 10-11　CS103 测试配置

10.4.5　注意事项

1．测试信号

1）信号调制

本项目测试的信号发生器应始终按照适用于 EUT 灵敏度的相同方法调制，该方法应在 EUT 产品规范中被规定。若没有这方面的规定，则应采用下述调制。

（1）调幅接收机：信号发生器用 400Hz 正弦波进行幅度调制，调制度为 30%。

（2）单边带接收机：信号发生器不调制。

（3）调频接收机：信号发生器用 1kHz 正弦波进行幅度调制，频偏为 10kHz。

（4）脉冲接收机：调节调制脉冲使其频谱能量的 80% 处于接收机 3dB 带宽内。

2）信号电平

同时，应在 EUT 产品规范中规定标准参考输出电平，如果未规定，则应采用下述标准参考输出。

（1）调幅接收机：$(S+N)/N$=10dB。

（2）单边带接收机：$(S+N)/N$=10dB。

（3）调频接收机：调制时，$(S+N)/N$=10dB；不调制时，静噪电平为 10dB。

（4）脉冲接收机：$(S+N)/N$=10dB。

其中，S 表示信号大小，N 表示接收机的噪声。

2．测试实施

本项目测试的基本原理是将两个带外信号合成后施加于接收机天线端口，同时监测接收机是否有乱真响应。图 10-11 所示为本项目测试配置，其中一个信号按测量接收机预期正常调制方式调制，另一个信号通常为连续波。

为正确测试互调响应，必须知道接收机的前端特性，需要明确接收机的不过载最大容许输入信号，以保证测试电平合理，并且能真实评估互调影响。本项目测试结果通常以相对抑制度为单位，表示可能的干扰信号电平和接收机灵敏度之间的差值，因而确定接收机灵敏度也是测试的一个关键因素。

对于没有接收信号时不能提供干扰指标的接收机，或者某些处理特殊调制（这种调制信号不会在带外出现）的接收机，可在基频上使用第三个信号，此时两个带外信号可以均为连续波。

对于天线模块中有前端混频和滤波的接收机，宜在电波暗室内使用基于辐射的方法进行测试。

对于跳频接收机，一种可行的方法是在跳频范围内选择一个 f_0，并按上面所述方式设置信号源，在接收机跳变时评估其性能。如果跳频接收机具有只使用一个固定频率的工作方式，那么这种方式也应被测试。

10.4.6 数据及结果

通常试验完成后，需要提供以下测量信息和数据。

（1）EUT 工作状态。

（2）接收机灵敏度。

（3）信号源电平。

（4）扫描测试频率范围。

（5）接收机工作频率。

（6）其他与互调响应有关的频率和阈值电平。

试验结果评定方法如下。

根据 EUT 或分系统产生的敏感现象，分析测试结果，进一步评定敏感现象产生原因，评估其对测试系统安全性的影响。

10.5 CS104 25Hz～20GHz 天线端口无用信号抑制传导敏感度

10.5.1 目的及适用范围

1．目的

本项目的目的是控制连接天线的接收分系统对带外信号的响应。

2．适用范围

当订购方有规定时，本项目适用于接收设备和分系统，如通信接收机、射频放大器、无线电收发信机、雷达接收机、声学接收机和电子对抗装备接收机等。多数情况下适用于频率固定、可调谐的超外差接收机，一般不能直接用于其他类型的接收机。

10.5.2　项目剪裁

由于分系统设计的广泛多样性，本项目要求的适用性及其限值需要订购方确定，并规定与该分系统信号处理特性相一致的具体测试方法。

10.5.3　限值应用

当按订购方提供的限值要求和试验方法或按 GJB 151B 中规定的测试步骤进行试验时，EUT 不应出现超过规定允差的任何不希望的响应。

一般来说，通过两种方法来确定带外信号电平。一种方法是通过分析外部电磁环境和接收天线特性确定，但分析计算得到的电平往往会对接收机造成不合理的设计负担；另一种方法是直接在接收机具体设计允许范围内设定电平。

10.5.4　测试步骤

本项目不需要专门校验，试验时，当产品规范没有规定其他测试方法时，可按以下步骤进行。

（1）按照图 10-12 所示测试配置进行布置。

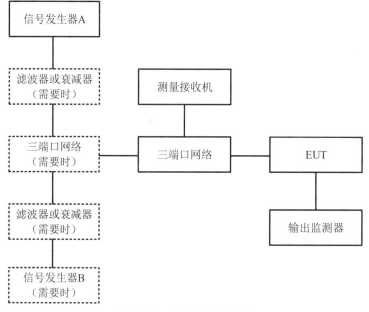

图 10-12　CS104 测试配置

（2）EUT 通电预热并达到稳定工作状态。

（3）使信号发生器 B 的输出为零，将信号发生器 A 调谐至 EUT 调谐频率 f_0，并按标准规定进行调制。调节其输出电平，使 EUT 产生标准参考输出电平，记录信号发生器 A 的输出电平 V_{10} 与调谐频率 f_0。使信号发生器 A 的输出为零，对信号发生器 B 重复上述步骤，记录其输出电平 V_{20}。

（4）接通两台信号发生器，信号发生器 A 按要求进行调制，信号发生器 B 不调制。

（5）将信号发生器 A 调到 V_{10}，信号发生器 B 调到等于产品规范规定的限值与 V_{20} 之和。

（6）用信号发生器 B 在所需测试频率范围内扫描检查所有响应。

（7）为确保测量的是 EUT 的乱真响应，而不是信号发生器的谐波或乱真输出，可利用图 10-12 中的测量接收机来鉴别乱真响应是来自 EUT 还是来自信号发生器的谐波和测量装置。

（8）当得到一个真实的乱真响应时，降低信号发生器 B 的输出电平，直至 EUT 重新获得标准参考输出，记录信号发生器的输出电平 V，并按 $S_s = V - V_{20}$ 计算乱真响应抑制电平 S_s。

（9）如果按前述步骤施加信号发生器 B 的输出电平并扫描时，EUT 无响应，则允许增加信号发生器 B 的输出电平，再重新扫描，直至 EUT 出现乱真响应。重复前述步骤以确定乱真响应抑制电平。

10.5.5　注意事项

1．测试信号

1）信号调制

用于本项目测试的信号发生器应始终按照适用于 EUT 灵敏度的相同方法调制，该方法应在 EUT 产品规范中被规定。若没有这方面的规定，则应采用下述调制。

（1）调幅接收机：信号发生器用 400Hz 正弦波进行幅度调制，调制度为 30%。

（2）单边带接收机：信号发生器不调制。

（3）调频接收机：信号发生器用 1kHz 正弦波进行幅度调制，频偏为 10kHz。

（4）脉冲接收机：调节调制脉冲使其频谱能量的 80% 处于接收机 3dB 带宽内。

2）信号电平

应在 EUT 产品规范中规定标准参考输出电平，如果未规定，则应采用下述标准参考输出。

（1）调幅接收机：$(S+N)/N = 10\text{dB}$。

（2）单边带接收机：$(S+N)/N = 10\text{dB}$。

（3）调频接收机：调制时，$(S+N)/N = 10\text{dB}$；不调制时，静噪电平为 10dB。

（4）脉冲接收机：$(S+N)/N = 10\text{dB}$。

3）信号频率

测试频率范围如下。

（1）放大器：信号发生器 B 应在 $0.05 f_1 \sim f_1$ 和 $f_2 \sim 20 f_2$ 之间扫描，f_1 和 f_2 分别为放大器的下限频率和上限频率。

（2）接收机：信号发生器 B 应在表 10-3 所示的整个测试频率范围内扫描，在选择性曲线上两个 80dB 点之间的测试频率范围内可免除此项测试，下限频率为 A 栏中的最低值，上限频率为 B 栏中的最高值。当测试多级变频接收机时，表 10-3 中 A 栏的中频应是最低中频，B 栏的中频和本振频率是与接收机有关的最高频率。

表 10-3　信号发生器扫描测试频率范围

A	B
中频/5	5 倍本振频率+中频
$0.05\,f_0$	$20\,f_0$

（3）具有波导输入的接收机，要求的频率范围为 $0.8\,f_c$（f_c 表示波导截止频率）到 B 栏中的最高频率。

4）其他

（1）所有信号发生器都可能输出相当数量的谐波和其他乱真信号，必要时，可用滤波器滤除。

（2）对于跳频接收机，可采用单信号发生器法，它更适用于搜索信号加以捕捉的接收机。双信号发生器法更适用于大多数接收机，某些接收机可能要求采用两种方法来对其测量，以便更完整地说明其特性。

（3）对于在天线组件中具有前端混频和滤波的接收机，应考虑辐射的影响，为保证观察到的任何响应是由接收机而非试验场地上的设备造成的，可以在电波暗室内进行测试。

2．测试实施

本项目测试的基本原理是在接收机天线端口施加带外信号，同时监测接收机性能是否下降。图 10-12 所示为本项目测试配置，有单信号源或双信号源两种通用测试方法。

为保证测试正确，必须知道接收机的前端特性，需要明确接收机的不过载最大容许输入信号，以保证测试电平合理。本项目测试结果通常以相对抑制度为单位，表示可能的干扰信号电平和接收机灵敏度之间的差值。因而，确定接收机灵敏度也是测试的一个关键因素。

对于多数接收机，双信号源更适用一些。对于搜索捕捉信号的接收机，因其捕捉信号后可能有不同的响应，所以单信号源更适用。某些类型的接收机两种方法可能都需要采用，以完全准确地评估其性能。

对于跳频接收机，采用单信号源进行测试，以评估其抗干扰性和抗阻塞性。如果跳频接收机具有只使用一个固定频率的工作方式，那么这种方式应被测试。

对于天线模块中有前端混频和滤波的接收机，建议在电波暗室内使用基于辐射的方法进行测试。

10.5.6　数据及结果

通常试验完成后，需要提供以下测量信息和数据。

（1）EUT 工作状态。

（2）接收机灵敏度。

（3）信号发生器电平。

（4）扫描测试频率范围。

（5）接收机工作频率。

（6）抑制电平（dB）。

（7）其他与响应有关的频率和敏感度门限电平。

试验结果评定方法如下。

根据 EUT 或分系统产生的敏感现象，分析测试结果，进一步评定敏感现象产生原因，评估其对测试系统安全性的影响。

10.6　CS105 25Hz～20GHz 天线端口交调传导敏感度

10.6.1　目的及适用范围

1. 目的

本项目的目的是控制连接天线的接收设备和分系统对带外信号串扰到带内信号调制的响应，此响应一般由带外邻近接收机工作频率的强信号对接收机前端增益进行调制，从而使得有用信号幅度发生变化。

2. 适用范围

当订购方有规定时，本项目仅适用于通常处理调幅射频信号的接收机、无线电收发信机、放大器，以及类似设备和分系统。多数情况下适用于频率固定、可调谐的超外差接收机，一般不能直接用于其他类型的接收机。

10.6.2　项目剪裁

由于分系统设计的广泛多样性，本项目要求的适用性及其限值需要订购方确定，并规定与该分系统信号处理特性相一致的具体测试方法。

10.6.3　限值应用

当按订购方提供的限值要求和试验方法或按 GJB 151B—2013 中规定的测试步骤与要求进行试验时，EUT 不应因交调而出现超过规定允差的任何不希望的响应。

10.6.4　测试步骤

本项目不需要专门校验，试验时，当产品规范没有规定其他测试方法时，可按以下步骤进行。

（1）按照图 10-13 所示测试配置进行布置。

（2）EUT 通电预热并达到稳定工作状态。

（3）使信号发生器 B 的输出为零，将信号发生器 A 调谐至 EUT 调谐频率 f_0，并按规定进行调制。调节其输出电平，使 EUT 产生标准参考输出电平，记录信号发生器 A 的输出

电平 V_{10} 与调谐频率 f_0。使信号发生器 A 的输出为零，对信号发生器 B 重复上述步骤，记录其输出电平 V_{20}。

（4）接通两台信号发生器，信号发生器 A 按要求进行调制，信号发生器 B 不调制。调节信号发生器 A 的输出电平，使其比 V_{10} 高 10dB。

（5）将信号发生器 B 的输出电平调到等于产品规范规定的限值电平与 V_{20} 之和。

（6）从 EUT 响应曲线（或选择性曲线）上电平等于前述步骤所得电平的频率开始，调节信号发生器 B 的频率直至 $f_0 \pm f_{If}$，同时监测 EUT 输出，观察交调产物。

（7）当找到响应时，去掉信号发生器 A 的调制，如果响应消失，则说明该响应是交调产物。先用图 10-13 中的测量接收机鉴别交调产物是来自 EUT 还是来自信号发生器的谐波和测量装置，再降低信号发生器 B 的输出电平，直至 EUT 恢复产生标准参考输出，记录信号发生器 B 的电平和频率，该电平和 V_{20} 之差即交调抑制电平。

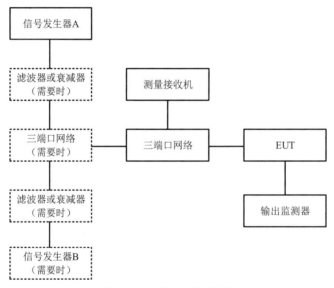

图 10-13　CS105 测试配置

10.6.5　注意事项

1．测试信号

1）信号调制

用于本项目测试的信号发生器应始终按照适用于 EUT 灵敏度的相同方法调制，该方法应在 EUT 产品规范中被规定。若没有这方面的规定，则应采用下述调制。

（1）调幅接收机：信号发生器用 400Hz 正弦波进行幅度调制，调制度为 30%。

（2）单边带接收机：信号发生器不调制。

（3）调频接收机：信号发生器用 1kHz 正弦波进行幅度调制，频偏为 10kHz。

（4）脉冲接收机：调节调制脉冲使其频谱能量的 80% 处于接收机 3dB 带宽内。

2）信号电平

标准参考输出电平应在 EUT 产品规范中被规定，如果未被规定，则应采用下述标准参考输出。

（1）调幅接收机：$(S+N)/N=10dB$。

（2）单边带接收机：$(S+N)/N=10dB$。

（3）调频接收机：调制时，$(S+N)/N=10dB$；不调制时，静噪电平为 10dB。

（4）脉冲接收机：$(S+N)/N=10dB$。

其中，S 表示信号大小，N 表示接收机的噪声。

3）其他

（1）测试中，信号发生器频率可能漂移，需要对其频率进行微调，确保测到最大响应。

（2）对于跳频接收机，一种可行的方法就是先在跳频范围内选择一个 f_0，再按上述方法配置信号发生器，最后在接收机跳变时评估其性能。

（3）对于天线组件中具有前端混频和滤波的接收机，应考虑辐射影响，为保证观察到的任何响应是由接收机而非试验场地上的设备造成的，可以要求测试在屏蔽暗室内进行。

2．测试实施

本项目测试的基本原理是给接收机施加一个带外调制信号，测定该调制信号是否在接收机调谐频率上转变为非调制信号而导致乱真响应。图 10-13 所示为本项目测试配置。

为正确测试交调响应，必须知道接收机的前端特性，需要明确接收机的不过载最大容许输入信号，以保证测试电平合理，且能真实评估交调影响。本项目测试结果通常以相对抑制度为单位，表示可能的干扰信号电平和接收机灵敏度之间的差值，因而确定接收机灵敏度是测试的一个关键因素。

对于天线模块中有前端混频和滤波的接收机，宜在电波暗室内采用基于辐射的方法进行测试。

对于跳频接收机，如果其具有只使用一个规定频率的工作方式，那么这种方式应被测试。

10.6.6　数据及结果

通常试验完成后，需要提供以下测量信息和数据。

（1）EUT 工作状态。

（2）接收机灵敏度。

（3）信号发生器电平。

（4）扫描测试频率范围。

（5）接收机工作频率。

（6）其他与交调响应有关的频率和阈值电平。

试验结果评定方法如下。

根据 EUT 或分系统产生的敏感现象，分析测试结果，进一步评定敏感现象产生原因，评估其对测试系统安全性的影响。

10.7 CS106 电源线尖峰信号传导敏感度

10.7.1 目的及适用范围

1．目的

本项目的目的是考核设备和分系统对电源线尖峰信号瞬态传导干扰的承受能力，确保设备和分系统受到电源电压瞬态影响时性能不发生下降。

2．适用范围

由于感性负载开关、断路器或继电器跳动，以及负载对配电系统的反馈等会引起配电系统电力瞬变，这种瞬变在潜艇和水面舰船平台上普遍存在，同时在其他军用平台上有可能出现，因此本项目适用于潜艇和水面舰船平台上设备和分系统的输入电源线和直流输入电源线，不包括地线和回线；其他平台的适用性由订购方规定。

10.7.2 项目剪裁

根据平台特定情况，在进行本项目试验时可对尖峰信号的脉冲幅度和持续时间进行适当剪裁。但是对于海军平台，一般不建议进行剪裁；其他平台的剪裁由订购方规定。

10.7.3 限值应用

将图 10-14 所示波形尖峰信号加到 EUT 电源线上时，EUT 不应出现任何故障、性能降低或偏离规定的指标值，或者超出单个设备和分系统规范中给出的指标容差。

脉冲幅值：潜艇和水面舰船平台，400V；其他平台，由订购方规定。

脉冲宽度：5μs。

脉冲重复频率：5Hz～10Hz。

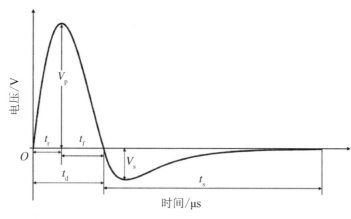

图 10-14 CS106 波形图

在图 10-14 中，V_P —— 峰值电压，单位为 V。$t_r=1.5s\pm0.5s$；$t_f=3.5s\pm0.5s$；$t_d=5.0(1\pm22\%)s$；$V_s\leqslant30\%\times V_P$；$t_s\leqslant20$ s。

在本项目测试中，对尖峰电压波形有着严格要求，如对电压幅值、上升时间、下降时间、反向电压及其持续时间等指标都进行了明确规定，并对上升时间、下降时间和脉冲宽度规定了允差要求。脉冲宽度定义为 0%～0%的峰值。

10.7.4　测试步骤

本项目整体分为两步，即校验和测试。试验时，具体测试步骤如下。

1．校验

（1）按照图 10-15 所示校验配置进行布置，用示波器监测 5Ω 无感电阻两端电压波形。

（2）将尖峰信号发生器调到最小输出。

（3）增加信号电平直至示波器指示的电压达到限值，确认其输出波形和脉冲宽度。

（4）记录尖峰信号发生器的设置值。

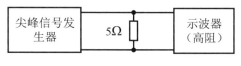

图 10-15　CS106 校验配置

2．测试

（1）按照图 10-16～图 10-18 所示测试配置进行布置，其中对 DC 或单相 AC 电源按图 10-16 所示配置进行布置；对三相△型电源按图 10-17 所示配置进行布置；对三相 Y 型电源（四根电源线）按图 10-18 所示配置进行布置。

（2）EUT 通电预热并达到稳定工作状态。选择一根电源线按以下步骤进行测试。

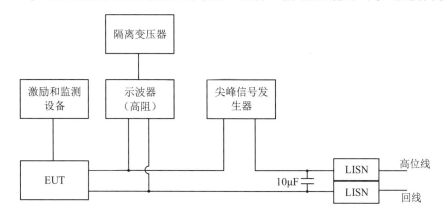

图 10-16　CS106 测试配置（DC 或单相 AC 电源）

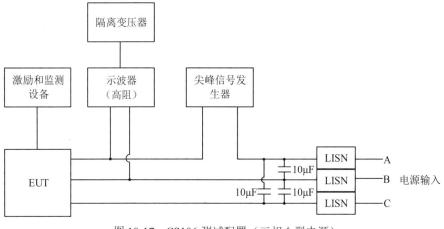

图 10-17　CS106 测试配置（三相△型电源）

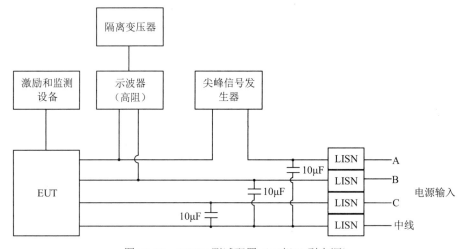

图 10-18　CS106 测试配置（三相 Y 型电源）

（3）将尖峰信号发生器的输出调到最小。增加信号电平，直至电源线上达到要求的电压或校验步骤（4）的设置值。

（4）保持信号电平不低于要求的信号电平，以 5Hz～10Hz 脉冲重复频率、正负两种极性对 EUT 不接地输入线进行测试，每种极性测试时间不少于 5min。

（5）监视 EUT 性能是否降低。如果出现敏感现象，那么先降低信号发生器输出电平直至 EUT 恢复正常，再慢慢增加输出信号电平直至敏感现象刚好重复出现，确定敏感度门限电平和在交流波形上的相位。

（6）对其他测试电源线和测试条件分别重复上述步骤。

进行此项测试时要特别小心，由于使用了隔离变压器，示波器的"安全接地线"被断开，可能存在电击危险，在图 10-16～图 10-18 中，允许使用差分探头进行测试。此时，示波器既可以不通过隔离变压器供电，又可以继续保持地线连接，有效避免电击危害。

10.7.5　数据及结果

通常试验完成后，需要提供以下测量信息和数据。

（1）EUT 工作状态。

（2）测试电源线信息。

（3）校验波形图。

（4）注入测试电源线上的示波器波形图。

（5）各测试电源线是否满足敏感度要求的说明。

（6）EUT 发生敏感的电源线、敏感度门限电平及其工作状态。

试验结果评定方法如下。

根据 EUT 或分系统产生的敏感现象，分析测试结果，进一步评定敏感现象产生原因，评估其对测试系统的影响。

10.8　CS109 50Hz～100kHz 壳体电流传导敏感度

10.8.1　目的及适用范围

1．目的

本项目的目的是考核设备和分系统对壳体电流传导干扰的承受能力，确保设备和分系统不会对流经平台构件或 EUT 壳体的电流产生的磁场发生响应。

2．适用范围

本项目仅适用于水面舰船和潜艇平台上工作频率不高于 100kHz 且高工作灵敏度（等于或优于 1μV）的非手持式设备和分系统。

10.8.2　项目剪裁

本项目不建议进行剪裁。

10.8.3　限值应用

当按图 10-19 所示限值进行试验时，EUT 不应出现任何故障、性能降低或偏离规定指标值，或者超出单个设备和分系统规范给出的指标容差。本项目限值为电流限值，单位为 dBμA。

（1）在 50Hz～400Hz 频段，测试电流限值曲线不变，为 120 dBμA。

（2）在 400Hz～20kHz 频段，每十倍频程限值下降 10dB。

（3）在 20kHz 时，测试电流限值为 103dBμA。

（4）在 20kHz 以上，每十倍频程限值下降 61.5dB。

CS109 测试电流产生的感应电压在 20kHz 以下将随频率增加而提高，在 20kHz 达到最大，在 20kHz 以上将随频率增加而急剧下降。

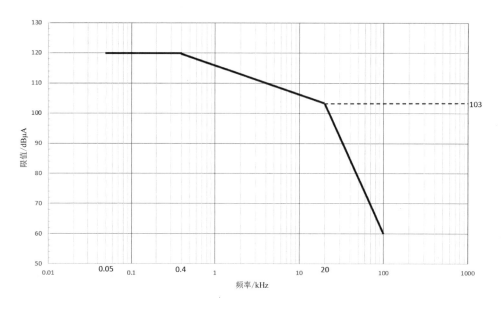

图 10-19　CS109 限值

10.8.4　测试步骤

本项目不需要专门校验，具体测试步骤如下。

（1）按照图 10-20 所示测试配置进行布置。

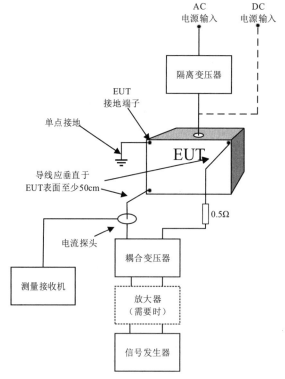

图 10-20　CS109 测试配置

（2）EUT 通电预热并达到稳定工作状态。

（3）信号发生器调到要求的最低测试频率，用电流探头和接收机监测电流，增大信号发生器的输出直至监测电流达到限值要求。

（4）保持监测电流不低于限值，按表 8-4 所示设置扫描参数，在测试频率范围内扫描。

（5）监视 EUT 性能是否降低。如果出现敏感现象，那么先降低信号发生器输出电平直至 EUT 恢复正常，再慢慢增加输出信号电平直至敏感现象刚好重复出现，确定敏感度门限电平和在交流波形上的相位。

（6）对 EUT 每个测试面的每个对角线端测试点分别重复上述步骤。

10.8.5　注意事项

1．测试配置

测试时，需要在 EUT 壳体外部进行电连接，应使外部涂层损伤降至最小。通常选择 EUT 对角线端附近处于地电位的螺钉或凸起部分作为测试点，用线夹或线卡连接。如果对角线端无方便的测试点可用，则使用尖锐的测试探针穿透涂层实现连接。

为了减少由注入电缆电流产生的磁场在 EUT 表面产生的感应电流，GJB 151B—2013 中要求与 EUT 连接的注入电缆在连接到 EUT 时至少应与 EUT 保持 50cm 的垂直长度。

2．测试点选择

对于注入电流的测试点选择如下。

（1）工作台设备：仅在安放表面的对角线端上。

（2）机架安装设备：设备所有表面的对角线端上。

（3）甲板固定设备：设备所有表面的对角线端上。

（4）壁挂设备：设备壁挂表面对角线端上。

（5）电缆（所有安装方式）：端接到电缆铠甲和测试配置的单点接地点之间。本项目也适用于电缆屏蔽层和导管，除非它们单点接地。

10.8.6　数据及结果

通常试验完成后，需要提供以下测量信息和数据。

（1）电流限值、实际施加的幅频曲线或数据表。

（2）在 EUT 上选择的每组测试点的位置示意图或文字说明。

（3）每组测试点是否满足敏感度要求的说明。

（4）EUT 敏感时的测试点、频率、敏感度门限电平及其工作状态。

试验结果评定方法如下。

根据 EUT 和分系统产生的敏感现象，分析测试结果，进一步评定敏感现象产生原因，评估其对测试系统的影响。

10.9 CS112 静电放电敏感度

10.9.1 目的及适用范围

1．目的

本项目的目的是确保设备和分系统在人体静电放电作用下性能不发生下降。

2．适用范围

本项目适用于可能工作在容易产生人体静电放电的环境中（如沙漠，装有空调的房间，使用人造纤维、塑料的环境等），并与人体可能接触的设备和分系统。

由于在实际应用环境中，人体的静电放电现象无处不在，在空气干燥、大量使用化纤材料或人造面料的环境中，静电放电现象尤为严重。静电放电常常导致设备和分系统出现故障、性能下降甚至损坏，因此本项目的开展十分必要。

10.9.2 项目剪裁

根据 EUT 实际安装运行环境条件、操作方式及设备类别，可对本项目的放电类型和试验等级进行剪裁。

10.9.3 限值应用

根据放电类型的不同限值，接触放电限值如表 10-4 所示，空气放电限值如表 10-5 所示。当按表 10-4 或表 10-5 中的放电类型和对应电压限值进行试验时，EUT 不应出现任何故障、性能降低或偏离规定的指标值，或者超出单个设备和分系统规范中给出的指标允差。

表 10-4 接触放电限值

A 类 EUT		B 类 EUT	
试验等级	试验电压/kV	试验等级	试验电压/kV
一	2	一	2
二	4	二	4
三	6	三	6
四	8	四	—

表 10-5 空气放电限值

A 类 EUT		B 类 EUT	
试验等级	试验电压/kV	试验等级	试验电压/kV
一	2	一	2
二	4	二	4
三	8	三	8
四	15	四	—

试验时，应根据 EUT 的类别选择限值。EUT 分为 A 类和 B 类：A 类 EUT 为安全性关

键设备和分系统（SCES）或对执行任务起关键作用的设备和分系统；B 类 EUT 为其他设备和分系统。A 类 EUT 应同时满足试验等级一至试验等级四，B 类 EUT 应同时满足试验等级一至试验等级三。

10.9.4　测试步骤

本项目不需要专门校验，具体测试步骤如下。

（1）EUT 通电预热并达到稳定工作状态。

（2）设置静电放电发生器的放电电压等参数（±2kV、±4kV、±6kV、±8kV）。

（3）选择一个静电放电施加点，进行正、负各 10 次放电试验，在放电过程中和放电结束后，监测 EUT 是否出现敏感现象。

（4）若干扰注入过程中出现任何敏感现象，则记录敏感度门限电平和工作状态。

（5）对其他测试点，重复以上操作。

试验时，应优先使用接触放电法。当接触放电法不适用时，使用空气放电法。

连续单次放电之间的时间间隔建议至少为 1s，但为了确定系统是否发生故障，可能需要较长的时间间隔。

10.9.5　注意事项

一般而言，上述试验方法（空气放电法）的复现性受放电头接近速度、湿度和 EUT 内部结构的影响，并导致脉冲上升时间和放电电流幅度的差异，在实验室进行试验时，要求环境湿度不大于 60%，确保测试结果的正确性和一致性。

10.9.6　数据及结果

通常试验完成后，需要提供以下测量信息和数据。

（1）电压限值、实际施加的试验电压。

（2）用图或文字表示的放电点位置信息。

（3）各放电点是否满足相应敏感度要求的说明。

（4）EUT 发生敏感时的放电位置、试验电压及其工作状态。

试验结果评定方法如下。

根据 EUT 和分系统产生的敏感现象，分析测试结果，进一步评定敏感现象产生原因，评估其对测试系统的影响。

10.10　CS114 4kHz～400MHz 电缆束注入传导敏感度

10.10.1　目的及适用范围

1. 目的

本项目的目的是考核 EUT 和分系统承受耦合到有关电缆上的射频信号的能力，确保设备和分系统在受到平台内外天线发射电磁场在平台电缆上形成的电流的影响下，性能不会发生下降。

2．适用范围

本项目适用于和 EUT 壳体连接的所有电缆（包括互连电缆和电源电缆），但不适用于接收机天线的同轴电缆（水面舰船和潜艇除外）。

水面舰船和潜艇平台上接收机天线的同轴电缆之所以仍然适用本项目，是因为其在水面舰船和潜艇内可能存在大量无线发射设备，如移动电话、无线局域网、RFID 标签等，且这些设备有可能距离接收设备或天线的同轴电缆很近，因此仍需要对这类接收天线电缆提出本项目要求。

10.10.2　项目剪裁

订购方对限值进行剪裁时，可基于安装位置场强和平台最低谐振频率的预测调整曲线幅度和拐点，并根据平台内外天线辐射设备工作频率情况设定测试频率范围。对于在良好电缆环境中使用的设备，可以不必对本项目做出要求。

10.10.3　限值应用

本项目有两个限值，分别为校验电流限值和实际感应电流限值。

当按在校验配置上产生图 10-21 中校验电流限值相同的功率，注入 1kHz、占空比为 50% 的脉冲调制测试信号时，EUT 不应出现任何故障、性能降低或偏离规定的指标值，或者超出单个设备或分系统规范中给出的指标允差。当 EUT 测试时，根据表 10-6 选取图 10-21 中的适用限值曲线，监测测试电缆上的实际感应电流大小。如果感应电流高于校验电流限值 6dB，那么即使定向耦合器上监测的正向功率电平低于校验时的正向功率电平，只要 EUT 不敏感，也认为满足要求。

表 10-6　CS114 限值曲线编号和限值

频率范围		平台							
		飞机（外部或 SCES）	飞机（内部）	舰船（甲板上）和水下（外部）[a]	金属舰船（甲板下）	非金属舰船（甲板下）[b]	水下（内部）	地面	空间系统
4kHz～1MHz	海军[c]	—	—	77dBμA	77dBμA	77dBμA	77dBμA	—	—
10kHz～2MHz	陆军	五	五	二	二	二	一	三	三
	海军[c]	五	三	二	二	二	一	三	三
	空军	五	三	—	—	—	—	二	三
2MHz～30MHz	陆军	五	五	五	二	四	一	四	三
	海军	五	五	五	二	四	一	二	三
	空军	五	三	—	—	—	—	二	三

续表

频率范围		平台							
		飞机（外部或 SCES）	飞机（内部）	舰船（甲板上）和水下（外部）ᵃ	金属舰船（甲板下）	非金属舰船（甲板下）ᵇ	水下（内部）	地面	空间系统
30MHz～200MHz	陆军	五	五	五	二	二	二	四	三
	海军	五	五	五	二	二	二	二	三
	空军	五	三	—	—	—	—	二	三
200MHz～400MHz	陆军	五	五	五	二	二	一	四	三
	海军	—	—	五	二	二	二	二	三
	空军	五	三	—	—	—	—	二	三
a.对潜艇压力舱以外、上层结构之内的设备，使用金属舰船（甲板下）。									
b.位于航空母舰飞机库甲板上的设备。									
c.对电源电缆进行 1MHz 以下的测试时，在每个测试点比较 77dBμA 和相应曲线在该测试点对应值的大小，选较大者为限值									

对于安装在水面舰船或潜艇上的 EUT，如果发电设备是固态类电源，那么对 EUT 完整电源电缆（高电位线+回线，共模）在频率范围 4kHz～1MHz 还增加了 77dBμA 的限值要求，必要时，订购方还可以将频率向 4kHz 以下扩展。

在 200MHz～400MHz 频率范围内，由于可能出现谐振，因此测试结果的重复性可能存在问题。在该频率范围内是否测试，由订购方规定。

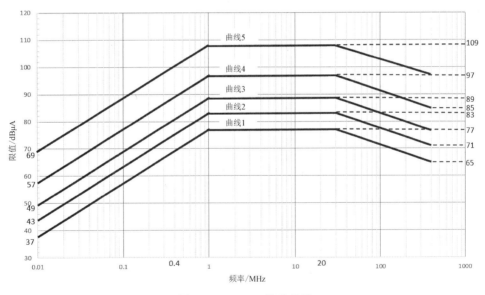

图 10-21　CS114 校验曲线

10.10.4　测试步骤

本项目整体分为两步，即校验和测试。试验时，具体测试步骤如下。

1. 校验

（1）按照图 10-22 所示校验配置进行布置，将注入探头卡在校验装置的中心导体上，校验装置的一端接 50Ω 负载，另一端通过衰减器接到测量接收机 A 上。

（2）EUT 通电预热并达到稳定工作状态。

（3）将信号发生器调到 10kHz，不调制。

（4）增加信号电平，直至测量接收机 A 监测到校验限值规定电流流经校验装置中心导体。

（5）记录测量接收机 B 测得的馈入注入探头的正向功率。

（6）在测试频率范围内扫描，并记录达到要求电流时所需的正向功率。

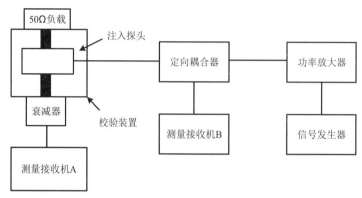

图 10-22　CS114 校验配置

2．测试

（1）按照图 10-23 所示测试配置进行布置，选择一条测试电缆束，将注入探头、监测探头卡在与 EUT 连接器连接的电缆束上。

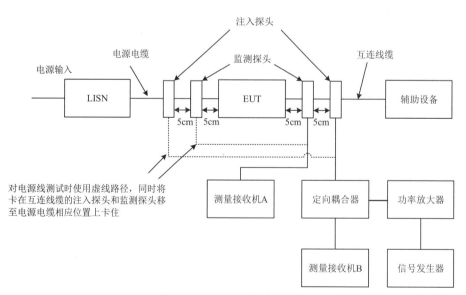

图 10-23　CS114 测试配置

（2）EUT 通电预热并达到稳定工作状态。

（3）将信号发生器调到 10kHz，并用 1kHz、占空比为 50%的脉冲进行调制。

（4）将前述步骤确定的正向功率馈入注入探头，同时监测感应电流。

（5）按表 8-4 所示设置扫描参数，在测试频率范围内扫描，正向功率取下述两个功率中的较小者：按前述步骤确定的正向功率；监测电流等于相应校验电流限值与 6dB 之和时的正向功率。

（6）监视 EUT 性能是否降低。如果出现敏感现象，那么先降低信号发生器输出电平直至 EUT 恢复正常，再慢慢增加输出信号电平直至敏感现象刚好重复出现，确定敏感度门限电平。

（7）对与 EUT 其他各连接器连接的每根电缆束，均重复上述步骤进行测试。

（8）对因安全问题而具有冗余电缆的 EUT，如多路数据总线，可使用多电缆同时注入方法进行测试。

为减少误差，用与校验相同的测试配置（接收机、同轴电缆、馈通连接器、额外的衰减器等）连接监测探头。需要时，可增加衰减量。将监测探头置于距 EUT 连接器 5cm 处，如果连接器及其外壳总长超过 5cm，那么将监测探头尽可能靠近连接器的外壳，将注入探头置于距监测探头 5cm 处。

对于一个 EUT 有多束互连线缆的情况，有些试验单位为了节省时间，在一次测试中使用电流探头同时将多束线缆卡在一起进行测试。这样，监测探头测量到的电流是所有线缆的总电流，而在每次测试只卡住单束线缆的情况下，监测探头测量到的电流是单束线缆的电流，在测量接收机 A 端输入电流一样的条件下，即电流限值一致，如果监测探头内有多束线缆，那么每根线缆的电流会比单束线缆测试时的电流偏小，没有真实地以标准限值考核到线缆端口。因此，GJB 151B—2013 规定了 CS114 项目中电流探头每次卡住的电缆束，如表 10-7 所示。

表 10-7　CS114 测试电缆束

连接器端接的电缆束类型	电流探头每次卡住的电缆束
互连线缆	完整的互连线缆
电源电缆	完整的电源电缆（包括高电位线、回线和地线）
	所有的高电位线（不包括电源回线和地线）
同时包括互连线和电源电缆	完整的电缆
	所有的电源电缆（包括高电位线、回线和地线）
	所有的高电位线（不包括电源回线和地线）

10.10.5　数据及结果

通常试验完成后，需要提供以下测量信息和数据。

（1）限值、实际施加的幅频曲线或数据表。

（2）各测试电缆束是否满足敏感度要求的说明。

（3）EUT 发生敏感时的电缆束、频率、敏感度门限电平及其工作状态。

试验结果评定方法如下。

根据 EUT 和分系统产生的敏感现象，分析测试结果，进一步评定敏感现象产生原因，评估其对测试系统的影响。

10.11　CS115 电缆束注入脉冲激励传导敏感度

10.11.1　目的及适用范围

1. 目的

本项目的目的是考核 EUT 承受快速脉冲干扰的能力，这些快速脉冲由平台上的开关切换和外部瞬态干扰（如雷电和电磁脉冲）引起，确保设备和分系统在受到由平台开关或雷电和电磁脉冲等外部瞬态环境产生的具有快速上升和下降时间的瞬态影响下，性能不会发生下降。

2. 适用范围

本项目适用于所有飞机、空间及地面系统的互连线缆和电源电缆。当订购方有规定时，也适用于水面舰船和潜艇平台上的设备和分系统的互连线缆和电源电缆。

10.11.2　项目剪裁

订购方对限值进行剪裁时，可基于平台瞬态环境预测降低或提高波形幅度，根据平台安装特定环境调整脉冲宽度控制脉冲能量。

10.11.3　限值应用

当按图 10-24 所示规定的校验信号以 30Hz 重复频率进行试验 1min 时，EUT 不应出现任何故障、性能降低或偏离规定的指标值，或者超出单个设备或分系统规范中给出的指标允差。

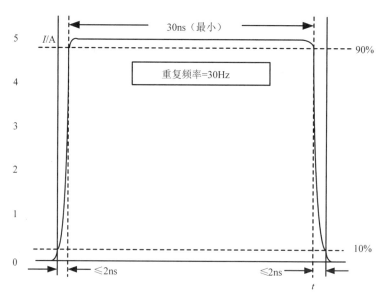

图 10-24　CS115 波形图

对于本项目测试波形，其中上升时间、脉冲宽度、电流幅值和重复频率都有明确的要求。上升时间≤2ns，与感性器件开关动作时产生波形的上升时间一致；脉冲宽度为 30ns，使得单个脉冲的能量标准化，并可隔离脉冲的上升和下降部分，使各部分独立发挥作用以检验对不同电路造成的影响。电流幅度为 5A（100Ω 环路阻抗校验装置两端电压为 500V），覆盖了瞬态环境中飞机系统级测试时所观测到的大多数感应电平；脉冲重复频率为 30Hz，可确保施加脉冲的数量足够，提高测试结果的可信度。

10.11.4　测试步骤

本项目整体分为两步，即校验和测试。试验时，具体测试步骤如下。

1．校验

（1）按照图 10-25 所示校验配置进行布置，将注入探头卡在校验装置的中心导体上，校验装置的一端接 50Ω 负载，另一端通过衰减器连接到 50Ω 存储示波器上。

（2）EUT 通电预热并达到稳定工作状态。

（3）按要求规定的上升时间、脉冲宽度和脉冲重复频率调整脉冲信号发生器。

（4）增加信号电平，直至示波器测出标准规定的电流流过校验装置的中心导体。

（5）确认脉冲波形的上升时间、下降时间、脉冲宽度和重复频率。由于是感性耦合，所以脉冲波形不能精确复现。

（6）记录脉冲信号发生器的幅度设置值。

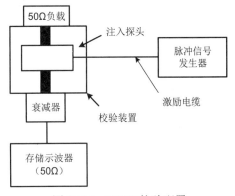

图 10-25　CS115 校验配置

2．测试

（1）选择一条测试电缆束，按照图 10-26 所示测试配置进行布置，将注入探头、监测探头卡在与 EUT 连接器连接的电缆束上，将监测探头置于距 EUT 连接器 5cm 处，如果连接器及其外壳总长超过 5cm，则将监测探头尽可能靠近连接器的外壳，将注入探头置于距监测探头 5cm 处。

（2）EUT 通电预热并达到稳定工作状态。

（3）将信号发生器调到上述校验时的幅度。

（4）按规定的脉冲重复频率及测试持续时间施加测试信号。

（5）监视 EUT 性能是否降低。如果出现敏感现象，那么先降低信号发生器输出电平直至 EUT 恢复正常，再慢慢增加输出信号电平直至敏感现象刚好重复出现，确定敏感度门限电平。

（6）记录示波器测得的电缆束感应峰值电流。

（7）对与 EUT 其他各连接器连接的每根电缆束均重复上述步骤进行测试。

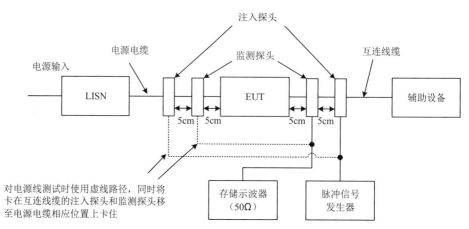

图 10-26　CS115 测试配置

校准时，监视脉冲信号发生器输出到 50Ω 负载的波形为脉冲波形，但是由于是感性耦合，所以脉冲波形不能精准复现。测试时，注入测试电缆束，由于电缆回路阻抗并不是纯负载，所以监测到的波形并不一定是脉冲波形，更多的是类似阻尼正弦波、振铃波等波形。

与 CS114 项目一样，GJB 151B—2013 规定了 CS115 项目中电流探头每次卡住的电缆束，如表 10-8 所示。

表 10-8　CS115 测试电缆束

连接器端接的电缆束类型	电流探头每次卡住的电缆束
互连线缆	完整的互连线缆
电源电缆	完整的电源电缆（包括高电位线、回线和地线）
	所有的高电位线（不包括电源回线和地线）
同时包括互连线和电源电缆	完整的电缆
	所有的电源电缆（包括高电位线、回线和地线）
	所有的高电位线（不包括电源回线和地线）

10.11.5　数据及结果

通常试验完成后，需要提供以下测量信息和数据。

（1）电流限值、用示波器实测的电缆束感应电流波形和数据。

（2）各测试电缆束是否满足敏感度要求的说明。

（3）EUT 发生敏感现象时的电缆束、频率、敏感度门限电平及其工作状态。

试验结果评定方法如下。

根据 EUT 和分系统产生的敏感现象，分析测试结果，进一步评定敏感现象产生原因，评估其对测试系统的影响。

10.12　CS116 10kHz～100MHz 电缆和电源线阻尼正弦瞬态传导敏感度

10.12.1　目的及适用范围

1．目的

本项目的目的是考核 EUT 和分系统承受因谐振产生的阻尼正弦瞬态干扰的能力，确保 EUT 和分系统在受到由于固态谐振激励,而在平台内产生的电流和电压波形的瞬态影响下，性能不会发生下降。

2．适用范围

本项目适用于所有平台设备和分系统的互连线缆、电源电缆和每根高电位线，电源回线不需要单独进行测试。

10.12.2　项目剪裁

订购方对限值进行剪裁时，可以根据 EUT 和互连线缆所处平台的防护等级降低或提高波形幅度，调整低端频率拐点以使其与特定平台最低谐振频率一致。

10.12.3　限值应用

当按图 10-27 所示规定的信号波形和图 10-28 所示规定的峰值电流进行试验时，EUT 不应出现任何故障、性能降低或偏离规定的指标值，或者超出单个设备或分系统规范中给出的指标允差。至少应在 0.01MHz、0.1MHz、1MHz、10MHz、30MHz 和 100MHz 频率点上进行测试。如果还有其他已知的可能对安装设备造成影响的频率，如平台谐振频率，那么在这些频率点上也要进行测试。测试信号重复率从 0.5 个脉冲/秒至 1 个脉冲/秒。在每个频率点上应施加脉冲 5min。

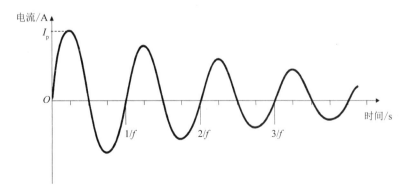

图 10-27　CS116 电流波形图

CS116 电流的归一化波形由以下公式决定：

$$I = \mathrm{e}^{-(\pi ft)/Q}\sin(2\pi ft) \tag{10-1}$$

式中，f——频率，单位为 Hz；

t——时间，单位为 s；

Q——阻尼因子，15±5。

阻尼因子由以下公式确定：

$$Q = \frac{\pi(N-1)}{\ln(I_\mathrm{P} / I_\mathrm{N})} \tag{10-2}$$

式中，N——周期数（如 N=2、3、4、5、…）；

I_P——第 1 周期峰值电流；

I_N——衰减到 50%左右时的峰值电流；

ln——自然对数。

无论第 1 个波峰的极性如何，阻尼正弦信号的品质因数（阻尼因子）可使在波形正向和负向均产生明显峰值，所以对注入信号的极性不做要求。

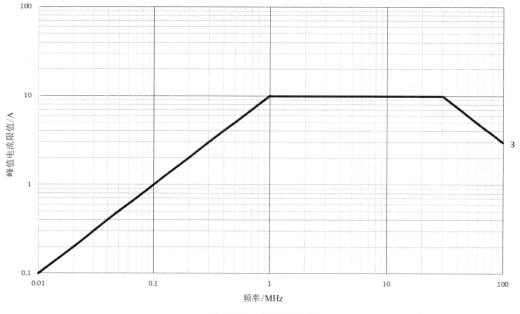

图 10-28　CS116 限值

设定的电流限值覆盖了系统级外部瞬态环境测试时在平台内部所测得的大多数感应电平，低端频率拐点为平台最恶劣情况的谐振频率，该频率以下限值每十倍频程增加 20dB，高端频率拐点为瞬态环境频谱分量开始下降的频率。

10.12.4　测试步骤

本项目整体分为两步，即校验和测试。试验时，具体测试步骤如下。

1．校验

（1）按照图 10-29 所示校验配置进行布置，将注入探头卡在校验装置的中心导体上，校验装置的一端接 50Ω 负载，另一端通过衰减器连接到 50Ω 存储示波器上。

（2）EUT 通电预热并达到稳定工作状态。

（3）将阻尼正弦瞬态信号发生器的频率设置为 10kHz。

（4）逐渐加大阻尼正弦瞬态信号发生器信号幅度直至峰值电流限值。

（5）记录阻尼正弦瞬态信号发生器的设置值。

（6）确认波形满足要求。

（7）对每个要求的频率分别重复上述步骤。

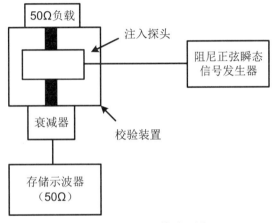

图 10-29　CS116 校验配置

2．测试

（1）选择一束测试电缆束，按照图 10-30 所示测试配置进行布置，将注入探头、监测探头卡在与 EUT 连接器连接的电缆束上，将监测探头置于距 EUT 连接器 5cm 处，如果连接器及其外壳总长超过 5cm，那么将监测探头尽可能靠近连接器的外壳，将注入探头置于距监测探头 5cm 处。

（2）EUT 通电预热并达到稳定工作状态。

（3）将阻尼正弦瞬态信号发生器调到 10kHz。

（4）逐渐增加阻尼正弦瞬态信号发生器的输出电平，直至监测探头的峰值电流达到电流限值，但最大输出不超过前面校验时的设置值。记录测得的峰值电流。

（5）监视 EUT 性能是否降低。如果出现敏感现象，那么先降低信号发生器输出电平直至 EUT 恢复正常，再慢慢增加输出信号电平直至敏感现象刚好重复出现，确定敏感度门限电平。

（6）对被要求的其他频率分别重复前述步骤，对其他测试线缆重复以上步骤。

对于测试电缆束，本项目与 CS114 和 CS115 有部分差别，当测试电缆束为电源线时，对高位线进行试验，电流探头每次只能卡一根高位线，如表 10-9 所示。例如，某个设备由三相电源供电，对高位线进行试验时，CS114 和 CS115 可以直接将 A、B、C 三线的高位线卡在一起同时测试，而在本项目中，只能选择其中一相的高位线进行测试。这是因为单根电源线测试模拟了由电源系统开关操作在平台上出现的差模信号，而 CS114 和 CS115 考核的波形在实际应用中只会以共模形式出现，因此只考核共模注入。

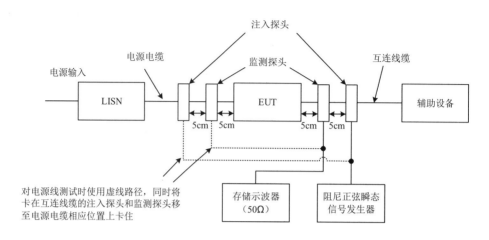

图 10-30　CS116 测试配置

表 10-9　CS116 测试电缆束

连接器端接的电缆束类型	电流探头每次卡住的电缆束
互连线缆	完整的互连线缆
电源电缆	完整的电源电缆（包括高电位线、回线和地线）
	单根高电位线（不包括其他高电位线、电源回线和地线）
同时包括互连线和电源的电缆	完整的电缆
	所有的电源电缆（包括高电位线、回线和地线）
	单根高电位线（不包括其他高电位线、电源回线和地线）

10.12.5　数据及结果

通常试验完成后，需要提供以下测量信息和数据。

（1）测试频率和电流限值、用示波器实测的电缆感应电流波形和数据。

（2）各测试电缆束是否满足敏感度要求的说明。

（3）EUT 发生敏感现象时的电缆束、频率、敏感度门限电平及其工作状态。

试验结果评定方法如下。

根据 EUT 和分系统产生的敏感现象，分析测试结果，进一步评定敏感现象产生原因，评估其对测试系统的影响。

第11章
辐射发射类试验

辐射发射是源自电子电气设备内部产生无用频率的电磁干扰，以电磁场形式通过空间向外辐射干扰。辐射发射分为电场辐射发射和磁场辐射发射两种形式。在低频范围，磁场占主导地位，通常电流大的设备磁场辐射干扰严重。在高频范围，辐射出去的一般是电场，通常由内部电路器件如开关电源、晶振频率产生，因为屏蔽滤波处理不好，所以通过走线、缝隙或线缆形成的天线辐射出去。

根据辐射发射的类型，GJB 151B—2013中辐射发射类试验分为三类，分别是RE101 25Hz～100kHz 磁场辐射发射、RE102 10kHz～18 GHz 电场辐射发射和 RE103 10 kHz～40 GHz 天线谐波和乱真输出辐射发射。其中，RE101 和 RE102 考核的是一般设备的无意发射干扰，而 RE103 考核的是用频设备有意发射之外带来的谐波和乱真干扰。本章将分别介绍 RE101、RE102 和 RE103 这三类辐射发射类试验项目。

11.1　RE101 25Hz～100kHz 磁场辐射发射

11.1.1　目的及适用范围

1．目的

本项目的目的是控制 EUT 和分系统的低频磁场发射，以保护工作在本项目试验频率范围内对磁场敏感的设备（如调谐接收机）不受磁场的干扰。

2．适用范围

本项目适用于水面舰船、潜艇、陆军飞机（包括机场维护工作区）和海军 ASW 飞机上的设备和分系统的壳体及其电缆接口的辐射发射，不适用于天线辐射。

当订购方有要求时，本项目也适用于空间系统。

11.1.2　项目剪裁

对于陆军单独使用的设备，可以使设备与敏感系统之间保持足够的距离，因此可以对本项目要求限值进行放宽，甚至免除本项目要求。

11.1.3　限值应用

测试距离为 7cm 时，磁场辐射发射不应超过图 11-1 和图 11-2 所示的限值。

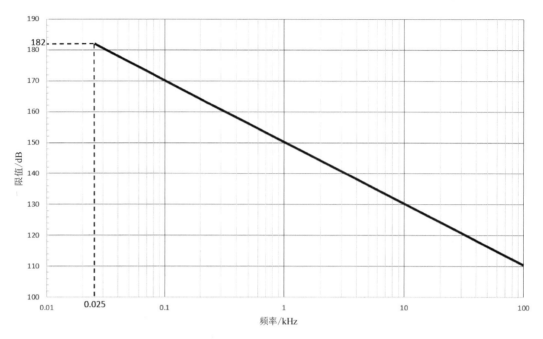

图 11-1　适用于陆军的 RE101 限值

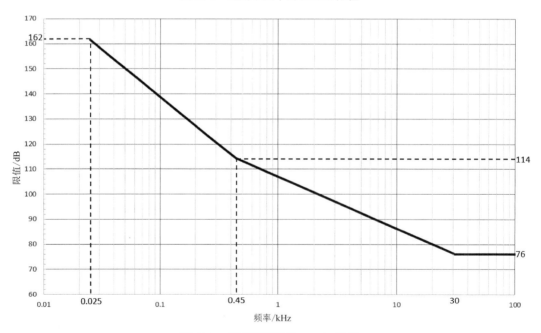

图 11-2　适用于海军的 RE101 限值

RS101 和 RE101 是互补要求，目的是保证设备和预期的磁场相互兼容。RS101 的限值更高,因为考虑到不同产品之间存在着性能变化,以及 EUT 的发射可能耦合到比 RS101 试验中所用到的耦合面积更大的物理面积。

对于陆军平台,主要关心低频磁场对发动机、飞行器及武器的转台控制系统、毫伏级传感器的潜在影响,限值曲线按 20dB/10 倍频程的斜率下降。

对于海军平台,由于电子电气系统及其电缆彼此安装距离很近,因此主要关心对低频声呐系统和传感器的潜在影响,以及灵敏度在 nV 级别的 ELF(极低频,3Hz~30Hz)、VLF(甚低频,3kHz~30kHz)、LF(低频,30kHz~300kHz)通信系统和传感器的潜在影响。

对于空军平台,主要关心在飞行器上将分系统安装在紧靠带有天线的甚低频和低频接收机的场合低频磁场的影响,这时可能需要考虑 RE101 的要求,并可根据设备和天线之间的距离来选择适用的限值。

11.1.4　测试步骤

本项目整体分为两步,即校验和测试。试验时,具体测试步骤如下。

1. 校验

(1)按照图 11-3 所示校验配置进行布置,EUT 通电预热并达到稳定状态。

图 11-3　RE101 校验配置

(2)施加 50kHz 校验信号,幅度至少比限值与环天线修正系数的差值低 6dB,将测量接收机的中心频率调到 50kHz,记录测得的电平。

(3)确认测量接收机的测量值是否在注入信号电平的±3dB 内。

(4)如果测量值偏差超过±3dB,那么要在测试之前找出误差原因并纠正。

2. 测试

(1)按照图 11-4 所示测试配置进行布置,EUT 通电预热并达到稳定工作状态。

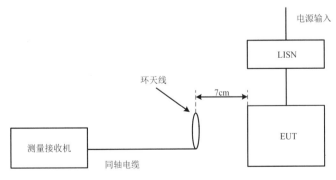

图 11-4　RE101 测试配置

（2）将环天线放在距离 EUT 表面或电连接器 7cm 处，并使其平行于 EUT 表面或电连接器的轴线。

（3）测量接收机按表 8-3 所示设置带宽及测量时间，在适用的频率范围内扫描，找到最大辐射的频点或频段。

（4）将测量接收机调到前述步骤确定的频点或频段。

（5）在 EUT 表面或电连接器附近移动环天线（保持 7cm 距离）的同时，监测测量接收机的输出。注明步骤（4）确定的每个频率的最大辐射点。

（6）在距离最大辐射点 7cm 处，调整环天线的方向以便在测量接收机上获得最大读数并记录。

（7）200Hz 以下每倍频程至少选 2 个最大辐射频点，200Hz 以上每倍频程至少选 3 个最大辐射频点，重复上述步骤。

（8）对 EUT 的每个面、每个电连接器分别重复上述步骤。

如果所有频率总是在同一表面或电缆上得到最大电平，那么只需要记录该表面或电缆上的测试数据。来自 EUT 壳体和电缆磁场发射的典型泄漏点是 CRT 偏转线圈、变压器和开关电源等。

11.1.5　数据及结果

通常试验完成后，需要提供以下测量信息和数据。

（1）EUT 工作状态。

（2）测试曲线图（含坐标连续的幅频曲线、限值曲线）。

（3）测试超标频率、超标量、测试部位及工作状态等。

试验结果评定方法如下。

RE101 试验结果评定依据测试曲线确定是否存在超出标准限值的频点，如果存在超出标准限值的频点，则判定测试不通过，同时标出超标频率和超标量；反之，判定测试通过。

11.2　RE102 10kHz～18GHz 电场辐射发射

11.2.1　目的及适用范围

1．目的

本项目的目的是控制 EUT 工作时通过壳体、电缆向外辐射电场，防止其对灵敏接收设备产生干扰，确保灵敏接收机不会受到通过接收天线耦合的干扰。

2．适用范围

本项目适用于设备和分系统的壳体、所有互连线缆，以及永久性安装在 EUT（接收机和处于待发状态下的发射机）上天线的电场辐射发射，不适用于发射机的基频发射信号带宽或基频的±5%频率范围（取大者）。

（1）地面设备：2MHz～18GHz。

（2）水面舰船：10kHz～18GHz。

（3）潜艇：10kHz～18GHz。

（4）飞机（陆军和海军 ASW 飞机）：10kHz～18GHz。

（5）飞机（空军和海军）：2MHz～18GHz。

（6）空间：10kHz～18GHz。

（1）～（6）中，除了（4）的试验频率上限到 18GHz，其他的试验频率上限均为 1GHz 或 EUT 最高工作频率的 10 倍，取大者。18GHz 以上不要求被测试。

11.2.2　项目剪裁

可根据平台上带天线接收设备的类型，以及设备、相关电缆、天线之间的屏蔽隔离度进行剪裁。

11.2.3　限值应用

针对不同平台、不同安装位置的各类设备和分系统，分别规定了不同的限值，如图 11-5～图 11-8 所示，EUT 和分系统的电场辐射发射不应超过相应的限值要求。在 30MHz 以下，垂直极化场应满足限值要求；在 30MHz 以上，水平极化场和垂直极化场均应满足限值要求。

1．地面设备限值

地面设备：2MHz～18GHz，试验频率上限为 1GHz 或 EUT 最高工作频率的 10 倍，取大者。18GHz 以上不要求被测试。

地面设备分为海军地面设备、陆军地面设备和空军地面设备，其中海军地面设备又分为固定式和移动式。

海军移动式地面设备主要给海军陆战队配备，其使用情况类似陆军，设备经常会非常靠近未经防护的天线，如安装在吉普车上、帐篷内或小型直升机上。

海军固定式地面设备和大多数空军装置，很少出现关键性的天线耦合情况。由于是固定安装的，其安装位置可以控制在避免非常靠近天线的地点，其保护效果类似于平台的屏蔽效果，因此辐射发射的限值高于移动设备。

海军移动式地面设备和陆军地面设备的限值相同，海军固定式地面设备和空军地面设备的限值相同。根据设备的部署情况，这两种限值之间相差 20dB，如图 11-5 所示。

2．水面舰船限值

水面舰船：10kHz～18GHz，试验频率上限为 1GHz 或 EUT 最高工作频率的 10 倍，取大者。18GHz 以上不要求被测试。

对于水面舰船设备或分系统，无论是安装在甲板上还是甲板下，设定限值的依据都是文献记载的设备外壳和电缆辐射耦合至接收机天线的许多事例。RE102 适用于水面舰船的限值如图 11-6 所示。

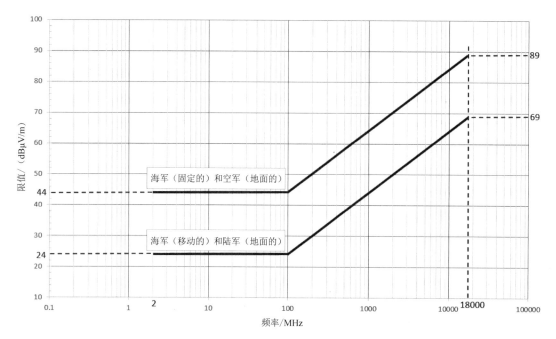

图 11-5　RE102 适用于地面的限值

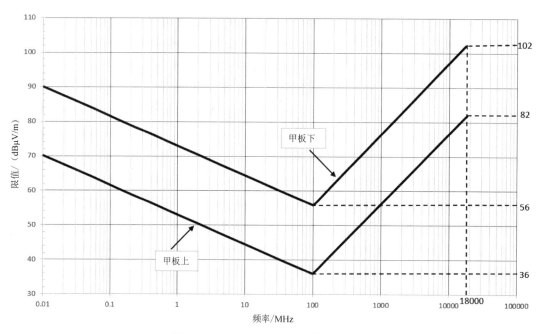

图 11-6　RE102 适用于水面舰船的限值

3. 潜艇限值

潜艇：10kHz～18GHz，试验频率上限为 1GHz 或 EUT 最高工作频率的 10 倍，取大者。18GHz 以上不要求被测试。

对于潜艇，设备和分系统安装位置有压力舱内和压力舱外两种情况。因为压力舱可以提供一定的屏蔽衰减，所以安装在压力舱内和压力舱外的设备和分系统所处环境并不相同，其限值规定也不相同。压力舱内设备由于有压力舱提供的屏蔽衰减，其限值相对宽松，而压力舱外设备限值要求更为严格。剪裁仅适用于压力舱外安装在吃水线上的设备提出。RE102 适用于潜艇的限值如图 11-7 所示。

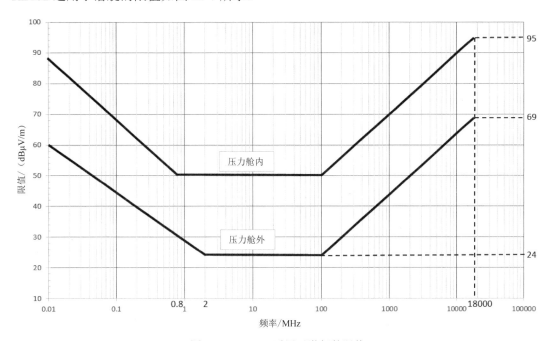

图 11-7　RE102 适用于潜艇的限值

4. 飞机和空间系统限值

对于飞机和空间系统平台上搭载的设备和分系统，由于各军种飞机特点不同，以及在飞机外部和飞机内部的特点不同，因此规定了不同的限值要求。

对于固定翼飞行器（包括飞机和空间系统），由于飞行器壳体有一定的屏蔽效能，因此对于安装在其内部和外部的设备分别进行了不同的限值规定，安装在外部的设备和安装在直升机上的设备的限值曲线比安装在内部的设备的限值曲线加严 10dB，如图 11-8 所示。

（1）飞机（陆军和海军 ASW 飞机）：10kHz～18GHz，试验频率上限为 18GHz。

陆军和海军 ASW 飞机上通常装有低频自动定向接收机需要保护，而且它们通常安装在体积小（彼此之间的间距小）、开口大（飞机外壳能提供的屏蔽很有限）的直升机上，因此对此类飞机有 10kHz～2MHz 频段限值的要求，限值曲线的斜率来自于此频段接收天线对于电磁的耦合特性。

（2）飞机（空军和海军）：2MHz～18GHz，试验频率上限为 1GHz 或 EUT 最高工作频率的 10 倍，取大者。18GHz 以上不要求被测试。

对于安装在空军和海军飞机（通常为固定翼）上的设备，2MHz 以下频率的电场辐射发射不进行规定。因为虽然在某些固定翼飞机上有工作在 2MHz 以下的天线，但是这些天线通常是静电屏蔽的磁环天线，与 2MHz 以下频率的波长相比，其电气长度很短，电场耦合效率很低，一般不会受到来自机载设备的无意发射的干扰。

（3）空间：10kHz～18GHz，试验频率上限均为 1GHz 或 EUT 最高工作频率的 10 倍，取大者。18GHz 以上不要求被测试。

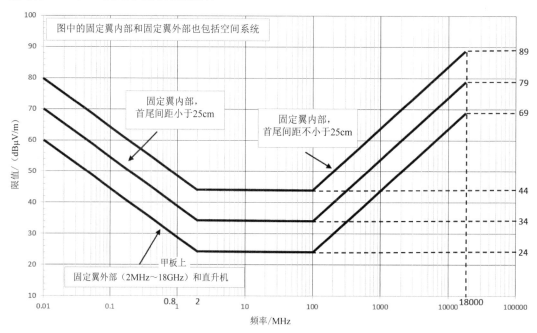

图 11-8　RE102 适用于飞机和空间系统的限值

11.2.4　测试步骤

本项目整体分为两步，即校验和测试。试验时，具体测试步骤如下。

1. 校验

（1）用图 11-9 所示的系统校验路径，在天线的最高处使用频点，对从天线到数据输出装置的整个测试系统进行评估。对使用无源匹配网络的杆天线，在每个频段的中心频率进行评估。对有源杆天线，在最低频率、中心频率及最高测试频率上进行评估。

（2）校验信号：正弦波信号，电平低于限值与天线系数的差值至少 6dB。

（3）用图 11-9 所示的系统校验路径验证天线处于正常工作状态。此处的测试为非精确测试，目的是确认天线是否正常工作。

（4）在天线的最高使用测试频率点上使用天线或短棒辐射器辐射信号。

（5）将测量接收机调谐到施加信号频率上，检查接收到的信号是否合适。

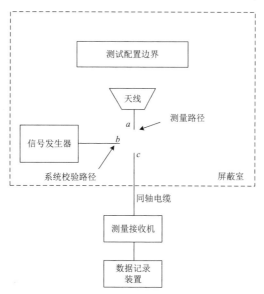

图 11-9　RE102 校验和测试配置

2．测试

（1）按照图 11-9 所示测量路径进行布置，确保 EUT 产生最大辐射发射的面朝向测试配置边界的前沿，各天线的布置如图 11-10～图 11-12 所示。

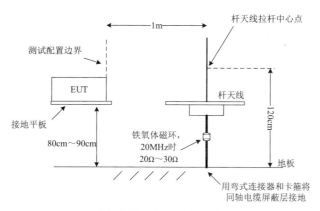

图 11-10　杆天线布置图

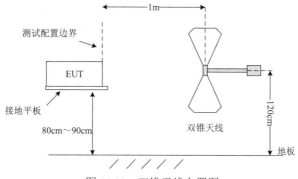

图 11-11　双锥天线布置图

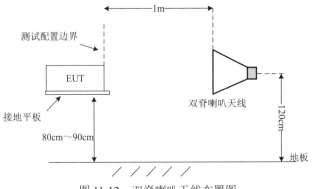

图 11-12 双脊喇叭天线布置图

（2）将 EUT 和辅助设备供电并使其处于稳定工作状态，在 EUT 不加电的状态下，按标准规定的带宽和步进在测试频率范围内进行扫描，观察环境电平是否比限值低 6dB，如果不满足，则应整改试验环境使其满足条件。

（3）EUT 通电预热并达到稳定工作状态。

（4）按照前述步骤确定的天线位置进行辐射发射测试。

（5）测量接收机按照标准规定的带宽及测量时间设置，在适用的频率范围内扫描。

（6）30MHz 及其以下，天线取垂直极化方向；30MHz 以上，天线取水平极化和垂直极化两个方向。

（7）在各天线位置上重复进行测试。

对于杆天线测试，禁止天线地网与接地平板电气搭接，按图 11-13 所示配置。杆天线匹配网络同轴电缆的屏蔽层应该以尽量短的距离（超长部分不超过 10cm）电气搭接到接地平板上。在天线匹配网络和接地平板之间同轴电缆中段附近套上一个铁氧体磁环，它在 20MHz 频率时阻抗为 20Ω～30Ω。

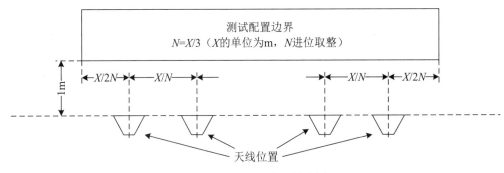

图 11-13 RE102 多天线布置

天线的任何部位离屏蔽室壁面距离不小于 1m，离天花板距离不小于 0.5m。

天线放置的数量取决于 EUT 测试配置边界尺寸的大小、EUT 包括的分机数量和天线的方向图。

对于 200MHz 以下测试，按下述确定天线位置。

（1）测试边界宽度不大于 3m 时，天线位于测试边界宽度的中垂线上。

（2）测试边界宽度大于 3m 时，按图 11-13 所示的间隔采用多天线布置。

（3）天线位置数 $N=X/3$ 进位取整（N 为天线位置数；X 为测试边界宽度，单位为 m）。

对于 200MHz～1GHz 的测试，天线的放置位置应足够多，以使每个 EUT 壳体的整个宽度及其端接电线/电缆的首个 35cm 线段都处在天线的 3dB 波瓣宽度内。

对于 1GHz 及以上频率范围的测试，天线的放置位置应足够多，以使每个 EUT 壳体的整个宽度及其端接电线/电缆的首个 7cm 线段都处在天线的 3dB 波瓣宽度内。

11.2.5　注意事项

关于天线标准化的规定：由于标准化的原因，本试验方法要求使用规定的天线，其目的是在不同的测试机构之间得到一致的结果。

为保证测量结果的一致性，GJB 151B—2013 规定测量天线需要按 GJB/J 5410—2005《电磁兼容性测量天线的天线系数校准规范》所规定的方法确定天线系数，用以将测量接收机测得的电压转换成天线处的场强。修正系数除天线系数外，还包括所有 RF 电缆损耗、衰减器数值，以及其他内外置附件系数的总和。

GJB 151B—2013 规定了 RE102 的测量天线如下。

（1）10kHz～30MHz，具有阻抗匹配网络的 104cm 杆天线。信号输出连接器的外导体应与天线匹配网络壳体搭接（使用正方形地网，每边至少 60cm）。

（2）30MHz～200MHz，双锥天线，两顶部间距 137cm。

（3）200MHz～1GHz，双脊喇叭天线，口径典型尺寸为 69.0cm×94.5cm。

（4）1GHz～18GHz，双脊喇叭天线，口径典型尺寸为 24.2cm×13.6cm。

GJB 151B—2013 中杆天线通过套有铁氧体磁环的同轴电缆的屏蔽层接地。天线匹配网络中适配器电路在交直流转换的过程中极易产生共模电流干扰，最终影响测试结果的精度。而 GJB 151B—2013 中的接地方式，铁氧体磁环吸收了多余的共模电流干扰，最终转化成热能散发，避免共模电流进入 EMI 接收机影响测量结果。

11.2.6　数据及结果

通常试验完成后，需要提供以下测量信息和数据。

（1）EUT 工作状态。

（2）测试曲线图（含坐标连续的幅频曲线、限值曲线）。

（3）测试超标频率、幅值、超标量、极化方向、测试部位及工作状态等。

试验结果评定方法如下。

RE102 试验结果评定依据测试曲线确定是否存在超出标准限值的频点，如果存在超出标准限值的频点，则判定测试不通过，同时标出超标频率和超标量；反之，判定测试通过。

11.3 RE103 10kHz～40GHz天线谐波和乱真输出辐射发射

11.3.1 目的及适用范围

1. 目的

本项目的目的是控制 EUT 工作时通过天线向外发射电磁干扰（谐波、乱真发射等）。

2. 适用范围

本项目适用于带有固定天线（天线不可拆卸）的发射机。

对于发射状态的发射机，RE103 与 CE106 基本一致，并可替代 CE106。CE106 与 RE103 的区别在于 RE103 在测试中包括天线辐射特性效应。因此，RE103 测试要比 CE106 测试更困难，所以测试时应优先使用 CE106，除非设备和分系统的设计特性妨碍其使用。

对接收机或处于待发射状态的发射机，没有提出要求。

如果 EUT 的谐波和乱真发射低于 RE102 的适用限值，那么也认为它满足本项目的要求。

本项目不适用于发射机的基频发射信号带宽或基频的±5%频率范围（取大者）。试验的起始频率应根据 EUT 的工作频率范围确定，如表 11-1 所示。试验上限频率为 40GHz 或 EUT 最高工作频率的 20 倍（取小者）。对于使用波导的设备，本项目不适用于频率低于 0.8 倍波导截止频率的频率范围。

表 11-1 RE103 的试验起始频率

EUT 工作频率范围	起始频率
10kHz～3MHz	10kHz
3MHz～300MHz	100kHz
300MHz～3GHz	1MHz
3GHz～40GHz	10MHz

11.3.2 项目剪裁

订购方可以根据设备安装平台上的天线耦合情况和设备自身的特殊情况来对本项目进行剪裁，规定专门的抑制电平。

11.3.3 限值应用

除二次、三次谐波外，所有谐波发射和乱真发射至少应比基波电平低 80dB。二次和三次谐波应抑制到-20dBm 或低于基频 80dB，取抑制要求较松者。

11.3.4 测试步骤

本试验整体分为两步，即校验和测试。试验时，具体测试步骤如下。

1. 校验

（1）按照图 11-14～图 11-15 所示配置中的系统校验路径进行布置，EUT 上电预热。

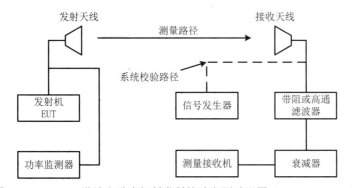

图 11-14　RE103 谐波和乱真辐射发射校验和测试配置（10kHz～1GHz）

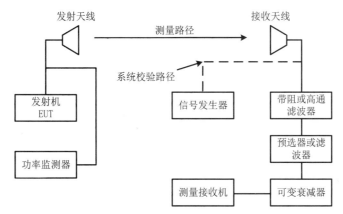

图 11-15　RE103 谐波和乱真辐射发射校验和测试配置（1GHz～40GHz）

（2）用信号发生器施加一已知电平的校验信号到系统校验路径，其频率为中间频段的基频 f_0。

（3）测量接收机按正常数据扫描方式扫描，确认测量值在注入信号电平的±3dB 范围之内；如果测量偏差超过±3dB，那么要找出误差原因并纠正。

（4）对测试频率范围的两个端点频率（低频和高频）分别重复上述测试。

校验时，按图 11-14～图 11-15 所示的系统校验路径配置，注意系统校验时应包含测试时的所有附件，包括可变衰减器的衰减量，带阻或高通滤波器的当前设置频率等。

2. 测试

（1）EUT 通电预热并达到稳定工作状态。

（2）计算远场距离，测试应在远场条件下进行。

（3）将 EUT 调谐到所需要的工作频率，在图 11-14～图 11-15 所示系统校验路径配置下完成以下步骤。

a. 将 EUT 调到其工作频率 f_0，并调谐到最大值。

b. 发射机发射时，用功率监测器测试已调制的发射机输出功率 P，并将该功率电平的电位转换为 dBW。该值与 EUT 天线增益之和即有效辐射功率（ERP），记录结果。

c. 发射机按规定调制；在发射频率点将测量接收机调谐到最大值。如果收、发天线之一或两者具有方向性，那么要调整天线的仰角和方位以得到最大值。记录测量接收机最大读数和带宽。

d. 根据 $ERP = V + 20\lg R + AF - 135$ 计算发射机的 ERP（单位为 dBW）。

式中，V——测量接收机上的读数，单位为 dBμV；

R——发射机天线和接收机天线间的距离，单位为 m；

AF——接收天线的天线系数，单位为 dB（1/m）。

把此处计算出的 ERP 与步骤 b 记录的值相比，差值应在±3dB 以内。如果相差超过±3dB，则要检查测试配置中测试距离、幅度校验、发射机功率监测、频率调谐或漂移、天线对正与否。如果相差在±3dB 以内，则该 ERP 将作为谐波和乱真发射幅度比较的基准，从而确定是否满足限值要求。

e. 接上抑制滤波器网络并调谐到 f_0，使测量接收机在整个测试频率范围内扫描，以寻找谐波及乱真发射。对每个谐波及乱真发射频率，可能需要调整测试系统天线的仰角和方位，以确保接收到最大值。测试过程中始终采用步骤 c 中测试基频时测量接收机所用的带宽。

f. 确认谐波和乱真输出由 EUT 产生，而非测试系统的乱真响应或测试场地背景信号。

g. 计入电缆损耗、放大器增益、滤波损耗、衰减器系数等修正系数后，计算每个谐波和乱真输出的 ERP。

h. 对 EUT 的其他 f_0 分别重复上述步骤进行测试。

本试验方法用于测量天线的辐射发射，由于天线传输线的阻抗受控并被屏蔽，所以测量结果基本与测试配置无关。因此，本试验不需要按 GJB 151B—2013 中所要求的基本测试配置进行试验配置。

测试前用下述公式计算远场测试距离。

发射频率不高于 1.24GHz 时，按以下两个公式计算并取大者：

$$R = \frac{2D^2}{\lambda} \tag{11-1}$$

$$R = 3\lambda \tag{11-2}$$

发射频率高于 1.24GHz 时，按以下两个公式计算：

$$R = \frac{2D^2}{\lambda}，当 d > 2.5D 时 \tag{11-3}$$

$$R = \frac{(d+D)^2}{\lambda}，当 d \leqslant 2.5D 时 \tag{11-4}$$

式（11-1）～式（11-4）中：

R——发射天线和接收天线间的距离，单位为 m；

D——发射天线的最大尺寸，单位为 m；

d——接收天线的最大尺寸，单位为 m；

λ——发射机发射频率的波长，单位为 m。

对于测试带宽的设置，参考 CE106 试验项目。

11.3.5 数据及结果

通常试验完成后，需要提供以下测量信息和数据。

（1）EUT 工作状态。

（2）所有测得的基波、谐波及相对较大的乱真发射频率。

（3）功率监测器的功率测量值，基波、谐波及相对较大的乱真发射的 ERP 计算值。

（4）谐波及相对较大的乱真发射低于基波的分贝值。

试验结果评定方法如下。

RE103 试验结果评定依据测试曲线确定是否存在超出标准限值的频点，如果存在超出标准限值的频点，则判定测试不通过，同时标出超标频率和超标量；反之，判定测试通过。

第 12 章

辐射敏感度类试验

辐射敏感度类试验是考核空间电磁场对设备的影响。随着电子设备的高速发展，用频装备不断增加，空间电磁环境愈加恶劣。应用在装备上的电子设备必须能够承受空间中的各种电磁干扰，以保证武器装备的正常工作。

根据辐射信号形式的不同，GJB 151B—2013 中辐射敏感度类试验分为 RS101 25Hz～100kHz 磁场辐射敏感度、RS103 10kHz～40GHz 电场辐射敏感度和 RS105 瞬态电磁场辐射敏感度。RS101 是考核 25Hz～100kHz 的低频磁场干扰，RS103 是考核 10kHz～40GHz 的电场干扰，RS101 和 RS103 都是窄带单频点发射，在测试频率范围内扫频，考核维度是频域。RS105 属于宽带脉冲类信号干扰，是在时域维度考核设备。本章将分别介绍 RS101、RS103 和 RS105 三个试验项目。

12.1 RS101 25Hz～100kHz 磁场辐射敏感度

12.1.1 目的及适用范围

1. 目的

本项目考核 EUT 承受低频磁场干扰的能力，确保对低频磁场存在潜在敏感可能的设备和分系统在磁场环境下不出现故障或性能降低。

2. 适用范围

本项目适用于水面舰船、潜艇、陆军飞机（包括机场维护工作区）、海军 ASW 飞机和海军地面设备上的设备或分系统壳体及所有互连线缆。

对陆军地面设备，本项目仅适用于具有扫雷或探雷能力的机动车辆。

当订购方有规定时，本项目也适用于空间系统。

本项目不适用于 EUT 的天线。

12.1.2 项目剪裁

根据限值设定的原理和涉及的因素进行剪裁。

12.1.3　限值应用

当按图 12-1 和图 12-2 所示的磁场进行试验时，EUT 不应出现任何故障、性能降低或偏离规定的指标值，或者超出单个设备和分系统规范中给出的指标容差。

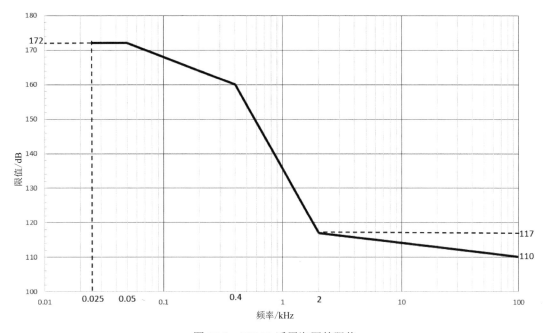

图 12-1　RS101 适用海军的限值

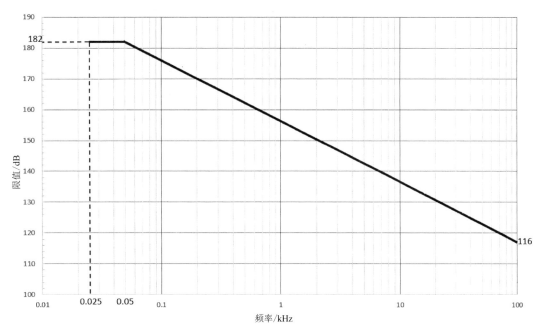

图 12-2　RS101 适用陆军的限值

1．海军限值

海军限值是依据测量配电系统驻场部分（变压器和电缆）的磁场发射情况和海军平台的磁场环境制定的。

2．陆军限值

陆军 RS101 与 RE101 限值曲线形状大部分一致，在 50Hz～100kHz 频率范围，RS101 的限值曲线比 RE101 的相应限值曲线高 6dB。

12.1.4 测试步骤

本试验整体分为两步，即校验和测试。试验时，具体测试步骤如下。

1．校验

（1）按照图 12-3 所示测试配置进行布置，EUT 上电预热。

（2）将信号发生器调到 1kHz，调节其输出，以产生 110dBpT 的磁通密度，该场强用测量接收机 A 测量值和辐射环天线系数确定。

（3）用测量接收机 B 测试场强监测环天线的输出电压。

（4）确认测量接收机 B 的输出值在期望值的±3dB 以内并记录；期望值为 110dBpT 与场强监测环天线的天线系数的差值。

（5）如果测量值偏差超过±3dB，则要在测试之前找出误差原因并纠正。

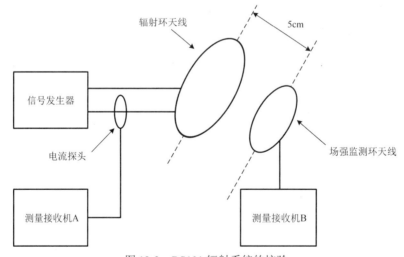

图 12-3　RS101 辐射系统的校验

不能用 RE101 中的 13.3cm 环形传感器代替本试验方法中规定的 4cm 环形传感器监测辐射场。因为此时整个环形传感器区域内的辐射场各不相同。由于 4cm 环形传感器的结构尺寸很小，因此它在辐射环轴线附近能够对辐射场进行精确的测量。

2．测试

（1）按照图 12-4 所示测试配置进行布置。

（2）EUT 通电预热并达到稳定工作状态。

（3）将辐射环天线置于离 EUT 某表面或电连接器 5cm 处，环的平面应平行于 EUT 表面或电连接器的轴线。

（4）给辐射环天线施加足够的电流，以产生至少比选用限值大 10dB 的磁场强度，但不超过 19A（185dBpT）。

（5）按表 8-4 所示设置扫描参数，在相应的频段扫描。

（6）如果出现敏感现象，那么在那些存在最大敏感指示的频率点上每倍频至少选择 3 个测试频率点。

（7）改变辐射环天线的位置，使其在 EUT 每个面上的不同区域移动，每个区域的大小为 30cm×30cm；对每个接口连接器也进行测试。

（8）在确定的全部敏感频点中，每倍频程选择 3 个频点。

（9）在选出的每个频点中，分别施加对应限值的电流到辐射环天线。在保持环面与 EUT 表面、电连接器间距 5cm 的同时，移动辐射环天线，寻找可能出现敏感现象的位置。

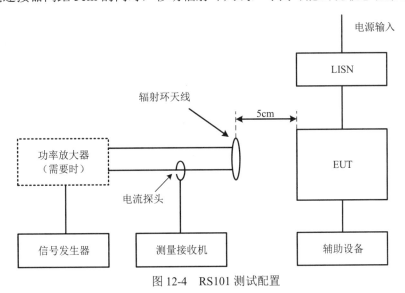

图 12-4　RS101 测试配置

RS101 试验项目规定了辐射环天线和监测环天线的规格参数如下。

1）辐射环天线

（1）直径：12cm。

（2）匝数：20。

（3）导线规格：Φ2mm 的漆包线。

（4）磁通密度：9.5×10⁷pT/A，距离磁环平面 5cm。

2）监测环天线

（1）直径：4cm。

（2）匝数：51。

（3）导线规格：7×Φ0.071mm 的七股丝包漆包线。

（4）屏蔽：静电屏蔽。

信号发生器输出正弦信号到辐射环天线，产生的场强由以下公式决定：

$$110\text{dBpT}=V_A - Z_t +20\lg\left(9.5\times10^7\right) \tag{12-1}$$

式中，V_A——测量接收机 A 的测量值，单位为 dBμV；

Z_t——电流探头的转移阻抗，单位为 dBΩ。

12.1.5　数据及结果

通常试验完成后，需要提供以下测量信息和数据。

（1）EUT 工作状态。

（2）磁场限值、实际施加的幅频曲线或数据表。

（3）EUT 是否满足敏感度要求的说明。

（4）EUT 发生敏感的频率、敏感度门限电平、测试部位及其工作状态。

试验结果评定方法如下。

根据 EUT 和分系统产生的敏感现象，分析测试结果，进一步评定敏感现象产生原因，评估其对测试系统的影响。

12.2　RS103 10kHz～40GHz 电场辐射敏感度

12.2.1　目的及适用范围

1. 目的

本项目的目的是考核 EUT 承受空间电场干扰的能力，确保在平台内或平台外的发射天线产生的电磁场中工作的设备性能不降低。

2. 适用范围

本项目适用于设备和分系统的壳体和所有互连电缆。

（1）10kHz～2MHz：陆军飞机（包括机场维护工作区）适用，其他选用。

（2）2MHz～30MHz：陆军舰船、陆军飞机（包括机场维护工作区）、海军适用，其他由订购方选用。

（3）30MHz～100MHz：全部适用。

（4）100MHz～1GHz：全部适用。

（5）1GHz～18GHz：全部适用。

（6）18GHz～40GHz：由订购方选用。

本项目不适用于连接天线接收机的调谐频率，但水面舰船和潜艇除外，原因是在舰船和潜艇内，可能存在着大量无线发射设备，如移动电话、无线局域网、RFID 标签等。

本项目与 RE102 无隐含关系。RE102 限值主要是为了保护带有天线的接收机，而 RS103 是模拟天线发射所产生的场。

12.2.2　项目剪裁

订购方可以根据特定平台上或附近的辐射源的安装布局对本项目要求的电平和频率范围进行剪裁。考虑的依据如下。

（1）辐射源的特性。

（2）设备与辐射源之间的距离。

（3）设备与辐射源之间的屏蔽。

（4）设备将来是否还在其他装置中使用。

（5）增加辐射源或改变辐射源位置的可能性。

12.2.3　限值应用

当按下面规定的调制方式和表 12-1 规定的辐射电场进行试验时，设备不应出现任何故障、性能降低或偏离规定指标值，或者超出单个设备或分系统规范中给出的指标容差。

表 12-1　RS103 项目测试的限值

频率范围		平台							
		飞机（外部或 SCES）	飞机（内部）	舰船（甲板上）和水下（外部）[a]	金属舰船（甲板下）	非金属舰船（甲板下）[b]	水下（内部）	地面	空间系统
10kHz ～ 2MHz	陆军	200	200	10	10	10	5	20	20
	海军	200	20	10	10	10	5	10	20
	空军	200	20	—	—	—	—	10	20
2MHz ～ 30MHz	陆军	200	200	200	10	50	5	50	20
	海军	200	200	200	10	50	5	10	20
	空军	200	20	—	—	—	—	10	20
30MHz～ 1GHz	陆军	200	200	200	10	10	10	50	20
	海军	200	200	200	10	10	10	10	20
	空军	200	20	—	—	—	—	10	20
1GHz ～ 18GHz	陆军	200	200	200	10	10	10	50	20
	海军	200	200	200	10	10	10	50	20
	空军	200	60	—	—	—	—	50	20
18GHz～ 40GHz	陆军	200	200	200	10	10	10	50	20
	海军	200	60	200	10	10	10	50	20
	空军	200	60	—	—	—	—	50	20

a. 对潜艇压力舱以外、上层结构之内的设备，使用金属舰船（甲板下）。

b. 位于航空母舰飞机库甲板上的设备。

以上电场强度单位为 V/m

在 30MHz 及其之下，应满足垂直极化场限值要求；在 30MHz 以上，应同时满足水平极化场限值和垂直极化场限值要求。

本项目要求不允许使用圆极化场。虽然使用圆极化场较方便，可以避免线极化天线要旋转才能够产生两种极化方式的辐射场，但是在某些频率上圆锥形对数螺旋天线的方向图中心线不在天线轴线上，在正确使用下也容易引起混淆。EUT 及其连接电缆对线极化场更容易产生响应。

不同平台场强限值要求不同，是因为设备在使用寿命期间预期会遇到环境电平不同。

限值不一定代表设备可能暴露的最坏环境条件，因为射频环境的变化可能很大，尤其是辐射源不在平台上时。限值设定的电平可以适用于大多数情况，包括考虑由射频高功率威胁辐射源引起的"后门"效应（不包括直接耦合到平台天线和外部固定设备）。

对于飞机和舰船：通常根据设备是否受平台保护来规定不同的限值。

对于坦克等陆军系统：未给出这种区分，因为在某结构内使用的设备，常常也用于无结构保护的场所。

对于陆军飞机：根据其使用设备，在 10kHz～40GHz 全频段按 200V/m 场强要求，而与设备安装位置或设备是否是安全性关键设备无关。部分陆军飞机的外部环境甚至高于 200V/m。因为大多数陆军飞机特别是直升机贴地面飞行，会与大功率辐射源更接近，并且接触时间更长，所以通常直升机的合格评定电平要高于固定翼飞机。

对于潜艇平台：RS103 项目有压力舱内部设备限值和压力舱外部设备限值之分。考虑到压力舱内部有便携式干扰源，所以 30MHz 以上频段按 10V/m 要求。而对于压力舱外部设备，由于电磁环境更加严酷，因此相应的限值也更加严格。

对于水面舰船和潜艇：分别从水下（内部）和水下（外部），以及舰船（甲板上）和舰船（甲板下）来要求，这主要考虑了平台本身屏蔽效能的典型值，而舰船（甲板下）又分别从金属舰船（甲板下）和非金属舰船（甲板下）来要求。

在远场条件下，电场强度与功率密度的公式为 $E = \sqrt{P \times Z_0}$，而占空比为 50%调制时，脉冲高电平才有输出，即功率减小一半，功率密度减小一半，电场强度变为未调制前的 $1/\sqrt{2}$。

12.2.4　测试步骤

RS103 项目测试有接收天线法和电场传感器法两种。在 10kHz～1GHz，用电场传感器法测量电场；在 1GHz 以上，用电场传感器法或接收天线法测量电场。

试验按图 12-5～图 12-8 所示进行配置，配置原则如下。

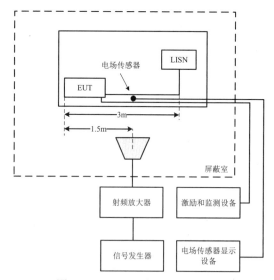

图 12-5　RS103 项目测试配置图

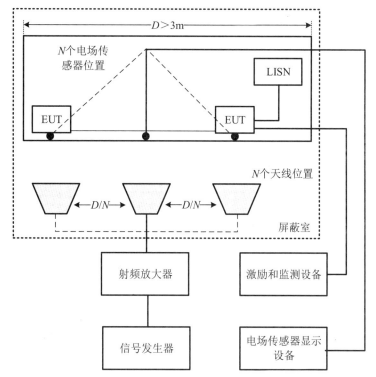

图 12-6　RS103 多天线布置（测试配置边界 $D>3$m）

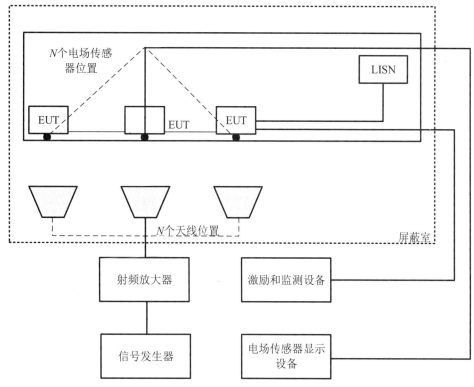

图 12-7　RS103 多天线布置（频率 ≥200MHz）

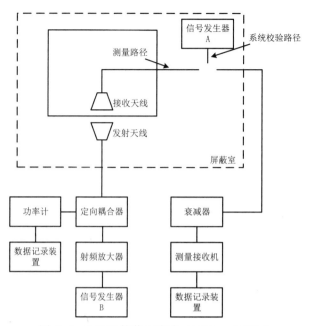

图 12-8　RS103 接收天线法（1GHz～40GHz）

1．检验配置

1）电场传感器的布置

电场传感器对准发射天线，电场传感器、EUT 与发射天线之间的距离相同。在 1GHz 及其以下，电场传感器至少在接地平板上方 30cm；在 1GHz 以上，将其放置在 EUT 被照射区域的高度上。不要把电场传感器放在偏离天线主瓣的边沿上。

2）接收天线的布置

在放置 EUT 之前按图 12-8 所示将接收天线放在绝缘介质支架上，其高度与 EUT 的中心相同。

2．测试配置

发射天线的布置。天线应按下述要求放置在距离测试配置边界 1m 或更远处。通过这样的布置，使发射天线的主瓣将 EUT 的壳体宽度及规定的电缆长度纳入其中。

1）10kHz～200MHz

（1）测试配置边界不大于 3m。天线放在测试配置边界边缘的中心线上，该边界包括所有 EUT 壳体及 2m 长暴露的互连线和电源线。如果平台在实际安装中互连线短于 2m，则允许使用长度短于 2m 的互连线。

（2）测试配置边界大于 3m。按要求间隔使用多个天线位置 N，天线位置 N 用边界宽度（单位为 m）除以 3 并进位取整。

2）不低于 200MHz

可能需要较多的天线位置，如图 12-7 所示。按以下方法确定天线位置 N。

（1）对于 200MHz～1GHz 的测试，天线位置应足够多，以使每个 EUT 壳体的整个宽度及其端接电线/电缆的首个 35cm 线段都处在天线 3dB 波瓣宽度内。

（2）对于不低于 1GHz 的测试，天线位置应足够多，以使每个 EUT 壳体的整个宽度及其端接电线/电缆的首个 7cm 线段都处于天线的 3dB 波瓣宽度内。

按前述步骤保持电场传感器的布置。

本试验整体分为两步，即校验和测试。试验时，具体步骤如下。

3．电场传感器法（实时监测法）

1）校验

（1）EUT 通电预热并达到稳定工作状态。

（2）在施加电场前，先看周围环境（包括 EUT）产生的场强有多大。如果 EUT 产生的场强较大，则需要采取措施，如改变电场传感器的位置，使其监测值小于测试场强限值的 10%。此举是希望施加的场强是由测量系统产生的，而非周围环境所为。

（3）记录 EUT 的辐射发射在电场传感器显示器上显示的幅度，必要时改变电场传感器的位置，直至该幅度小于测试场强限值的 10%。

2）测试

（1）确定环境电平满足要求。

（2）EUT 通电预热并达到稳定工作状态。

（3）将信号发生器用 1kHz、50%占空比的脉冲调制。

（4）使用适当发射天线及放大器，在测试起始频率产生电场，逐渐加大直至限值。

（5）按表 8-4 设置扫描步进和驻留时间在测试频率范围内扫描，给发射天线输入足够的功率，保持电场达到限值要求。监视 EUT 是否敏感。

金属平面 EUT 会存在反射情况，导致电场传感器接收到的电场强度不稳定，当选择电场探头的摆放位置时，应尽量避免 EUT 反射带来的影响。保证电场传感器的场强应由基频而非谐波和其他乱真发射产生。

在限值中，是调制波形的峰值电平与规定的试验电平对应一致，而不是调制波形的平均电平与试验电平一致。当使用电场传感器监测调制后的测试信号时，其读数小于峰值检波的读数，应注意将测量指示值折算为峰值。

4．接收天线法（>1GHz，预先校准法）

1）校验

（1）先用已知信号确认接收系统的测量值在±3dB 内。

（2）再在规定的频率范围内，用规定的 1kHz、50%占空比的脉冲调制，记录达到限值所需输入给天线的功率。

2）测试

（1）确定环境电平满足要求。

（2）EUT 通电预热并达到稳定工作状态。

（3）用校验过程生成的校准文件控制施加到发射天线的功率进行试验。

（4）按表 8-4 设置扫描参数，在测试频率范围内扫描，给发射天线输入足够的功率，保持电场达到限值要求。监视 EUT 是否敏感。

（5）如果出现敏感，则确定敏感门限电平。

（6）发射天线垂直极化时，在整个测试频段进行测试；发射天线水平极化时，仅在 30MHz 以上进行测试。

（7）对要求的各天线位置分别重复前述步骤测试。

12.2.5　数据及结果

通常试验完成后，需要提供以下测量信息和数据。

（1）EUT 工作状态。

（2）电场限值、实际施加的幅频曲线或数据表。

（3）EUT 是否满足敏感度要求的说明。

（4）EUT 发生敏感的频率、敏感度门限电平及其工作状态。

（5）将电场传感器读数修正为与调制波形峰值相等的修正参数。

试验结果评定方法如下。

根据 EUT 和分系统产生的敏感现象，分析测试结果，进一步评定敏感现象产生原因，评估其对测试系统的影响。

12.3　RS105 瞬态电磁场辐射敏感度

12.3.1　目的及适用范围

1. 目的

本项目的目的是考核 EUT 壳体承受强电磁脉冲干扰的能力。

2. 适用范围

当设备或分系统安装在加固（屏蔽）平台或设施的外部时，本项目适用于水面舰船、潜艇、陆军飞机（包括机场维护工作区）、海军飞机和海军地面上的设备和分系统壳体。

订购方有规定时，本项目既适用于上述平台中只预定使用于非金属平台上的设备，也适用于空间系统平台上的设备。对于陆军飞机上用于安全目的的关键性安全设备或分系统，当其安装在外部装置内时，本项目也适用。

本项目主要针对上升时间很短的、自由空间电磁脉冲的瞬变环境，适用于直接暴露在平台外入射场中的设备壳体，或者位于没有屏蔽或屏蔽很差的平台内部的设备。RS105 只适用于 EUT 壳体，电气接口电缆应用屏蔽导管保护，因电缆耦合可能引起的设备响应由 CS116 控制。

12.3.2 项目剪裁

根据限值设定思路、相关的因素（如辐射源、敏感设备）等进行剪裁。

可以根据设备所处平台所能提供的保护对限值的幅值进行增加或减少。

12.3.3 限值应用

电磁脉冲信号波形，如图 12-9 所示，至少施加 5 个脉冲，重复频率不超过 1 个脉冲/分钟。

当按图 12-9 所示试验信号的波形和幅度进行试验时，EUT 不应出现任何故障、性能降低或偏离规定的指标值，或者超出单个设备和分系统规范中给出的指标容差。

RS105 限值的允差及特性如下。

（1）上升时间（10%～90%）：1.8ns～2.8ns。

（2）半峰值脉冲宽度：23ns±5ns。

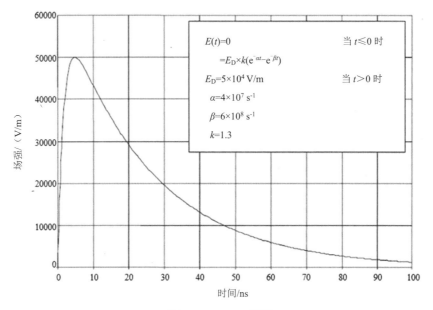

图 12-9 RS105 限值

对于大型模拟器，脉冲的上升时间可以是脉冲电压源的上升时间，但必须得到订购方的同意。

12.3.4 测试步骤

本试验整体分为两步，即校验和测试。试验时，具体测试步骤如下。

1．校验

（1）按图 12-10 所示校验配置进行布置，EUT 放入测试区之前，将 B 或 D 传感器探头放在 A-A 垂直面五点栅格的中心点，将高压探头接在瞬态脉冲发生器的输出端口和辐射系统的输入端口之间，并将高压探头连接到存储示波器上。

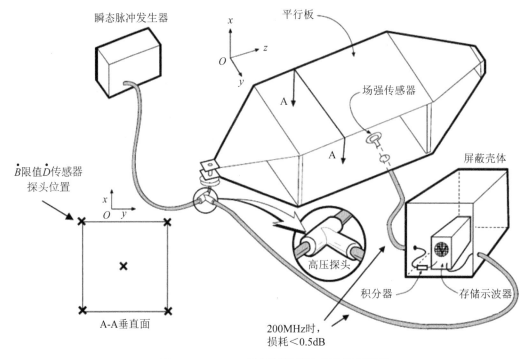

图 12-10　RS105 平板辐射系统典型校验配置

（2）EUT 通电预热并达到稳定工作状态。

（3）瞬态脉冲发生器产生脉冲场，用 $\dot{B}$ 或 $\dot{D}$ 传感器探头测量，场强的峰值、上升时间、脉冲宽度应符合要求。记录存储示波器上显示的脉冲波形。

（4）栅格点上的电场或磁场峰值，高于限值 0～6dB。

（5）对图 12-10 上的其他四个测试点分别重复前述步骤。

（6）确定 5 个栅格点场强同时满足要求时脉冲发生器设置及相应的脉冲驱动幅度。

在平行板等开放式试验装置中测量到电场波形与标准规定的试验波形会有差异，这是因为开放式试验装置周围物体存在发射，电场探头测量到的波形是直射波和发射波的叠加，校验时需要保证上升时间、幅度、半峰值脉冲宽度在规定的要求范围内。

2．测试

1）测试配置

平行板辐射系统典型测试配置如图 12-11 所示。

（1）将 EUT 的受试面放在 A-A 垂直面上，中心线对准辐射系统的中心线。EUT 不超出辐射系统可用测试区（在 x、y、z 方向上分别为 $h/3$、$B/2$ 和 $A/2$）（h 是平行板之间最大垂直间距），如图 12-11 所示。如果 EUT 在实际安装时放在接地平板上，则 EUT 也应放在辐射系统的接地平板上。EUT 按实际安装方式搭接到接地平板。否则，应用对电磁场影响最小的介质材料支撑 EUT。

（2）EUT 的朝向应能最大耦合电磁场。这可能需要在 EUT 几个朝向都测试后才知道。

（3）EUT 工作和监视电缆应按感应电流或电压最小的方式敷设。电缆应与电场矢量垂直，与磁场矢量垂直的环路面积应尽量小。进出平行板测试区的电缆应与电场矢量垂直，长至少 $2h$。

（4）辐射系统的底板搭接到大地参考点上。

（5）辐射系统的顶板离最近的金属至少 $2h$，包括天花板、建筑结构、金属通风管、屏蔽室墙等。

（6）用开放式辐射体时，应将 EUT 实际或模拟的负载和信号放在屏蔽壳体内。

（7）在靠近外部电源的 EUT 电源线上加终端保护装置，以保护电源；如果没有终端保护装置，则可以用承受 100A 以上大电流的滤波器替代。

（8）将瞬态脉冲发生器连接到辐射系统。

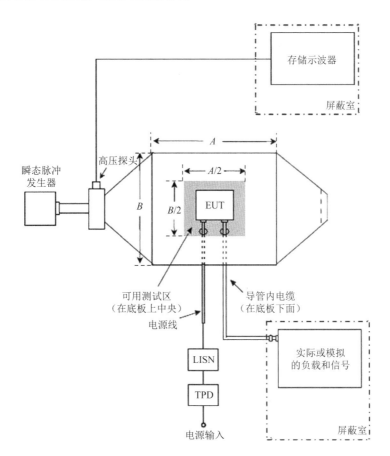

图 12-11　平行板辐射系统典型测试配置

2）测试步骤

（1）EUT 通电预热并达到稳定工作状态。

（2）尽可能在 EUT 的正交方向上对其测试。

（3）先施加校验时确定脉冲幅值 10%，再分两到三步增加脉冲幅度直至要求值。

（4）在要求的测试电平上，确认脉冲波形特性与要求一致。

（5）以不超过 1 个/分钟的速率施加要求数量的脉冲。

（6）在施加每个脉冲的过程中或结束后监视 EUT 性能是否降低。

（7）如果 EUT 在低于规定幅度时就发生故障，那么停止测试并记录此值。

（8）如果出现敏感现象，那么先降低信号发生器输出电平直至 EUT 恢复正常，再慢慢增加输出信号电平直至敏感现象刚好重复出现，确定敏感度门限电平。

试验过程中使用的高压有致命危险，如果使用开放式辐射系统，那么试验时应小心强电磁场对人体的辐射。为避免 EUT 监控装置出现被干扰的情况，也应对监控装置做必要的屏蔽防护。

12.3.5　数据及结果

通常试验完成后，需要提供以下测量信息和数据。

（1）EUT 工作状态。

（2）EUT 及电缆方位照片。

（3）EUT 配置的详细说明。

（4）在 EUT 各方位施加脉冲的示波器图，包括峰值、上升时间及脉冲宽度数据。

（5）为每个记录的脉冲波形编号。

（6）适用时，记录每个 EUT 的失效恢复时间。

（7）是否满足相应敏感度要求的说明。

（8）EUT 发生敏感的敏感度门限电平及其工作状态。

试验结果评定方法如下。

根据 EUT 和分系统产生的敏感现象，分析测试结果，进一步评定敏感现象产生原因，评估其对测试系统安全性的影响。

第三篇

电磁兼容工程实践

　　装备电磁兼容工程实践涉及元器件、印制电路板及组件、设备（分系统）和大系统等不同层级，设计内容涉及屏蔽、滤波和接地等方面，电磁兼容设计过程涉及硬件工程师、结构工程师、软件工程师、工艺工程师等跨专业技术人员。上述这些因素使装备电磁兼容设计具有非常强的工程实践性。

　　本篇从工程实践角度出发，重点介绍装备的电磁兼容设计程序，电磁兼容工程实践风险检查内容，电磁兼容仿真，元器件选型，印制电路板电磁兼容设计，开关电源电磁干扰机理及抑制技术，线缆分类和布线要求，滤波器选用和安装指南，电搭接技术，结构件屏蔽技术和 EWIS 屏蔽效能参数表征及量化测试技术，以及在电磁兼容设计过程中的一些工程经验，供科研院所、检测机构、型号项目等相关技术人员开展装备电磁兼容设计时参考。

第13章

电磁兼容设计程序

本章主要描述装备实现电磁兼容的基本设计程序、要领和验收准则。

13.1　概述

在一般情况下,开展武器装备的电磁兼容设计均基于以下输入数据。

(1) 预期工作最严酷的电磁环境电平。

(2) 武器装备的电磁兼容研制总要求。

(3) 武器装备的故障准则或允许的性能降级准则。

(4) 系统、分系统或设备的严格度分类,天线布置、电缆敷设。

(5) 关键系统、分系统(设备)的电磁干扰安全裕度。

(6) 发射机和接收机的发射功率、接收灵敏度、工作频率、带宽等工作数据。

电磁兼容设计始终伴随武器装备功能、性能进行研制,在开展武器装备电磁兼容设计时应根据实际要求进行,当对客观要求不清楚时,可按照 GJB 151B—2013、GJB 1389B—2022、GJB 8848—2016 等相关标准规范的规定要求进行电磁兼容设计。必要时,可对上述标准规范进行剪裁并按规定的程序进行审批。

13.2　一般电磁兼容设计程序

一般地,电磁兼容设计程序如图 13-1 所示。

(1) 装备总体研制方对设备(分系统)、系统典型使用场景的电磁环境参数进行分析,为各承研单位提出电磁兼容研制总要求。电磁环境参数包括但不限于:频率、电场强度、功率密度、接收机或敏感设备最小可测信号、调制度、脉冲宽度、脉冲重复频率、天线增益、极化等。电磁环境参数常用极限参数或统计方法考虑。

(2) 结合产品性能要求,提出明确的电磁环境适应性要求。

（3）确定设备的敏感阈值。

（4）确定实际接收的干扰电平或耦合电平。耦合电平可以是设备之间、分系统之间、导线之间、导线与设备之间的电平等。

（5）根据敏感度和耦合度电平，预计最坏情况的易损性。

（6）确定电磁干扰防护要求。对电磁能量敏感的要求小于 30dB，通常不需要附加防护设计，若对电磁能量敏感度的要求为 30dB～70dB，则应采取电磁防护加固设计；若对电磁能量敏感度的要求大于 70dB，则一般要重新审查方案的可行性。

（7）确定电磁防护加固设计。防护加固设计包括硬件设计和软件设计。例如，接地、电搭接、屏蔽、滤波、布线、回避处理（空间隔离、频率分隔、时间分隔）、软件优化等。

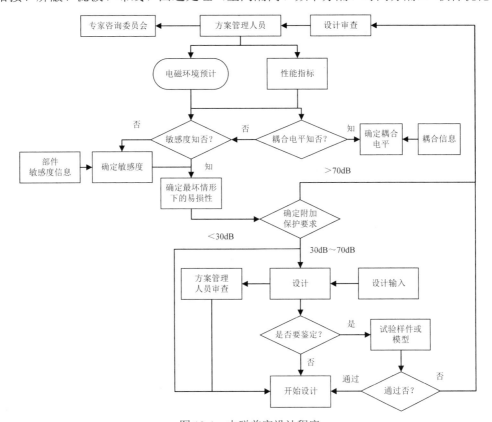

图 13-1　电磁兼容设计程序

供装备电磁兼容设计参考的电磁环境电平如表 13-1 所示。

表 13-1　供装备电磁兼容设计参考的电磁环境电平

电磁环境	频率范围/Hz	近场近似电磁环境电平			
		功率密度/（mW/cm²）		场强/（V/m）	
		峰值	平均值	峰值	平均值
舰上发射机主波束最大电磁环境电平	<30	0.11	0.11	20	20
	30～2000	2000	60	4120	460
	>2000	125000	410	31000	300

续表

电磁环境	频率范围/Hz	近场近似电磁环境电平			
		功率密度/（mW/cm²）		场强/（V/m）	
		峰值	平均值	峰值	平均值
机载发射机主波束最大电磁环境电平	<30	0.03	0.03	11	11
	30～2000	6	3	150	110
	>2000	22000	800	9100	1750
陆地发射机主波束最大电磁环境电平	<30	0.3	0.3	30	3
	30～2000	55000	140	15000	800
	>2000	210000	450	28000	1300
航空母舰飞行甲板	<30	—	—	200	100
	30～2000	—	—	5100	183
	>2000	—	—	9700	183
飞机库甲板	<30	—	—	32	10
	30～2000	—	—	50	5
	>2000	—	—	334	10
导弹舰露天发射甲板	<30	—	—	200	100
	30～2000	—	—	5100	183
	>2000	—	—	9700	183
工厂、库房检验区	<30	—	—	—	10
	30～2000	—	—	—	5
	>2000	—	—	—	20
船上测试场	<30	—	—	1	1
	30～2000	—	—	32	1
	>2000	—	—	1	1
非导弹驱逐舰露天甲板	<30	—	—	200	100
	30～2000	—	—	5100	183
	>2000	—	—	7220	183
干扰台	<2000	4500	25	4100	300
	>2000	35000	350	12000	12000
地面环境（脉冲调制和非脉冲调制发射机）	<50	—	—	—	300
	50～1000	—	—	—	800
	>1000	—	—	—	800
地面环境（脉冲发射机）	<50	—	—	10	—
	50～1000	—	—	20000	—
	>1000	—	—	25000	—

13.3　系统电磁兼容设计程序

对于一个比较复杂的完整系统，电磁兼容设计可参考以下步骤进行。

（1）分析并确定任务的电磁环境。预计系统完成全部功能所处最严酷的电磁环境，包括系统受电磁干扰最高电场强度，可能遇到的敌方、友方的射频干扰信号，以及自然环境所造成的信号（雷电、静电等），确定系统环境适应性的要求，分别如图 13-2 和图 13-3 所示，电磁环境数据是电磁兼容设计的主要依据之一。

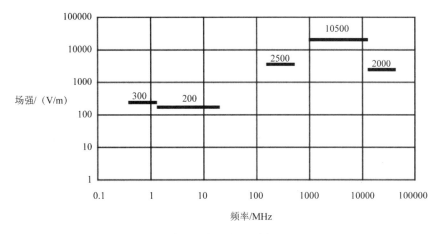

图 13-2　航空母舰甲板环境复合场要求

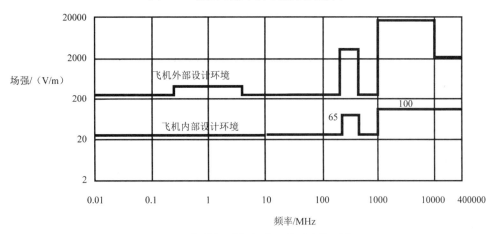

图 13-3　舰载机系统电磁环境适应性要求

（2）根据实际电磁环境，编制系统电磁环境要求。

（3）选用现行有效的标准或经剪裁的标准。

（4）编制电磁兼容实施大纲。

（5）对系统内各专业分系统及其选择的设备进行分析、比较，包括但不限于：工作频率、工作状态、干扰或敏感特性、设备分类和输入/输出接口等。各分系统及设备应符合电磁兼容标准要求。

（6）对系统、分系统和设备工作频率、频谱特性进行电磁兼容分析，绘制出系统内各设备或关键设备的工作频谱图，分析它们的相关影响，包括但不限于：基波、谐波、中频、镜像频率、频带宽度、重复频率、互调频率和本振频率等。预计干扰和敏感特性，选择并调整频率和频谱，尽可能不产生预期的电磁干扰和敏感特性。

（7）在保证系统完成规定功能的前提下，确定分系统和设备的性能降额准则。

（8）确定系统内关键分系统或关键设备的电磁干扰安全裕度。

（9）制定通用电磁兼容设计要求，包括但不限于：电路设计、结构设计、工艺设计、搭接、屏蔽、接地、滤波、布线和设备分系统的总体布局设计等。

（10）必要时，进行防雷电、核电磁脉冲（NEMP）、高功率微波（HPM）和高强度辐射场（HIRF）的电磁兼容（易损性、生存性）设计。

（11）对于特殊设备、特殊部位和结构，提出特殊的设计要求。例如，电磁辐射对人员的伤害（RADHAZ）、电磁辐射对军械的危害（HERO）、密码安全（TEMPEST），以及对军事指挥、控制、通信和情报（C^3I）系统进行开发和管理的特殊要求。

（12）统计、分析与预测。统计系统内所有相关设备的电磁参数和安装特性，特别是干扰源和敏感设备。分析与预测计算耦合（传递）函数，做出系统内电磁干扰预测矩阵表。对系统内各分系统和设备之间进行电磁干扰分析与预测。在不同工作状态、工作频率、几何位置的不同组合情况下，预测设备可能产生的电磁干扰和敏感的严重程度、响应范围，研究电磁干扰和敏感的原因，系统内电磁干扰预测矩阵表如表 13-2 所示。

表 13-2　系统内电磁干扰预测矩阵表

发射源	敏感电路											
	高频（收）	超高频（收）	甚高频（收）	敌我识别器	甚高频（收）	雷达高度表	无线电罗盘	盲降着陆接收机	信标机	机内通话	自动驾驶仪	发动机控制系统
高频（发）	•	•	▲	•	•	•	•	×		▲	•	•
高频（发）	•	/			×	×	▲					
高频（发）	▲	•			×							
敌我识别器	•											
甚高频	▲	•								×	▲	•
雷达高度表	×	×	×	×	×	/	×	×	×			
盲降着陆接收机	•											
信标机	•											
发动机、发电机	▲	▲	▲	▲	▲	▲	▲	▲	▲	▲	•	▲
襟翼传动装置	▲											
激励元件 1	•		▲		▲			×		▲	▲	•	•
激励元件 2	•		▲		▲			•		▲	▲	•	•

注："•"表示轻微干扰；"▲"表示强干扰；"×"表示无干扰

（13）调整系统。分析或实测后，按以下一种或几种办法进行更改，达到系统电磁兼容，当无法更改或成本花费很不经济时，可采用时间分割、适时闭锁等回避措施，需要对牺牲战术技术指标要求、效能进行权衡。可采取的措施包括调整工作状态、调整技术状态、调整防护设计、更改技术规范、改变总体布局、改变电磁环境。

13.4　电磁兼容验收准则

13.4.1　准则

确定系统或设备是否实现电磁兼容，必须符合以下准则。

（1）系统（设备）内实现自兼容。系统（设备）产生的电磁干扰不超过规定的电平，系统（设备）对电磁干扰的敏感度在功能允许范围内，系统（设备）自身在完全稳定的状态中正常工作。

（2）系统（设备）满足规定的电磁环境适应性要求。系统（设备）不受周围电磁环境的影响，同时不发射过量的电磁干扰或无用信号。

（3）系统（设备）关键设备满足规定的电磁兼容安全裕度、安全距离要求。

（4）相关接口的电磁兼容参数符合规定的值。

13.4.2　电磁兼容验收试验

（1）系统（设备）电磁兼容验收试验项目及要求符合相应标准的规定或双方协议（合同）的规定。

（2）不同研制阶段试验项目的选择可以不一致，不是都必须重复，对于一些重要的大型试验（如大系统试验）或耗资很大，或者具有破坏性的项目，每个研制阶段，在验收时不是必须全部做实验，应考虑性能要求、经费、研制进度等三方面。

（3）系统电磁兼容试验与鉴定可以选择以下几种方法进行。

① 系统内分系统或设备相互作用试验。

② 关键分系统或设备安全裕度测量。

③ 系统天线间电磁干扰耦合测量。

④ 系统电磁环境试验。

⑤ 系统互相调制测量。

⑥ 雷电试验。

⑦ 搭接电阻测量。

⑧ 系统间电磁兼容试验。

（4）对于雷电、核电磁脉冲（NEMP）、高功率微波（HPM）和高强度辐射场（HIRF）防护要求很严酷的系统（设备）应进行相应的试验验证或模拟试验，以确定雷电、核电磁脉冲（NEMP）、高功率微波（HPM）和高强度辐射场（HIRF）的防护能力。究竟采用何种试验，要根据不同武器装备需求来确定。相互作用试验是电磁干扰发射设备在电磁干扰最大状态与敏感设备在最敏感状态或最敏感的频率工作时，确认是否干扰或兼容。举例如下。

① 接收机和接收机相互作用。

② 发射机和接收机相互作用。

③ 发射机与有源和无源装置（磁性装置）相互作用。

④ 有源装置和接收机相互作用。

⑤ 有源装置和无源装置（磁性装置）相互作用。

列出相互作用测量矩阵，如表 13-3 所示。

表 13-3　相互作用测量矩阵

接收机与接收机相互作用					
源接收机	受害接收机	源接收机频率/MHz	受害接收机频率/MHz	测试频率/MHz	相互作用结果
（型号）	（型号）	230.00	17.1	17.1	信号源第一本振与受害接收机相互作用
（型号）	（型号）	230.80	25.1	25.1	信号源第一本振与受害接收机相互作用
发射机与接收机相互作用					
源发射机	受害接收机	源发射机频率/MHz	受害接收机频率/MHz	测试频率/MHz	相互作用结果
（型号）	（型号）	3.85	225.95	3.85	信号源频率与受害的第二中频相互作用
（型号）	（型号）	22.500	232.50	22.500	信号源频率与受害中频相互作用
（型号）	（型号）	20.00	110.00	110.00	五倍信号源频率与受害接收机相互作用

安全裕度测量是将敏感的分系统或敏感阈值与实际存在的电磁干扰电平比较，鉴定是否符合安全裕度的规定。

（5）安全裕度测量可以参考下述方法。

① 增大干扰源的功率。

② 增强干扰源与敏感装置之间的耦合。

③ 提高敏感性。

④ 仪表直读法。

⑤ 图估计法。

选择何种方法，应根据实际条件来确定。

天线间电磁干扰耦合测量是评价一个复杂系统多根天线之间的电磁干扰隔离度。

系统电磁环境试验是判别环境是否对系统造成有害的影响和系统工作时对环境产生的电磁危害。当本系统和另一个系统必须在一起工作时，需要进行系统间电磁兼容试验，以判断系统之间是否相互电磁干扰。

第 **14** 章

电磁兼容工程实践风险检查内容

对于型号研制项目，通常可以用一系列的设计规则来检查判断系统、分系统和设备的电磁兼容设计水平。检查的内容包括但不限于：电磁兼容大纲的管理控制要求；电磁兼容大纲的文件和资料要求；电磁兼容检验/证书要求；设备分类及其特性；系统适用性、工作环境和特殊考虑；系统分析；系统规范；电磁兼容的基本设计参数；电磁兼容工程技术检查要领。

本章为电磁兼容管理、设计、试验人员提供电磁兼容风险检查评审参考。

14.1 电磁兼容大纲的管理控制要求

（1）工作报告书、系统规范和其他采用文件。
（2）电磁兼容组织机构（技术咨询委员会）、成员。
（3）卖方监控。
（4）定期设计评审。
（5）研制阶段节点/进度表。

14.2 电磁兼容大纲的文件和资料要求

（1）电磁兼容控制计划，包含系统与电磁兼容相关的要求。
（2）系统电磁兼容试验计划。
（3）系统干扰威胁性分析（如干扰易损性）。
（4）频率指配。
（5）试验方法和程序。
（6）分承包单位的要求。
（7）分承包单位电磁兼容计划、试验计划、试验报告。
（8）系统试验报告。

（9）工作环境准则，包括电磁（敌、友）、机械/力学。

（10）电源要求。

（11）系统维修技术状态的控制方法。

（12）包装和安装准则。

（13）电缆电磁兼容设计要求（走线、电搭接、屏蔽等）。

（14）天线隔离要求。

（15）信号程序图。

（16）接地配置图。

14.3　电磁兼容检验/证书要求

（1）系统兼容性（系统内和系统间）。

① 电磁兼容安全裕度。

② 降额准则。

③ 工作的环境敏感度。

④ 操作说明。

（2）分系统/设备准则。

（3）系统安全性。

① 工作人员。

② 武器。

③ 燃料/发射火药。

14.4　设备分类及其特性

各种设备和适用参数列表并分类如下。

（1）设备分类。

① 电源。

② 指令/控制。

③ 跟踪、遥测和指令。

④ 制导/导航。

⑤ 姿态控制/自动飞行检测系统。

⑥ 机电元件和分系统。

⑦ 测量设备/传感器。

⑧ 电子干扰/核探测、红外辐射/激光等特殊用途。

⑨ 电引爆装置。

⑩ 地面保障装备。

（2）适用参数。

① 占空比。

② 波形。

③ 功率。

④ 调制。

⑤ 频率及规定频谱。

⑥ 电压/电流。

⑦ 电源谐波特性。

⑧ 灵敏度。

⑨ 振幅。

⑩ 精度。

14.5　系统适用性、工作环境和特殊考虑

把系统的各种分系统/设备的工作环境和特殊考虑（如电磁敏感度、电磁加密措施和电磁脉冲）列成表格，如表 14-1 所示。

表 14-1　表格举例

适用范围	设备分类	工作环境	特殊考虑
航天飞机			
航天火箭助推器			
地面保障设备			
舰船			
潜艇			
飞机			
注：工作环境可能包括电磁脉冲、高功率微波、雷电、静电、外部射频环境（友方及其他）、电磁敏感性等			

14.6　系统分析

系统分析项目如下。

（1）系统工作要求，包含需要的发射/接收。

（2）重要性分类。

（3）天线耦合。

（4）远场耦合。

（5）近场耦合。

（6）电源—磁场。

（7）共阻抗。

（8）瞬态—尖峰信号。

（9）负载功率分配。

（10）乱真信号源。

（11）多点接地和公共接地。

（12）系统内和系统间信号接地。

（13）黑盒、箱、电缆等的屏蔽效能。

（14）天线、武器配置和设备安装预测敏感度和发射分布图。

（15）天线安装隔离参数。

（16）各设备型号，以及要求的闭锁信号和参数的时间共用工作顺序。

（17）其他工作设备或分系统实际安装，用以预测屏蔽效能。

（18）失效—安全、可靠性和系统安全性要求。

14.7　系统规范

14.7.1　辐射发射（频率范围和允许电平）

（1）接收机工作频率。

（2）敏感度。

（3）带宽。

（4）工作状态（最坏情况分析，任务阶段工作状态）。

（5）乱真信号抑制能力。

（6）瞬间恢复时间。

（7）与设备台站或元件相关的天线安装。

（8）天线增益：后瓣与旁瓣抑制。

（9）结构屏蔽。

（10）其他射频单元，以及线路—信号电平和频率范围功能。

（11）稳态极限值：宽频带和连续波。

（12）瞬变极限值：根据任务状态可能制定两组或多组限值曲线。

14.7.2　传导发射（频率范围和允许电平）

（1）按接收机工作频率确定的信号类型、电平和接收机特性。

（2）电缆耦合。

（3）功率分析。

（4）调节类型。

（5）单位电源消耗量（主电源、二次电源）。

（6）汇流条总有用功率。

（7）电源线接口—敏感度比较研究。

（8）建立以频率为函数的初始极限值（主电源线、二次电源线）。

14.7.3　传导敏感度

（1）主电源线。

（2）二次电源线。

14.7.4　辐射敏感度

（1）在船（车、飞机）上的发射机（频率—基波和潜在的乱真发射，功率输出、峰值和平均值，天线位置和特性，任务阶段和工作人员）。

（2）配套的运载发射机（功率输出、频率、离有源分系统的距离，天线特性）。

（3）发射环境（与有源系统的频率、功率电平相关）。

14.8　电磁兼容的基本设计参数

制定系统设计要求，包括以下基本设计参数。

（1）频率管理、规定和指配。

（2）接地：含接地板、接地网或平衡网络准则。

（3）电搭接。

① 设备与结构。

② 结构与结构。

③ 非金属材料的特殊考虑。

（4）结构屏蔽。

（5）机械隔离（如汇流环等）。

（6）雷电防护要求。

（7）静电（机载表面）。

（8）电磁脉冲防护要求。

（9）设备安装准则。

（10）天线安装准则。

（11）金属选择。

① 电考虑。

② 适合的机械考虑（抗拉强度、硬度）。

（12）电线和电缆要求。

（13）电源特性。

（14）静电考虑。

（15）接口标准化和控制。

14.9 电磁兼容工程技术检查要领

对系统内的电磁兼容要求是否满足，可针对不同对象进行选择性回答，并予以评价。下述资料可在设计、安装和检验时使用。

14.9.1 系统

（1）同一系统内的分系统或设备是否进行了相互作用试验？

（2）关键分系统或设备是否进行了电磁干扰安全裕度试验？是否达到规定的安全裕度或安全距离要求？

（3）系统天线间是否进行了电磁干扰耦合测量？

（4）系统是否进行了电源特性测量？

（5）系统内是否有互调干扰？

（6）系统是否进行了雷电干扰试验？

（7）系统内是否都进行了搭接电阻测量？

（8）系统产生的电磁场在周围环境造成的电磁污染分布情况是怎样的？

（9）系统内有关装备的工作频率选用和工作状态是否合理？

（10）系统是否有天线共用或时间共用？或天线转换？是否已证明兼容可行？

（11）消除系统、分系统、设备、材料（油料）的静电是否有有效措施？

（12）系统电气安全接地是否有保障？

（13）大功率干扰源与危险品之间是否计算了足够的安全距离或安全隔离度？

（14）所有的油路装置是否采取了严格的防雷电措施？存放燃油的部位是否不应存放的易遭雷击区域？

（15）雷达罩、座舱盖、天线、外露的各种传感器、操纵系统等，是否同时满足了雷电防护的搭接要求？

（16）是否对系统内电线电缆进行了电磁干扰特性分类？是否按分类要求进行布线？

14.9.2 电路

（1）对于已知的或预期有乱真输出或响应的电路，是否已使用射频陷波电路？

（2）是否采用了能抑制某些谐波产生或通过的电路？如推挽放大器、平衡混频—环形耦合器的组合电路或其他差分电路？

（3）是否使用了必要的抗干扰电路、平衡或对称设计的电路、消隐电路、禁止电路、时序电路、桥式或差分电路、平衡输入电路、自动增益控制、自动频率控制和自动电压控制？

（4）是否应用了晶体控制电路？是否对倍频级做了最好的选择？

（5）是否使用了同步电路、延时电路或其他类似的逻辑电路？

（6）是否使用了利用编码输入或输出的电路？

（7）在分系统级，尤其是倍频电路是否有滤波？

（8）频率产生电路的功率是否合适或过量？如接收机的本机振荡器或发射机的倍频。

（9）射频电路是否已与电源退耦？

（10）电路中是否应用了二极管或其他加偏压器件来建立最小或最大激励电平？

（11）发射机输出端或接收机输入端是否应用了带通滤波？

（12）在接收机镜像频率上是否已采取专门措施来防止镜像响应？

（13）选择的工作频率是否避开了已知的频率或其谐波？

（14）是否对接收机或发射机的射频电路进行控制，以防射频能量耦合至其他电路？如电源连接端、遥测连接端和监控点等。

（15）在有可能振荡的电路中是否加了阻尼？

（16）是否采用了使产生的波节和谐波数最少的调谐方法？

（17）是否采用了抑制乱真谐振的专门电路？

（18）所有的反馈回路是否已设计成能在最坏连接情况下防止振荡？

（19）是否应用了晶体滤波器、带通滤波器、谐振电路、调谐电路和其他窄带装置？

（20）变流器、变频器、继电器、直流电动机、斩波器、变压整流器、开关是否被滤波？

（21）最敏感的电路是否被标识？产生电磁干扰最大的电路是否被标识？

（22）元器件是否经过筛选？使温度、老化、振动等引起的频率漂移或随机调制最小？

（23）是否已用专门的方法来避免电路元件产生乱真信号？如速调管和振荡器。

（24）内部电源连接端是否使用了退耦电容器？

（25）穿心电容器是否已用于内部电路连接或用作隔板安装头？射频电路中的电容器是否用了穿心电容器？

（26）射频级是否采用了并不会在预定频率范围内自谐振的射频元器件？

（27）继电器线圈两端是否接了二极管或其他抑制元件？

（28）开关或继电器触点两端是否跨接 RC 电路？是否用了固体开关代替机械开关？

（29）直流电动机电刷两端是否接抑噪电容器？

（30）是否使用了有电屏蔽的变压器？

（31）在平衡混频器电路中是否使用了配对二极管？

（32）是否使用了环形电感器或其他低泄漏电感器？

（33）是否使用了射频扼流圈和电感器将射频能量限制在预定的电路内？

（34）敏感电路和电磁干扰电路是否使用了各自连接器？

（35）是否用晶振作为频率源？

（36）是否使用了天线共用器之类的选通波导元件或选择同轴元件？

（37）器件是否工作在线性区？

（38）是否使用了温度补偿元件？

（39）是否对 EMP 及雷电引起的瞬态及浪涌使用了气体放电管及压敏元件作为防护？

14.9.3 结构、布局安装

（1）变压器是否已加静电屏蔽？

（2）被屏蔽的电磁场是什么类型？在要求的频率范围内屏蔽材料是否适合？

（3）在设备内部是否使用了屏蔽组件？

（4）是否利用内部框架实现屏蔽？

（5）机箱开口，如调谐孔或通风散热孔是否应用了截止波导技术？

（6）设备外壳开口数量是否减至最少？机壳和内部部件盒的尺寸是否避开了射频谐振腔的临界尺寸，使得机箱开口泄漏最小？

（7）设备机箱内的低电平电路或敏感电路和产生电磁干扰的电路是否已在结构上合理隔离？

（8）是否应用了磁环作为芯，使电感器漏磁场最小？是否已将电感器互相垂直安置，以使相互间耦合最小？

（9）在已知的关键频率上，外壳搭接方法是否合适？

（10）是否已估算机箱需要的最小屏蔽衰减值？

（11）内部组件是否已被屏蔽或滤波，以防不需要的调制？

（12）设备外壳是否用了不同的金属？是否和预期环境相容？

（13）如果用了射频衬垫，那么该设计对最佳压力、接点或接缝的类别、衬垫安装的选择、衬垫尺寸和衰减值等是否考虑充分？

（14）设备内部部件外壳是否已正确地连接到设备外壳上？

（15）是否采用了双线扭绞导线、三线扭绞导线或屏蔽线？

（16）接插件是否有屏蔽措施？屏蔽线接插件是否做到了屏蔽电连续性？

（17）关键电路导线、军械火控线和其他低电平敏感线是否与电磁干扰线隔离？

（18）是否按正确原则单点接地、多点接地？

（19）组件、设备的大功率级和小功率级是否已被隔离？

（20）射频电路中是否应用了短引线长度技术？内部导线走向是否已被有效控制？

（21）对于可能产生乱真能量或对乱真能量可能敏感的电路是否完成了结构隔离和电气隔离？

第15章

电磁兼容仿真

15.1 电磁兼容仿真概述

15.1.1 定义与内涵

电磁兼容仿真是以高性能计算机技术及电磁仿真软件为工具,运用计算电磁学理论进行数值计算,对用电设备的电磁兼容进行模拟分析的一种方法。在电磁兼容仿真中,需要针对产品中不同电磁兼容问题并结合不同数值计算方法的自身特点,选择适用的仿真软件进行分析,最终实现在产品的设计初期就能够对电磁兼容进行有效预测和评估。

电磁兼容仿真有以下的特点和优势。

(1)灵活性:仿真可方便调整几何结构、材料属性、连接方式、关键参数等,进行初探性设计,减少加工实测成本。

(2)深入性:仿真可针对某一环节进行局部分析,可进行整体到局部的映射,解决试验出现故障而无法精准定位的问题。

(3)全面性:仿真可提供比测试更丰富的信息,如从局部到整体的电场、磁场、电压、电流、功率、阻抗等参数,便于问题的分析与解决。

电磁兼容仿真具有重要的意义。如图 15-1 所示,解决电磁兼容问题的成本随着开发过程呈指数增长,越早发现电磁兼容问题则解决的方法越多,所花费的成本越低。因此,基于虚拟原型进行电磁兼容仿真,是在早期发现电磁兼容问题并研究解决措施的最佳手段。

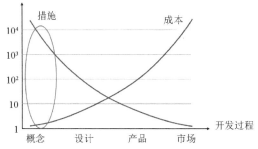

图 15-1　解决电磁兼容措施、成本与开发过程的关系

15.1.2　电磁兼容仿真分类

电磁兼容仿真根据仿真对象的电尺寸大小，可分为以下四种仿真。

1．PCB 板级仿真

PCB 板级仿真包括 PCB 板的信号完整性（SI）、电源完整性（PI）、电磁干扰（EMI）和电磁敏感度（EMS）四类仿真，得出 PCB 板上的电流、电场分布等参数。

2．线缆线束级仿真

可进行单线、双绞线、带状线、同轴线等基本线型，以及组合类型的线缆线束级仿真，得到线缆线束两端的差分电压/电流、串扰值等仿真结果。

3．机箱机柜级仿真

机箱机柜级仿真主要针对金属外壳的机箱或机柜，考虑其上细小的散热孔隙、搭接、紧固螺钉、导电橡胶、屏蔽薄膜、金属丝网等结构对电磁泄漏的影响。

4．分系统/系统级仿真

分系统指能够独立工作的子系统设备，系统指完整的整机产品。该种仿真通常要综合以上三种仿真，通过对 PCB 板和线缆线束的仿真得出 EMC 源，将 EMC 源置入机箱和系统中进行电磁仿真，得到分系统/系统的电磁兼容性。

根据以上不同的分类，需要选择不同的电磁算法进行仿真计算，相应地需要选择合适的仿真软件进行仿真。通常电磁仿真算法在不同电尺寸场景下面临不同的复杂问题，如在电小尺寸场景中面临电磁目标具有精细复杂的几何结构、非均匀各向异性的电磁材料、多单元的周期结构等特性，往往需要通过精确的低频数值算法进行求解，在电大尺寸场景中规模庞大的电磁环境具有复杂多变性，如地面环境中树木植被的遮挡与四季变化，城市环境中建筑密集、材质多样等，此时高频近似方法更能适应此类电磁环境的仿真与建模。

15.1.3　电磁兼容仿真设计挑战

电磁兼容仿真完整"复现"一个实际工程中的 EMC 问题较难做到，进行仿真与分析的目的在于预测分析对象的电磁兼容性、整改设计、指标论证、指标分配。存在的仿真设计挑战有电磁兼容仿真对象众多、工作频段宽、所需数据不全等，并且需要解决的电磁兼容问题小到器件级和部件级，大到设备级和系统级，对象包含电源、电动机、线缆、设备、装备整体电气布局和装备整体辐射与屏蔽等，如图 15-2 所示。

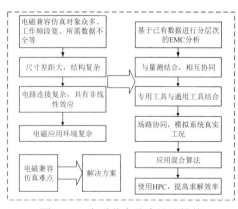

图 15-2　电磁兼容仿真设计挑战

15.2 电磁仿真算法

15.2.1 计算电磁学概述

计算电磁学（Computational Electromagnetics，CEM）是电磁学和计算机技术相结合的交叉学科，是对各类电磁问题求解计算的方法和技术。计算电磁学以麦克斯韦方程组为核心，通过介质的本构关系和特定的边界条件对方程进行求解。根据方程在不同域的表达，计算电磁学可分为时域方法和频域方法。这两种方法通过傅里叶变换建立联系。根据麦克斯韦方程组的不同表达方式，计算电磁学又可分为微分方程法和积分方程法。计算电磁学总体分类如图 15-3 所示，主流的电磁算法包括有限元法（Finite Element Method，FEM）、时域有限差分法（Finite-Difference Time-Domain，FDTD）、矩量法（Method of Moment，MoM）、物理光学法（Physical Optics，PO）等。

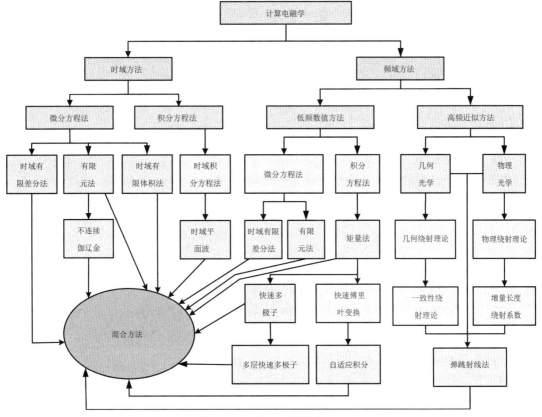

图 15-3 计算电磁学总体分类

其中，不同类型算法的特点如下。

（1）积分方程法：在目标表面剖分二维网格，减少了未知量；考虑了所有网格单元之间的耦合相互作用；矩阵为满阵，求解困难；在同等网格剖分尺度前提下，算法精度最高；适合处理辐射、散射、电磁兼容等开域问题。

（2）微分方程法：稀疏矩阵，求解容易；三维体网格剖分，未知量多；必须对开放边界进行近似处理；可计算规模较小；适用于电小、波导器件问题；时域软件适合处理系统的时域响应、宽带响应。

（3）高频近似方法：基于射线方法，考虑局部效应、不考虑二次源的作用；适合处理电大、平滑结构问题。

（4）混合方法：在精度、速度、计算规模间可结合多种算法取得平衡。

15.2.2　有限元法

有限元法是近似求解数理边值问题的一种数值技术，最早于 1943 年由柯朗（Courant）提出，20 世纪 50 年代应用于飞机的设计，1969 年 Silrester 将有限元法推广应用于时谐电磁场问题。

有限元法采用整个区域上的变分原理或某种弱提法得到积分形式的控制方程边界条件通过引入积分表达式来隐式体现，也可以用显式引进。该方法求解问题的基本过程是用许多子域代替原来的连续区域。在子域中，未知函数用带有未知系数的简单插值函数来表示。因此，无限个自由度的原边值问题被转化成了有限个自由度的问题，也就是说，整个系统的解首先用有限数目的未知系数近似，然后用里兹法或伽辽金方法得到一组方程组，最后通过求解方程组得到边值问题。因此，有限元法分析边值问题的基本步骤可归纳为区域离散、插值函数的选择、建立方程组、求解方程组。

1. 区域离散

区域离散就是将整个求解域划分成若干个子域，在工业软件中，即划分网格的步骤。由于在有限元问题的计算中，通常不能找到适用于全局的插值函数，所以需要将求解区域划分为若干个小的区域。对于一维的问题，即将线段划分为若干个直线段。在二维问题中，将一个面区域划分为可以覆盖整个求解区域的小面元。这些小面元可以是三角形、矩形或其他的多边形。三维问题是求解空间区域的问题，将区域离散成若干个多面体，一般考虑采用四面体或六面体。

合适的网格选取是有限元过程效率和精度的直接保证。网格的大小、形状影响对整体区域的拟合状况、内部插值函数的近似准确度。网格数量决定区域自由度和矩阵维数，影响求解速率和内存需求。通过提升网格数量细化网格，虽然能够使拟合更精确，近似值更逼近真实解，但矩阵规模呈指数增加，计算时长大大增加。为了做出平衡，选取恰当的离散方案非常重要。

在三维空间区域的离散过程中，为了更高效地拟合各类模型和边界，一般选取四面体网格作为离散单元。为了识别各个单元，需要将每个单元的节点、棱边、面和体进行单元内的局部编号，以及整个求解区域内的全局编号，以便后续对离散区域进行整合处理。

2. 插值函数的选择

插值函数是能够对单元内部几何状态近似描述的分布函数。通常，插值函数可选择为一阶、二阶或高阶多项式，也有多阶混合的叠层函数的选取方式。一旦选定了基函数，就能导出一个单元中未知解的表达式。以单个离散单元 e 为例，其未知量的一阶插值有以下形式：

$$\Phi^e = \sum_{j}^{n} N_j^e \Phi_j^e \tag{15-1}$$

式中，n 表示单元内的结点数目；Φ_j^e 表示单元中 j 结点的数值；N_j^e 表示插值基函数，即有限元中未知量的展开函数，它的重要特征是，只有在单元 e 内才不为零，而在单元 e 外均为零。

3．建立方程组

建立方程组，可以选用里兹法或伽辽金方法对求解问题进行有限元分析。由于有限元法应用领域广泛，具体分析的对象可涵盖力、热、电磁、流体等物理领域，涉及的基础理论方程不尽相同，因此，针对不同领域的有限元分析过程也是不同的。针对电磁领域的有限元法，以矢量波动方程为有限元形式构造的起点，最终形成易于求解的有限元矩阵方程。生成的矩阵方程一般具有以下两种形式：

$$[K]\{\phi\} = \{b\} \tag{15-2}$$

或

$$[A]\{\phi\} = \lambda[B]\{\phi\} \tag{15-3}$$

4．求解方程组

针对第 3 步生成的矩阵方程进行求解，具体求解的矩阵规模决定于区域离散的细化程度和基函数选用的阶数。一般来说，所集成的矩阵是一个维数巨大的稀疏矩阵，在求解有限元矩阵方程时，所消耗的内存资源和时间是巨大的。

有限元法适用于处理非均匀介质或介质与金属的组合结构、微带结构，以及填充非均匀介质或各向异性介质的波导问题。该方法与时域有限差分法一样，难以处理开放区域的辐射与散射问题。在计算过程中，计算机内存的限制同样需要引入吸收边界条件，如完全匹配层（PML）进行网格截断。

15.2.3　时域有限差分法

1966 年，K.S.Yee 首次提出时域有限差分法，利用差分原理将旋度方程组离散成一组时域的递推公式，用于求解微分形式的麦克斯韦方程组。由于时域上的直接求解，该方法可方便知道随着时间的推进电磁场的变化过程。时域有限差分法将麦克斯韦方程组在时间和空间上采用中心差分方式离散，形成一组在空间上采样、在时间上递推的离散方程组。由于该方法是对麦克斯韦方程组在离散空间上直接描述，能够很好处理复杂媒质，并且离散方程递推的特点使其很容易实现高性能的并行运算，因此具有很强的仿真能力。此外，该方法特别适合求解电磁的时域瞬态响应和宽频带响应问题。

为了满足空间精度的要求，离散的电磁场中各分量点的分布情况，如图 15-4 所示，即 Yee 提出的著名 YEE 元胞。该空间排布方法使得电磁场中每个磁场分量的四边都有电场分量环绕，并且每个电场分量的四边都有四个磁场分量环绕。在该算法中，空间中的电场、磁场互相间隔取值，在变化的时间步长 n_t 上也相互交替，模拟过程可以用框图表示，如图 15-5 所示。此种取样之后，离散后仿真空间满足安培环路定律的结构，能够很好地适应法拉第感应定律。其中电磁场各个分量的对应位置也便于麦克斯韦方程组的差分运算，能够形象地描述电磁场在现实空间的传播规律。

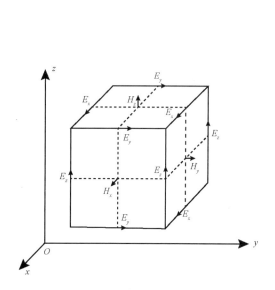

图 15-4　电磁场中离散的 YEE 元胞

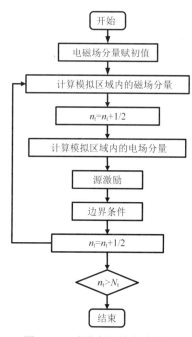

图 15-5　时域有限差分法框图

在计算过程中，差分方程组的解在稳定和收敛时才有意义。稳定性是指离散的间隔需要满足一定的条件，差分方程组的数值解与原微分方程的解之差是有界的。收敛性是指在离散间隔逼近 0 时，差分方程组的解在仿真空间的任意点及任意时刻都能逼近原来微分方程组的解。在无损耗空间，可根据麦克斯韦方程组本征值存在的方法，求得稳定性的条件：

$$\Delta t \leqslant \frac{\sqrt{\mu\varepsilon}}{\sqrt{\frac{1}{(\Delta x)^2} + \frac{1}{(\Delta y)^2} + \frac{1}{(\Delta z)^2}}} \qquad (15\text{-}4)$$

15.2.4　矩量法

矩量法自 Roger F. Harrington 于 1968 年提出以来，广泛用于各种天线辐射、复杂散射体散射，以及静态或准静态等问题的求解。矩量法先将算子方程化为矩阵方程，再求解该矩阵方程，是一种严格的数值方法，精度主要取决于目标几何建模精度和正确的基权函数选择，以及阻抗元素的计算等。

用矩量法求解算子方程的流程图如图 15-6 所示。

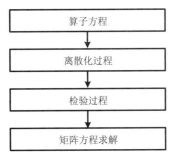

图 15-6　用矩量法求解算子方程的流程图

1982 年，Rao、Wilton 和 Glisson 提出了 RWG 基函数，解决了矩量法无合适的基函数来模拟任意三维物体表面电流的难题。RWG 基函数是定义在一对相邻三角形的公共边上，任意相邻三角形的公共边都会有一个 RWG 基函数。任意的封闭物体，在剖分三角形网格时，其公共边数是三角形网格数的 1.5 倍。对于开放物体公共边数小于 1.5 倍的三角形网格数，利用 RWG 基函数有以下的优势：电流从正三角形沿着公共边流入负三角形，在非公共边没有线电荷的积累；在公共边两侧，电流法向分量连续，在公共边上也无电荷的积累；任意三角形对中的三角形面片上的面电荷都是常数，且正、负三角形上的电荷数为相反数。这些优势使得一对三角形上的 RWG 基函数不会影响其他的 RWG 基函数。

RWG 基函数是定义在三角形网格上的，网格的质量直接影响 RWG 基函数对物体表面电流的拟合好坏，因此三角形网格尺寸的选择尤为重要。当网格尺寸过大时，用数值积分对其进行近似计算时会产生较大的误差。然而，网格尺寸也不是越小越好，因为由矩量法离散获得的矩阵一般为满阵，所以阻抗矩阵的存储量为 $O(N^2)$，直接求解和迭代求解矩阵方程的计算复杂度为 $O(N^3)$ 和 $O(N^2)$，当问题的电尺寸变得很大时，其存储量和计算量将会很大。一般而言，矩量法中三角形网格的边长为 $[\lambda/12, \lambda/8]$ 较为合适。随着计算机性能的飞速提高和计算数学的发展，以矩量法为基础的一些高效方法，如多层快速多极子方法（MLFMM），在保证精度的同时极大地减少了计算时间和内存需求，因此矩量法及其快速算法已经在工程中得到了广泛应用。

用矩量法求解电磁场问题的优点是严格计算各子散射体间的互耦，矩量法本身保证了计算误差的系统总体最小，不会产生数值色散问题。矩量法是一种全波技术求解频域麦克斯韦方程组积分形式的经典算法，也被称为"源"的求解算法。相对于"场的"求解算法，矩量法只需要离散几何模型而不需要离散空间，不需要设置边界条件，计算量只取决于计算频域及模型的几何尺寸，适合计算各类电磁辐射和电磁散射问题。

15.3　电磁仿真软件

15.3.1　Ansys 软件

Ansys 软件是由美国 Ansys 公司研制的大型通用有限元分析软件，整个产品线包含结构分析、流体动力学、电子设计系列等，广泛应用于航空航天、电子、车辆、船舶、通信等行业。针对电磁兼容仿真，主要应用的产品有 HFSS/Savant、SIwave、Designer、Q3D Extractor、Maxwell 等，如图 15-7 所示。

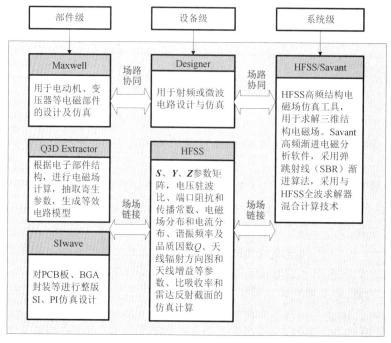

图 15-7　Ansys 软件系列

其中，HFSS（High Frequency Simulator Structure）三维全波电磁仿真软件，基于 FEM 电磁场求解算法，包括以下 8 个方面。

（1）射频和微波无源器件设计：能够快速且精确地计算各种射频/无源器件（如波导器件、滤波器、耦合器、功率分配/合成器、隔离器、腔体和铁氧体等）的电磁特性，得到 S 参数、传播常数、电磁特性，优化器件的性能指标，并进行容差分析。

（2）天线/天线阵列设计：能够精确仿真且计算天线的各种性能，包括二维、三维远场和近场辐射方向图、天线的方向性、增益、轴比、半功率波瓣宽度、内部电磁场分布、天线阻抗、电压驻波比、S 参数等。

（3）高速数字信号完整性分析：能够自动精确地提取高速互联结构和版图寄生效应，先导出 SPICE 参数模型和 Touchstone 文件（.snp 文件），再结合其他电路仿真分析工具仿真瞬态现象。

（4）EMC/EMI 问题分析：提供"自顶向下"的 EMC 解决方案，强大的场后处理功能能为设计人员提供丰富的场结果，进一步可通过场计算器给出电磁场强度的最强点，输出详细的场强值和坐标值。

（5）电真空器件设计：HFSS 本征模求解器结合周期性边界条件，能够准确地仿真分析器件的色散特性，得到归一化相速与频率的关系，以及结构中的电磁场分布。

（6）目标特性研究和雷达截面积（RCS）仿真：可定义平面波入射激励，结合辐射边界条件或 PML 边界条件，准确地分析器件的 RCS。

（7）计算比吸收率（SAR）：软件可准确地计算指定位置的局部 SAR 和平均 SAR。

（8）光电器件仿真设计：软件应用频率能够达到光波波段，可精确仿真光电器件的特性。

Q3D Extractor 是一款 2D 和 3D 寄生参数提取工具，用于针对开展电磁场仿真所需的电阻、电感、电容和电导进行参数提取。软件采用边界元法，能够根据电子部件的结构和材料特性进行电磁场计算，抽取寄生参数并生成 Spice/IBIS 等效电路模型。SIwave 可实现 IC 封装和 PCB 的电源完整性、信号完整性和电磁兼容性分析，采用专用的全波有限元法，能够快速且准确地求解几十层的 PCB、上千引脚的封装结构和复杂 IC 封装中的谐振、反射、迹线间耦合、瞬时开关噪声、电源/地弹、DC 电压/电流分析，以及近场与远场辐射方向图。Designer 为射频集成电路、单片微波集成电路、片上系统设计提供了一个理想的环境，可帮助工程师设计射频和微波电路，以及点对点的，基于 CDMA、Bluetooth、Wi-Fi 等协议的无线通信系统。Maxwell 包含二维和三维的瞬态磁场、交流电磁场、静磁场、静电场、直流传导场和瞬态电场求解器，能准确地计算力、转矩、电容、电感、电阻和阻抗等参数，并且能自动生成非线性等效电路和状态空间模型，用于进一步控制电路和系统仿真，实现部件在考虑了驱动电路、负载和系统参数后的综合性能分析。Savant 是一款高频渐进电磁分析软件，采用弹跳射线（SBR）渐进算法，以及与 HFSS 全波求解器的混合计算技术，支持 CPU 及 GPU 加速，能够快速且精确地预测安装在几十至上千电波长尺寸平台上的装载天线性能，获得多天线之间的互耦效应、空间近场/远场分布、辐射场与散射场等结果。

15.3.2　CST 软件

CST 软件隶属达索系统旗下品牌 SIMULIA，是一款适用于所有频段电磁场仿真的高性能软件，被广泛应用于航空航天、汽车、国防、电信等各行各业，如图 15-8 所示。

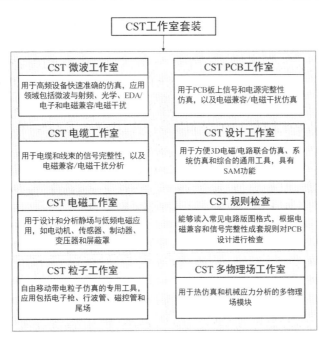

图 15-8　CST 工作室套装

CST 工作室套装面向 3D 电磁、电路、温度和结构应力设计,是全面、精确、集成度极高的专业仿真软件包,包含 8 个工作室子软件,集成在同一用户界面内,为用户提供完整的系统级和部件级的数值仿真优化。软件覆盖整个电磁频段,提供完备的时域和频域全波电磁算法和高频算法。典型应用包含电磁兼容、天线/RCS、高速互连 SI/EMI/PI/眼图、手机、核磁共振、电真空管、粒子加速器、高功率微波、非线性光学、电气、场路、电磁-温度及温度-形变等各类协同仿真。其功能应用如图 15-9 所示。

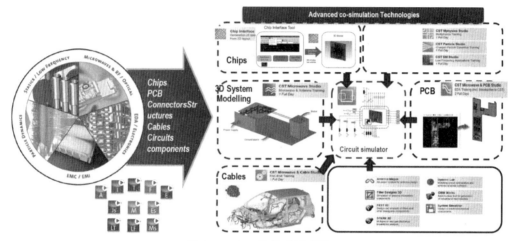

图 15-9　CST 软件功能应用

对于电磁兼容仿真,常用的 CST 工作室有 CST 微波工作室、CST 电缆工作室、CST 设计工作室和 CST PCB 工作室。其中,CST 微波工作室为软件的旗舰产品,特别适合于快速有效地设计和分析天线、滤波器、传输线、耦合器、连接器(单芯和多芯)、印制电路板、谐振器等器件,集成了多种时域/频域全波算法和高频算法求解器,包括时域求解器(Time Domain Solver)、频域求解器(Frequency Domain Solver)、本征模求解器(Eigenmode Solver)、积分方程求解器(Integral Equation Solver)、高频渐进求解器(Asymptotic Solver)、多层平面矩量法求解器(Multilayer Solver)。

CST 电缆工作室是一套分析在大型复杂系统中线缆、线束的电磁仿真软件,软件基于传输线理论,根据线缆线束模型生成等效电路模型。软件自动对线缆线束进行网格剖分,并将每个网格划分为足够多的段来计算传输线参量。CST 电缆工作室与 CST 设计工作室相结合可完成线缆线束上的电流变化计算,与 CST 微波工作室结合可方便实现线缆线束周边电磁场变化的仿真。具体应用如下。

(1)时域和频域两种算法分析线缆线束的传输特性与串扰特性。

(2)传导和辐射电磁干扰:分析在任意三维金属结构中布局的任意复杂线缆线束的传导电压电流和辐射电磁场。

(3)传导和辐射电磁敏感度:分析在任意三维金属结构中布局的任意复杂线缆线束的传导和辐射耦合与感应电压电流及电磁场。

CST 设计工作室为电原理图仿真软件,基于广义 S 参数矩阵,完成网格模块的信号分析。CST 设计工作室可与 CST PCB 工作室、CST 电缆工作室和 CST 微波工作室无缝协同,完成对 PCB 板、电缆线束和任意三维无源结构 S 参数模块的系统级仿真。CST 设计工作室支持各类仿真任务:S 参数、直流工作点分析、瞬态分析及稳态分析、谐波平衡分析、混频器和放大器仿真。主要应用包括微波电路功能设计、电路与三维结构整体分析、大型微波系统级联分析等。

CST PCB 工作室支持时域和频域仿真，可任意选定走线、区域或整板进行仿真，以及信号完整性分析。工作室可基于部分单元等效电路法仿真多层 PCB，基于边界元法仿真 PCB 走线得出分布参数网格模型，可与微波工作室等协同，完成包括 PCB、机壳、结构在内的整个系统的电磁辐射和电磁敏感度分析。

15.3.3　FEKO 软件

FEKO 软件是 Altair 公司旗下的一款强大的三维全波电磁仿真软件。FEKO 软件是世界上第一个把矩量法（MoM）推向市场的商业软件，使得精确分析电大问题成为可能。FEKO 软件从严格的电磁场积分方程出发，以经典的矩量法（Method of Moment，MoM）为基础，采用了多层快速多级子（Multi-Level Fast Multipole Method，MLFMM）算法在保持精度的前提下大大提高了计算效率，并将矩量法与经典的高频分析方法（物理光学 PO: Physical Optics；一致性绕射理论 UTD: Uniform Theory of Diffraction）无缝结合，适合于分析天线设计、雷达截面积（RCS）、开域辐射、电磁兼容中的各类电磁场分析问题。5.0 版本以后的 FEKO 软件混合了有限元法，能更精确地处理多层电介质（如多层介质雷达罩）、生物体吸收率的问题。

FEKO 模块组成框图如图 15-10 所示，包括 CADFEKO 模块、EDITFEKO 模块、POSTFEKO 模块、PREFEKO 模块、FEKO Solver 模块和 OPTFEKO 模块等。其中，CADFEKO 模块为 FEKO 前处理模块，具有建模、网格划分、材料定义、端口激励与加载、求解参数设置（频率、辐射电场/磁场、S 参数）和求解方法设置等功能。EDITFEKO 模块为 FEKO 命令脚本编辑器，属于高级应用模块。POSTFEKO 模块为 FEKO 后处理模块，计算参数（辐射和散射电场/磁场、RCS、增益、方向性系数、阻抗、反射系数、SAR、极化、轴比等）的直观显示（3D 云图、2D 曲线、动画、图片和数据列表输出，以及计算报告生成等）。PREFEKO 为预处理模块。FEKO Solver 为求解器模块，包含矩量法、多层快速多极子、有限元、时域有限差分、高频算法和各种混合算法等，并支持多核并行。时域瞬态响应在后处理模块中，定义了任意时域瞬态波形，内部通过 FFT 变化，把计算得到的频域响应转换成时域瞬态响应。OPTFEKO 为优化分析模块，用于结构参数的优化求解。

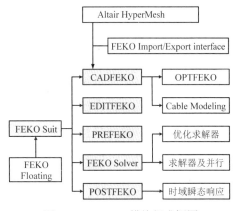

图 15-10　FEKO 模块组成框图

15.4　电磁仿真流程

15.4.1　总体流程

电磁仿真总体流程如图 15-11 所示，在开启电磁仿真时，首先，根据仿真对象的类型、模型尺寸大小、求解速度和精度要求选择合适的仿真软件，启动软件进行新建设计工程，并根据需要计算的参数选择相应的求解类型。通常可通过仿真软件进行真实物理模型的建模，也可通过外部软件进行建模后转换成标准格式导入仿真软件中；其次，进行模型属性的设置，包括材料属性设置、边界条件设置、端口激励设置。另外，进行求解频率、求解参数的设置；最后，进行网格划分、求解和数据后处理。在此过程中，需要根据求解是否收敛，是否需要优化分析进行不断的迭代计算。

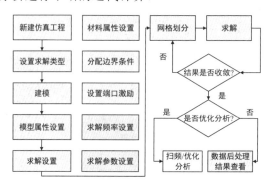

图 15-11　电磁仿真总体流程

15.4.2　仿真设置

模型的构建直接影响着仿真结果的精确度，因此建模既是仿真的基础又是最为关键的步骤。通常，仿真软件中支持两种建模方式，一是在 CAE 软件中直接建模，二是通过 CAD 软件建模后导入。仿真建模过程有以下几个重点问题：模型数据不全；模型修正；精简模型；模型验证。

根据已知数据的全面性，模型可看成黑盒、白盒、灰盒三种类型：白盒即具备模型所有影响电性能的设备、部件和互连结果的数据；灰盒即具备系统内的部分数据；黑盒即不具备模型的主要数据。对于具备全面数据的模型，即可直接完成建模。对于具备部分数据或不具备数据的模型，在仿真建模过程中需要与现有测试手段进行协同分析，进行部分的等效建模。模型修正即针对模型导入过程中产生的结构缺陷进行修复。例如，对于几何结构拓扑关系的修复：设置全局及局部容差、删除自由边、检查 T 型边、保留公共边、保证相邻部件的电连续性。精简模型即针对模型中基本不影响仿真结果的细节进行简化，优化网格，提高仿真效率。例如，删除模型中的细节如对螺母、螺孔的处理，修改倒角/倒圆等。模型验证即对模型准确度的客观评价。对模型验证方可参考 IEEE 标准协会推出的系列标准，如 IEEE Std.1597.1 标准 *IEEE Standard for Validation of Computational Electromagnetic Computer Modeling and Simulations* 及其具体实施指导标准 IEEE Std.1597.2。两个标准给出了模型验证的等级、工程性指导方法，还定义了对各种模型和测量基线之间的基础验证法——特征选择法（Feature Selective Validation），是一种标准化的度量方法，可以确定不同模型间一致或趋同的程度，分析可能导致不一致性的误差来源。

对于材料的设置，目前多数软件本身具备材料库，可通过从材料库加载的方式进行模型材料属性的设置。以 CST 工作室套装来说，材料可分为以下几种类型：介质材料、有耗金属材料、各向异性材料、时变材料、温变材料、梯度材料、色散材料、非线性材料、涂覆材料、雷达吸波材料、叠层薄面板材料、表面阻抗材料、石墨烯、铁氧体材料等。此外，软件具备自定义材料的功能，用户可通过选择材料类型，根据表征参数自定义新材料。

边界条件可用于确定场，正确设置边界条件是仿真准确的前提，同时灵活使用边界条件可更好地降低模型的复杂度。HFSS 定义了多种边界条件类型，如理想导体边界、理想磁边界、有限导体边界、辐射边界、对称边界、阻抗边界、集总边界、主从边界、理想匹配层等。

激励是定义在三维物体表面或二维平面物体上的激励源，可以是电磁场、电压源、电流源或电荷源。常见的激励方式有波端口激励、集总端口激励、入射波激励、电压源激励、电流源激励等。

求解参数的设置包括求解频率、网格剖分的最大迭代次数和收敛误差的设置。

15.5　电磁兼容仿真案例

15.5.1　线缆串扰仿真

本节利用 CST 电缆工作室进行线缆串扰仿真，打开 CST 仿真软件，选择 3D Simulation→Cable，进入线缆仿真建模界面，如图 15-12 所示。

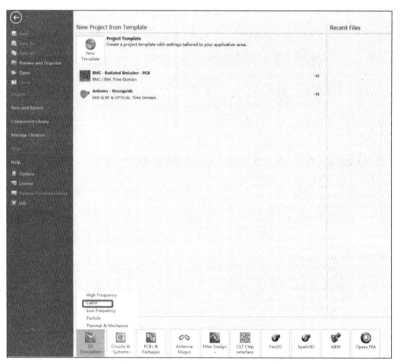

图 15-12　打开 CST 电缆工作室

（1）通过 Home→Settings→Units 进行单位设置，这里设置单位为"mm"，如图 15-13 所示。

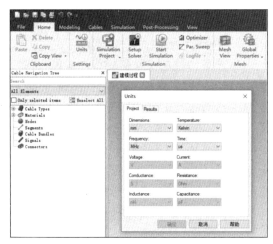

图 15-13　建模前的单位设置

（2）通过 3D 和 Navigation Tree 视图进入三维建模界面，创建接地平板。选择 Modeling→Shaps→Brick 选项，填金属地板的位置坐标及参数属性，分别如图 15-14 和图 15-15 所示。

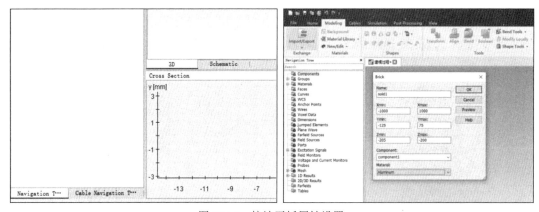

图 15-14　接地平板属性设置

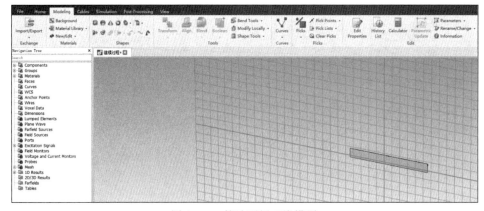

图 15-15　接地平板三维模型

（3）创建线缆的节点。首先根据实际需求指定线缆坐标，这里定义第一根线缆的首节点坐标 N1（−500，0，0），尾节点坐标 N2（500，0，0）。在 3D 和 Cable Navigation Tree 界面，选择 Nodes→Create New Node 选项创建第一个节点，分别如图 15-16 和图 15-17 所示。

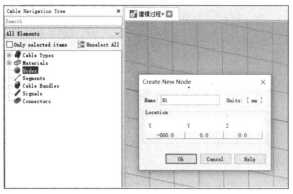

图 15-16　定义线缆节点坐标　　　　　　图 15-17　线缆节点 N1 视图

（4）依据上述方法，创建线缆的其他三个节点，分别命名为 N2、N7、N8，节点建模完成，如图 15-18 所示。

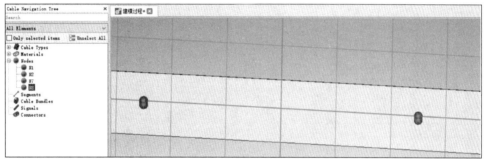

图 15-18　四个线缆节点视图

（5）将节点连接成线段。选择 Segments→Create New Segment 选项，选中 N1、N2 两个节点，在右栏 New Segment 单击 ">" 按钮，形成线段，利用该方法同时连接 N7、N8 节点，分别如图 15-19、图 15-20 和图 15-21 所示。

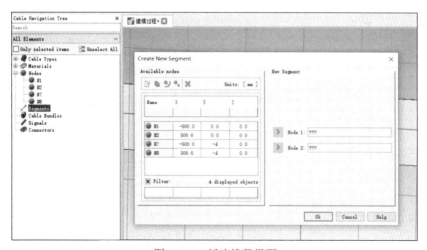

图 15-19　新建线段界面

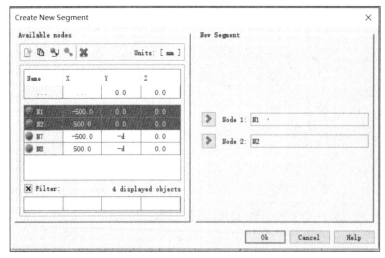

图 15-20　选择 N1 和 N2 节点形成第一条线段

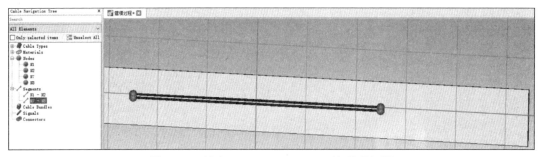

图 15-21　新建 N1—N2、N7—N8 两条线段视图

（6）将线段路径捆扎为线缆，为线缆赋予材料属性，分别如图 15-22 和图 15-23 所示。

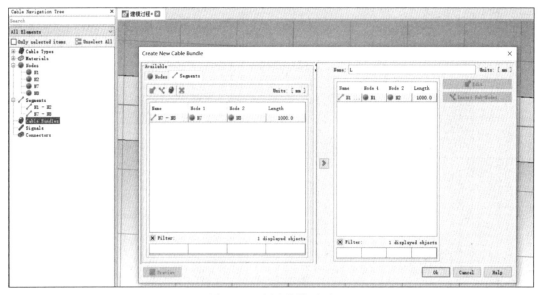

图 15-22　创建线缆界面

图 15-23 选择线型和赋予材料属性

（7）完成线缆建模，界面如图 5-24 所示，图中 Cable Bundles 中的 L、Segments 中的 N1—N2 和 Signals 中的 SW_1 的导航界面都有更新。

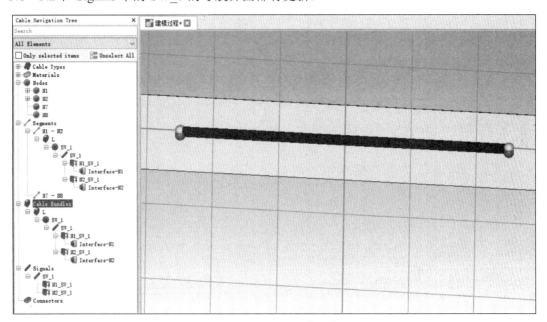

图 15-24 完成线缆建模

（8）进行求解设置。在主栏选择 Simulation→Frequency 选项设置频率为 0～100MHz，在 Home→Mesh→Global Properties 进行网格设置，单击 Hexahedral TLM→Force 按钮，可根据模型自定义设置 Near to model 的值。在主栏单击 Cable→Modeling→2D（TL）Modeling 按钮进行划分网格，分别如图 15-25 和图 15-26 所示。

（9）创建电路模型。单击导航树中的 Circuit Elements 按钮添加元器件，选择 Home→

Components→External Port 中的下拉三角符号，添加激励端口，选择元器件的端口进行连接，形成仿真电路。通过 Home→Components→Probe 在电路中添加探针来监测电压和电流值，如图 15-27 所示。

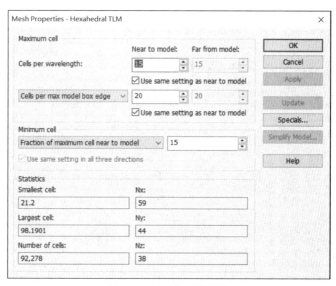

图 15-25　网格属性设置

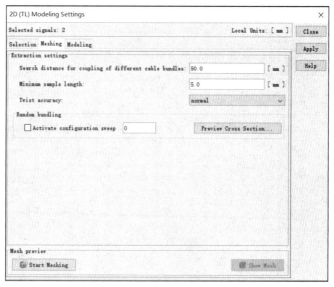

图 15-26　划分网格设置

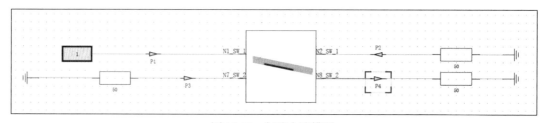

图 15-27　创建电路模型

（10）激励和求解设置。在 Task Parameter List（AC1）中的 Excitations 栏，选择 Load 下拉选项中的 Define Excitation，此时在弹出的对话框中设置 Magnitude 为 325，即交流电的最大值，如图 15-28 所示。

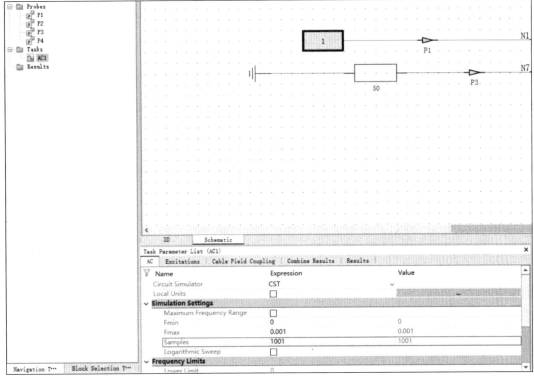

图 15-28　信号类型及求解设置

（11）查看仿真结果。在 Tasks 中查看探针 P1 的电压，可看到为设置的 325V。在 Tasks 中查看探针 P4 的电压，在 800Hz 时可看到约 13mV，即线缆上的串扰值，分别如图 15-29 和图 15-30 所示。

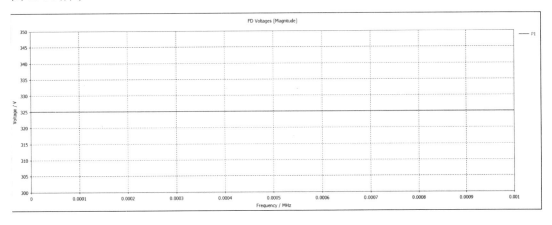

图 15-29　施加的交流电最大幅值（探针 P1）

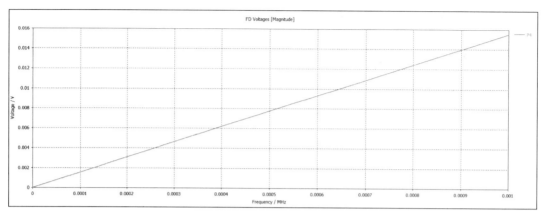

图 15-30　线缆上的串扰值（探针 P4）

15.5.2　辐射骚扰仿真

本节依据 GB/T 6113.104—2021《无线电骚扰和抗扰度测量设备和测量方法规范　第 1-4 部分：无线电骚扰和抗扰度测量设备　辐射骚扰测量用天线和试验场地》，使用偶极子天线作为被试品，应用 CST 微波工作室进行辐射发射值的仿真。

首先，进行偶极子的仿真建模，仿真分析频段设置为 1～6GHz，偶极子长度约为 50mm，即在 3GHz 处为 1/2 波长。在 CST 软件中进行模型材料属性设置、边界条件设置、端口激励设置，并利用时域求解器进行仿真计算。偶极子天线建模如图 15-31 所示，得到的 1GHz 远场方向图如图 15-32 所示。

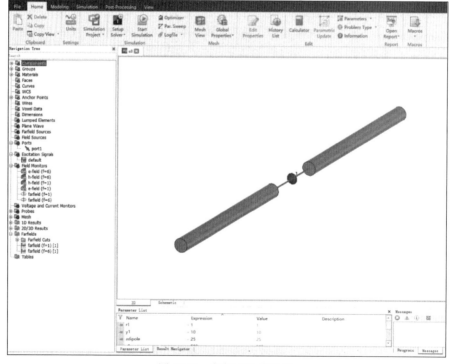

图 15-31　偶极子天线建模

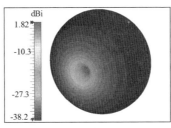

图 15-32　偶极子天线在 1GHz 的远场方向图

其次，按照标准的试验布置进行仿真建模，建模对象有偶极子天线和试验桌，试验桌尺寸为 1.5m×1m×0.8m，桌面和桌腿设置为木制材料，密度 $\rho = 500\,\text{kg/m}^3$，偶极子天线作为 EUT，偶极子中心轴线距桌面为 0.1m。为观察偶极子天线的辐射发射电场，在仿真软件中距离天线 1m 处设置电场探针。仿真布置示意图如图 15-33 所示，得到 1～6GHz 在 1m 探针处的电场仿真结果如图 15-34 所示。

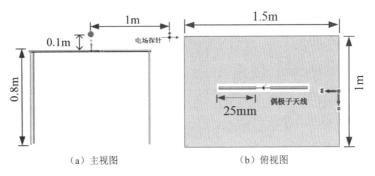

（a）主视图　　　　　　　　　（b）俯视图

图 15-33　仿真布置示意图

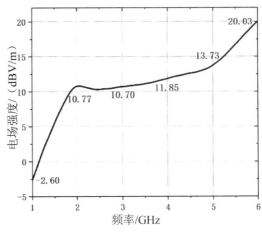

图 15-34　电场仿真结果

第 16 章

元器件选型

电子元器件是电子技术的基础。电子元器件的门类、品种繁多，性能各异，实际电子元器件的特性偏离理想电子元器件的特性。当设计各种军事装备的电路时，合理选择和正确使用电子元器件是实现军事装备电磁兼容的基础。

本章主要分析各种电子元器件用于抑制电磁干扰和减小电路噪声的特性，以及它们在各种电路中的应用。

16.1　无源器件

所有的无源器件都包含寄生电阻、电容和电感。在电磁兼容问题容易发生的高频段，这些寄生参数经常占主导地位，并使无源器件的功能彻底发生变化。

例如，在高频电路中，碳膜电阻变成电容（由于旁路电容 C），或者变成电感（由于引线自感和螺线），二者甚至会谐振，从而使结果变得更为复杂。

线绕电阻在几千赫兹以上因绕线电感的存在是不适合使用的，在 1kΩ 以下的碳膜电阻直到几百兆赫仍保持其电阻性。

电容由于内部结构和外引线自感的影响会发生谐振，超过第一个谐振频率点后，就呈现显著的感性。

电子元器件按装配形式可分为有引脚元件和无引脚元件。

有引脚元件有寄生效应，尤其在高频时。该引脚形成了一个小电感，大约为 1nH/mm/。引脚的末端也能产生一个小的电容效应，大约有-4pF。因此，引脚的长度应尽可能短。与有引脚元件相比，无引脚且表面贴装的元件寄生效果要小一些。其典型值为 0.5nH 的寄生电感和约 0.3pF 的终端电容。

从电磁兼容性的观点来看，表面贴装元件效果最好，其次是放射状引脚元件，最后是轴向平行引脚的元件。表面贴装元件比其他元件寄生参数小得多，能在很高的频率下提供令人满意的电磁特性。例如，贴片电阻（1kΩ 以下）在 1GHz 时仍保持电阻性。

对无源器件的限制有功率（尤其是用于浪涌的器件）、dV/dt 承受能力（若 dV/dt 值过大，则固体钽电容就会短路）、di/dt 承受能力等。

严重的温度系数也会影响无源器件的性能和寿命，必要时需要降额使用。

16.1.1　电阻器

由于表面贴装元件具有低寄生参数的特点，因此，表面贴装电阻总是优于有引脚的电阻。对于有引脚的电阻，应首选碳膜电阻，其次是金属膜电阻，最后是线绕电阻。

在相对低的工作频率下（约 MHz 数量级），金属膜电阻是主要的辅助元件，适合用于高功率密度或高准确度的电路中。

线绕电阻有很强的电感特性，不适合在 50kHz 以上频率的电路中使用，在对频率敏感的应用中也不能用，最适合用在大功率处理电路中。

在放大器的设计中，电阻的选择非常重要。在高频环境下，电阻的阻抗会因电阻的电感效应而增加。因此，增益控制电阻的位置应该尽可能靠近放大器以减小 PCB 的电感。

在有上拉/下拉电阻的电路中，晶体管或集成电路快速切换会减小上升时间，为了减小这个影响，所有的偏置电阻必须尽可能靠近有源器件及它的电源和地，从而减小 PCB 连线的电感。

在稳压（整流）或参考电路中，直流偏置电阻应尽可能靠近有源器件以减轻去耦效应（改善瞬态响应时间）。

在 RC 滤波网络中，电阻的寄生电感很容易引起本机振荡，所以必须考虑由电阻引起的电感效应。

在高频电路中，最好使用无感电阻器和贴片电阻器，以获得较好的高频特性。

在电磁兼容设计中，压敏电阻器通常使用在电源电路和与室外连接的控制和通信接口电路中，它能取得很好的防雷击浪涌冲击效果，但在选择时需要根据电路的正常工作电压选择合适的电压等级，同时需要根据电磁兼容防护等级选择相应的电流容量。由于压敏电阻器的分布参数对传导干扰有较大影响，当在一个传导干扰合格的电源电路中增加压敏电阻器时，一定要对该项目重新测试，以避免因增加压敏电阻器后造成最终产品雷击浪涌测试不通过。

16.1.2　电容器

电容器通常是按照制造的介质材料分类的。不同种类的电容器具有不同的特性，制造一种电容器是为了适合某种特定范围的应用。在选择电容器类型时，工作频率是最主要的特性之一。由于介质特性和其他结构特征，因此所有电容都有工作频率范围的限制。为了减小系统中电磁干扰电平，要求电容对高频干扰提供低阻抗分流电路。因此，实际电容电路内的任何串扰电感，将严重影响该器件的干扰抑制性能。

在各种电容器中，陶瓷电容器是发展最快、用得最多的一种电容器。多层陶瓷电容器（MLCC）因优良的频率特性而广泛使用。然而，在高频率下使用时，它们含有少量的电阻和电感，这将达不到理想特性。典型的电容器等效电路如图 16-1 所示，实际电容器等效为电容、等效电感和等效电阻的串联。

图 16-1　典型的电容器等效电路

由于这些因素，电容器的阻抗呈现出 V 形的频率特性，如图 16-2 所示。

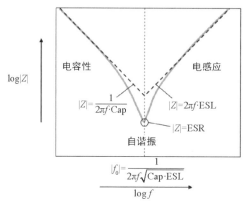

图 16-2　电容器的频率特性

电容器的阻抗几乎呈线性下降，显示出的特性类似于图 16-2（标有"电容性"的曲线）中在低频范围内左边的理想电容特性。阻抗达到最低值后（标有"自谐振"处），阻抗曲线几乎呈线性上升（标有"电感应"的曲线）。电容区的阻抗与 ESR 相对应，电感区的阻抗与 ESL 相对应。因此，为了在高频率范围内使用低阻抗的电容器，选择低 ESR 和 ESL 的电容器变得很重要。作为旁路电容器来使用的电容器，噪声抑制效果与其阻抗相对应（阻抗越小，噪声抑制效果越大）。因此，电容器的插入损耗特性被制成类似于图 16-2 的 V 形频率特征图表。MLCC 阻抗与插入损耗的对比例子如图 16-3 所示。

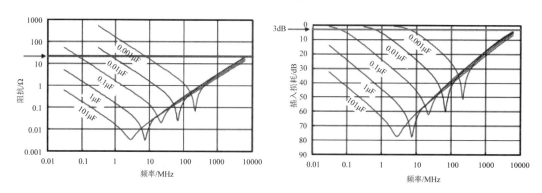

图 16-3　MLCC 阻抗与插入损耗的对比例子

在此例子中，使用一个 2.0mm×1.25mm 尺寸（GRM21 系列）的电容器来比较其阻抗变化时的两种特性曲线。这两种曲线几乎是相同的，并且在电容器的阻抗大约是 25Ω 的频率区，切断频率（3dB）出现插入损耗。这可以理解为，由于在图 16-3 的插入损耗测量电路中，旁路电容器的阻抗明显大于测量系统的阻抗（50Ω）。

通过观察图 16-3 可以看出，电容器的阻抗特性曲线在电容区是截然分开的，但是在电感区基本上是一条线。

这时，我们可以假定 MLCC 的等效电感受到除电容外其他因素的影响。

为了明显改善在该电感区的特性，我们需要一个带有简化等效电感的电容器。

由于电容器种类繁多，性能各异，选择合适的电容器并不容易。但是，电容器的使用可以解决许多 EMC 问题。下面将描述几种最常见的电容器类型及其性能与使用方法。

铝电解电容器通常在绝缘薄层之间以螺旋状缠绕金属箔制成，如图 16-4 所示，可在单位体积内得到较大的电容值，也使得该部分的内部感抗增加。

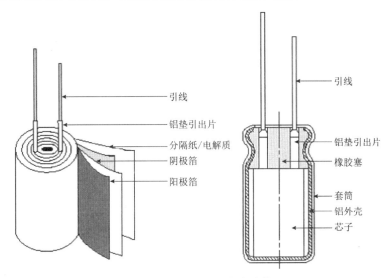

引线
铝垫引出片
分隔纸/电解质
阴极箔
阳极箔

引线
铝垫引出片
橡胶塞
套筒
铝外壳
芯子

图 16-4 铝电解电容结构

钽电容器由一块带直板和引脚连接点的绝缘体制成，其内部感抗低于铝电解电容。

陶瓷电容的结构是在陶瓷绝缘体中包含多个平行的金属片，如图 16-5 所示。其主要寄生为片结构的感抗。

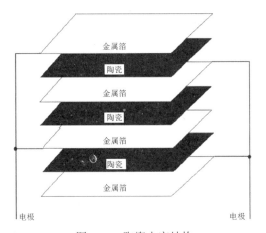

金属箔
陶瓷
金属箔
陶瓷
金属箔
陶瓷
金属箔
电极   电极

图 16-5 陶瓷电容结构

绝缘材料的不同频响特性意味着一种类型的电容器会比另一种类型的电容器更适合于某种应用场合。铝电解电容和钽电解电容适用于低频终端，主要是在存储器和低频滤波器领域。在中频范围内（kHz～MHz），陶瓷电容比较适合，常用于去耦电路和高频滤波。特殊的低损耗（通常价格比较昂贵）陶瓷电容和云母电容（结构与陶瓷电容类似，只是金属箔间的隔离层为云母片）适合于甚高频应用和微波电路。

为得到最好的 EMC 特性，电容器具有低的 ESR（Equivalent Series Resistance，等效串联电阻）值是很重要的，因为它会对干扰信号造成大的衰减，特别是在应用频率接近电容谐振频率的场合。

1. 旁路电容

旁路电容的主要功能是产生一个交流分路，从而消去进入易感区的那些不需要的高频能量。旁路电容一般作为高频分路器件来减小对电源模块的瞬态电流需求。通常铝电解电容和钽电容比较适合作为板级直流电源的旁路电容，其电容值取决于 PCB 上的瞬态电流需求，一般为 10~470μF。若 PCB 上有许多集成电路、高速开关电路和具有长引线的电源，则应选择大容量的电容。

旁路电容是为本地器件提供能量的储能器件，它能使稳压器的输出均匀化，降低负载需求。就像小型可充电电池一样，旁路电容能够被充电，并向器件进行放电。为尽量减小阻抗，旁路电容要尽量靠近负载器件的供电电源引脚和地引脚。这能够很好地防止输入值过大而导致的地电位抬高和噪声。

2. 去耦电容

有源器件在开关时产生的高频开关噪声将沿着电源线传播。去耦电容的主要功能就是提供一个局部的直流电源给有源器件，以减少开关噪声在 PCB 上的传播和将噪声引导到地。

实际上，旁路电容和去耦电容都应该尽可能地放在靠近电源输入处以帮助滤除高频噪声。去耦电容的取值大约为旁路电容的 1/100~1/1000。为了得到更好的 EMC 特性，去耦电容还应尽可能地靠近每个集成块（IC），否则布线阻抗将减小去耦电容的效力。

陶瓷电容常被用来去耦，其电容值决定于最快信号的上升时间和下降时间。例如，对一个 33MHz 的时钟信号，可使用 47~100nF 的电容；对一个 100MHz 的时钟信号，可使用 10nF 的电容。选择去耦电容时，除了考虑电容值，ESR 值也会影响去耦能力。为了更好地去耦，应该选择 ESR 值低于 1Ω 的电容。

影响去耦能力的因素还有电容的绝缘材料（电介质），如图 16-6 所示。去耦电容在制造中常使用钡钛酸盐陶瓷（Z5U）和银钛酸盐（NPO）这两种材料。Z5U 具有较大的介电常数，谐振频率为 1MHz~20MHz。NPO 具有较低的介电常数，谐振频率较高（大于 10MHz）。因此 Z5U 更适合用作中低频去耦，NPO 适合用作 50MHz 以上频率的去耦。

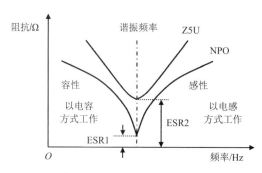

图 16-6　不同材料的电容特性

常用的做法是将两个或多个去耦电容并联，如图 16-7 所示，可以在更宽的频谱分布范围内降低电源网络产生的开关噪声。多个去耦电容的并联能提供 6dB 增益以抑制有源器件开关造成的射频电流。多个去耦电容不仅能提供更宽的频谱范围，而且能提供更广的布线范围以减小引线自感，因此也就能更有效地改善去耦能力。两个电容器的取值应相差两个数量级以提供更有效的去耦（如 0.1μF+0.001μF 并联）。

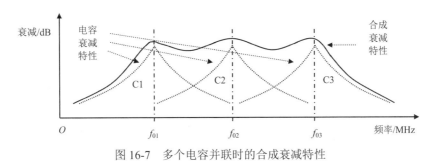

图 16-7　多个电容并联时的合成衰减特性

需要注意的是，数字电路的去耦，低的 ESR 值比谐振频率更为重要，因为低 ESR 值可以提供更低阻抗的到地通路，这样当超过谐振频率的电容呈现感性时仍能提供足够的去耦能力。

在交流电源电路中使用的电容，一定要注意其性质和耐压等级。在交流电源相线与相线、相线与零线间必须使用 X 电容，相线与地线间、零线与地线间必须使用 Y 电容。对开关电源初级地与次级地之间的隔离电容也需要使用 Y 电容，同时需要注意其耐压等级与其使用的交流电源电压相适应，并满足相应的安全标准的要求。由于这些电容的变更会严重影响产品的安全特性，对一个安全特性合格的产品，当增减或变更 X 电容或 Y 电容时，其安全特性需要重新确认以避免最终产品安全测试不能通过的情况发生。

3．三端电容和穿心电容

尽管从滤除高频噪声的角度来看，电容的谐振是不希望出现的，但是电容的谐振并不总是有害的。当要滤除的电磁噪声频率确定时，可以通过调整电容的容量，使谐振点刚好落在干扰频率上。

在实际工程中，要滤除的电磁噪声频率往往高达数百 MHz，甚至超过 1GHz。对这样高频的电磁噪声必须使用三端电容或穿心电容才能有效滤除。普通电容之所以不能有效地滤除高频噪声，是因为有两个原因：一个原因是电容引线电感可造成电容谐振，对高频信号呈现较大的阻抗，削弱了对高频信号的旁路作用；另一个原因是导线之间的寄生电容使高频信号发生耦合，降低了滤波效果。

三端电容的外形及表示符号如图 16-8 所示。三端电容的插入损耗举例如图 16-9 所示。与普通两端电容相比，三端电容信号引脚的特殊结构决定了同样材料和容量的三端电容比两端电容具有更低的等效串联阻抗和更高的谐振频率。在通常情况下，两端电容适用于电源线滤波和去耦，三端电容适用于信号线的滤波。

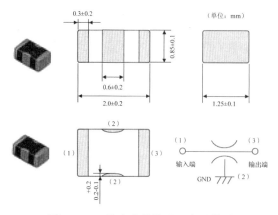

图 16-8　三端电容的外形及表示符号

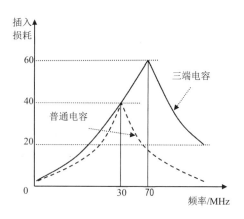

图 16-9　三端电容的插入损耗举例

三端电容也有不足之处，如图 16-10 所示。三端电容信号输入端和输出端之间的寄生电容会造成输入脚和输出脚之间的高频耦合，接地脚 PCB 走线上的分布电感会造成滤波效果下降。

穿心电容可以克服三端电容以上的缺点，其结构如图 16-11 所示，滤波特性如图 16-12 所示。从滤波特性曲线上可以看到，穿心电容的特性非常接近理想电容的特性，在 GHz 以上的频段依然保持良好的容性，且有极佳的插入损耗。对高频干扰有极佳的滤波效果，非常适合高频信号线的滤波。

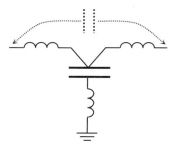

图 16-10　三端电容的不足

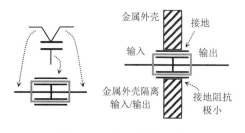

图 16-11　穿心电容的结构

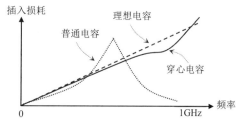

图 16-12　穿心电容滤波特性

穿心电容之所以能有效地滤除高频噪声，是因为穿心电容不仅没有引线电感造成电容谐振频率过低的问题，而且穿心电容可以直接安装在金属面板上，利用金属面板起到高频隔离的作用。

由于穿心电容通常用在设备外壳或滤波器外壳信号过壁输入/输出处安装，在使用穿心电容时，要注意安装问题。穿心电容最大的弱点是怕高温和温度冲击。这在将穿心电容往金属面板上焊接时造成很大困难。许多电容在焊接过程中发生损坏。特别是当需要将大量的穿心电容安装在面板上时，只要有一个损坏，就很难被修复，因为在将损坏的电容拆下时，会造成邻近其他电容的损坏。

4．电容谐振

接下来，简单讨论如何根据谐振频率选择旁路电容和去耦电容的值。

如图 16-6 所示，电容在低于谐振频率时呈现容性，而后，电容将因为引线长度和布线自感呈现感性。表 16-1 给出了两种陶瓷电容的谐振频率，一种具有标准的 0.25 in（1in≈2.54cm）的引线和 3.75nH 的内部互连自感，另一种为表面贴装类型并具有 1nH 的内部自感。在材料和参数相同的情况下，表面贴装类型的谐振频率是通孔插装有引线类型的两倍。

表 16-1　两种陶瓷电容的谐振频率

电容值	通孔插装 （0.25 in 引线）	表面贴装 （0805）
1.0μF	2.5MHz	5MHz
0.1μF	8MHz	16MHz
0.01μF	25MHz	50MHz
1000pF	80MHz	160MHz
100pF	250MHz	500MHz
10pF	800MHz	1600MHz

随着电子设备复杂程度的提高，设备内部强弱电混合安装、数字逻辑电路混合安装的情况越来越多，电路模块之间的相互干扰成了严重的问题。

解决这种电路模块相互干扰的方法之一是用金属隔离舱将不同性质的电路隔离开。但是所有穿过隔离舱的导线要通过穿心电容，否则会造成隔离失效。当不同电路模块之间有大量的连线时，在隔离舱上安装大量的穿心电容是十分困难的事情。

为了解决这个问题，国外许多厂商开发了"滤波阵列板"，这是用特殊工艺事先将穿心电容焊接在一块金属板构成的器件，使用滤波阵列板能够轻而易举地解决大量导线穿过金属面板的问题。

16.1.3　二极管的选择

二极管是最简单的半导体器件。由于其独特的特性，某些二极管有助于解决并防止出现与 EMC 相关的一些问题。表 16-2 所示为典型的二极管特性。

表 16-2　典型的二极管特性

二极管类型	特性	EMC 应用	注释
整流二极管	大电流；慢响应；低功耗	无	电源
肖特基二极管	低正向压降；高电流密度；快速反向恢复时间	快速瞬态信号和尖脉冲保护	开关式电源
齐纳二极管	反向模式工作；快速反向电压过渡；用于嵌位正向电压；嵌位电压（5.1V±2%）	ESD 保护；过电压保护；低电容、高数据率信号保护	—
发光二极管（LED）	正向工作模式；不受EMC影响	无	当 LED 安装在远离PCB外的面板上作为发光指示时会发生辐射

续表

二极管类型	特性	EMC 应用	注释
瞬态电压抑制二极管（TVS）	类似齐纳二极管工作于雪崩模式：宽嵌位电压；嵌位正向和负向瞬态过渡电压	抑止 ESD 激发瞬时高电压；抑止瞬时尖脉冲	—
变阻二极管（VDR：电压随电阻变化）（MOV：氧化金属变阻器）	覆盖金属的陶瓷粒（每颗粒子的作用如同高压的肖特基二极管）	ESD 保护；高压和高瞬时保护	可选齐纳二极管和 TVS

许多电路为感性负载，在高速开关电流的作用下，系统中产生瞬态尖峰电流。二极管是抑制尖峰噪声最有效的器件之一。

在控制应用中，无论有刷电动机还是干扰无刷电动机，当电动机运行时，都将产生电刷噪声或运行噪声，因此需要噪声抑制二极管。为了改进噪声抑制效果，二极管应尽量靠近电动机电源接点。

在电源输入电路中，需要用 TVS 或压敏电阻（MOV）进行噪声抑制。

例如，信号连接接口的 EMI 问题之一是静电放电（ESD）。屏蔽电缆和连接器可用于保护信号不受外界静电的干扰，使用 TVS 或变阻器保护信号线也可达到同样的目的。

无源器件，无论是电阻、电容，还是电感，均为组成滤波器的重要部分，无源器件的所有这些非理想性，使滤波器设计比教科书中介绍的电路复杂得多，而且没有理想的仿真分析工具可用。

当无源器件在高频下使用时（如将高达 1GHz 的干扰电流耦合至地平面），了解所有的寄生参数是十分有用的，通过简单地累加可以推断其影响的大小。合格器件的生产厂商会向用户提供与产品有关的寄生数据，有时甚至还提供宽频带范围的阻抗特性（这些常常揭示出器件自身的谐振）。

有些无源器件需要安全评定，尤其是连到危险电压上的所有器件。交流电源中若出现问题通常是最严重的，则最好只使用符合安全标准且印有其识别标志（SEMKO、DEMKO、VDE、UL、CSA、CQC 等）的器件。但器件上的标识符号并不意味着什么，更好的办法是给符合安全标准的器件取得全部测试认证报告及证书的一份副本，同时检查应注意的一切现象。

如果在高速信号的场合或要满足 EMC 的场合使用寄生参数未知的无源器件，那么可能要进行多次设计，并有可能会因此推迟产品上市的时间。

16.2　模拟与逻辑有源器件

对模拟与逻辑有源器件的选择，必须注意其固有的敏感特性和电磁发射特性。

有源器件可分为调谐器件和基本频带器件。

调谐器件起带通元件作用，其频率特性包括中心频率、带宽、选择性和带外乱真响应。

基本频带器件起低通元件作用，其频率特性包括截止频率、通带特性、带外抑制特性和乱真响应。此外，还有输入阻抗特性和输入端的平衡/不平衡特性等。

有源器件有两种电磁发射方式：传导干扰通过电源线、接地线和互连线进行传输，并随频率增加而增加；辐射干扰通过器件本身或通过互连线进行辐射，并随频率的平方而增加。

瞬态地电流是传导干扰和辐射干扰的一种干扰源，减少瞬态地电流必须减小接地阻抗和使用去耦电容。

模拟器件的敏感特性取决于灵敏度和带宽，而灵敏度以器件的固有噪声为基础。

逻辑器件的敏感特性取决于直流噪声容限和噪声抗扰度。逻辑器件的翻转时间越短，所占频谱越宽。为此，应当在保证实现功能的前提下，尽可能增加信号的上升/下降时间。

16.2.1　模拟器件

从电磁兼容的角度选择模拟器件不像选择数字器件那样直接，虽然同样希望发射、转换速率、电压波动、输出驱动能力要尽量小，但对大多数有源模拟器件而言，抗扰度是一个值得考虑的重要因素，所以采购时明确电磁兼容性要求相当困难。

来自不同厂商的同一型号及指标的运算放大器，可能有明显不同的电磁兼容性，因此确保后续产品性能参数的一致性是十分重要的。敏感模拟器件厂商能提供电磁兼容与电路设计上的信噪处理技巧或 PCB 布局，这表明他们关心用户的需求，有助于用户在购买时权衡利弊。

16.2.2　逻辑器件

大部分数字 IC 生产商都至少能生产某一系列辐射较低的器件，同时能生产几种抗 ESD 的 I/O 芯片，有些厂商还可供应电磁兼容性良好的 VLSI（有些经过电磁兼容设计的微处理器比普通产品的辐射低 40dB）。

大多数数字电路采用方波信号工作，这将产生高次谐波分量。时钟速率越高，边沿越陡，基频和谐波的发射能力也越高。因此，在满足产品技术指标的前提下应尽量选择低速时钟。在 HC 系列器件适用时绝不要使用 AC 系列器件，在 CMOS4000 系列器件适用时就不要使用 HC 系列器件。

必要时，应选择集成度高并符合电磁兼容设计要求的集成电路，尽量具备以下特性。

（1）电源及地的引脚较近和/或多个电源及地线引脚。

（2）输出电压波动性小。

（3）可控开关速率。

（4）与传输线匹配的 I/O 电路。

（5）差动信号传输。

（6）地线反射较低。

（7）对 ESD 及其他干扰现象的抗扰性。

（8）输入电容小。

（9）输出级驱动能力不超过实际应用的需求。

（10）电源瞬态电流（有时也称穿透电流）低。

这些参数的最大值、最小值应由其生产商一一指明。由于不同厂家生产的具有相同型号及指标的器件也可能具有显著不同的电磁兼容性，这一点对于确保陆续生产的产品具有稳定的电磁兼容性是很重要的。

高技术集成电路的生产商可以提供详尽的电磁兼容设计说明。设计人员要了解这些并严格按要求去做。详尽的电磁兼容设计建议表明：生产商关心的是用户的真正需求，这在选择器件时是必须考虑的因素。

在早期设计阶段，如果 IC 的电磁兼容性不清楚，那么可以通过一个简单的功能电路（至少时钟电路要工作）进行各种电磁兼容测试，条件允许时要尽量在高速数据传输状态完成操作。发射测试可方便在一标准测试台上进行，用来筛选出那些明显比其他一些器件噪声小得多的器件。测试抗扰度可采用同样的方式进行，以寻找能承受更大干扰的器件。

16.3　IC 插座

IC 插座对电磁兼容很不利，建议直接在 PCB 上焊接表贴芯片。具有较短引线和体积较小的 IC 芯片则更好，BGA 及类似芯片封装的集成电路在目前是较好的选择。安装在座上的（更糟的是插座本身带有电池）可编程只读存储器（PROM）的发射及敏感特性经常会使一个本来良好的设计变坏。因此，最好采用直接焊接到 PCB 上的表贴可编程储存器。

（为方便升级）带有 ZIF 座和在处理器上用弹簧安装散热片的母板，需要额外的滤波和屏蔽，即使如此，选择内部引线最短的表贴 ZIF 座也是有好处的。

16.4　散热片的处理

无论是模拟器件还是数字器件，当其承受的功率比较大时，必须有散热片固定在器件上进行散热。大面积的散热片非常容易将器件内部的信号或干扰通过器件与散热片之间的分布电容（取决于散热片的尺寸及与芯片之间的距离，与散热片面积成正比，与两者之间距离成反比）以共模方式感应到散热片上。若散热片不能良好接地，则为一极佳的骚扰发射面天线，将芯片内的信号或干扰发射到周围器件上或设备外部，带来电磁兼容问题。反过来，也是一个非常良好的接收天线，将设备外部骚扰及设备内部的干扰信号接收下来，通过分布电容耦合到芯片内部形成干扰。

因此，芯片的散热片必须多点良好接地。对那些因为与芯片电路相连无法直接接地的散热片，也应通过多处高频电容接地，将其感应的高频骚扰引致系统地线上加以抑制。

16.5　磁性元件

磁性元件是一种可以将磁场和电场联系起来的元件，其固有的可以与磁场互相作用的能力使其潜在的电磁兼容比其他元件更为敏感。这些元件一方面会产生令人讨厌的电磁干扰问题，另一方面又是抑止电磁干扰不可或缺的元件。与电容器类似，聪明地使用电感也能解决许多电磁兼容问题。

下面是两种基本类型的电感磁芯：开环磁芯和闭环磁芯，如图 16-13 所示。它们的不同在于内部磁力线的闭合方式。

在开环磁芯中，磁场通过空气闭合；而在闭环磁芯中，磁场通过磁芯完成磁路。

电感比起电容和电阻而言的一个优点是它没有寄生感抗，因此其表面贴装类型和引线类型没有什么差别。

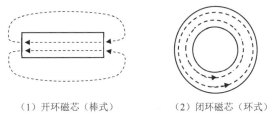

（1）开环磁芯（棒式）　　　（2）闭环磁芯（环式）

图 16-13　不同磁芯特性

如图 16-14 所示，开环电感的磁场穿过空气，这将引起辐射并带来电磁干扰问题。

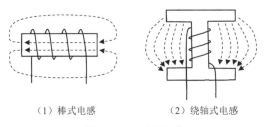

（1）棒式电感　　　（2）绕轴式电感

图 16-14　开环电感

在选择开环电感时，绕轴式电感比棒式电感更好，因为这样磁场将被控制在磁芯周围（磁体旁的局部范围）。

对闭环电感来说，磁场被完全控制在磁芯，因此在电路设计中这种类型的电感更理想，当然它们也比较昂贵。螺旋环状的闭环电感的一个优点：它不仅将磁环控制在磁芯，还可以自行消除所有外来的附带场辐射。

电感（见图 16-15）是一种磁性元件，它是构成滤波器的核心元件。

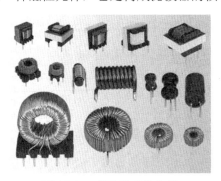

图 16-15　各种形式的电感

电感的磁芯材料主要有两种：铁和铁氧体。铁磁芯电感用于低频场合（几十 kHz），而铁氧体磁芯电感用于高频场合（到 MHz）。因此铁氧体磁芯电感更适合于电磁兼容应用。

16.5.1　共模扼流圈

由于 EMC 所面临的问题大多是共模干扰，因此共模扼流圈是常用的有力元件之一。这里简单介绍共模扼流圈的原理和使用情况。

共模扼流圈是一个以铁氧体为磁芯的共模干扰抑制器件，如图 16-16 所示。它由两个尺寸相同、匝数相同的线圈对称地绕制在同一个铁氧体环形磁芯上，形成一个四端器件。对于共模信号呈现出大电感，具有抑制作用；对于差模信号呈现出很小的漏电感，几乎不起作用。原理是流过共模电流时磁环中的磁通相互叠加，从而具有相当大的电感量，对共模电流起到抑制作用，而当两线圈流过差模电流时，磁环中的磁通相互抵消，几乎没有电感量，所以差模电流可以无衰减地通过。因此，共模扼流圈在平衡线路中能有效地抑制共模干扰信号，而对线路正常传输的差模信号无影响。

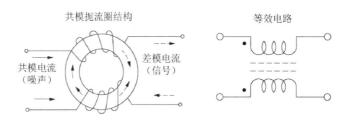

图 16-16　共模扼流圈原理图

共模扼流圈在制作时应满足以下要求。

（1）绕制在线圈磁芯上的导线要相互绝缘，以保证在瞬时过电压作用下线圈的匝间不发生击穿短路。

（2）当线圈流过瞬时大电流时，磁芯不要出现饱和。

（3）线圈中的磁芯应与线圈绝缘，以防在瞬时过电压作用下两者之间发生击穿。

（4）线圈应尽可能绕制单层，这样做可减小线圈的寄生电容，增强线圈对瞬时过电压的耐受能力。

通常情况下，同时注意选择所需滤波的频段，共模阻抗越大越好，因此我们在选择共模扼流圈时需要看器件资料，主要根据阻抗频率曲线选择。另外，选择时注意考虑差模阻抗对信号的影响，主要关注差模阻抗，特别注意高速端口。

图 16-17 所示为常见的两种电源滤波用共模扼流圈，图 16-18 所示为其内部结构及插入损耗特性。

图 16-17 中，左边的共模扼流圈为交流电源用标准共模扼流圈，共模扼流圈通过骨架将火线（L 极）与零线（N 极）绕组分开成两个槽，因此也被称为两槽共模扼流圈；右边的共模扼流圈为交流电源用分区共模扼流圈，扼流圈通过骨架将火线（L 极）与零线（N 极）绕组分开成两个大槽，在每个大槽中细分为两个小槽，两极绕组平均细分绕制在四个小槽中，因此也被称为四槽共模扼流圈。

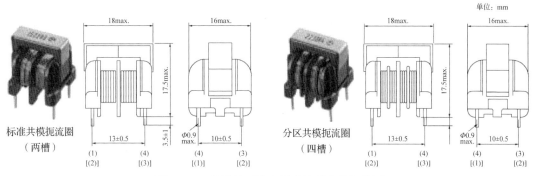

图 16-17　常见的两种电源滤波用共模扼流圈

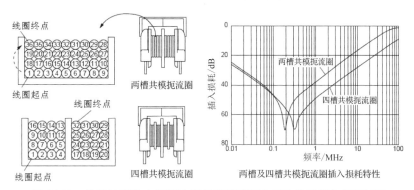

图 16-18　常见的两种电源滤波用共模扼流圈内部结构及插入损耗特性

图 16-18 中，左侧为两槽与四槽共模扼流圈的绕制方式，右侧为其衰减特性的差异。两槽共模扼流圈中每极绕组均紧密绕制，同样的匝数可获得较大的电感量，对低频干扰有较大衰减；四槽共模扼流圈，由于每极前半匝数与后半匝数分开成两个线槽，可以有效地减少每极线圈的输入端与输出端之间的分布电容，因此可以有效地提高该共模扼流圈的高频滤波特性。从右侧的衰减特性可以看出，在磁芯和线圈匝数一定的情况下，四槽共模扼流圈的谐振频率比两槽共模扼流圈的谐振频率高将近一倍，在高频段较大频率范围，四槽共模扼流圈插入损耗均大于两槽共模扼流圈插入损耗 10dB，而在低频段两者的滤波效果也相当接近。有些共模扼流共模圈为了进一步提高其高频滤波特性，将每极的绕组分别平均绕制在三个线槽中，形成六槽共模扼流圈。

实际使用中，两槽与四槽共模扼流圈成本相差很小，因此建议尽量采用四槽共模扼流圈。

线路板上信号线用共模扼流圈，由于两极之间压差很小，为降低制造成本和减轻重量，通常采用双线并绕方式，如图 16-19 所示。

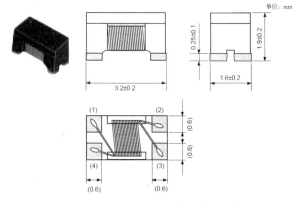

图 16-19　信号线用共模扼流圈结构

此类共模扼流圈的电感量不太大，主要用于较高频率的共模干扰抑制。

16.5.2 铁氧体磁珠和铁氧体磁夹

在电磁兼容应用中使用了两种特殊的电感类型：铁氧体磁珠（见图 16-20）和铁氧体磁夹（环）（见图 16-21）。

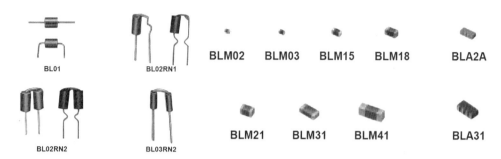

图 16-20　铁氧体磁珠（左为插脚式安装，右为贴片式安装）

图 16-21　铁氧体磁环和磁夹（左为磁环，右为磁夹）

铁氧体磁珠是单环电感，通常单股导线穿过铁氧体型材而形成单环。这种器件在高频范围的衰减约为 10dB，而直流的衰减量很小。类似铁氧体磁珠，铁氧体磁夹在高达 GHz 的频率范围内的共模（CM）和差模（DM）的衰减均可达到 10～20dB。

铁氧体材料是铁镁合金或铁镍合金，是一种立方晶格结构的亚铁磁性材料。这种材料具有很高的磁导率，可以使电感的线圈绕组之间在高频高阻的情况下产生的电容最小。它的制造工艺和机械性能与陶瓷制造工艺和机械性能相似，颜色为灰黑色。对于抑制电磁干扰用的铁氧体，最重要的性能参数为磁导率 μ 和饱和磁通密度 B_s。磁导率 μ 可以表示为复数，实数部分代表电感，虚数部分代表损耗，随着频率的增加而增加。因此，它的等效电路为由电感 L 和电阻 R 组成的串联电路，其中 L 和 R 都是频率的函数，如图 16-22 所示。

铁氧体材料通常在高频情况下应用，因为在低频时它们主要呈电感特性，使得线上的损耗很小；在高频情况下，它们主要呈电阻特性，对高频干扰衰减很大，其电感和电阻均随频率改变而改变。实际应用中，铁氧体材料作为射频电路的高频衰减器使用。

铁氧体磁珠与普通的电感相比具有更好的高频滤波特性。铁氧体在高频时呈现电阻性，相当于品质因数很低的电感器，所以能在相当宽的频率范围内保持较高的阻抗，从而提高高频滤波效能。

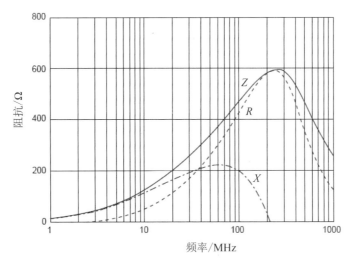

图 16-22　磁珠特性曲线举例

在低频段，阻抗由电感的感抗构成，低频时 R 很小，磁芯的磁导率较高，因此电感量较大，电感起主要作用，电磁干扰被反射而受到抑制，并且这时磁芯的损耗较低，整个器件是一个低损耗、高品质因素 Q 特性的电感，这种电感容易造成谐振。因此，在低频段有时可能出现使用铁氧体磁珠后干扰增强的现象。

在高频段，阻抗由电阻成分构成，随着频率升高，磁芯的磁导率降低，导致电感的电感量减小，感抗成分减少。但是，这时磁芯的损耗增加，电阻成分增加，导致总的阻抗增加，当高频信号通过铁氧体时，电磁干扰被吸收并转换成热能的形式耗散掉。

例如，磁导率为 850H/m 的铁氧体，在 10MHz 时阻抗小于 10Ω，而超过 100MHz 后阻抗大于 100Ω，使高频干扰大大衰减。这样，就构成了一个低通滤波器。低频时 R 很小，L 起主要作用，电磁干扰被反射而受到抑制；高频时 R 增大，电磁干扰能量被吸收并转换成热能。

铁氧体抑制元件广泛应用于 PCB、电源线和数据线上。例如，在 PCB 的电源线入口端加上铁氧体抑制元件，就可以滤除高频干扰。铁氧体磁环或磁珠专用于抑制信号线、电源线上的高频干扰和尖峰干扰，其实它还具有吸收静电放电脉冲干扰的能力。

不同的铁氧体抑制元件，有不同的最佳抑制频率范围。通常磁导率越高，抑制的频率就越低。此外，铁氧体的体积越大，抑制效果越好。在体积一定时，长而细的抑制效果比短而粗的抑制效果好，内径越小抑制效果越好。但在有直流或交流偏流的情况下，还存在铁氧体饱和的问题，抑制元件横截面越大，越不易饱和，可承受的偏流越大。

铁氧体抑制元件应当安装在靠近干扰源的地方。对于输入/输出电路，则应尽量靠近屏蔽壳的进、出口处。安装时还应当注意，铁氧体元件易破碎，应采取可靠的固定措施。

使用片式磁珠还是片式电感主要还在于实际应用场合。在谐振电路中需要使用片式电感。而需要消除不需要的 EMI 噪声时，使用片式磁珠是最佳的选择。

片式磁珠和片式电感的应用场合如下。

片式电感：射频（RF）和无线通信、信息技术设备、雷达检波器、汽车电子、蜂窝电话、寻呼机、音频设备、PDAs（个人数字助理）、无线遥控系统和低压供电模块等。

片式磁珠：时钟发生电路、模拟电路和数字电路之间的滤波，I/O（输入/输出）内部连接器（如串口、并口、键盘、鼠标、长途电信、本地局域网），射频（RF）电路和易受干扰的逻辑设备之间，供电电路中滤除高频传导干扰，计算机、打印机、录像机（VCR）、电视系统和手机中的 EMI 噪声抑制。

磁珠的单位是欧姆（Ω），因为磁珠的单位是按照它在某一频率产生的阻抗来标称的[阻抗的单位是欧姆（Ω）]。一般以 100MHz 为标准，如在 100MHz 频率的时候磁珠的阻抗相当于 1000Ω，则该磁珠的标称阻抗为 1000Ω。磁珠的数据手册上一般会提供频率和阻抗的特性曲线图（见图 16-22）。

使用时，针对我们所要滤波的频段需要选取合适的磁珠阻抗，其一般以对有用信号衰减很小，对干扰信号有较大衰减为前提。

另外，选择磁珠时需要注意磁珠的通流量，使用时不能超过数据手册中给出的额定电流，一般需要降额 80%处理，用在电源电路时要考虑直流阻抗对压降的影响。

16.5.3   其他磁性元件

磁性元件还包括各种类型的变压器和磁耦合元件。

无论是电源变压器、开关变压器还是隔离变压器，它的高频特性直接影响到产品的电磁兼容传导干扰特性和辐射干扰特性，同时其磁泄漏的大小直接影响到产品的内部干扰特性。变压器线圈的绕制方式、磁芯材料的性质、磁芯的形状等直接会影响到整机的电磁兼容性能。当一个产品的电磁干扰问题采用其他方式不能奏效时，不妨采用几种不同形式的变压器试试，或许会有意想不到的收获。设计合理的变压器对抑制电磁干扰是非常有效的。

磁耦合元件是交变信号传递的重要手段，直接影响到产品向外辐射的能量大小、频率特性等。它对产品的电磁兼容同样是至关重要的。对任何一个产品，人们希望其对外发射的是有用信号，对无用信号则要尽量抑制在电磁兼容标准要求的范围内，这种信号的选择是通过磁耦合元件的调谐来实行的。

16.6   开关元件

开关元件是指广义的开关元件，包括继电器（电磁继电器、固态继电器），传统意义上的接触开关，工作在功率电路中的开关元件，如可控硅、晶闸管，工作在开关电源中的开关管、开关变压器、整流管等。

这类开关电路一个显著特点就是其电路工作在高压大电流的通断状态，这类开关电路中不可避免地会有储能元件存在，这些储能元件会在电路接通和断开瞬间产生远比正常工作状态大得多的电压或电流，这样的高压或大电流不但会对外形成电磁干扰，同时会对这些储能元件形成冲击，从而影响其寿命。

选择能抑止通断瞬间产生的非正常高压或大电流的开关元件，以及给这些开关元件增加必要的脉冲吸收电路和保护电路是非常必要的。

对电磁继电器和传统意义上的接触开关来说，其开关为接触式机械开关，其开关瞬间的触点抖动和产生的拉弧会对同一供电网络上的其他设备产生传导干扰，对附近工作的设备会产生辐射干扰。若开关回路中有大的容性或感性负载存在，则这些干扰会变得更严重，此时应选择防触点抖动和具备灭弧功能的继电器和开关。对大功率负载应采用软启动的方式，以降低其对开关触点的冲击和由此形成的电磁干扰的大小。

对电磁继电器来说，其驱动回路是典型的开关状态下的感性回路，为保护驱动元件，减少高频干扰，必须在驱动线圈上增加脉冲吸收回路。典型的吸收回路是在驱动线圈上并联一个反向二极管，如图 16-23 所示。

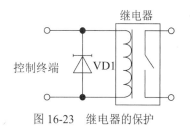

图 16-23 继电器的保护

对工作在功率电路中的可控硅、晶闸管和固态继电器，它们均为半导体器件，且电路的开关状态直接由其通断产生。若开关回路中有容性或感性负载存在，则在电路通断瞬间会在半导体器件两端产生非正常高压或大电流，这些非正常的高压或大电流不但会对电网形成冲击，同样对这些功率半导体器件可能会是致命的。因此，对这些回路来说脉冲吸收和保护电路是必不可少的。在交流电路中，对这些功率半导体器件采取过零触发的方式是最佳选择；对大功率负载采用软启动的方式，在此处更加必要。

对工作在开关电源中的开关管、开关变压器、整流管来说，由于其工作在频率较高的脉冲工作状态，其情况比前两种工作状态复杂得多。下面分别进行分析。

开关回路是开关电源产生电磁干扰最直接和最主要的来源。

在开关回路中，开关管是核心。在实际设计和测试中发现，对同一开关电源，其他部分保持不变，用同样耐压和电流容量的不同品牌的开关管进行辐射干扰测试，整体干扰最大的与最小的可能相差 15～20dB。对传导干扰的频率高端，我们也发现同样的现象（对传导干扰的频率低端这种现象没有高端明显）。这与开关管在设计中有没有考虑电磁兼容有关。好的开关管在设计中考虑到了高频抑制及开关瞬间的振荡并兼顾了转换效率，这种开关管成本可能会高一些。在开关回路中，另一关键部件是开关变压器。开关变压器对电磁兼容的影响表现在两方面：一方面是初级线圈与次级线圈间的分布电容 C_d，另一方面是开关变压器的漏磁。通过在初级线圈与次级线圈间加静电屏蔽层并引出接地，该接地线尽量靠近开关管的发射极接直流输入的 0V 地（热地），这样可以大大减小分布电容 C_d，从而减小了初、次级的电场耦合干扰。为了减小开关变压器的漏磁，可以选择封闭磁芯（如圆环），因为封闭磁芯比开口磁芯的漏磁小。另外，还可以通过在开关变压器外包高磁导率的屏蔽材料抑制漏磁，从而减小了通过漏磁辐射的干扰。

在二次整流回路中，整流二极管非常关键。在低压大电流的整流回路中，快速恢复的肖特基二极管是一种较好的选择。对高压输出电路可选择其他快速恢复二极管或带软恢复特性的二极管。

16.7　连接器

无论是信号端口、控制端口还是电源端口，其进出设备均通过连接器来完成。因此，连接器对设备的电磁兼容性起着举足轻重的地位。连接器的选择、安装位置和方式直接关系到产品是否可以通过电磁兼容测试。

连接器是无源元件，其功能是提供两电路之间的电气连续性，并保证在它们的周围有足够的隔离。连接器可以分为低频功率、低频信号、高频功率或高频信号传输连接器。

对电磁干扰而言，连接器的有关特性有交扰、特性阻抗、接触阻抗、插入损耗、屏蔽、带有滤波器插脚和压敏电阻器插脚等。

对开关电源而言，当其传导或辐射干扰不能满足要求时，在交流或直流电源输入端选择带有滤波器的连接插座有时会起到事半功倍的效果。此时，应注意带有滤波器的连接插座的金属外壳必须与机壳和设备地保持紧密和良好的连接。

对包含有多组信号的连接器，选择交扰较小的连接器就变得重要了。同时，信号线之间应用地线隔离。带有脉冲和大功率的信号线应尽量远离低压小信号的敏感线，必要时可分别使用不同的连接器并屏蔽隔离。

对低频大功率信号，选择接触电阻较小的连接器是非常必要的。

对低频连接器，有时为防止内部干扰外泄和外部干扰进入，必须选择带有滤波器的连接插座。

对高频大功率信号和高频连接器，为了防止信号发生反射和形成驻波，连接器的特性阻抗应尽量与连接电缆的特性阻抗保持一致，同时应有较好的屏蔽，以防高频信号发生泄漏。

对高频连接器还需要较小的接触阻抗和插入损耗，以减小其功率的衰减。

对于与室外电缆连接的信号连接器和电源连接器，有时为了防止浪涌冲击进入设备内部，可选择插脚带有压敏电阻器的连接器。

16.8　元器件选型一般规则

（1）在高频时，若用引线型电容器，则应优先选择引线电感小的穿心电容器或支座电容器来滤波。

（2）在必须使用引线型电容器时，应考虑引线电感对滤波效率的影响。

（3）铝电解电容器可能发生几微秒的暂时性介质击穿，因而在纹波很大或有瞬变电压的电路中，应该使用固体电容器。

（4）使用寄生电感和电容量小的电阻器。片状电阻器可用于超高频段。

（5）大电感寄生电容大，为了提高低频部分的插入损耗，不要使用单节滤波器，而应该使用若干小电感组成的多节滤波器。

（6）使用磁芯电感要注意饱和特性，特别要注意高电平脉冲会降低磁芯电感的电感量和在滤波器电路中的插入损耗。

（7）尽量使用屏蔽的继电器并使屏蔽壳体接地。

（8）选择有效屏蔽、隔离的输入变压器。

（9）用于敏感电路的电源变压器应该有静电屏蔽，屏蔽壳体和变压器壳体都应接地。

（10）设备内部的互连信号线在必要时使用屏蔽线，以防它们之间的骚扰耦合。

（11）为使每个屏蔽体都与各自的插脚相连，应选择插脚足够多的插座。

（12）设计时要特别注意用于低电平信号和低阻抗电路的连接器，以及阻抗增大会引起误差而又不能方便探测到的连接器。

（13）分系统间的连接电缆和连接器的设计要协调一致。例如，不能一端要求其所有屏蔽层彼此隔开，而另一端却只给一个连接器留一根插脚供屏蔽层端接。不能一端用屏蔽线控制干扰辐射，而另一端却选择无屏蔽外壳的连接器。

（14）不要让主电源线和信号线通过同一连接器。

（15）尽量不要让输入/输出信号线通过同一连接器。

（16）根据导线分类，正确进行连接器屏蔽层端接。

第 **17** 章

印制电路板电磁兼容设计

为了实现电磁兼容，设计人员可以在系统、设备、印制电路板（PCB）和集成电路（IC）各个层级采取相应的措施。通常，电磁兼容解决措施越往产品设计阶段前移，解决的效费比越高。因此，为了实现装备的电磁兼容目标，PCB 电磁兼容设计是工程上实现电磁兼容一个非常重要的环节。PCB 作为各电气功能实现的基础单元，应该使 PCB 上各电路单元之间没有干扰或干扰尽可能小，并使外部传导和辐射干扰对 PCB 上各电路单元的影响尽可能小，并且尽可能降低 PCB 对外部的传导发射和辐射干扰。本章将重点介绍 PCB 电磁兼容设计的一些规则，供装备设计人员参考。

17.1 叠层设计

在 PCB 电磁兼容设计中，叠层设计是一个重要的环节。叠层设计的好坏直接影响布线的效果。因此，在实际叠层设计过程中，建议遵守以下原则。

17.1.1 一般原则

在 PCB 设计时，最基本的问题是在可接受的价格范围内确定实现电路要求的功能需要多少个布线层、地平面和电源平面。而 PCB 的布线层、地平面和电源平面的确定与电路功能、信号完整性（SI）、电源完整性（PI）、EMC、制造成本等要求有关。对于大多数情形，PCB 的性能要求、目标成本、制造技术和系统的复杂程度等因素间存在许多相互冲突的矛盾，PCB 叠层设计通常是综合考虑以上各方面因素后折中决定的。

一般地，PCB 叠层设计宜遵循以下原则。

1. 合理的层数

根据单板的电源及地的类型、信号线密度、板级工作频率、有特殊布线要求的信号数量，以及综合单板的性能指标要求与目标成本、制造技术，确定单板的层数。

2. 参考平面层数

PCB 中电源的层数由电源数量决定。对于 PCB 中仅有单个电源的情形，一个电源平面就足够了。对于 PCB 中有多个电源的情形，若电源之间互不交错，则在保证相邻层的关键信号布线不跨分割区域的前提下，可考虑采取将电源平面分割成几个电压不同的实体区域。在此种情形下，若紧靠电源平面的是信号层，则其附近信号层上的信号电流将会遭遇不理想的返回路径，使返回路径上出现"壕"。对于高速数字信号，这种不合理的返回路径设计可能会带来非常严重的 EMI 问题。因此，信号布线时应该远离被分割成几个电压不同实体区域的电源平面。

对于若干个不同电源互相交错的单板，必须考虑采用 2 个或 2 个以上的电源平面，且每个电源平面的布局需要满足以下条件。

（1）单一电源或多种互不交错的电源。

（2）相邻布线层的关键信号不跨分割区（"壕"或"裂缝"）。

（3）地平面的层数除满足电源平面的要求外，还要考虑以下几点。

①元器件层下面（第二层和倒数第二层）有相对完整的地平面。

②地平面可以提供一个好的低阻抗的电流返回路径，可以减小共模辐射发射干扰。

③地平面和电源平面应该尽量靠近，增强板间自身形成的"平板电容"的去耦效果，信号层也应该和邻近的地平面保持紧密耦合。

3．信号布线层数

利用 Cadence、Altium Designer、Mentor、PADS 等 EDA 软件，在网表调入完毕后，EDA 软件能提供 PCB 布局、布线密度参数报告，由此参数可对信号所需的层数做出大致判断。经验丰富的 Layout 工程师，能根据以上参数再结合板级工作频率、有特殊布线要求的信号数量，以及单板的性能指标要求与成本承受能力，最后确定单板的信号布线层数，具体可以参考表 17-1。

表 17-1　信号布线层数的确定

Pin 密度	信号布线层数	板层数
1.0 以上	2	2
0.6～1.0	2	4
0.4～0.6	4	6
0.3～0.4	6	8
0.2～0.3	8	12
<0.2	10	>14

Pin 密度的定义：板面积（平方英寸）/（板引脚总数/14）。

信号布线层数的具体确定还必须考虑单板的 EMC 要求。一般情况下，根据每块 PCB 上电源和地的种类、信号布线密度、信号的工作速率、最高工作频率、特殊布线要求、交货周期，以及性能指标与成本压力等客观因素，综合决定每块 PCB 总的层数和信号布线层数。

若仅仅从 EMC 的角度考虑，则主要是关键信号网络（强辐射信号网络和易受干扰的小、弱信号）的屏蔽或隔离措施。多数情况下，适当增加地平面，可以令产品的 EMC 性能大幅度提高，但代价通常是成本有所增加。因此，必须多方权衡以便最终抉择。

4．电源平面、地平面的阻抗及二者之间的电磁环境问题

（1）电源平面、地平面存在自身的特性阻抗，往往电源平面的阻抗比地平面阻抗高。

（2）为了降低电源平面的阻抗，尽量将 PCB 的主电源平面与其对应的地平面作为相邻层布置，并且二者物理距离尽量靠近，利用二者的耦合电容，降低电源平面的阻抗。

（3）电源平面与地平面之间构成的平板电容与元器件层的去耦电容一起构成频响曲线比较复杂的电源地电容，它的有效退频带比较宽。

5．参考平面选择

电源平面、地平面均能用作参考平面，且有一定的屏蔽作用；但相对而言，电源平面具有较高的特性阻抗，与参考电平（地）存在较大的电势差；从屏蔽的角度来看，地平面一般均进行了接地处理，并作为基准电平参考点。

在选择参考平面时，应优化地平面。

6．电源平面层、地平面层及信号层间相对排布位置

在电源平面层、地平面层和信号层确定后，它们之间的相对排布位置是每位 PCB Layout 工程师都不能回避的话题。一般地，宜遵循以下原则。

（1）元器件紧邻层（第二层或倒数第二层）为地平面，为元器件层提供屏蔽层，以及为顶层布线提供参考平面。

（2）所有的信号布线层都与一个参考平面相邻，这个参考平面应尽可能地选择地平面。

（3）PCB 上下表层（微带线）不布带有丰富射频能量的信号走线，如周期信号、时钟信号等。

（4）高速信号宜布在与地平面邻近（除表层外）的信号层。

（5）尽量避免两信号布线层直接相邻。

（6）主电源尽可能与其对应地相邻。

7．兼顾层压结构对称

在具体的 PCB 叠层设计时，要对以上原则进行灵活掌握，在领会以上原则的基础上，根据实际单板的需求，如是否需要一关键布线层、电源平面、地平面的分割情况等，确定层的排布，切忌生搬硬套，或者抠住某一点不放。

17.1.2　多层板叠层设计

1．单层板和双层板叠层设计

由于板层数量少，不存在叠层的问题。控制电磁辐射主要从布线和布局来考虑。单层板和双层板的电磁兼容问题较为突出，造成此种现象的主要原因是信号环路面积过大，大环路不仅产生较强的电磁辐射，而且会导致板上电路对外界电磁干扰比较敏感。解决此类问题的思路是减小关键信号的环路面积，其中关键信号一般是指易产生较强辐射的信号和对外界较为敏感的信号。能够产生较强辐射的信号一般是周期性信号，如时钟或地址的低位信号；对干扰敏感的信号是指那些电平较低的模拟信号。

一般地，单、双层板通常用在低于 10kHz 的低频模拟设计中，设计时宜遵循以下原则。

（1）在同一层的电源以辐射状走线，并最小化线的长度总和。

（2）电源、地线相互靠近时，在关键信号线边上布一条地线，这条地线应尽量靠近信号线以形成较小的环路面积，减小差模辐射对外界干扰的敏感度。当信号线的旁边加一条地线后就形成了一个面积最小的环路，信号电流便会沿着这个环路流动而不是其他地线路径。

（3）如果是双层板，那么可以在线路板的另一面紧靠近信号线的下面沿着信号线布一条地线，且线尽量宽一些。这样形成的环路面积约等于线路板的厚度乘以信号线的长度。

2．四层板叠层设计

四层板通常包含 2 个信号层、1 个电源平面层和 1 个地平面层，四层板典型的叠层有"均等间隔距离"和"不均等间隔距离"两种叠层结构。

层间均等间隔距离结构如图 17-1 所示，其主要特性如下。

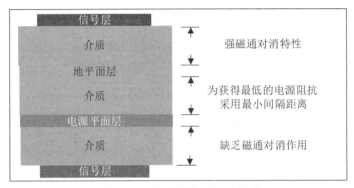

图 17-1　层间均等间隔距离结构

（1）布线层印制线有较高的阻抗，可以达到 105～130Ω。

（2）电源平面层和地平面层间构成的平板电容能较好地去除电源噪声。

（3）底层信号的回流电流往往不能以一种低阻抗回流到源头，除非在此信号层布放一条紧邻电源平面层的地线。

层间不均等间隔距离结构如图 17-2 所示，其主要特性如下。

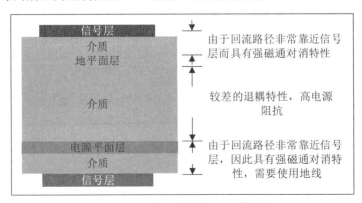

图 17-2　层间不均等间隔距离结构

（1）布线层的阻抗可以具体设计为期望的数值。

（2）电源平面层与地平面层之间构成的平板电容的去耦效果几乎不存在，需要靠表层布置去耦电容来滤除电源噪声。

（3）底层信号的回流电流往往不能以一种低阻抗回流到源头，除非在此信号层布放一条紧邻电源平面层的地线。

在四层板中，使用了电源平面层和地平面层，使信号层到参考平面层的物理尺寸要比双层板小很多，因此，四层板相对双层板可以减小 RF 的 EMI。但四层板的设计存在许多潜在问题。首先，传统厚度为 1.6mm 的四层板，即使信号层在表层，电源平面层和地平面层在内层，电源平面层和地平面层之间的间隔距离仍然过大。若为了改善 EMC 性能，在板上元器件密度足够低和元器件周围有足够面积的场合，则可考虑采用表 17-2 中方案（一）的叠层结构。

表 17-2　四层板叠层设计案例

层		方案（一）	方案（二）	方案（三）
第 1 层	TOP	地平面	信号	地平面
第 2 层	GND	信号+电源平面	地平面	信号
第 3 层	POWER	信号+电源平面	电源平面	信号
第 4 层	BOTTOM	地平面	信号	电源平面

对于表 17-2 中方案（一），通常为首选方案，常应用于板上芯片密度足够低和芯片周围有足够面积的情形。此种方案 PCB 外层均为地平面层，中间两层为信号层和电源平面混合层，信号层上的电源宜采用宽而短的走线，这可获得电源电流的低阻抗路径，也可通过外层地屏蔽内层信号辐射。从 EMI 抑制角度来讲，此种方案是四层板最佳的四层 PCB 结构。但设计时需要注意，中间信号层和电源平面混合层间距要拉开，走线方向垂直，避免出现串扰；适当控制 PCB 面积，体现 $20H$ 规则；若要控制走线的阻抗，则此种方案要十分小心地将走线布置在电源和接地敷铜岛的下边。

对于表 17-2 中方案（二），通常用于板上芯片较多的情形。此种方案可获得较好的信号完整性，但 EMI 和抗外界电磁干扰性能并不是很好，EMI 主要靠走线及其他细节来控制。在元器件的下方有一地平面，关键信号优选布置在第 1 层，至于层厚的设置，有以下建议。

（1）满足阻抗控制要求。

（2）缩小地平面层和电源平面层之间的间距，以降低电源平面层、地平面层的分布阻抗，增大层间平板电容的去耦效果。这样有利于吸收和抑制辐射发射，同时增大地平面，体现 $20H$ 规则。

对于表 17-2 中方案（三），外层走电源平面层和地平面层，中间走两层信号。要达到设计想要的屏蔽效果，该方案至少还存在以下缺陷。

（1）电源平面层与地平面层间距过大，电源平面层的阻抗较大。

（2）表层为元器件，焊盘、过孔等会严重导致电源平面层和地平面层的完整性。

（3）增大了 PCB 加工难度，因为在波峰焊接处理时，表层敷铜就像一个大散热片结构，可能会引起冷焊连接。

（4）现在，大多数 PCB 通常采用表贴元器件，在元器件越来越密集的情况下，本方案的电源平面层、地平面层几乎无法作为完整的参考平面，由于参考平面不完整，信号阻抗会不连续，预期的屏蔽效果很难实现。因此，此方案适用范围有限。

在表 17-2 中方案（三），第 3 层的信号线与回流路径（地平面层）之间的距离还是太大，仍然无法对信号线所产生的 RF 电流进行有效的磁通对消设计。此种情形，可以在该信号层布放一条紧邻电源平面层的地线，以提供一个 RF 电流的低阻抗回流路径，以增强 RF 电流的通量对消能力。

3. 六层板叠层设计

对于芯片密度较大、时钟频率较高的设计应考虑采用六层板以上的叠层设计。六层板叠层设计案例如表 17-3 所示。

表 17-3　六层板叠层设计案例

层数	方案（一）	方案（二）	方案（三）	方案（四）
第 1 层	信号	信号	信号	信号
第 2 层	地平面	信号	地平面	地平面
第 3 层	信号	地平面	信号	信号
第 4 层	电源平面	电源平面	信号	地平面
第 5 层	地平面	信号	电源平面	电源平面
第 6 层	信号	信号	信号	信号

对于表 17-3 中方案（一），有三个信号层、三个参考平面层（一个电源平面层和两个地平面层）。此种方案信号层与地平面层相邻，电源层紧邻地平面层，每个走线层的阻抗都可较好控制，且两个地平面层都能良好地吸收磁力线。在电源平面层、地平面层完整的情况下能为每个信号层提供较好的回流路径。第 3 层最适宜布放时钟等富含 RF 射频能量的信号，第 1 层（顶层或元器件层）和第 6 层（底层）不适宜布放任何对外部 RF 敏感的信号线。例如，对静电放电、电快速瞬变脉冲敏感的信号。

对于表 17-3 中方案（二），有四个信号层、两个参考平面层（一个电源平面层和一个地平面层）。此种方案适于布线密度较大的场合，但此种方案对于高频信号回流较方案（一）差。因此，对 EMC 性能要求较低的产品才选择此种方案。

对于表 17-3 中方案（三），有四个信号层、两个参考平面层（一个电源平面层和一个地平面层），二者间距较大，以至于电源平面层的阻抗较大，层间距设置时宜尽量缩小第 2 层（地平面）和第 3 层（信号）、第 4 层（信号）和第 5 层（电源平面）之间的间距，以减小电源平面的阻抗。

对于表 17-3 中方案（四），有三个信号层、三个参考平面层（一个电源平面层和两个地平面层）。与方案（一）比较而言，方案（四）中第 4 层设置为地平面层，第 5 层设置为电源平面。对于局部少量信号要求较高的场合才采用方案（四），时钟等富含 RF 射频能量和对外部 RF 敏感的信号线宜布置在第 3 层。

对于六层板叠层设计，从 EMC 角度来讲，优选方案（一），可选方案（三），备用方案

（二）和方案（四）。但设计时究竟采用何种方案，要根据布线的密度、元件的 Pin 数、总线结构、模拟和数字电路情况及实际可利用的位置等因素决定。

4．八层板叠层设计

八层板叠层设计案例如表 17-4 所示。单电源的情况下，方案（二）比方案（一）少了相邻布线层，增加了主电源与对应地相邻，保证了所有信号与地平面相邻，代价是牺牲了布线层。

对于双电源的情况，推荐采用方案（三），此种方案兼顾了无相邻布线层、层压结构对称、主电源与地平面相邻等优点，但对于底层信号层应尽量少布置关键信号线。

方案（四）：无相邻布线层、层压结构对称，但电源平面阻抗较高；设计时应适当增大第 3 层（信号）与第 4 层（电源平面）、第 5 层（电源平面）与第 6 层（信号）的间距，缩小第 2 层（地平面）与第 3 层（信号）、第 6 层（信号）与第 7 层（地平面）的间距。

综合分析后，对于八层板叠层设计，从 EMC 角度来讲，优选方案（二）和方案（三），可选方案（一），不宜采用方案（四）。但设计时，采用何种方案同六层板叠层设计要求一样。

表 17-4　八层板叠层设计案例

层数	方案（一）	方案（二）	方案（三）	方案（四）
第 1 层	信号	信号	信号	信号
第 2 层	地平面	地平面	地平面	地平面
第 3 层	信号	信号	信号	信号
第 4 层	信号	地平面	电源平面	电源平面
第 5 层	电源平面	电源平面	地平面	电源平面
第 6 层	信号	信号	信号	信号
第 7 层	地平面	地平面	电源平面	地平面
第 8 层	信号	信号	信号	信号

17.1.3　利用叠层设计抑制 EMI

1．共模 EMI 抑制

在 PCB 设计中，板厚、过孔工艺和 PCB 层数不是解决板级 EMI 问题的关键，而优良的叠层设计才是保证电源的去耦效果，使电源平面层或地平面层的瞬态电压最小，并将信号和电源的电磁场屏蔽起来的关键。理想情况下，信号布线层与其地平面的回流层之间应该有一个绝缘隔离层，信号布线层与配对地平面层之间的层间距应该越小越好。根据这些基本概念和原则，才能设计出符合电磁兼容认证要求的 PCB。

在 IC 的电源引脚附件就近放置适当容量的去耦电容，可滤除由 IC 输出电压的跳变产生的谐波。但由于电容有限的频率响应特性，因此电容无法在全频带上干净地去除 IC 输出所产生的谐波。除此之外，电源上的瞬态电压在去耦路径的寄生电感两端会形成电势差，这些瞬态电压正是主要的共模 EMI 干扰源。

对于 PCB 上的 IC 而言，给 IC 供电的电源平面层可以看成一个优良的"高频电容"，它可以吸收去耦电容所泄漏的 RF 能量。此外，优良的电源层的寄生电感比较小，因此，此寄生电感两端形成的瞬态电压也较小，从而可进一步降低共模 EMI。对于高速数字 IC 而言，数字信号的上升沿越来越快，电源层到 IC 电源引脚的连线必须尽可能短，最好是直接连到 IC 电源引脚所在的焊盘上面。

为了抑制共模 EMI，电源平面层要有利于电源平面的电源去耦和保持较低的寄生电感，而且这个电源平面层必须要有一个相当好的电源平面层配对。一个好的电源平面层配对与电源平面的分层、层间的介质材料，以及 IC 的工作频率或 IC 边沿速率有关。通常，电源平面分层的间距是 6mil，夹层是 FR4 介电材料，每平方英寸的电源平面层的等效电容约为75pF。显然，层间距越小，电容越大。

对于常见的上升时间/下降时间为 1～3ns 的电路，PCB 采用 3～6mil 层间距和 FR4 介电材料时通常能够抑制高频谐波，并使瞬态信号足够低即可使共模 EMI 降得很低。

2．多电源层 EMI 抑制

（1）若同一个电压源的两个电源平面层需要给若干 IC 供电，则 PCB 应布成两组电源平面层和地平面层。在这种情况下，每对电源平面层和地平面层之间都设置为绝缘层，这样就会得到所期望的等分电流的两对阻抗相等的电源，若两电源平面层的阻抗不相等，则分流不均匀，瞬态电压降得多，并且 EMI 会急剧增加。

（2）若 PCB 上存在多个数值不同的电源电压，则相应地需要多个电源平面层。关键的是需要为不同的电源创建各自配对的电源平面层和地平面层。

在以上两种情况下确定配对的电源平面层和地平面层在 PCB 叠层中位置时，要切记PCB 制造商对平衡结构的要求。

17.2　电路模块划分

PCB 的 EMC 设计，不能不谈 PCB 电路模块的划分，即晶振等时钟电路、驱动器、电源模块、滤波器等在 PCB 上的相对位置和方向会对电磁场的发射和接收产生巨大影响。

17.2.1　按功能划分

按电路模块的功能划分，可分为时钟电路、放大电路、驱动电路、A/D 转换电路、D/A转换电路、I/O 电路、开关电源、滤波电路等。

一个完整的设计可能包含了其中多种功能的电路模块。在进行 PCB 设计时，我们可以根据信号的流向，对整个电路进行模块划分。从而保证整个布局的合理性，以达到整体布线路径短，各个模块互不交错，减少模块间互相干扰的可能性。

17.2.2　按工作频率和速率划分

按电路模块信号的工作频率和速率划分，可分为高、中、低工作频率和速率的电路模块逐次展开，互不交错。

17.2.3 按信号类型划分

按电路模块信号类型划分，可分为数字电路和模拟电路两部分。

为了降低数字电路对模拟电路的干扰，使它们能和平共处，达到兼容的状态，在 PCB 布局时需要给它们定义不同的区域，从空间上进行物理隔离，减小相互之间的耦合。对于数、模转换电路，如 A/D 转换电路、D/A 转换电路，应该布放在数字电路和模拟电路的交界处，元器件布放的方向应以信号的流向为前提，使信号引线最短，并使模拟部分的引脚位于模拟地上方，数字部分的引脚位于数字的上方。

17.3 布局设计

遵照"先大后小，先难后易"的布局原则，即重要的单元电路、核心元器件应当优先布局。

布局时应参考原理图，首先根据单板的主信号流向规律安排主要元器件尽可能做到使关键的高速信号走线最短，其次考虑电路板的整齐、美观。

如果有特殊布局要求，则应在双方沟通后确定。

17.3.1 开关电源布局

目前，几乎所有的电子系统中都用到了开关电源，因为它转换效率高，所以得到了普遍应用。一个理想的开关调整器应不会产生外部电磁场，只在输入端吸收直流电流，其开关动作应限制在开关电源模块内部。然而，由于它也有噪声大和不稳定的缺点，因此很难通过 EMC 试验。这些问题大部分源自元器件布局（不包括元器件质量差的情况）和 PCB 设计。一个完美的专业设计可能会因为 PCB 的寄生效应而遭到淘汰。良好的 PCB 设计不但有助于开关电源通过 EMC 试验，还可以帮助实现正确的功能。

1. 开关电源 PCB 布局原则

下面以 Buck 型开关电源为例（可直接应用于 Boost，也可以方便地应用于其他拓扑结构），来讲解 DC-DC 转换器布局时的一些原则，如图 17-3 所示。

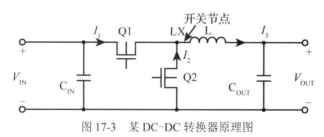

图 17-3 某 DC-DC 转换器原理图

DC-DC 转换器工作时，晶体管 Q1 和 Q2 作为开关。互补驱动信号控制开关晶体管 Q1 和 Q2，使其工作在开关状态下，而不是工作在线性模式下，以达到较高的效率。晶体管的电流和电压均类似于方波，但是相位不一致，以降低功耗。

开关节点电压 V_{LX}、晶体管电流 I_1 和 I_2 为方波，具有高频分量。电感电流 I_3 是三角波，也可能是噪声源。虽然这些波形能够实现较高的效率，但是从 EMI 的角度来看，其存在很大问题。如图 17-4 所示，开关晶体管电流 I_1 和 I_2，以及开关节点电压 V_{LX} 接近方波，谐波分量丰富，是潜在的 EMI 干扰源。

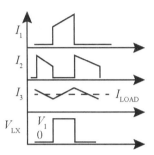

图 17-4　DC-DC 转换器电压和电流波形

DC-DC 转换器布局的一般原则如下。

1）抑制开关节点 LX 处产生的电场辐射

缩小开关节点 LX 的面积可以减小开关节点 LX 产生的电场辐射；在开关节点 LX 附近设置地平面可有效限制该电场辐射。需要注意的是，开关节点 LX 与它附近设置的地平面也不能靠得太近，否则会增加杂散电容，降低效率。

2）抑制开关尖峰电流 I_1 到 I_3 产生的磁场辐射

每个电流环路 PCB 的杂散电感决定了场强。要抑制由 I_1 到 I_3 产生的磁场辐射，电路环路之间的非金属区域应尽可能小，而走线宽度应尽可能大，以达到最低磁场强度。

3）减少传导 EMI

当输入/输出电容 C_{IN} 和 C_{OUT} 无法为开关电流 I_1 和 I_3 提供低阻抗通道时，这些电流会串至上一级电路或下一级电路，往往也将因此产生传导 EMI 问题。此通道阻抗包括电容本身（含杂散电容）和 PCB 的杂散电感，尽量减小该电感，这同时降低了磁场辐射。DC-DC 转换器内部应尽量少地出现过孔，因为过孔的电感系数较大（$U=LdI/dt$），由此带来的干扰电压也较大。可以在元器件层为电源的快速电流建立局部平面来解决这一问题。表贴元器件可直接焊接在这些平面上，电流通路必须宽且短以降低电感。过孔用于连接本地平面和电源以外的系统平面。其杂散电感有助于将快速电流限制在顶层。另外，可以在电感周围加入过孔，降低其阻抗效应。

产生传导 EMI 问题的另一个原因是由地平面上快速开关电流引起的电压尖峰。开关电流必须与外部电路共用任一通道，包括地平面。其解决办法是在 DC-DC 转换器边界内部的顶层设置一个局部电源地平面，再单点连接至系统地平面，且这一接地点常常是输出电容 C_{OUT} 处。

4）功率元器件布局顺序

优先放置开关管 Q1 和 Q2、电感 L 和输入/输出电容 C_{IN} 和 C_{OUT}，这些元器件尽可能靠近放置，特别是 Q2、C_{IN} 和 C_{OUT} 三者的公共地，以及电源输入端 Q1 和 C_{IN} 相同电气属性的走线连接需要就近布局走线。从 EMC 角度出发，应为电源地、输入/输出和开关节点 LX 设置顶层连接，且实际操作时，宜采用短而宽的走线连接至顶层。

5）低电平信号元器件布局

低电平信号的元器件包括控制器 IC、偏置和反馈/补偿元器件等。为避免串扰，这些元器件应与功率元器件分开放置，并用控制器 IC 隔断。一种方法是将功率元器件放置在控制器的一侧，低电平信号元器件放置在另一侧。控制器 IC 的门驱动输出开关频率的大电流尖峰，应减小 IC 和开关晶体管之间的距离。反馈和补偿引脚等大阻抗节点应尽量小，与功率元器件保持较远的距离，特别是在开关节点 LX 上。DC-DC 转换器 IC 一般具有两个地引脚 GND 和 PGND，方法是将低电平信号地与电源地分离。当然，还要为低电平信号设置另一模拟地平面，不用设在顶层，可以使用过孔。模拟地和电源地应只在一点连接，一般是在 PGND 引脚。在极端情况（大电流）下，可以采用一个纯单点地，在输出电容处连接局部地、电源地和系统地平面。

2. 开关电源 PCB 布局案例

以下是 DC-DC 转换器（MAX1954）PCB 布局案例分析，电路原理图如图 17-5 所示。

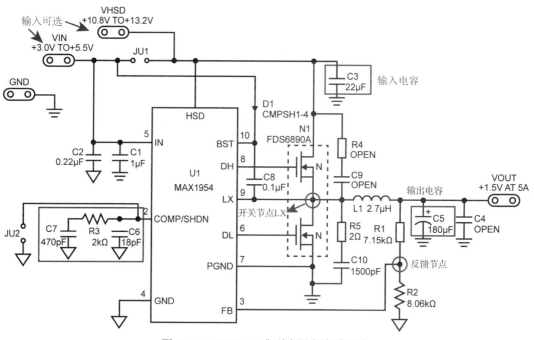

图 17-5 MAX1954 典型应用电路原理图

1）功率元器件优先布局

先找到功率元器件，即找到高端 MOSFET（与 01 的引脚 8 连接）和低端 MOSFET（与 01 的引脚 6 连接）、电感 L1、输入电容 C3 和输出电容 C5。C3 的位置非常关键，应尽可能近得直接与高端 MOSFET 的漏极和低端 MOSFET 的源极并联。这样做的目的是消除高端

MOSFET 打开时，对低端 MOSFET 二极管恢复充电产生的快速开关峰值电流。

以上功率元器件放置在图 17-6 布板的右侧。所有连接都在顶层完成。PCB 布板右上角的开关节点 LX 直接放置在系统地平面的顶层，由顶层 VHSD 和 GND 节点进一步将其与下面的区域隔离。

2）低电平信号相关元器件放置在布板左侧

利用 MAX1954 控制器直接将低电平信号和电源电流分开。控制器 U1 放置在低电平信号和电源之间。R1 和 R2 的中间点是反馈节点，做得比较小。补偿节点（C7、C8 和 R3）也做得比较小。为了便于观察，没有画出模拟地，它位于中间层，通过过孔与元器件连接。

3）地平面分类处理

电源地和低电平模拟地平面在布板中分开，但还是在图 17-5 原理图中以不同的符号表示。顶层电源地、低电平模拟地平面和系统电源地平面在 PCB 的右下角连接在一起。

4）减小杂散电感和电容影响

由于杂散电感和电容，开关节点 LX 将产生 EMI 的高频（40～100MHz）振铃。可以在每个 MOSFET 上并联一个简单的 RC 减振器，以阻尼高频振铃。为了阻尼 V_{LX} 上升沿振铃，在低端 MOSFET 两端并联一个 RC 减振器。同样地，为阻尼 V_{LX} 下降沿振铃，在高端 MOSFET 两端并联一个 RC 减振器。增加元件意味着增加成本，可根据需要只加入 RC 减振器。选择合适的 RC 减振器不会对效率造成太大的影响，这是因为杂散能量会在电路中释放掉，只是时间长一些。

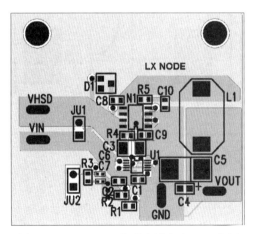

图 17-6 MAX1954 典型应用电路 PCB 布局

17.3.2 时钟电路布局

PCB 布局时，晶振、PLL 等时钟产生电路布局必须尽可能地靠近使用时钟的 IC 引脚位置。同时，时钟电路具有较大的对外辐射风险，会对一些较敏感的电路，特别是模拟电路产生较大的影响，因此在电路布局时应让时钟电路远离其他无关电路。为了防止时钟信号对外辐射，时钟电路应远离 I/O 电路和电缆连接器。

晶振选型时优选表贴晶振，慎用直插晶振，并且它宜直接贴装在 PCB 元器件层，严禁使用接插件。因为插针会在传输线上增加额外的引线电感，此电感会导致电压差，这个电压差会导致共模 RF 发射。

严禁与时钟电路不相关的器件、接插件、印制线等布局在时钟电路区域或在时钟电路正下方穿过，即时钟电路正下方属于禁止布线的区域。

若成本允许，则围绕整个时钟电路区域可以采用"法拉第笼"进行屏蔽，另外在屏蔽壳体周围应采用地线对此区域进行"包地"处理。

17.3.3　高速器件布局

信号的频谱成分越高，信号耦合到其他导体和其他部分的可能性就越大。因此，不同速率的器件布局时，为了防止不同工作频率模块之间的互相干扰，高速器件和它们相连的器件应该布置在远离 I/O 接口连接器的位置。如图 17-7（a）所示，PCB 上时钟模块与 PCB 边缘连接器邻近放置时，当 PCB 与其他 PCB 连接时，可发现时钟信号可能通过寄生电容耦合到了其他 PCB 上，又可能通过线束把时钟的高次谐波发射出去，导致产品不符合辐射发射限值要求。因此，低频数字 I/O 电路和模拟 I/O 电路应按图 17-7（b）所示靠近连接器布放，存储器（如 DDR）、高速电路（如 LVDS）、时钟电路等高速器件、电路模块常布放在最靠近 PCB 的中心位置；中速器件一般放在 PCB 的靠中间位置，如 A/D、D/A 电路一般放在 PCB 靠中间的位置。

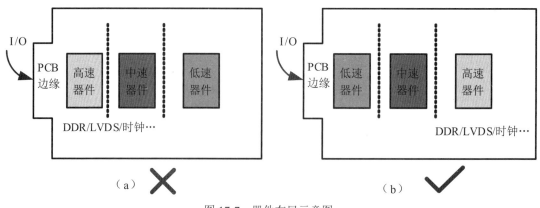

图 17-7　器件布局示意图

17.3.4　防护器件布局

1. 瞬态电压抑制器

沿电源线的瞬态传导抗扰、静电放电抗扰等电磁兼容测试项是考验电源端口对过压瞬态脉冲、过流瞬态脉冲的防护能力。电源端口对过压、过流的防护能力在很大程度上对产品后级电路起到了保护作用。

因此，PCB 布局时，瞬态电压抑制器（TVS）等保护器件需要布置在图 17-8 所示的电源入口处。在浪涌（冲击）、过压脉冲入侵时，第一时间对其进行衰减抑制。若成本允许，则可以在后级关键电路用电引脚 V_{CC} 采用 TVS 进行过压保护。

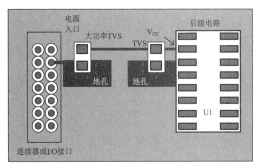

图 17-8　TVS 布局示意图

2. 电感线圈

电感线圈（包括继电器）是最有效的接收和发射磁场的器件（在继电器选型时应尽量考虑采用固态继电器），建议线圈放置在离发射源尽量远的地方，这些发射源可能是开关电源、时钟输出、总线驱动等。

电感线圈下方 PCB 上不能有高速走线或敏感的信号线，如果不能避免，那么一定要考虑电感线圈的方向问题，要使场强方向和电感线圈的平面平行，保证穿过电感线圈的磁力线尽可能少。

17.3.5　数模混合电路布局

在数模混合电路中，不同的逻辑器件产生的 RF 能量的频谱都不同，信号的频率越高，与数字信号跳变相关的操作所产生的 RF 能量的频带也越宽。传导的 RF 干扰会通过信号线在功能子区域和电源之间进行传输，辐射的 RF 干扰通过自由空间耦合。

在 PCB 布局时，必须防止不同工作频带的器件间的相互串扰，尤其是高带宽器件对其他器件的干扰。实际操作时需要将数模混合电路分开。以防当其中一部分电流流到另一部分，并由这部分电流返回其源时公共阻抗耦合所导致的干扰。

因此，数模混合电路布局应遵循以下原则。

按功能模块进行分区。将不同功能的子系统在 PCB 上实行物理分割，可以有效地抑制传导和辐射的 RF 能量。数模混合电路布局示意图如图 17-9 所示，数字地平面和模拟地平面进行物理上分隔，并形成"壕"。

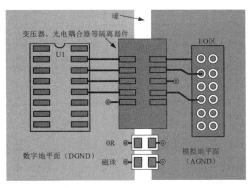

图 17-9　数模混合电路布局示意图

采用变压器、光电耦合器等隔离器件将模拟地平面和数字地平面连接起来。如图 17-9 所示，通常用 0Ω 电阻或铁氧体磁珠将数字地平面和模拟地平面连接起来，实现单点接地。

17.3.6 电源平面布局

在 PCB 布局过程中的一个重要步骤就是确保可以对各个元件的电源平面和地平面进行有效分组，并且不会与其他的电路发射重叠。例如，在 A/D 电路中，通常是数字电源平面和数字地平面位于 IC 的一侧，模拟电源平面和模拟地平面位于 IC 的另一侧。用 0Ω 电阻或铁氧体磁珠把数字地平面和模拟地平面连接起来。

若使用独立的电源并且这些电源有自己的参考地平面，则不要让这些层之间不相关的部分发生重叠，这是因为两层被电解质隔开的导体表面会形成一个电容。如图 17-10 所示，当模拟电源平面的一部分与数字地平面的一部分发生重叠时，两层产生重叠的部分就形成一个小的电容。尽管这个电容非常小，但任何电容都能为噪声提供从一个电源到另一个电源的通路，从而会使隔离失去意义。

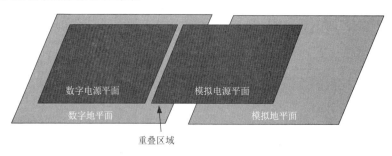

图 17-10 层重叠部分形成一个电容

不同电源层在空间上要避免重叠，如图 17-11 所示，这主要是为了减少不同电源之间的干扰。特别是在一些电压相差很大的电源之间，电源平面的重叠问题一定要设法避免，难以避免时可以考虑在不同电源平面层之间增加地平面进行隔离。

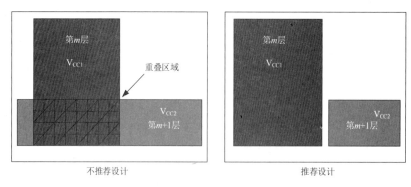

图 17-11 不同电源平面层在空间上发生重叠示意图

17.3.7 信号线布局

信号线的布局主要遵循以下原则。

（1）在 PCB 上布置大面积地平面、电源平面。信号线一定要紧靠电源平面或地平面，以保证信号回流通路最短、阻抗最低、信号环路最小。如图 17-12（a）所示，信号路径周围无参考平面，对干扰的抑制效果最差；如图 17-12（b）所示，信号路径周围增加地线，对干扰的抑制效果较好；如图 17-12（c）所示，信号路径正下方是地平面，对干扰的抑制效果最好。

（2）如果没有使用电源平面（单层板或双层板），则使所有电源走线和地线走线路径靠近。如图 17-12（b）所示，还可以增加一些额外的连接地线，使其尽可能贴近信号走线路径，从而减小环路面积。

（3）在电源走线和地线走线/地平面之间设置高频旁路电容，要求这些旁路电容的等效串联电感（ESL）和等效串联电阻（ESR）越小越好，大量使用旁路电容可以减小电源平面和地线走线/地平面的环路面积，对低频的 ESD 电流冲击具有很好的抑制效果，但对于高频的 ESD 电流冲击抑制效果不好。

（4）使走线长度尽可能短。因为越长的走线越难承受 ESD 瞬态脉冲能量干扰，元器件的布局应尽可能紧凑，以缩短走线长度。

（5）在 TOP 层和 BOTTOM 层没有元器件和电路的地方，应该使用敷铜（地），并通过过孔与地平面连接起来，这些区域的接地可以作为从机箱或系统接地的一个低阻抗路径，可以将大能量的 ESD、传导瞬态干扰传输到地而不进入印制线或元器件中，从而降低 ESD、传导瞬态干扰的影响。

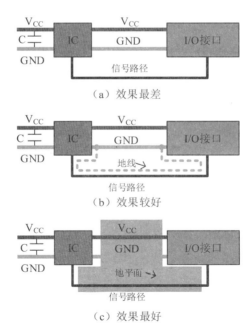

（a）效果最差

（b）效果较好

（c）效果最好

图 17-12　信号路径尽量靠近地线或地平面示意图

17.3.8　去耦电容布局

电容在高速 PCB 布局中扮演着重要的作用，通常也是 PCB 上用得最多的器件。如图 17-13 所示，去耦电容分布在 PCB 中电源入口、IC 芯片供电引脚旁等不同位置。

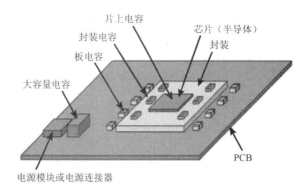

图 17-13　PCB 上不同位置的去耦电容

1．去耦电容安装位置

图 17-14（a）中 IC 靠近电源布局，图 17-14（b）中去耦电容 C 靠近电源布局。实际 PCB 导线是存在布线电感的，因此，对于图 17-14（b）所示情形，电源部分流入的电流首先通过走线电感 L1 和去耦电容 C 积蓄起来，然后通过走线电感 L2 提供给 IC。对于电源上的噪声干扰，去耦电容 C 起到了很好的去耦效果。在图 17-14（a）中，由于走线电感 L2 隔离了去耦电容 C 和 IC 的连接，电源的噪声首先作用于 IC，从而降低了去耦电容 C 的去耦效果。因此，在电源和 IC 之间应该先布置去耦电容 C，再布置 IC。

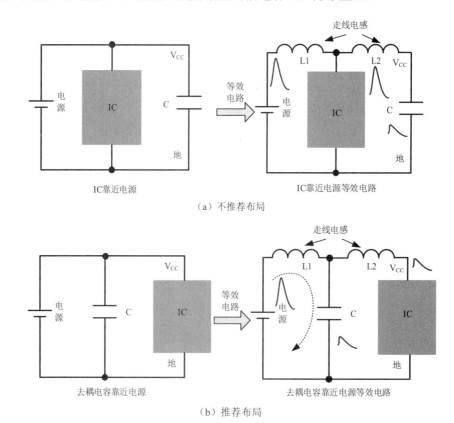

图 17-14　去耦电容 C 的安装位置布局示意图

2．去耦电容与电源引脚共用一个焊盘布局

IC 电源引脚的去耦电容布置宜遵循以下原则。

如图 17-15 所示，电源先经过去耦电容 C，再给 IC（U1）电源引脚供电；去耦电容 C 与 IC 供电引脚共用一个焊盘，该引脚与 IC 供电引脚间走线需要尽可能短且粗；去耦电容 C 接地引脚需要就近接到与它邻近的地平面；同样，接地线需要尽可能短且粗。

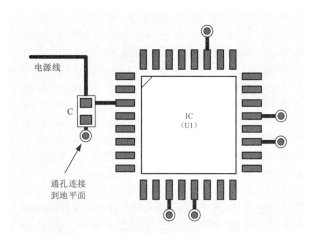

图 17-15　去耦电容 C 的安装位置布局示意图

3．采用一个小面积的电源平面来代替电源线布局

去耦电容 C 由于某种原因不能就近靠近 IC 电源引脚端安装，且无法共用同一个焊盘，如图 17-16 所示，可以在 IC（U1）和去耦电容 C 之间采用一个小面积的电源平面来代替电源线，从而降低走线电感。此时，去耦电容 C 需要尽可能地靠近 IC 电源引脚端安装。

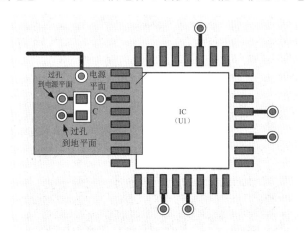

图 17-16　采用一个小面积的电源平面来代替电源线线

4．去耦电容布局实例

高速 IC 的电源引脚需要足够多的去耦电容，最好能保证每个引脚有一个。在实际的设计中，如果没有空间摆放，则可以酌情删减。IC 电源引脚的去耦电容的值通常都会比较小，

如 0.1μF、0.01μF 等。对应的封装也都比较小，如 0402 封装、0603 封装等。

在去耦电容摆放时，扇孔、扇线应该注意以下几点。

（1）尽可能靠近 IC 电源引脚放置，否则可能起不到去耦的作用；从理论上来讲，电容有一定的去耦半径范围，毕竟使用的电容、器件不是理想的，所以还是严格执行就近原则。

（2）去耦电容到 IC 电源引脚的引线尽量短（第 1 条也是这个目的），而且引线要加粗，通常线宽为 8～15mil；加粗的目的在于减小引线电感，保证电源性能。

（3）去耦电容的电源、地引脚，从焊盘引出线后，就近打孔，连接到电源平面、地平面上。这个引线同样要加粗，过孔尽量用大孔，如能用孔径 10mil 的孔，就不用 8mil 的孔。

（4）保证去耦环路尽量小。

以下是常见封装形式的去耦电容布局实例。

SOP 封装 IC 的电源引脚去耦电容布局，通常去耦电容布置在 IC 供电引脚旁边，如图 17-17（a）所示，去耦电容贴近 IC 的 3.3V 供电引脚，且 3.3V 和 GND 焊盘引线较短，图 17-17（b）和图 17-17（c）的去耦电容与 IC 不在同一层时，通常的做法是在 IC 镜像位置通过过孔连接。QFP 等其他封装形式的去耦电容布局与此类似。

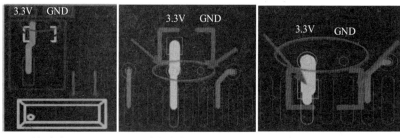

（a）去耦电容和 IC 同层　　（b）去耦电容和 IC 不同层 1　　（c）去耦电容和 IC 不同层 2

图 17-17　SOP 封装 IC 的电源引脚去耦电容布局示意图

BGA 封装 IC 电源去耦电容的布局，其去耦电容通常放在 BGA 下面，即背面。由于 BGA 封装引脚密度大，一般放得不是很多，力争多摆放一些；如图 17-18 所示，有时为了摆放去耦电容，可能需要移动 BGA 的扇出，或者两个电源、地引脚共用一个过孔。

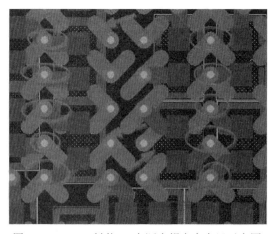

图 17-18　BGA 封装 IC 电源去耦电容布局示意图

17.4　滤波设计

17.4.1　概述

在 PCB 布局中，滤波包括专用的信号滤波器的设计和电源滤波电容。PCB 中滤波是必不可少的，一方面，通过其他方式并不能完全抑制进出产品的传导噪声，但干扰进入产品时，必须进行有效的滤波；另一方面，IC 输出状态的变化或其他原因会使芯片供电电源上产生一定的噪声，并影响该芯片本身或其他芯片的正常工作。

下面的例子说明了电源滤波电容的作用，如图 17-19 所示。

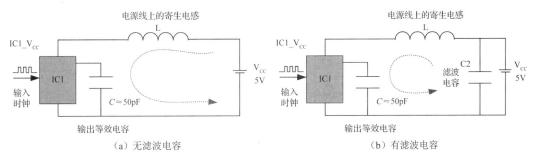

图 17-19　电源线上存在一定的寄生电感

如图 17-19（a）所示，当 IC1 输出由 0 到 1 变化时，需要电源 V_{cc} 对电容 C 进行充电，电源供电回路上对于脉冲充电电流存在等效的寄生电感 L，当电流变化时，就会在寄生电感 L 上产生电压降 ΔV，即 $\Delta V = L\mathrm{d}I/\mathrm{d}t$，如图 17-20 所示。

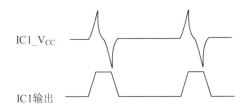

图 17-20　IC1 输出状态变化引起电源的波动

ΔV 一方面可以引起电路功能失效，另一方面是主要的辐射源，引起单板的辐射增大，为了消除上述影响，采用滤波电容即可。改进后的电路如图 17-19（b）所示。当 IC1 的输出由 0 到 1 变化时，不再通过 V_{cc} 提供瞬时电流，而通过滤波电容 C2 的放电来提供所需要的瞬时电流，完成电路的逻辑转换，这样就可以避免电源线上的寄生电感 L 引起的电源噪声。

17.4.2　滤波电路

1. 滤波电路形式

在 EMC 设计中，滤波作用基本上是衰减高频噪声，所以滤波器通常都设计为低通滤波器。低通滤波器的拓扑结构形式如图 17-21 所示。

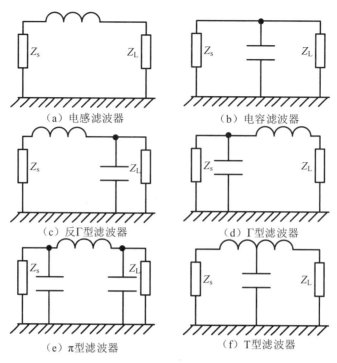

（a）电感滤波器　　　　　　　　　　（b）电容滤波器

（c）反Γ型滤波器　　　　　　　　　　（d）Γ型滤波器

（e）π型滤波器　　　　　　　　　　　（f）T型滤波器

图 17-21　低通滤波器的拓扑结构形式

图 17-21（a）所示为电感滤波器，适用于高频时源阻抗和负载阻抗均较小的场合。

图 17-21（b）所示为电容滤波器，适用于高频时源阻抗和负载阻抗均较大的场合。

图 17-21（c）所示为反 Γ 型滤波器，适用于高频时源阻抗较小、负载阻抗较大的场合。

图 17-21（d）所示为 Γ 型滤波器，适用于高频时源阻抗较大、负载阻抗较小的场合。

图 17-21（e）所示为 π 型滤波器，适用于高频时源阻抗和负载阻抗均较大的场合。

图 17-21（f）所示为 T 型滤波器，适用于高频时源阻抗和负载阻抗均较小的场合。

2．滤波电路的布局及布线

滤波电路在布局及布线时必须严格注意以下几点。

（1）滤波电路的地应该是一个低阻抗地，同时不同功能电路之间不能存在共地阻抗。

（2）滤波电路的输入、输出不能相互交叉走线，应该加以隔离。

（3）在滤波电路设计中，同时应该注意信号路径尽量短、尽量简洁，尽量减小滤波电容的等效串联电感和等效串联电阻。

（4）接口滤波电路应该尽量靠近接插件。

17.5　接地设计

PCB 布局时，接地设计与其功能设计同等重要，合理的接地设计是最经济、最有效的 EMC 设计技术。据统计，90%的 EMC 问题是由布线和接地不当造成的。良好的布线和接地既能够提高抗扰度，又能够减小干扰发射。另外，设计良好的地线系统并不会增加成本，反而可以在花费较少的情况下解决许多 EMC 问题。

17.5.1 接地的含义

接地（Grounding）：电子设备的"地"通常有两种含义，一种是"大地"（安全地），另一种是"系统基准地"（信号地）。接系统基准地（信号地）就是指在系统与某个电位基准面之间建立低阻抗的导电通路。接大地（安全地）就是以地球的电位为基准，并以大地作为零电位，把电子设备金属外壳、电路基准点与大地相连接。

地线作为电路或系统电位基准点的等电位体，是电路或系统中各电路的公共导体。任何电路或系统电流都需要经过地线形成回路。然而，任何导体都存在一定的电抗（包括阻抗和感抗），当地线中有电流流过时，根据欧姆定律，地线上就会有电压存在。既然地线上有电压，就说明地线不是一个等电位体，这样在设计电路或系统时，关于地线上每个点电位一定相等的假设就可能不成立。实际情况是地线上各点之间的电位并不是相等的。地线的公共阻抗会使各接地点间形成一定电压，从而产生接地干扰。

17.5.2 接地的目的

接地的目的：安全考虑，即保护接地，为操作人员提供安全保障；为设备提供一个稳定的零电位参考点，提高电路系统工作的稳定性；泄放静电。

17.5.3 接地的方式

电子设备中有三种基本的接地方式：单点接地、多点接地、浮地。

1. 单点接地

单点接地就是把整个电路系统中的某一点作为接地的基准点。所有电路及设备的地线都必须连接到这一接地点，并以该点作为电路、设备的零电位参考点，如图 17-22 所示。

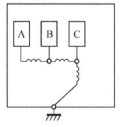
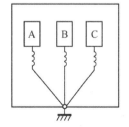

（a）共用地线串联单点接地　　　　（b）独立地线并联单点接地

图 17-22　单点接地示意图

单点接地适用于频率较低的电路中（1MHz 以下）。当系统的工作频率很高，以致工作波长与系统接地引线的长度可比拟时，单点接地方式就有问题了。当地线的长度接近$\lambda/4$ 时，它就像一根终端短路的传输线，地线的电流、电压呈驻波分布，地线就变成了辐射天线，而不能起到"地"的作用。为了减小接地阻抗，避免辐射，地线的长度应小于$\lambda/20$。在电源电路的处理上，一般可以考虑单点接地。对于有大量的数字电路的PCB，一般不建议采用单点接地方式。

2．多点接地

多点接地是指设备中各个接地点都直接接到距它最近的接地平面上，以使接地引线的长度最短，如图17-23所示。

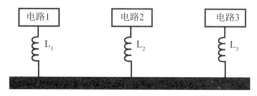

图17-23　多点接地示意图

多点接地电路结构简单，接地线上可能出现的高频驻波现象显著减少，适用于工作频率较高的（>10MHz）场合。但多点接地可能会导致设备内部形成许多接地环路，从而降低设备对外界电磁场的抗扰能力。在多点接地的情况下，要注意地环路问题，尤其是不同的PCB进行互连时。

3．混合接地

以上各种接地方式组成混合接地，如图17-24所示。

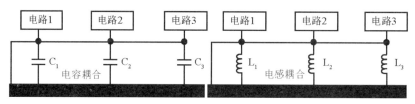

图17-24　混合接地示意图

4．浮地

浮地是指设备地线系统在电气上与大地绝缘的一种接地方式。浮地是将电路与公共接地系统物理隔离，使电路不受大地电性能的影响，提高电路的抗干扰性能。利用隔离变压器或光电隔离等技术实现浮地，可使不同电位之间的电路配合变得容易。

17.5.4　接地选取原则

对于给定的设备或系统，在关心的最高频率（对应波长λ）上，若传输线的长度$L>\lambda$，则视为高频电路，反之，则视为低频电路。

根据经验法则，对于模拟电路接地的一般选取原则如下。

（1）对于低于1MHz的电路，采用单点接地较好。

（2）对于高于10MHz的电路，采用多点接地为佳。对于1MHz～10MHz的电路而言，只要最长传输线的长度 $L<\lambda/20$，则可采用单点接地以避免公共阻抗耦合。

（3）高低频混合电路，采用混合接地。

17.5.5　地线阻抗引起的干扰

1．地线阻抗

PCB 印制线的阻抗 Z 由电阻部分和电感部分组成，即 $Z=R+j\omega L$，印制线的阻抗是频率的函数，随着频率的升高，阻抗增加迅速。对于高速数字电路而言，电路的时钟频率较高，脉冲信号包含丰富的高频成分，因此高频分量会在地线上产生较大的电势差。因此，地线阻抗对数字电路影响显著。

同一印制线在直流、低频和高频情况下所呈现的阻抗是不同的。印制线的阻抗随频率变化示例如表 17-5 所示。

表 17-5　印制线的阻抗随频率变化示例

频率	阻抗					
	W=1mm			W=3mm		
	L=3cm	L=10cm	L=30cm	L=3cm	L=10cm	L=30cm
DC～1kHz	17mΩ	57mΩ	170mΩ	5.7mΩ	19mΩ	57 mΩ
10kHz	17.3mΩ	58mΩ	175mΩ	5.9mΩ	20mΩ	61 mΩ
100kHz	24mΩ	92mΩ	310mΩ	14mΩ	62mΩ	225mΩ
300kHz	54mΩ	225mΩ	800mΩ	40mΩ	175mΩ	660mΩ
1MHz	173mΩ	730mΩ	2.6mΩ	0.13mΩ	0.59 mΩ	2.2mΩ
3MHz	0.52Ω	2.17Ω	7.8Ω	0.39Ω	1.75Ω	6.5Ω
10MHz	1.7Ω	7.3Ω	26Ω	1.3Ω	5.9Ω	22Ω
30MHz	5.2Ω	21.7Ω	78Ω	3.9Ω	17.5Ω	65Ω
100MHz	17Ω	73Ω	260Ω	13Ω	59Ω	220Ω
300MHz	52Ω	217Ω	—	39Ω	175Ω	—
1GHz	170Ω	—	—	130Ω	—	—

2．平板电容

两个铜板与它们之间的绝缘材料可以形成一个"平板电容"。电容值的计算：$C=(\varepsilon_0\varepsilon_r)\times(A/h)$，其中 C 为电容量（pF）；ε_0 为自由空间的介电常数（0.089pF/cm）；ε_r 为介电常数（FR4 玻璃纤维板的介电常数 ε_r 为 4～4.8）；A 为平板的面积；h 为平板间距。

介电常数 ε_r 随频率变化，如当频率从 1kHz 变化到 10MHz 时，FR4 玻璃纤维板的介电常数 ε_r 从 4.8 变到 4.4，然而当频率从 1GHz 到 10GHz 变化时，FR4 玻璃纤维板的介电常数 ε_r 就趋于稳定了。FR4 介质材料的厚度对电容的影响如表 17-6 所示。

表 17-6　FR4 介质材料的厚度对电容的影响

FR4 介质材料的厚度/mils	电容/（pF/in²）
8	127
4	253
2	206

3. 公共阻抗耦合干扰

两个不同的接地点之间存在一定的电势差，称为地电压。这个电势差直接加到电路上会形成共模干扰电压。

当多个电路共用一段地线或地平面时，由于存在地线或地平面的阻抗，因此地线或地平面的电势会受到每个电路的工作电流的影响，即一个电路的地线或地平面电位会受到另一个电路工作电流的调制。这样，一个电路中的信号会耦合进入另一个电路，这种耦合称为公共阻抗耦合干扰。公共阻抗耦合示意图如图 17-25 所示。

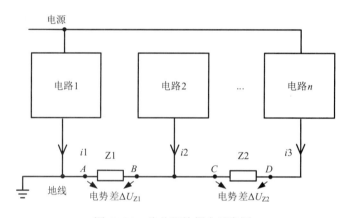

图 17-25　公共阻抗耦合示意图

17.5.6　接地系统设计的一般原则

（1）降低地电位差。当电路尺寸小于 0.05λ 时可采用单点接地，大于 0.15λ 时可采用多点接地。对于工作频率很宽的系统要采用混合接地。对于敏感系统，接地之间的最大距离应当不大于 0.05λ（其中 λ 为电路系统中最高频率信号的波长）。

（2）使用平衡差分电路，以尽量减少接地电路干扰的影响。在低电平电路的接地线必须交叉的地方，要使导线互相垂直。

（3）对于将出现较大电流突变的电路，要有单独的接地系统或单独的接地回线，减少对其他电路的瞬态耦合。

（4）需要同轴电缆传输信号时，要通过屏蔽层提供信号回路。低于 100kHz 的低频电路可在信号源端单点接地，高于 100kHz 的高频电路则采用多点接地，多点接地时要做到每隔 0.05λ～0.1λ 有一个接地点。

（5）端接电缆屏蔽层时，应避免使用屏蔽层"猪尾巴"接地，而应当先将屏蔽层包裹芯线，再让屏蔽层 360° 接地。

（6）所有接地线必须要短。如果接地线长度接近或等于干扰信号波长的四分之一时，则其辐射能量将大大增加，接地线将成为天线。

17.5.7 地线的布局技巧

1．地平面作用

PCB 上的一个理想地平面应该是一个完整的铜箔薄板，而不是一个"铜箔填充"或"铜箔网络"。地平面可以提供若干个非常有价值的 EMC 功能。

在高速数字电路和射频电路设计中采用地平面，可以实现以下几个作用。

（1）提供较低的阻抗通道和稳定的参考电压。工程上一般认为一个 10mm 长的印制线在 1GHz 频率时具有的感性阻抗约为 63Ω，因此当需要从一个参考电压向各种器件提供高频电流时，需要使用一个参考平面来分布参考电压。

（2）控制走线阻抗。若希望通过控制走线阻抗来控制信号发射，使用恰当的走线终端匹配技术，则几乎总是需要有良好的、实心的、连续的参考平面。不使用参考平面很难控制走线阻抗。

（3）减小回路面积。回路面积是由信号在传播路径与它的回流路径决定的面积。当回流路径直接位于走线下方的参考平面上时，回路面积是最小的。由于 EMI 直接与回路面积有关，所以当走线下方存在良好的、实心的、连续的参考平面时，EMI 也是最小的。

（4）控制串扰。在走线之间进行隔离和使走线靠近相应的参考平面是控制串扰最实际的两种方法。串扰与走线到参考平面之间距离的平方成反比。

（5）屏蔽效应。参考平面相当于一个镜像平面，可以为那些不那么靠近 PCB 边缘的元件和印制线提供一定程度的屏蔽效应。即使在镜像平面与所关心的电路不相连接的情况下，它们仍然能提供屏蔽作用。例如，印制线与一个参考地平面上部的中心距离 1mm，由于镜像平面（地平面）效应，当频率在 100kHz 以上时，它可以达到至少 30dB 屏蔽效果。元件或印制线距离参考平面越近，屏蔽效果就越好。

（6）去耦。两个距离很近的参考平面所形成的电容对高速数字电路和射频电路的去耦是很有用的。参考平面能提供的低阻抗返回通路，将减少由退耦电容及其相关的焊接电感、引线电感产生的问题。

（7）抑制 EMI。成对的参考平面形成的平板电容可以有效地控制由差模噪声信号和共模噪声信号导致的 EMI 辐射。

2．避免地平面开槽

在正常的信号层布线密度较大且无法继续布线的情况下，如果想在地平面塞进一根走线，那么通常采用的方法是先在地平面上分割出一个长条，再在里面布线，这样就会形成一个地槽（Ground Slot）。这是一个典型的错误布局设计，这种做法应该被禁止。因为对于垂直经过该槽的走线而言，地槽会产生不必要的电感，此电感会减慢上升沿的上升速度，并会产生互感串扰。

一个地平面开槽产生的串扰示意图如图 17-26 所示。从负载端 IC2 返回驱动端 IC1 的电流不能直接从地平面层 B 点沿信号传播 $A{\rightarrow}B$ 的正下方返回，而是转向绕过地槽的底端，经过转向的电流形成了一个大的环路，严重地增加了信号回流路径 $B{\rightarrow}A$ 的电感，从而极大地增加了差模电流转化为共模电流的风险。驱动端 IC3 驱动 IC4 的情形与此类似。

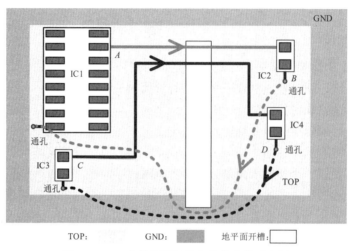

图 17-26　一个地平面开槽产生的串扰示意图

工程上，因地槽形成的有效电感可以用 $L_{B{\rightarrow}A} \approx 5D\ln\left(D/W\right)$ 进行估算；其中 $L_{B{\rightarrow}A}$ 为电感，单位为 nH；D 为地槽长度（从信号走线转向的电流的垂直距离，单位为 in）；W 为走线宽度，单位为 in。

1）避免连接器不正确布局引起的地槽

一个由连接器的不正确布局引起的地槽示意图如图 17-27 所示。左侧中的连接器引脚间隙孔太大，不仅造成穿过引脚区的接地平面不连续，形成地槽，还造成返回的信号电流必须绕过该引脚区域。因此设计时应该确认每个引脚的间隙孔，保证所有的引脚端之间的地保持连续，使返回的信号电流可以通过该引脚区域，如图 17-27 右侧连接器所示。

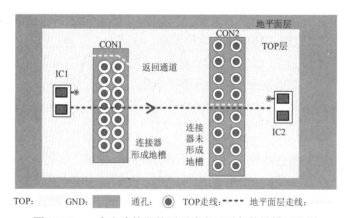

图 17-27　一个由连接器的不正确布局引起的地槽示意图

2）避免密集连续通孔引起大回路面积

在 PCB 布线密度较大的情况下，需要打大量的通孔时，需要特别防止连续过孔产生的切缝。连续通孔布局不当引起回路面积增大示意图如图 17-28 所示。在图 17-28（a）中，由于通孔过于密集，之间无法继续进行走线，信号线和返回电流线分隔开了，回路面积变大，增大了 RF 能量的辐射风险。图 17-28（a）中回路电流必须绕过通孔传播，会形成相当大的回路面积，由这个回路引起的 RF 能量发射水平可能超标。修改后的设计如图 17-28（b）所示，在通孔之间可以直接走线，使回路电流能通过通孔附近的地平面进行回流。

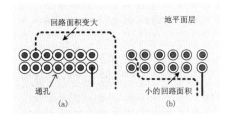

图 17-28　连续通孔布局不当引起回路面积增大示意图

图 17-29（a）中，连续的通孔产生了切缝；而在图 17-29（b）的修改后的设计中，就没有连续的通孔了。

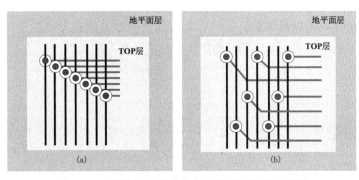

图 17-29　消除连续通孔产生的地平面切缝示意图

3．接地点间距布局

在采用多点接地形式的 PCB 中，在设计 PCB 到金属外壳的接地桩时，为减少 PCB 组装中的 RF 回路效应，最简单的方法是在 PCB 上设计多个安装到金属外壳上面的接地桩。

由于接地导线之间具有一定的阻抗，所以它成了偶极子天线的一半，而信号线上载有 RF 能量，所以它成了偶极子天线的激励部分。这样就可以形成一个偶极子天线结构。根据偶极子天线的特性，有效的天线效应可以维持到长度为最高激励频率或谐波波长的二十分之一，即 $\lambda/20$。

例如，在图 17-30 所示的设计实例中，一个 100MHz 信号的 $\lambda/20$ 是 15cm，如果两个连接到接地平面的接地桩之间的直线距离大于 15cm，不论是水平方向还是垂直方向，均会产生高效率的 RF 辐射环路。这个环路可能成为 RF 能量发射源，可能造成 EMI 超出标准的发射限值。因此，在电源和地平面上存在 RF 电流，以及元器件的边沿速率（上升时间或下降时间）很快的电路中，接地桩之间的空间距离不应该大于最高信号频率或所关心谐波频率的 $\lambda/20$。需要注意的是，不是基本工作频率（如时钟频率）的 $\lambda/20$。

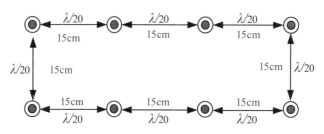

图 17-30　接地桩之间的空间距离不能大于$\lambda/20$

17.6　布线设计

PCB 布线没有严格的规定，也没有能覆盖所有 PCB 布线的专门的规则。大多数 PCB 布线受限于板子的大小和铜箔的层数。一些布线技术可以应用于一种电路，却不能应用于另外一种电路，这便主要依赖于 PCB 布线工程师的经验。

然而，还有一些普通的规则，以下将对其进行探讨。这些规则将作为普遍指导方针来对待。每个 PCB 布线工程师都应记住：一个拙劣的 PCB 布线能导致更多的 EMC 问题，而不是消除这些问题。在很多情况下，就算加上滤波器和防护器件也不能解决这些问题。最后，不得不对整个 PCB 进行重新布线。因此，在开始时养成良好的 PCB 布线习惯是最省钱的办法。

17.6.1　传输线

1．传输线概述

在高速数字电路 PCB 设计中，当布线长度大于$\lambda/20$ 或信号延时超过 1/6 信号上升沿时，PCB 布线可被视为传输线。传输线有两种类型：微带线和带状线。与 EMC 设计有关的传输线特性包括特征阻抗、传输延迟、固有电容和固有电感。反射和串扰会影响信号的质量，同时从 EMC 角度考虑，也是 EMI 的主要来源。

2．传输线种类

在高速数字电路中，印制线的传输效应已成为影响电路正常工作的一个主要因素。在数字电路中使用不同的逻辑器件，而不同的逻辑器件具有不同的输入/输出阻抗。例如，ECL（射极耦合逻辑）的输入/输出阻抗为 50Ω，而 TTL（晶体管-晶体管逻辑）的输出阻抗为 20～100Ω，且输入/输出阻抗还要高一些。在 PCB 布线时，必须考虑阻抗与器件输入/输出阻抗的匹配。

在高速数字电路中，传输线的阻抗必须进行阻抗控制。为了获得最佳性能，在布线前可借助 EDA 软件确定最佳布线宽度和布线到参考平面（地平面或电源平面）的距离。

需要注意的是，在计算传输线的阻抗时，传输线阻抗计算精度与线宽、厚度、印制线到参考平面距离（介质厚度）和介电常数，以及回路长度、阻焊层覆盖范围、同一个 PCB

中混合使用的不同介质等因素有关，因此精确的计算与仿真实际上是十分困难的。

由于制造过程中制造公差的影响，因此 PCB 材料会有不同的厚度和介电常数。另外，由于刻蚀的线宽可能与设计要求值也有所差异等，要想获得精确的传输线阻抗往往也是比较困难的。因此，为了获得精确的传输线阻抗，需要与 PCB 制造厂商协商和测试，以获得真实的介电常数及刻蚀铜线的顶部和底部宽度等制造工艺参数。

1）微带线

对于平面结构，微带线是暴露于空气和介质间的，如图 17-31 所示。

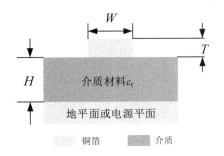

图 17-31　微带线示意图

（1）特性阻抗：

$$Z_0\big|_{15<W<25} = \frac{87}{\sqrt{\varepsilon_r + 1.41}}\ln\left(\frac{5.89H}{0.8W+T}\right)$$

$$Z_0\big|_{5<W<15} = \frac{79}{\sqrt{\varepsilon_r + 1.41}}\ln\left(\frac{5.89H}{0.8W+T}\right)$$

（2）印制线自身电容：

$$C_0 = \frac{0.67\times(\varepsilon_r + 1.41)}{\ln\left(\dfrac{5.89H}{0.8W+T}\right)}$$

（3）固有电感：

$$L_0 = Z_0^{\,2}C_0$$

（4）传输延迟：

$$t_{pd} = 85\times\sqrt{0.475\varepsilon_r + 0.67}$$

对于常用的 FR4 介质材料，ε_r=4.5，传输延迟 t_{pd}=142.2ps/in。

2）带状线

带状线是 PCB 内部的印制线，位于两个平面导体之间。带状线完全被介质材料包围，并不暴露于外部环境中。

在带状线结构中，任何布线产生的辐射都会被两个参考平面约束住。带状线能够约束磁场并减小层间的串扰。参考平面会显著减小 RF 能量向外部环境的辐射。带状线示意图如图 17-32 所示。

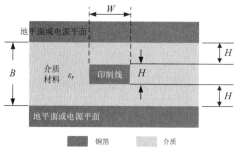

图 17-32　带状线示意图

（1）特性阻抗：

$$Z_0 = \frac{60}{\sqrt{\varepsilon_r}} \ln\left(\frac{1.9 \times (2H + T)}{0.8W + T}\right)$$

（2）传输延迟：

$$t_{pd} = 1.017\sqrt{\varepsilon_r} \text{ 或 } t_{pd} = 85\sqrt{\varepsilon_r}$$

（3）固有电容：

$$C_0 = \frac{1.41\varepsilon_r}{\ln(\frac{3.81H}{0.8W + T})}$$

（4）固有电感：

$$L_0 = Z_0{}^2 C_0$$

对于常用的 FR4 介质材料，$\varepsilon_r = 4.5$，传输延迟 $t_{pd} = 180.3\text{ps/in}$。

3. 传输线反射

传输过程中的任何不均匀（如阻抗变化、直角拐角）都会引起信号的反射，反射的结果对模拟信号（正弦波）形成驻波，对数字信号表现为上升沿、下降沿的振铃和过冲。这种过冲一方面形成强烈的电磁干扰，另一方面对后级输入电路的保护二极管造成损伤甚至失效。反射效应示意图如图 17-33 所示。

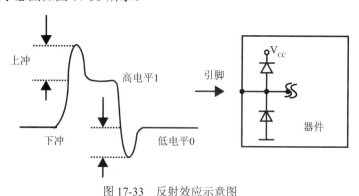

图 17-33　反射效应示意图

一般而言，过冲超过 0.7V 就应采取措施。在图 17-34 中，信号源阻抗、负载阻抗是造成信号来回反射的原因。

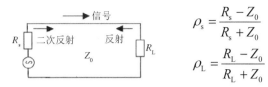

$$\rho_s = \frac{R_s - Z_0}{R_s + Z_0}$$

$$\rho_L = \frac{R_L - Z_0}{R_L + Z_0}$$

图 17-34 反射示意图

有匹配电路和无匹配电路的对比如图 17-35 所示。反射效应示意图如图 17-36 所示。

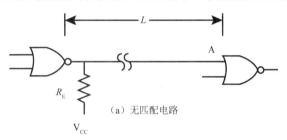

（a）无匹配电路

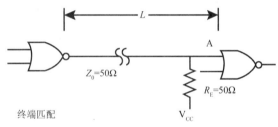

（b）有匹配电路

图 17-35 有匹配电路和无匹配电路的对比

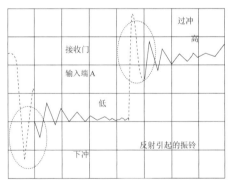

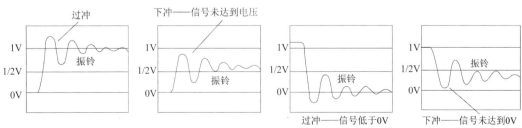

图 17-36 反射效应示意图

由于反射在信号的上升沿和下降沿引起上冲、下冲和振铃，这些过冲和振铃不仅影响信号完整性，还是主要的 EMI 发射源。

4．传输线串扰

1）串扰概述

串扰是指印制线间、导线间、印制线与导线间，以及电缆组件、元件（施扰对象）和其他易遭受电磁场干扰的电子元器件（敏感对象）间不经意地发生电磁耦合。通常这些耦合回路包括 PCB 上的印制线。这些不良的影响不仅与时钟和周期信号有关，还与其他重要的电路有关，如数据线、地址线、控制箱和 I/O 线都可能受到串扰和耦合效应影响。其中，时钟和周期信号是产生问题的主要原因，并能导致其他电路出现功能性问题。

导线、电缆和印制线间的串扰会影响同一机箱内的其他电路。因此，串扰常被当作系统内部必须要减小或消除的 EMI 问题。串扰将 RF 能量从施扰线耦合到被干扰线，往往 I/O 线也是受害者，I/O 线的耦合可导致在产品内部出现辐射发射或传导发射问题。

2）减小 PCB 上串扰的一些措施

在 PCB 布线阶段，减小串扰的一些措施如下。

（1）通过合理的布局，使各种布线尽可能短。

（2）串扰程度与施扰信号的频率成正比，所以布线时应使高频信号线（上升沿或下降沿很短的脉冲）远离敏感信号。

（3）应尽可能增加施扰线与受扰线之间的距离，在印制线间保持足够小的间距以减小感性耦合效应。

（4）减小平行布线间串扰的最佳方法是增大线间距或使印制线更接近地平面。

（5）电子元器件位置远离 I/O 互连线，以及其他对信号恶化和耦合敏感的电路区域。

（6）在多层板中，应使施扰线和受扰线与参考平面（地平面）相邻。用完整的地平面隔离必须同向布线的布线层。

（7）在多层板中，应使施扰线与受扰线分别设计在地平面或电源平面的相对面。

（8）相邻布线层采用"正交布线"方式，这样可预防邻近布线层间的容性耦合。

（9）尽量使用输入阻抗较低的敏感电路，必要时可以用旁路电容降低敏感电路的输入阻抗。

（10）地线或地平面对串扰有非常明显的抑制作用，在施扰线与受扰线之间采取如图 17-37 所示的包地处理，可以将串扰降低 6～12dB。

（11）为了减少线间串扰，应保证线间距足够大，如图 17-38 所示，当印制线中心间距不小于 3 倍线宽时，则可保持 70%的电场不互相干扰，称为 3W 规则。如果要达到 98%的电场不互相干扰，则可使用 10W 的间距。

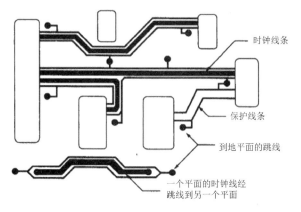

图 17-37 包地处理示意图

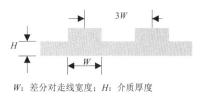

W：差分对走线宽度；H：介质厚度

图 17-38 3W 规则示意图

（12）对控制阻抗的印制线或富含谐波能量的印制线采取如图 17-39 所示的终端处理。

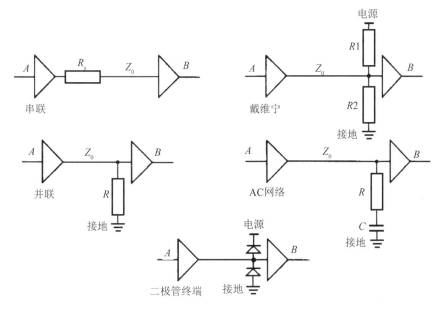

图 17-39 常用终端处理方法

（13）不同布线层布线时，采取正交方向进行布线。

17.6.2 优选布线层

对于时钟、高频、高速、小/弱信号而言，选择合适的布线层相当重要，对于那些高速总线，其布线层的选择一样不能被忽视。

以下将对外层走线（微带线）与内层走线（带状线）进行一些比较。

1. 外层走线与内层走线的比较

（1）微带线的传输延迟比带状线的传输延迟低（38.1ps/in）。

（2）在给定特征阻抗的情况下，微带线的固有电容比带状线的固有电容小。

（3）微带线位于外层，直接对外辐射；带状线位于内层，有参考平面屏蔽。

（4）微带线可视，便于调试；带状线不可视，不便于调试。

鉴于参考平面（往往是地平面）的屏蔽作用，现有测试数据表明微带线的辐射比带状线的辐射大 20dB 左右。

EMI 对外传播方式主要有传导和辐射发射两种；对于传输线而言，这两种方式依然存在；对于带状线而言，由于位于两平面之间，其辐射途径得到较好控制，因此其主要对外传播途径为传导，即设计人员需要重点考虑的是电源、地的纹波，以及与相邻走线之间的串扰；对于微带线而言，除具有带状线的传导途径外，其自身对外的辐射对产品 EMC 指标也至关重要。当然，并非所有外层走线的辐射都值得被关注，从 EMC 角度来看，设计人员需要对以下两种布线加以重点关注。

（1）强辐射信号线（高频、高速，尤其是时钟或周期信号）对外辐射。

（2）小/弱信号，以及外界干扰非常敏感的复位等信号，易受干扰。

以上两类信号，设计时必须引起高度重视，在情况允许的前提下，建议考虑内层走线；并扩大与其他布线的间距，甚至采用地线进行"包地"屏蔽。

一般而言，关键 IC 的辐射指标在 IC 设计过程中已经被考虑，均假定 IC 自身以满足辐射发射限值要求，以上主要是考虑传输线的对外辐射。

2．布线层的优先级别分析

根据工程经验，优选布线层的一般原则如下。

（1）优先考虑内层。

（2）优先考虑无相邻布线层的层，或者虽有相邻布线层，但相邻布线层对应区域下无布线。

（3）内层布线优先级别，LG—G＞LG—P＞LP—P（优选地平面作为参考平面）。

（4）确保关键走线未跨分割区的布线层。

需要强调的是，PCB 的设计是综合考虑功能实现、成本、EMC、SI、PI、工艺、美观等因素，在优选布线层上没有一成不变的原则。以上建议作为一般指导原则，仅供设计人员在进行 PCB 设计时参考。

下面给出表 17-7 中的典型十层板叠层方案布线层优先级别案例分析。

在方案（一）中，在布关键信号线时，设计人员应该优先考虑层，并保证层间无平行长线（关键网络），第 3 层、第 4 层均处在内层，且夹在地平面层之间，布线应采用正交布线；第 7 层、第 8 层与第 3 层、第 4 层叠层相对位置基本相同，但夹在电源平面层与地平面层之间，由于电源平面层与地平面层之间的 EMC 环境差于两地平面层之间的 EMC 环境，因而第 7 层、第 8 层的优先级低于第 3 层、第 4 层，第 8 层由于更靠近第 9 层地平面层，其优先级别略高于第 7 层；第 1 层、第 10 层同为外层（微带线）布线，一般而言，顶层由于电子元器件引脚密度高于底层的引脚密度，两者之间，设计人员应优选第 10 层，即方案（一）的布线优先级别为

第 3 层=第 4 层>第 8 层>第 7 层>第 10 层>第 1 层

以上均为考虑电源平面层、地平面层的分割情况，实际情况因分割因素可能有所出入。

同样分析，可以得出：

方案（二）的布线优先级别为第 5 层>第 3 层>第 8 层>第 10 层>第 1 层。

方案（三）的布线优先级别为第 3 层=第 5 层=第 8 层>第 10 层>第 1 层。

方案（四）的布线优先级别为第 3 层=第 8 层>第 10 层>第 1 层。

表 17-7　典型十层板叠层方案

层数	方案（一）	方案（二）	方案（三）	方案（四）
第 1 层	信号	信号	信号	信号
第 2 层	地平面	地平面	地平面	地平面
第 3 层	信号	信号	信号	信号
第 4 层	信号	地平面	电源平面	地平面
第 5 层	地平面	信号	信号	电源平面
第 6 层	电源平面	地平面	地平面	电源平面
第 7 层	信号	电源平面	电源平面	地平面
第 8 层	信号	信号	信号	信号
第 9 层	地平面	地平面	地平面	地平面
第 10 层	信号	信号	信号	信号

17.6.3　阻抗控制

1．特征阻抗含义

1）输入阻抗

在集总电路中，输入阻抗是经常使用的一个术语，它的物理意义是从单端口看进去的电压和电流的比值（$Z_{in}=U/I$）。

2）特征阻抗

对于 PCB 而言，每段印制线都有特定的阻抗值，走线电感是引起 PCB 上 RF 辐射的重要因素之一，甚至从芯片的硅芯到安装焊盘之间的引线电感也会引起较大的电势差，尤其是 PCB 上细长走线会有较大的引线电感。通常射频电压加在一段阻抗上就会有相应的射频电流流过，就会引起电磁干扰。

随着信号传输速率越来越高，PCB 走线已经表现出传输线的性质，在集总电路中视为短路线的连线上在同一时刻的不同位置的电流电压已经不同，所以不能用集总参数来表示，必须采用分布参数来处理。传输线的模型如图 17-40 所示。

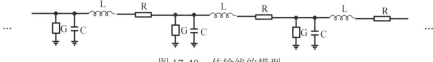

图 17-40　传输线的模型

以下对图 17-40 中传输线模型进行物理方程求解。传输线的性质可以用电报方程来表达，电报方程如下：

$$\begin{cases} \dfrac{\mathrm{d}U}{\mathrm{d}z} = (R+\mathrm{j}\omega L)I \\[2mm] \dfrac{\mathrm{d}I}{\mathrm{d}z} = (G+\mathrm{j}\omega C)U \end{cases}$$

电报方程的通解：

$$\begin{cases} U = A \times \mathrm{e}^{rz} + B \times \mathrm{e}^{-rz} \\ I = A \times \mathrm{e}^{rz} - B \times \mathrm{e}^{-rz} \end{cases}$$

通解中的 $r = \sqrt{(R+\mathrm{j}\omega L) \times (G+\mathrm{j}\omega C)}$，为传播常数；$Z = \sqrt{(R+\mathrm{j}\omega L) \div (G+\mathrm{j}\omega C)}$，为特征阻抗。

从通解中可以看到，传输线上任意一点的电压和电流都是入射波和反射波的叠加，因此传输线上任意一点的输入阻抗都是时间、位置、终端匹配的函数，再使用输入阻抗来研究传输线已经失去意义了，所以引入"特征阻抗、行波系数、反射系数"的概念。注意反射系数和行波系数并不仅限于在传输线的两端，对于传输线上的任意点，它们都有意义。

特征阻抗是传输线理论中较为重要的概念，是沿线上分布电容和电感的等效，它的物理意义是，入射波的电压与电流的比值，或者反射波的电压与电流的比值。对于特征阻抗而言，由于 R、G 的值相对比较小，特征阻抗可以简化为 $Z = \sqrt{L/C}$。

反射系数是传输线上某处的反射波电压（或电流）与入射波电压（或电流）之比。它们都与特征阻抗密切相关。

反射系数：$\Gamma(z) = \dfrac{U^-(z)}{U^+(z)} = -\dfrac{I^-(z)}{I^+(z)}$

行波系数是传输线上某处的最小电压（或电流）与最大电压（或电流）之比，它们都与特征阻抗密切相关。

通常传输线的延迟和特征阻抗是由 PCB 印制线的横截面几何形状和绝缘材料计算得到的，由于受 PCB 印制线制造时，如最大绝缘厚度和最小印制线宽度的制约，因此 PCB 通常在 40～75Ω 控制特征阻抗。器件的输出电阻一般在十几欧姆左右，因此始端在串联匹配时，一般选 33Ω 左右与走线的阻抗匹配。

阻抗的不连续是造成反射的根源，反射会造成过冲、振铃等现象，过冲集中了较大的能量，而且振铃与过冲包含大量的谐波成分，对 EMC 产生不良的影响，实践证明削减过冲与振铃，可以有效减小传导与辐射干扰。阻抗失配、多负载分叉、跨分割区等都会造成信号质量问题，解决了这些问题，EMC 问题也就相应地解决了。当然，信号频率上升、下降速率也是影响反射与 EMC 的重要因素。因此，对于高速信号，一般要求阻抗保持连续。

2. 生产工艺对阻抗控制的影响

生产工艺对阻抗的影响很大。首先从理论上来讲，通过连续调节介质的厚度可以得到连续变化的阻抗控制，但这让 PCB 生产厂家是难以达到的，因为目前国内的 PCB 生产厂家一般都采用层压成板的生产方式，所以各层的介质厚度分为很多规格，而不是连续的变化。目前，绝大多数 PCB 生产厂家的 PCB 采用两种介质：芯材和半固化片。芯材和半固化片的交替排布，如图 17-41 所示。

图 17-41 芯材和半固化片的交替排布

芯材是两面附有铜箔的介质，即一个简单的双面板。芯材的规格有 0.1mm、0.2mm、0.3mm、0.4mm、0.5mm、0.6mm、0.7mm、0.8mm、0.9mm、1.0mm、1.2mm、1.5mm、1.6mm、2.0mm、2.4mm。

需要注意的是，在进行阻抗控制时，一定要考虑芯材的厚度中是否包含了铜箔的厚度。半固化片有 1080、2116、7628 等规格，应至少选择两片半固化片进行组合。由于半固化片在层压期间，会出现流稀的现象，因此介质的厚度变薄。应当注意，计算阻抗时对于走线层铜箔层压时会嵌入介质中，平面层不受影响。

由以上阻抗的物理意义可以看到，阻抗是由 PCB 走线的自感、自容，以及互感、互容决定的，而这些 PCB 的寄生参数又与板材和 PCB 生产厂家的加工工艺密切相关。所以，PCB 生产厂家的加工工艺直接影响着阻抗的控制精度。按照理论分析，同一条 PCB 走线上的阻抗应该是一致的，但由于线的各处线宽、介质厚度受加工工艺的影响存在偏差，因此线各点的阻抗不一致。

微带线相对于带状线来说，更易于向外辐射与受到干扰，因此对于关键信号线如时钟、低位地址线等周期性较强的信号线应走带状线的形式，并且保持阻抗的连续性。另外，负载过重也会影响特性阻抗，一般过大的容性负载会使特性阻抗降低（$Z_0 = \sqrt{L_0/(C_0 + C')}$），走线延时加大。

3．差分阻抗控制

差分线间距对差分阻抗的影响，总的来说，随着差分线之间距离的增大，差分线之间的耦合逐渐变弱，对共模干扰的抑制作用会逐渐变弱，阻抗变化的程度与信号线到地平面之间的距离有很大关系。

现在研究在以下三种介质厚度下，差分阻抗随差分线间距的变化趋势。

1）当介质厚度为 5mil 时的差分阻抗随差分线间距的变化趋势

介质厚度为 5mil 时差分线的 PCB 结构如图 17-42 所示。

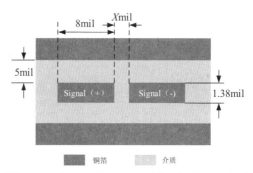

图 17-42　介质厚度为 5mil 时差分线的 PCB 结构

由图 17-43 可知，在差分线之间的间距从 4mil 变化到 26mil 这样大的一个变化范围，奇模阻抗只增加了 4Ω，最后稳定在 32Ω 左右，原因是信号线到地线之间的距离较小时，PCB 走线的大部分磁力线通过地线进行耦合，所以两个信号线之间的耦合相对较弱，信号线之间的间距对奇模阻抗的影响较弱。

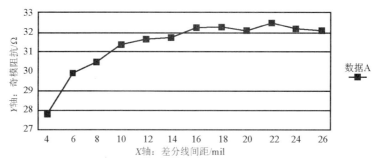

图 17-43　介质厚度为 5mil 时差分间距对奇模阻抗的影响

2）当介质厚度为 13mil 时的差分阻抗随差分线间距的变化趋势

介质厚度为 13mil 时差分线的 PCB 结构如图 17-44 所示。

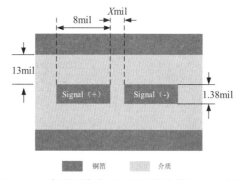

图 17-44　介质厚度为 13mil 时差分线的 PCB 结构

由图 17-45 可知，在差分线之间的间距从 4mil 变化到 34mil 时，奇模阻抗从 35Ω 增大到 55Ω，变化了 20Ω，与当介质厚度为 5mil 时相比，由于信号线到地线之间的间距增大，两个信号线之间的耦合成分逐渐增大，已经与地线之间的耦合相比拟，因此信号线之间的间距变化对奇模阻抗的影响相对较强。

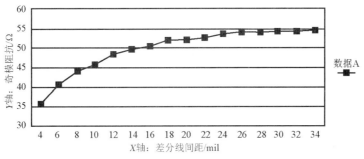

图 17-45　介质厚度为 13mil 时差分间距对奇模阻抗的影响

3）当介质厚度为 25mil 时的差分阻抗随差分线间距的变化趋势

由图 17-46 可知，当信号线到地线之间的距离增大到 25mil 时，差分线之间的耦合对整个磁力线的分布已经起到决定性的作用，尽管两个信号线之间的间距增大到 30mil，接近线宽的 4 倍，但两线之间的耦合还是使阻抗减小了约 10Ω，所以当信号线到地线的距离较大时，一定要重视差分线之间的耦合成分。由图 17-47 可知，在信号线离地线较远时，差分信号对共模干扰有较强的抑制作用，并且降低了信号的共模辐射程度。对于高速信号线，尽量选用差分信号，可以有效减小 EMI 的影响。

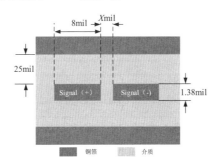

图 17-46　介质厚度为 25mil 时差分走线的 PCB 结构

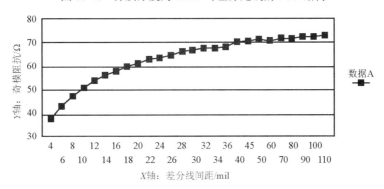

图 17-47　介质厚度为 25mil 时差分间距对奇模阻抗的影响

4．屏蔽地线对阻抗的影响

在 PCB 布线时，经常在关键的信号线两边各加一条地线，目的在于为关键信号提供一个低电感的地回路，从而减小相邻走线间的串扰、传导、辐射发射的影响。在增加地线的同时，改变了信号的电磁场分布，降低了信号线的阻抗。

1）地线与信号线之间的间距对信号线阻抗的影响

为了研究屏蔽地线与信号线之间的间距对信号线阻抗产生的影响，如图 17-48 所示的布线结构。该结构为标准的带状线，Signal（+）、Signal（-）分别为差分信号正、负走线，两边为包地线，现固定信号走线的线宽为 8mil，正负差分对之间距离 8mil，两地平面间距 H 为 12.5mil 或 51.18mil。

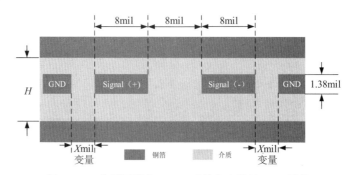

图 17-48　介质厚度为 25mil 时差分走线的 PCB 结构

当两地平面间距 H=12.5mil 时，单线阻抗随地线到信号线之间的间距变化如图 17-49 所示。

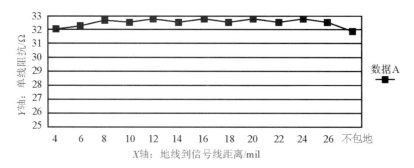

图 17-49　单线阻抗随地线到信号线之间的间距变化（H=12.5mil）

当两地平面间距 H=27.36mil 时，单线阻抗随地线到信号线之间的间距变化如图 17-50 所示。

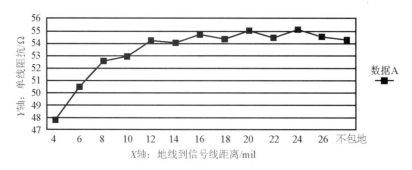

图 17-50　单线阻抗随地线到信号线之间的间距变化（H=27.36mil）

当两地平面间距 H=50mil 时，单线阻抗随地线到信号线之间的间距变化如图 17-51 所示。

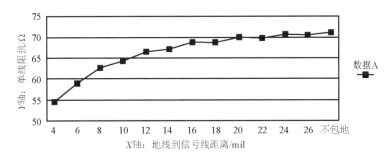

图 17-51　单线阻抗随地线到信号线之间的间距变化（H=50mil）

由图 17-49～图 17-51 变化曲线可知，随着地线到信号线距离的增大，地线对信号线阻抗的影响逐渐减弱。

当两地平面之间的间距 H=12.5mil 时，随着地线到信号线的间距从 4mil 变化到 26mil，信号线阻抗基本上没有什么变化；当两地平面之间的间距增大到 H=27.36mil 时，随着地线到信号线间距从 4mil 变化到 26mil，信号线阻抗从 48Ω 增大到 54Ω；当两地平面间距 H=50mil 时，随着地线到信号的间距从 4mil 变化到 26mil，信号线的阻抗从 55Ω 变化到 70Ω。所以，地线对信号线阻抗的影响随着两地平面之间的间距的增大而增强，这是随着信号线到地平面距离的增大，信号线到地板的耦合逐渐减弱，到地线的耦合逐渐增强造成的。

2）地线线宽对信号线阻抗的影响

为了研究地线的线宽对信号线阻抗的影响。现设置布线结构如图 17-52 所示，固定差分对布线线宽为 8mil、两地平面之间的间距为 27.78mil。地线到信号线之间的距离为 6mil 或 12mil。

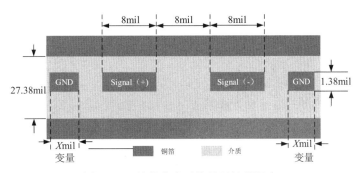

图 17-52　地线线宽对信号阻抗的影响

采用 XTK 仿真软件可以计算得到以下结论（仅供参考）。

地线线宽对信号的阻抗影响不是单调的，且对信号的影响较弱。随着地线线宽从 4mil 变化到无穷大，相应的阻抗变化只是在 1Ω 内变化，所以，在进行 PCB 布线设计时，为了节省布线空间，可以用较细的地线作为屏蔽。

当地线到信号线的间距为 6mil 时，单线阻抗降低了 4Ω 左右，差分阻抗降低了 5Ω 左右；当地线到信号线的间距为 12mil 时，单线阻抗降低了 1Ω 左右，差分阻抗降低了 1Ω 左右。

17.6.4　布线的一般原则

1．布线优先次序

1）关键信号线优先原则

电源、模拟小信号、高速高频信号、时钟信号和同步信号等关键信号优先布线。

2）密度优先原则

从单板上连接关系最复杂的器件着手布线。从单板上连线最密集的区域开始布线。

3）特殊信号布线

尽量为时钟信号、高速高频信号、敏感信号等关键信号提供专门的布线层，并保证其最小的回路面积。必要时应采取手工优先布线、屏蔽和加大安全间距等方法，保证信号质量。

电源层和地层之间的 EMC 环境较差，应避免布置对干扰敏感的信号。

有阻抗控制要求的网络应布置在阻抗控制层上。

2．使走线长度尽可能短

在 PCB 布线时，应遵循图 17-53（b）所示的短线规则，即在设计时应使布线长度尽量短，以减少由于走线过长带来的干扰问题，特别是一些重要信号线，如时钟线，务必将其振荡器放在离电子元器件很近的地方。对于驱动多个电子元器件的情况，应根据具体情况决定采用何种网络拓扑结构。

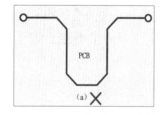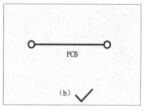

图 17-53　走线长度控制示意图

3．控制走线分支的长度

在 PCB 布线时，应尽量控制走线分支的长度，使分支的长度尽量短。另外，一般要求走线延时 $t_{\text{delay}} \leqslant t_{\text{rise}}/20$，其中 t_{rise} 是数字信号的上升时间。走线分支长度控制示意图如图 17-54 所示。

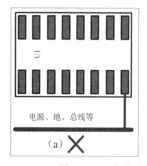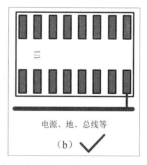

图 17-54　走线分支长度控制示意图

4．拐角设计

在 PCB 布线时，走线拐弯是不可避免的。当走线出现直角拐弯时，在拐弯处会产生额外的寄生电容和寄生电感。走线应避免如图 17-55（a）、图 17-55（b）所示的锐角、直角形式，以免产生不必要的辐射。实际布线时，图 17-55（d）所示的圆角是最好的布线形式，工程上 10GHz 以下布线一般采用图 17-55（c）所示 135°的拐角形式。

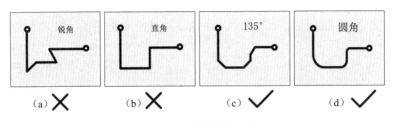

图 17-55　走线拐弯设计

5．差分对走线

如图 17-56 所示，当 PCB 差分对走线时，需要遵循以下原则：保持差分正负极性信号线间距 S 在整个走线过程为常数；确保 $D>2S$，以最小化两个差分对信号之间的串扰；使差分对正负极性信号线之间距离 S 满足 $S=3H$，以使电子元器件的反射阻抗最小化；将两差分线的长度保持相等，以消除信号的相位差；避免在差分对上使用多个通孔，因为通孔会产生阻抗不匹配和电感。

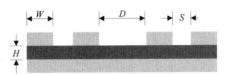

W：差分对走线宽度；S：差分对两根信号线间的距离
H：介质厚度；D：两个差分对之间的距离

图 17-56　差分对走线

6．地线回路规则

环路最小规则，即信号线与其回路构成的环面积要尽可能小，环面积越小，对外的辐射越少，接收外界的干扰也越小。

针对这一规则，在实际布线时，信号走线应与其回流地线或地平面近距离布线，避免形成图 17-57（a）所示的信号线与回流地线形成的大环路。

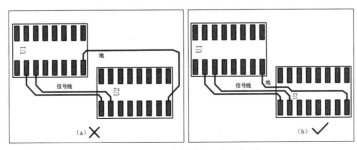

图 17-57　环路最小规则示意图

7．串扰控制

串扰（Cross Talk）是指 PCB 上不同网络之间因较长的平行布线引起的相互干扰，主要是平行线间的分布电容和分布电感的作用。克服串扰的主要措施是加大平行线间距。遵循规则：在平行线间插入接地的隔离线，减小布线层与地平面的距离。

8．屏蔽保护

对应地线回路规则，实际上是为了尽量减小信号的回路面积，多见于一些比较重要的信号，如时钟信号和同步信号；对于特别重要、频率特别高的信号，如 LVDS、HDMI 信号采用排线应考虑采用屏蔽网进行屏蔽。如图 17-58（b）所示，将所布的线上下左右用屏蔽网进行屏蔽；如图 17-58（c）所示，采用包地处理。

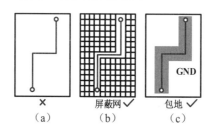

图 17-58　屏蔽处理示意图

9．走线方向的控制规则

在 PCB 布线时，相邻层的走线方向成正交结构，应避免将不同的信号线在相邻层走成同一方向，以减少不必要的层间串扰。当 PCB 布线受到板结构限制（如某些背板）难以避免出现平行布线时，特别是当信号速率较高时，应考虑用地平面隔离各布线层，用地线隔离各信号线。布线方向控制示意图如图 17-59 所示。

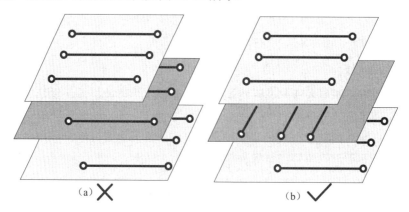

图 17-59　布线方向控制示意图

10．走线的开环检查规则

在 PCB 布线时，为了避免布线产生"天线"效应，减少不必要的干扰辐射和接收，一般不允许出现一端浮空的布线（Dangling Line）形式，如图 17-60（a）所示，否则可能带来不可预知的结果。

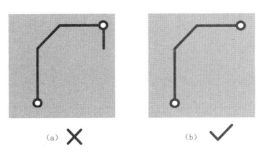

图 17-60　走线开环示意图

11. 阻抗匹配检查规则

在高速数字电路中，需要控制 PCB 印制线的阻抗。在 PCB 布线时，同一网络的线宽应保持一致。因线宽的变化会造成线路阻抗的不均匀，高速数字信号在印制线上传输时会产生发射。在设计中应该尽量避免图 17-61（a）所示的情况。在某些条件下，如在接插件引出线、BGA 封装的引出线类似的结构时，可能无法避免线宽的变化，应该尽量减少中间不一致部分的有效长度。

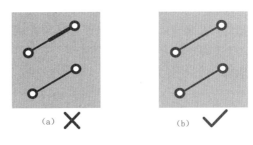

图 17-61　阻抗匹配示意图

12. 走线终端匹配规则

当 PCB 布线的延迟时间大于信号上升时间（或下降时间）的 1/4 时，该布线即可以看成传输线。当电路在高速运行时，在源和终端之间的阻抗匹配非常重要。错误的匹配将会引起信号反馈和阻尼振荡。过量的 RF 能量将会辐射或影响电路的其他部分，引起 EMI 问题。信号端接有助于减少这些非预计的结果。

信号端接不但能减少在源和负载之间匹配阻抗的信号反馈和振铃，而且能减缓信号边沿的快速上升和下降。实际应用时，有多种信号端接的方法，表 17-8 给出了信号端接方法简介。

表 17-8　信号端接方法简介

端接类型	相对成本	增加延迟	功率需求	临界参数	特性
串联	低	是	低	$R_S=Z_0=R_0$	好的直流噪声极限
并联	低	小	高	$R=Z_0$	功率消耗是一个问题
RC	中	小	中	$R=Z_0$，$C=20\sim600pF$	阻碍带宽同时增加容性
戴维宁	中	小	高	$R=2Z_0$	对 CMOS 需要高功率
二极管	高	小	低	—	极限过冲：二极管振铃

图 17-62 所示为串联终端方法。在源端（驱动端 Z_S）和传输线特征阻抗 Z_0 之间，加上

源端端接电阻 R_S，用来完成阻抗匹配。R_S 用于吸收终端（负载 Z_L）的反射，避免源端（驱动端 Z_S）处入射波的失真。

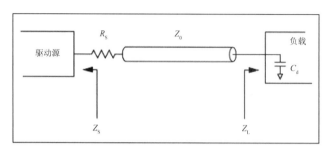

图 17-62 串联终端方法

PCB 布局时，R_S 必须离源端（驱动端 Z_S）电路尽可能近，且 R_S 连接时尽量避免使用通孔。R_S 的值可通过 $R_S=Z_0-Z_S$ 进行计算，一般 R_S 取 15～75Ω。例如，如果 $Z_S=22Ω$，且印制线阻抗 $Z_0=55Ω$，则 R_S 为 33Ω。

图 17-63 所示为并联终端方法。在终端（负载端 Z_L）并联端接电阻 R_P，这样 $R_P//Z_L$ 就和 Z_0 相匹配了。但是这种方法对手持式产品（如电池供电的产品）不适用，因为 R_P 太小（一般为 50Ω），而且这个方法很耗能量，再者这种方法会增加源端的驱动电流（如 100mA@5V，50Ω），驱动电流的增加会增加直流的消耗，这是手持设备不希望的情况。另外，$R_P//Z_L$ 的值会使信号增加一个很小的延时。

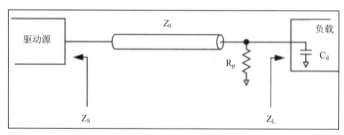

图 17-63 并联终端方法

图 17-64 所示为 RC 终端方法。这个方法类似于并联终端方法，但是增加了一个电容 C1。与并联终端方法一样，R 用于提供匹配 Z_0 的阻抗。C1 为 R 提供驱动电流并过滤掉从印制线到地的 RF 能量。因此，相比并联终端方法，RC 终端方法需要的驱动电流更少。其中，R 和 C1 由 Z_0、环路传输延迟 T_{pd} 和 C_d 确定。时间常数 $RC=3T_{pd}$，这里 $R//Z_L=Z_0$，$C=C1//C_d$。

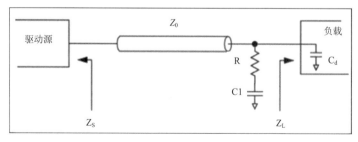

图 17-64 RC 终端方法

图 17-65 所示为戴维宁终端方法。此电路由上拉电阻 R1 和下拉电阻 R2 组成，这样就使逻辑高和逻辑低与目标负载相符。

R1 和 R2 由 $R1 // R2 = Z_0$ 决定。

$R1 + R2 + Z_L$ 的值要保证最大电流不能超过源驱动电路容量。

例如，$R1 = 220\Omega$，$R2 = 330\Omega$，驱动电压 $V_{CC} = 5V$。

$$V_{ref} = \frac{R2}{R1 + R2} \times V_{CC} = \frac{330}{330 + 220} \times 5 = 3V$$

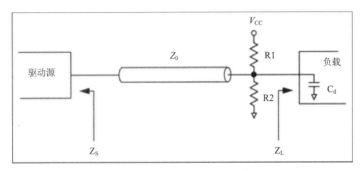

图 17-65　戴维宁终端方法

图 17-66 所示为二极管终端方法。除了电阻被二极管替换以降低损耗，它与戴维宁终端方法类似。VD1 和 VD2 用来限制来自负载的过多信号反射量。与戴维宁终端方法不一样，二极管不会影响线性阻抗。对于这种端接方法而言，选择肖特基和快速开关二极管是比较好的。

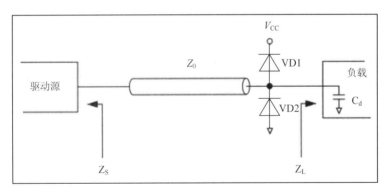

图 17-66　二极管终端方法

二极管终端方法的优点在于不用已知 Z_0 的值，且信号被钳位，减少了信号过冲，提高了信号完整性。二极管终端方法可以与其他类型的终端方法结合使用。通常在 MCU 的内部应用这种终端方法来保护 I/O 端口。

13．走线闭环检查规则

防止信号线在不同层间形成闭环，在多层板设计中容易发生图 17-67（a）所示的问题，闭环将引起辐射干扰。

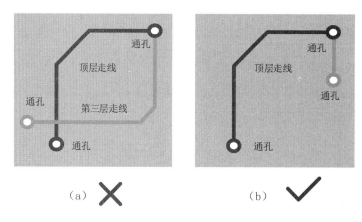

图 17-67　走线闭环示意图

14．走线的谐振规则

高频信号布线时需要避免信号线的长度与信号的频率构成谐振，即当布线长度为信号波长 1/4 的整数倍时，此布线将产生谐振，而谐振就会辐射电磁波，产生干扰。

15．器件去耦规则

在 PCB 上增加必要的去耦电容，滤除电源上的干扰信号，使电源信号稳定。在多层板中，对去耦电容的位置一般要求不太高，但对于双层板，去耦电容的布局及电源的布线方式将直接影响整个系统的稳定性，有时甚至关系设计的成败。

双层板设计中一般应如图 17-68（c）所示，使电流先经过滤波电容滤波再供器件使用。

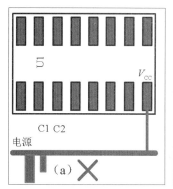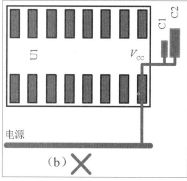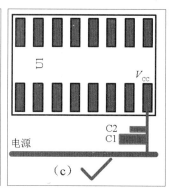

图 17-68　去耦规则示意图

同时，要充分考虑器件产生的电源噪声对下游器件造成的影响，一般来说，采用总线结构比较好，在设计时，还要考虑传输距离过长而带来的电压跌落给器件造成的影响，必要时增加一些电源滤波环路，避免产生电位差。在高速电路设计中，能否正确地使用去耦电容，关系到整个板的稳定性。

16．电源与地线层的完整性规则

在 PCB 布线时，应避免图 17-69（a）所示由密集通孔导致平面层（电源或地平面）分割，从而破坏平面层的完整性，进而导致信号线在地层的回路面积增大。

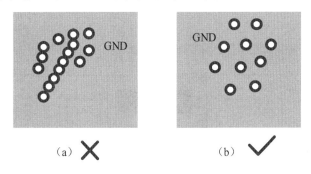

图 17-69 地线处理示意图

17. 20H 规则

在高速数字逻辑电路中，使用高速逻辑器件或高频时钟时，PCB 电源平面会与地平面相互耦合 RF 能量，在电源平面和地平面的板间产生边缘磁通泄漏，还会辐射 RF 能量到自由空间和环境中去。

"20H 规则"是指要确保电源平面的边缘比地平面的边缘至少缩进相当于两个平面间距的 20 倍。20H 规则示意图如图 17-70 所示。

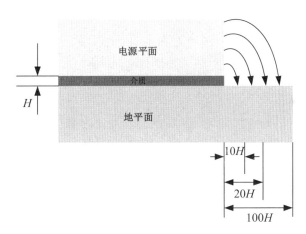

图 17-70 20H 规则示意图

H 是指叠层中电源平面和地平面之间的物理距离。从电流在电源平面和地平面之间循环的角度上来看，采用"20H 规则"可以改变 PCB 的自谐振频率。大约在 10H 时磁通泄漏就可以出现显著改变；在 20H 时，大约有 70%的磁通泄漏被束缚住；在 100H 时，可以抑制 98%的磁通泄漏。但是，电源平面和地平面边缘缩进比 20H 更大时，会增加 PCB 布线的难度。

当需要进行数字区域和模拟区域隔离滤波时，可以采用"20H 规则"。20H 规则在电源分隔区域应用实例示意图如图 17-71 所示。

"20H 规则"仅在某些特定的条件下才会提供明显的效果。这些特定条件包括如下。

（1）电源总线中电流波动的上升时间、下降时间要小于 1ns。

（2）电源平面要处在 PCB 内部层面上，并且与它相邻的上下层面都是地平面，这两个地平面向外延伸的距离至少要相当于它们各自与电源平面之间距离的 20 倍。

（3）PCB 叠层总层数在 8 层以上时，效果才会明显。

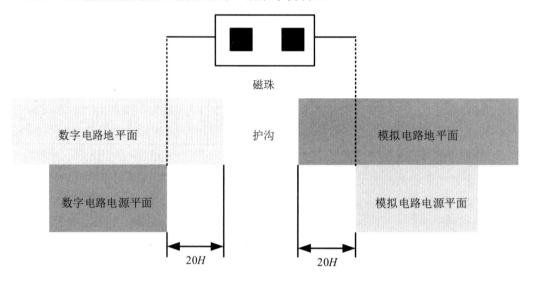

图 17-71　20H 规则在电源分隔区域应用实例示意图

第18章

开关电源电磁干扰机理及抑制技术

电源在军用电子系统中占有重要地位，从某种程度上可以看成装备的心脏，如果没有电源，那么无论多么先进的装备都无法工作。有的不但要有电源，而且需要拥有十分优异的电源品质，否则也不能保证军用装备的电磁兼容。

早年的线性稳压电源因其稳定而可靠地工作，获得了广泛的应用。但随着集成电路的出现，特别是大规模和超大规模集成电路的出现，使得军用装备中的通信、测量、控制和执行等电路被大大缩小了，于是电源的尺寸和重量问题就凸显出来。随着开关电源的出现，装备中的电源部分开始朝着高效率、高功率密度和高可靠性方向发展。但是，开关电源的电磁兼容问题较为突出，这是因为在开关电源内部含有开关管、整流及续流二极管、功率变压器，这些器件均工作在高电压、大电流和几十千赫兹至几兆赫兹的开关频率下。由于工作的电压和电流波形多数是方波，因此它们会在开关电源的输入端和输出端形成很强的共模和差模传导干扰；同时，还能进一步通过电源的输入和输出线路，以及外壳对外产生辐射，形成电磁场辐射干扰。这些可能导致军用装备很难通过 GJB 151B—2013 标准中的 CE102、RE102 等考核项目，且在实际使用中也可能对周围敏感设备造成电磁干扰（EMI），引起它们工作异常。

本章将重点介绍开关电源的电磁干扰问题和电磁干扰抑制技术。

18.1 开关电源电磁干扰发射分析

一般地，开关电源先将市电直接整流、滤波转换成高压直流，然后通过逆变将高压直流转换成低压的高频交流，最后经过高频整流和滤波变成所需要的低压直流。期间，通过对直流输出电压的测量，反过来对开关管的开关时间进行控制，最终可以保持输出电压不变。相对于线性稳压电源，此种线路的开关电源取消了笨重的工频变压器；工作在开关状态下的开关管的功耗要比线性状态下的开关管的功耗低得多，所以不需要庞大的散热器；另外，逆变器的工作频率往往较高，通常开关频率为几十千赫兹至几兆赫兹，只要用较小容量的电容器就可获得低压侧的平滑滤波效果。可见，开关电源的优点是小型化、轻量化和高效化。

但是，开关电源也有它固有的问题。例如，输入侧的谐波电流大、电源本身的电磁干扰发射也大；另外，开关电源输出端的纹波电压大，输出噪声也大。特别是开关电源的电磁干扰的发射问题，对同一电磁环境中的电子设备正常运行构成了潜在的电磁干扰。事实证明，只有尽可能地减少开关电源对外发射的电磁干扰，同时最大限度地提高自身的抗干扰能力，才能使开关电源可以在更多的军用装备中获得应用并充分发挥其优势。

18.1.1 开关电源电磁干扰发射原因分析

图 18-1 所示为开关电源线路的主要部分，用于说明电源中电磁干扰的产生与耦合途径。

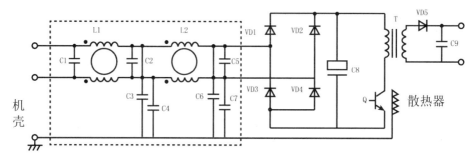

图 18-1 开关电源线路的主要部分

1. 输入整流回路

在输入整流回路中，整流二极管 VD1～VD4 只有在脉动电压超过输入滤波电容 C8 上的电压的时候才能被导通，电流才从市电电源输入，并对 C8 进行充电。一旦 C8 上的电压高于输入端电源的瞬时电压，整流二极管就会被截止。所以输入整流回路的电流是脉冲性质的，有着丰富的高次谐波电流。

2. 开关回路

开关电源工作时，开关管 Q 处在高频通断状态，经由高频变压器初级线圈 T、开关管 Q 和输入滤波电容 C8 形成了一个高频电流环路。由于该高频电流环路的存在，很可能对空间产生电磁辐射，辐射发射的强度与 I、S 和 f^2 的乘积成正比。其中，I 是高频电流环路中的电流；S 是环路所包围的面积；f 是电流频率。输入滤波电容 C8 对电磁干扰的形成也有一定影响，如果 C8 的电容量不足够大，那么对输入滤波不够充分，这时高频电流会以差模形式传导到交流电源中去。

此外，开关回路中，开关管 Q 驱动的负载是高频变压器的初级线圈，它是呈感性的。由于高频变压器结构不是完全理想的，除了初级电感，还存在一定的漏感。所以在开关管 Q 关断的瞬间，变压器中储存的能量不能 100%地传送到次级，结果在高频变压器的漏感中会感应出一个高压尖峰，如果尖峰有足够高的幅度，那么很有可能会导致开关管 Q 被击穿。

3. 次级整流回路

开关电源在工作时，次级整流回路的整流二极管 VD5 也处于高频通断状态。高频变压器次级线圈 T、VD5 和滤波电容 C9 构成了一个高频电流环路。由于这个环路的存在，同样有可能对空间形成电磁辐射。

次级整流回路中的整流二极管 VD5 在正向导通时 PN 结被充电；在加反向电压时，积累的电荷将被释放，并因此产生反向电流，这个过程非常短暂，所以在有分布电感（如变压器的漏感等）和分布电容（如二极管的结电容等）存在的回路里，实际上构成了一个高频的谐振电路。当二极管截止瞬间的电流变化非常剧烈时，在整个次级整流回路中会产生高频衰减振荡。这将产生以下影响。

（1）如果振荡幅度超过整流二极管 VD5 的反向击穿电压，就可能导致 VD5 被击穿。

（2）即使整流二极管 VD5 不被击穿，在次级整流回路中的高频振荡现象也会成为对外界的差模辐射。

（3）开关电源输出端的直流滤波电容，由于滤波电容中存在的等效串联电感削弱了电容本身的旁路作用，所以在开关电源输出端会出现频率很高的尖峰干扰，该干扰波形在时域上展开便是高频衰减振荡，如图 18-2 所示。

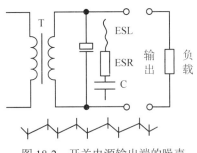

图 18-2　开关电源输出端的噪声

4．控制回路

在控制回路中，脉冲控制信号是主要的干扰源，只不过与其他各干扰信号相比，控制回路产生的干扰相对较小。

5．由分布电容引起的干扰

1）初级回路开关管外壳与散热器的容性耦合引起的共模传导干扰

初级回路中开关管外壳与散热器之间的容性耦合会在电源输入端产生共模传导干扰。该共模传导的路径形成一个环路，该环路始于高 $\mathrm{d}u/\mathrm{d}t$ 的散热器和安全接地线，通过交流电源的高频导纳和输入电源线（相线和中线）返回。

对于初级回路来说，经整流后的直流电压约为 300V，直流变换器就在这个电压下工作。对于开关电源中的开关管来说，开关波形上升时间与下降时间做到 100ns 的情况并不困难，因此，开关波形的电压变化率实际上达到了 3kV/1μs。当在开关管与散热器之间涂抹导热硅脂时，开关管的外壳与散热器之间的分布电容约为 50pF，所以波形瞬变时经过分布电容流到散热器，最后进入安全地的共模瞬变电流将会达到：$I=C\times(\mathrm{d}u/\mathrm{d}t)=50\times10^{-12}\times(3000/10^{-6})=150\mathrm{mA}$。

2）高频变压器初、次级之间分布电容引起的共模传导干扰

共模传导干扰是一种相对大地的干扰，所以它不会通过变压器"电生磁和磁生电"的机理来传递，而必须通过变压器绕组间的耦合电容传递。在开关电源的高频变压器初、次

级之间存在分布电容，若用一个装置电容（装置对地的分布电容）来与整个开关电源等效，则得到了图 18-3 所示的干扰通路，共模干扰通过变压器的耦合电容，经装置电容再返回大地。于是就得到了一个由变压器耦合电容与装置电容构成的分压器，共模电压就按照分压器中的电容量大小来分压，分到的电压为 $e_2=e_1(Z_2/Z)$。图 18-3 中 C 为变压器绕组间的分布电容；Z 为变压器绕组间的耦合阻抗；e_1 为初级干扰共模电压；e_2 为次级干扰共模电压。

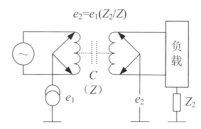

图 18-3　开关电源输出端的噪声

根据开关电源工作原理，产生电磁干扰发射主要是由开关管的逆变工作状态（开关管、高频变压器和输出整流回路在工作时产生 du/dt 和 di/dt 很大，以及幅度很大的电压和电流脉冲）引起的。目前开关管的开关频率多数为几十千赫兹至几兆赫兹，即使考虑了逆变器工作所形成的高次谐波，其谐波的主要高频成分也只有几十兆赫兹，一般不会超过 200MHz，因此是属于"窄频"性质的干扰，而且干扰的频率相对偏低。

18.1.2　开关电源电磁干扰发射性质分析

1. 开关电源射频性质的电磁干扰

从 GJB 151B—2013 标准来看，CE102 项目的试验方法以 10MHz 为界。对于 10MHz 以上的频率，由于测试的频率较高，电磁波的波长较短，容易从设备（包括从线缆上）逸出，变成了电磁辐射进入自由空间，所以标准对于 10MHz 以上的电磁干扰发射主要采用测试其辐射干扰场强的方法。

对于 10MHz 以下的频率，由于电磁波的波长较长，不容易形成电磁波的空间辐射，而以传导传输为其主要形式，所以对 10MHz 以下电磁干扰采用测试电源线传导发射的方法。

但是就开关电源而言，开关电源的电磁干扰属于"窄频"性质，而且干扰的频率相对偏低。另外，考虑到绝大多数的开关电源的几何尺寸远小于 10MHz 所对应的波长（30m），所以这些开关电源即使有辐射发射，从其表面向外的发射效率也很低，往往需要借助电源线才能完成向外辐射。因此，在开关电源中，对电源线的电磁干扰抑制，除了考虑一般的传导发射，在开关电源入口端的电源线 EMI 滤波器实际上还肩负着对 10MHz 以上频率的辐射发射抑制。

2. 开关电源的谐波电流发射问题

开关电源的非线性工作状态造成了普通开关的功率因数低下和谐波电流发射情况严重。对于开关电源的谐波电流发射的问题，GJB 151B—2013 标准中规定对水面舰船、潜艇、陆军飞机（包括机场维护工作区）和海军飞机上的设备电源线，包括回线进行 25Hz～10kHz

的电源线传导发射测试。

在开关电源的谐波电流抑制问题上，除了采用无源滤波器（因其体积大、分量重、谐波抑制的效果一般，功率因数也没有得到根本性的改善，所以使用不多），目前发展迅速、使用更多的还是开关电源的有源功率因数校正（PFC），目前有与 PFC 相关的大量文献资料，而且有源功率因数校正本属于开关电源设计范畴，此处不再赘述。

关于无源滤波问题，如果单用电容滤波，那么由于线路中的电流呈脉冲状，电流与电压不同步，所以线路功率因数比较低（0.6~0.65），电流的谐波成分也比较大。一个比较好的办法是采用电感滤波，这有利于扩大电流的导通角度，提高功率因数。但是这一方案比较适合负载稳定的场合，所用电感大约等于千分之一的等效负载电阻。需要注意的是，电感的单位是亨利（H）。但是用电感滤波的话，要考虑电感中流过的直流成分，为了避免铁芯的饱和，电感的尺寸比较大，分量也比较重。

如果是大功率的整流，那么一般很少采用单相全波整流，原因是电流的脉动比较大，滤波很困难，如果要用电感，那么电感的尺寸太大，重量也太重。比较多的是利用三相全波整流，在这种情况下再用电感滤波，电感量和电感的重量与体积都可以小一些。如果电流更大，那么应当采用 6 相或 12 相整流，这样整流出来，即使不经滤波，电流也相对平滑了。

18.2　开关电源电磁干扰抑制技术

开关电源的电磁干扰问题，主要表现如下。

（1）作为工作在开关状态下的能量转换装置，由于开关电源的电压和电流都有很高的变化率，所以产生的干扰强度很大，受到了开关电源设计和应用人员的高度关注。

（2）干扰源主要集中在功率开关器件（如开关管和高频整流二极管），以及与之相连的散热器和高频变压器等部位，相对于数字电路的干扰源来说，干扰位置较为清楚。

（3）开关频率不高（从几十千赫兹至几兆赫兹），干扰的主要形式为传导和近场辐射干扰。

18.2.1　软开关技术

开关电源中的硬、软开关都是针对开关管而言的。硬开关是无论开关管上的电压或电流是多大，都强行接通或关断开关管。当开关管（漏极和源极之间，或者集电极和发射极之间）的电压及电流较大时，切换开关管，由于开关管状态间的切换（由导通到截止或由截止到导通）需要一定的时间，这样就会造成在开关管状态切换的某段时间内，电压和电流有一个交越区域，这个交越区域导致开关管的切换损耗随开关频率的提高而急速增加。

开关管切换损耗与开关管的负载性质有关：若是感性负载，则在开关管关断时会感应出尖峰电压。开关频率越高，关断越快，该感应电压越高。此电压加在开关器件两端，容易造成器件击穿。若是容性负载，则在开关管导通瞬间的尖峰电流大。因此，当开关管在很高的电压下被接通时，储存在开关管结电容中的能量将以电流形式全部耗散在该器件内。频率越高，开通电流尖峰越大，从而会引起开关管的过热损坏。

另外，在次级高频整流回路中的二极管，在由导通变为截止时，有一个反向恢复期，开关管在此期间内接通时，容易产生很大的冲击电流。显然频率越高，该冲击电流也越大，对开关管的安全运行造成危害。

最后，硬开关会产生严重的电磁干扰。随着频率的提高和电路中的 di/dt 和 du/dt 增大，所产生的电磁干扰也在增大，影响开关电源本身和周围电子设备的正常工作。

上述问题严重阻碍了开关器件（开关管和高频整流二极管）工作频率的提高。近年来开展的软开关技术研究为克服上述缺陷提供了一条有效的途径。与硬开关工作不同，理想的软关断过程是电流先降到零，电压再缓慢上升到断态值，所以关断损耗近似为零。由于器件关断前电流已下降到零，因此解决了感性关断问题。理想的软开通过程是电压先降到零，电流再缓慢上升到通态值，所以开通损耗近似为零，器件结电容的电压也为零，解决了容性开通问题。同时，开通时，二极管反向恢复过程已经结束，因此二极管反向恢复问题不存在。

软开关技术还有助于电磁干扰水平的降低，其原因是开关管在零电压的情况下导通和在零电流的情况下关断，同时快恢复二极管也是软关断的，这可以明显减小功率器件的 di/dt 和 du/dt，从而可以减小 EMI 的电平。

18.2.2　开关频率调制

利用频率调制技术可以降低开关电源的 EMI 电平，其基本想法是通过调制开关频率 f_c，把集中在 f_c 及其谐波 $2f_c$、$3f_c$……上的能量分散到它们周围的频带上，由此降低各频率点上的 EMI 的幅值，以达到低于标准限值的目的。图 18-4（a）所示为常规的恒频 PWM 的 EMI 频谱；图 18-4（b）所示为开关频率调制的 PWM 及其 EMI 频谱。由图 18-4 可见，该方法不能降低干扰总量，但能量被分散到频点的基带上，从而使各个频点都不超过 EMI 规定的限值，达到降低噪声频谱峰值的目的。

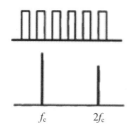

（a）常规的恒频 PWM 的 EMI 频谱

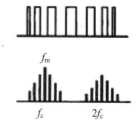

（b）开关频率调制的 PWM 及其 EMI 频谱

图 18-4　用开关频率调制技术降低 EMI 电平

一般地，开关电源其他的电磁干扰抑制方法如下。

（1）采用滤波元件（如共模电感、X 电容和 Y 电容）。

（2）采用的高频变压器内部加屏蔽层，外部包铜带，并将磁芯接地。

（3）在高频开关元件（MOSFET 和次级高频整流二极管）上加缓冲电路，降低 di/dt 和 du/dt。

（4）通过优化 PCB 设计，减小高频电流载流回路的面积等。

上述方法可以不同程度地抑制电磁干扰，但每种方法也有一定的局限性。

方法 1：共模电感、X 电容和 Y 电容体积及成本受到制约。

方法 2：增加了高频变压器绕制的难度，绝缘处理也比较麻烦。

方法 3：采用缓冲电路来降低线路中的 di/dt 和 du/dt，会降低电源的效率及增加高频开关元件的功耗。

方法 4：要求 PCB 设计人员有比较丰富的 PCB 电磁兼容设计经验，需要不增加开关电源的体积，不影响开关电源的效率，不给制作带来困难。

频率调制技术首先在高频数字电路中得到应用，现在已被大量开关电源设计技术应用，主要用在小功率开关电源应用场景中，为开关电源电磁干扰抑制提供了新思路。

18.2.3　优化功率开关管驱动电路

通过缓冲吸收电路可以延缓功率开关管的导通/关断过程，从而降低开关电源的电磁干扰电平，但同时会因为附加缓冲吸收电路的损耗而使电源总效率下降。另一种降低开关电源电磁干扰电平的方法是选择合适的驱动电路的参数，可以在维持电路性能不变的同时降低电磁干扰的电平。

从优化驱动电路设计的角度来改善开关电源的电磁发射，也是近年来发展的一个新方向。最优化驱动就是以理想的基极驱动电流波形去控制开关管（特别是大功率的开关管，如 IGBT 的开关过程，以便提高开关速度、减小开关损耗，同时降低电磁干扰的电平）。

优化功率开关管驱动电流如图 18-5 所示。

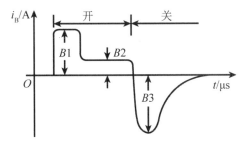

图 18-5　优化功率开关管驱动电流

为加快开通时间和降低开通损耗，正向基极电流在开通初期不但要求有陡峭的前沿，而且要求有一定时间的过驱动电流 i_{B1}。过驱动电流波形前沿应控制在 0.5μs 以内，其宽度控制在 2μs 左右。

而在接下来的导通阶段，基极驱动电流 i_{B2} 应使开关管恰好维持在准饱和状态，以便缩短存储时间 t_s。通常，过驱动电流 i_{B1} 的数值选为准饱和基极驱动电流值 i_{B2} 的 3 倍左右。在关断开关管时，反向基极驱动电流 i_{B3} 应大一些，以便加快基区中载流子的抽走速度，缩短关断时间，减少关断损耗。实际应用中，常选 $i_{B3}=i_{B1}$ 或更大一些。这种基极驱动波形一般由加速电路和贝克钳位电路来实现。

18.2.4 共模干扰有源抑制技术

开关电源的干扰以传导干扰为主，而传导干扰又分为差模干扰和共模干扰两种，差模干扰是指存在于相线与中线之间的干扰，共模干扰是指各相线和中线对地的干扰。通常开关电源的共模干扰要比差模干扰更严重。共模干扰的有源抑制技术的基本思路是设法从主回路取出一个与导致 EMI 的主要开关电压波形完全反相的补偿电磁干扰噪声电压，并用它去平衡原开关电压的影响。

以图 18-6 所示线路为例，它是一个带有附加反相绕组的 Boost 变换器，图中 A 点对地电压可看成该变换器主要的共模噪声电压源，为了平衡该共模噪声电压，给原 Boost 变换器增加了一个匝比为 1∶1 的次级绕组，从而使 B 点的电位与 A 点的电位大小相等、相位相反。图 18-6 中 C1 是 B 点对散热器之间的分布电容，其实际容量应力求与 A 点对散热器之间的分布电容 C2 相等。由于 C1 的容量不大，Boost 变换器的次级绕组基本上是开路的，所以增加一个次级绕组几乎不影响变换器的正常工作。

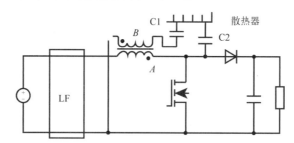

图 18-6 开关电源共模干扰的有源抑制的原理线路举例

图 18-7 所示为采用反相补偿前后的电磁干扰的试验结果比较。其表明该方案使电磁干扰的电平在 450kHz～30MHz 频段内下降了大约 20dB，对抑制电磁干扰起到了十分明显的效果。

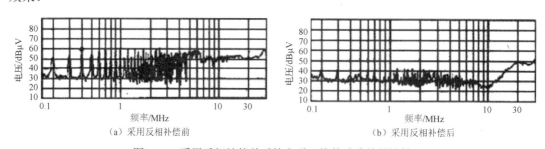

图 18-7 采用反相补偿前后的电磁干扰的试验结果比较

18.2.5 PCB EMC 设计

PCB EMC 设计主要包括 PCB 的布局、布线及接地，其目的是减小 PCB 对外的电磁辐射和 PCB 的上电路之间的串扰。实践表明，一台开关电源的电磁兼容性能往往可以在不增加任何元器件和不改变线路的前提下，通过优化 PCB 的元器件布置和布线设计就可以明显得到改善。但是，开关电源 PCB EMC 设计与设计人员对 EMC 知识的掌握情况有很大关系。

18.2.6　元器件选用

应选择不易产生噪声、不易传导和辐射噪声的元器件。特别值得注意的是，二极管和变压器等绕组类元器件的选用。反向恢复电流小的、恢复时间短的快速恢复二极管是开关电源高频整流部分的理想元器件。

18.3　开关电源辐射发射机理及抑制技术

开关电源的设计通常采取先设计开关电源测试板，通过实测再逐步调整的方法。但是随着产品复杂程度越来越高，处理电磁干扰问题的难度也越来越大。因此最好的办法是，设计人员对开关电源的电磁干扰和电磁抗干扰要有一个预判，在设计测试板的过程中把其中的电磁兼容问题考虑在元器件选择、PCB 布局和布线当中，这对加快开关电源的开发会起到一个事半功倍的效果。关于开关电源的电磁兼容问题，这既有开关电源自身工作过程中的电磁兼容问题，又与 PCB 里的 EMI 源、干扰耦合路径及受干扰的敏感部件布局有关。但是，开关电源作为一个强干扰源，还存在向外的传导和辐射发射电磁干扰问题，当然还存在外界的电磁干扰对开关电源的干扰问题。

18.3.1　开关电源辐射发射概述

当传输线或 PCB 里有射频电流通过时，这个电流要从电流发生电路流出，在到达负载后，还要通过返回路径流回电流源，形成电流的闭合回路。电流在流过闭合回路时就会产生磁场。按照电磁场理论，伴随磁场产生的同时会产生一个辐射的电场。通过电场和磁场的交互作用就形成了射频辐射能量的产生与传播。这就是开关电源 PCB 引起辐射干扰的主要原因。

减少开关电源 PCB 中磁场的发生是抑制 EMI 的主要手段，其中 PCB 的布局和布线便成了 PCB 设计的首要任务。在设计高频开关电源时这个问题尤为突出，因为开关电源是功率电路，高频与大电流是开关电源产生 EMI 的主要问题。

18.3.2　开关电源辐射发射产生本质

下面以图 18-8 为例来分析开关电源辐射发射发生的原因。

（1）初级高频电流环路。开关电源在工作时，初级逆变回路中的开关管 Q 处于高频通断状态，经由高频变压器初级线圈 T、开关管 Q 和输入滤波电容 C8 形成一个高频电流环路。由于这个高频电流环路的存在，可能对空间形成电磁辐射。

（2）次级高频电流环路。开关电源在工作时，次级整流回路的 VD5 也处于高频通断状态。由高频变压器次级线圈 T、整流二极管 VD5 和滤波电容 C9 一起构成了一个高频电流环路。由于这个高频开关电流环路的存在，同样有可能对空间形成电磁辐射。

（3）高频变压器初级漏感的影响。初级回路中高频变压器漏感的存在会加剧初级开关管电压波形的变化，进而影响开关电源经由开关管散热器向外传递的共模电流的高频成分，加剧对外的共模辐射发射。

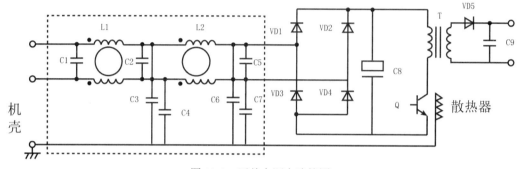

图 18-8　开关电源电路简图

（4）高频变压器次级漏感及二极管结电容的影响。由于高频变压器次级线圈 T 的漏感和整流二极管 VD5 结电容的存在，次级整流回路整流二极管 VD5 在截止瞬间产生非常剧烈的电流变化，会在次级整流回路中产生高频衰减振荡，加剧对外的差模辐射发射。

18.3.3　由"环天线"引起的电磁辐射

开关电源在工作时，由于初级逆变回路和次级整流回路两个电流发生瞬变的环路存在，因此，变化的电流必然会伴随产生一个变化的磁场，而变化的磁场又会产生一个电场。这种由于电场和磁场变化将会交替产生，由近及远、相互垂直，以光速在自由空间内传播电磁能量，即形成开关电源对外的电磁辐射发射。

图 18-9 所示为由"环天线"引起的电磁辐射，也是用来说明由初级逆变环路和次级整流环路中的差模电流所产生的差模辐射发射矢量示意图。

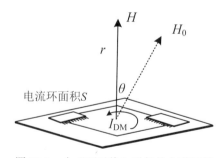

图 18-9　由"环天线"引起的电磁辐射

差模辐射可以被模拟为一个小型的"环天线"。辐射的磁场强度 H 可近似用以下方程估算：

$$H = (-\pi I_{DM}/r)(S/\lambda^2)\sin\theta \tag{18-1}$$

辐射的电场强度 E 可近似用以下方程计算：

$$E=131.6\times10^{-16}(f^2 S I_{DM})(1/r)\sin\theta \tag{18-2}$$

式（18-1）中，H 为磁场强度，单位为 A/m；式（18-2）中 E 为电场强度，单位为 V/m；I_{DM} 为环中的差模电流，单位为 A；S 为电流环路的面积，单位为 m²；r 为计算点与环中心的距离，单位为 m；f 为频率，单位为 Hz；λ 为频率所对应的波长；θ 为计算点与环中心垂直轴的夹角。

自由空间的一个小"环天线"方向图是一个圆环体（面包圈形状），如图 18-10 所示，最大辐射来自环的边缘并且出现在环平面上。零辐射出现在环平面的法线方向上。因为电场是极化在环平面上的，最大电场将被一个极化方向相同的接收天线检测到。

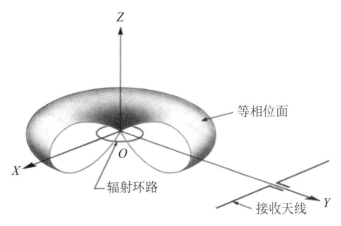

图 18-10　一个小"环天线"自由空间的辐射方向图

一个周长小于四分之一波长的小环中电流的相位处处都相同。对于较大的环，电流不再处处相同，因此，一些电流对于总的发射可能是减小的而不是增加的。当环的周长增加超过四分之一波长时，图 18-10 的辐射方向图不再适用。对于周长等于一个波长的环，辐射方向图将旋转 90°，使最大辐射出现在环平面的法线方向。因此，小环的零辐射方向成了大环的最大辐射方向。

虽然式（18-2）是由圆环推导而来的，但因为小环辐射的幅度和方向图与环的形状无关，只依赖于环的面积，所以它可应用于任何平面环。无论环的形状如何，所有相同面积的小环辐射都相同。

式（18-2）中，第一项为自由空间传输特性的常数；第二项为辐射源的特性，即此环路；第三项为辐射源向远处传输时的电场衰减特性，即场从源传播过来的延迟；最后一项为以辐射环平面中心垂直轴为参考，与测量天线方向的夹角，即偏离 Z 轴的角度。

式（18-2）是对于一个小环位于自由空间，周围没有反射面的情况。然而，多数装备辐射测量是在地平面上的开阔场地进行的，而不是在自由空间。大地提供了一个必须考虑的反射面。这个反射面可增大测量的发射 6dB 之多（或 2 倍）。考虑到这个反射，式（18-2）必须乘以系数 2 以修正地面反射，并且假设是距离环平面 r 处进行的观察（$\theta = 90°$），考虑到地面反射的影响，在开阔场地上测量可将电场强度的最大发射表达式改写为

$$E=263\times10^{-16}\left(f^2SI_{DM}\right)(1/r) \tag{18-3}$$

式（18-3）表明差模辐射与差模电流 I_{DM}、环路面积 S 和频率 f 的平方成正比。因此，差模（环路）辐射可用以下的方法控制：减小电流幅度、减小频率或电流的谐波成分、减小环路面积。

18.3.4 通过减小环路面积来减小开关电源的辐射噪声

在上述对辐射发射有影响的三个参数中，I_{DM} 和 f 涉及基本电路的设计，不能轻易改变。所以唯一能有效抑制辐射发射强度，而且能为设计人员自如掌控的也只有环路面积 S 这一参数了。

这样看来，尽可能地减小环路面积 S 是减小辐射噪声的重要途径。为此，要求在开关电源的 PCB 的布局和布线中，元器件的排列彼此要紧密，布线中的电流线和它的回线要彼此靠近。在初级回路中，要求输入电容、晶体管和变压器应该彼此靠近。在次级回路中，要求二极管、变压器和输出电容应彼此靠近。图 18-11 所示为开关电源初级回路布线的示意图。

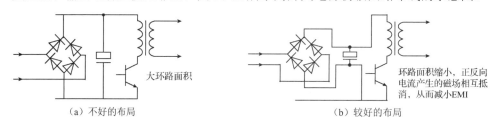

（a）不好的布局   （b）较好的布局

图 18-11　开关电源初级回路布线的示意图

在 PCB 布局上，减小环路的方法：一种简单的方法是在载流导线旁边布一条地线，这条地线应尽量靠近载流导线。这样就形成了较小的环路面积，这有利于减小差模辐射和对外界干扰的敏感度。

如果是双层线路板，那么可以在双层线路板的另一面，紧靠载流导线的下面，沿着载流导线布一条地线，地线尽量宽一些。这样形成的环路面积等于双层线路板的厚度乘以载流导线的长度。而平行紧靠的正负载流导体所产生的外部磁场是趋于相互抵消的。

另一种有效的布局方案是将正负载流导体布在同一面上，彼此靠近，而 PCB 的反面仅作为"地"（或另一恒定电位面），使"地"板感应的镜像电流与相对的磁场趋于抵消。

下面介绍镜像平面，图 18-12 所示为镜像平面的基本概念。图 18-12（a）所示为当直流电流在一个接地层上方流过时的情景，此时在地层上的返回直流电流非常均匀地分布在整个地层面上。图 18-12（b）所示为当高频电流在同一个地层上方流过时的情景，此时在地层上的返回高频电流只能流在地层面的中间，而地层面的两边则完全没有电流。图 18-13 中的地层面是开关电源 PCB 上的接地层，设计人员应尽量避免在地层面上放置任何功率或信号走线。一旦地层面上的走线破坏了整个高频环路，则该电路就会产生很强的电磁波辐射而破坏周围电路的正常工作。一个更好的办法是采用多层板，这时接地层直接布在电源层的上面，由于层间距离达到最接近的程度，因此辐射的抑制可以有最好的效果，当然这也是以成本为代价的。

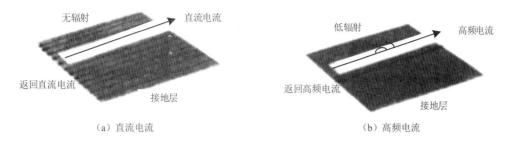

（a）直流电流　　　　　　　　　　（b）高频电流

图 18-12　镜像平面的基本概念

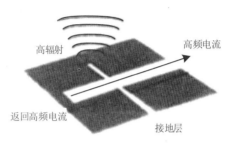

图 18-13　地层面上走线造成接地层的破坏

18.3.5　通过采用缓冲吸收来降低开关频率中的高次谐波分量

由于开关电源初级和次级的环路电流 I 及工作频率 f 涉及基本电路的设计，一经设计定型，就不能轻易改变。

开关电源的工作频率 f 仅是基波频率，从目前的设计水平来看，通常是几千赫兹至几兆赫兹或更高一点。即使这样，从电磁干扰发射角度来看，实际上仍处于一个很低的频段之内，尚不可能形成高频的电磁辐射。从 GJB 151B—2013 标准规定的 CE102 电源线传导发射测量频段为 10kHz～10MHz，能够超过这一频率范围的只可能是开关频率的谐波分量。

由图 18-14 可知，谐波分量的大小与开关的梯形波脉冲宽度 τ、上升沿时间 t_r 有关，τ、t_r 越小，谐波分量的能量越大。梯形波脉冲宽度 τ、上升沿时间 t_r 分别决定了梯形波频谱的拐点，一般地，脉冲宽度 τ 不易被改变。因此，为了减小辐射发射，需要尽量降低开关频率或增大梯形波的上升沿时间 t_r。就开关电源而言，应着重处理初级逆变电路和次级高频整流滤波电路的波形。

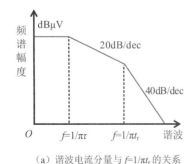

（a）谐波电流分量与 $f=1/\pi t_r$ 的关系　　　（b）辐射发射能量与 $f=1/\pi t_r$ 的关系

图 18-14　开关电源的开关波形中谐波分量辐射发射的能量分析

18.3.6 对初级高频高压逆变回路的处理

对于开关管因驱动高频变压器原边所感应出来的高压尖峰和辐射发射，应当采用缓冲和钳位的方法予以克服。常用缓冲和钳位的方法如图 18-15 所示。

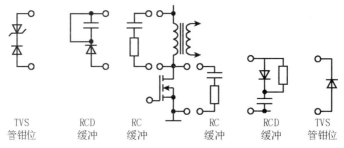

TVS	RCD	RC	RC	RCD	TVS
管钳位	缓冲	缓冲	缓冲	缓冲	管钳位

图 18-15　常用缓冲和钳位的方法

缓冲和钳位有着截然不同的使用目的，使用不妥将对开关电源中的半导体器件的可靠性产生有害影响。

由电阻、电容和开关管组成的缓冲吸收电路主要用于减少尖峰电压的幅度和电压波形的变化率，这对于半导体器件使用的安全性是有好处的。与此同时，缓冲吸收电路还降低了射频辐射的频谱成分，有益于降低射频辐射的能量。与 TVS 管钳位方案相比，缓冲吸收电路具有较低的成本和较高的开关电源效率，但要求精心设计、调试。

1. 缓冲电路分析

1）电容缓冲吸收电路

这是比 RC 和 RCD 缓冲电路更简单、更基本的缓冲电路，直接将电容跨接在开关管漏源之间。导通时，电容通过开关管放电到零；当开关管截止时，电源经由开关变压器初级向电容充电，电容两端的电压"缓慢"上升，抑制了开关管上的电压变化和尖峰电压的形成。只是开关管导通时电容要被短路，电容直接经过开关管放电到零，会在开关管中产生很大的尖峰电流，使开关管的导通损耗大大增加。电容越大，对开关管上的尖峰电压的抑制作用越好，但是在开关管导通时的电流尖峰和导通损耗也越大。所以实际使用时，对电容缓冲电路的限制较多，电容的值只能用得较小，使用效果一般。

2）RC 阻容缓冲吸收电路

为了克服电容缓冲吸收电路的缺点，可采用 RC 阻容缓冲吸收电路来代替单个电容。由于电阻的存在，在开关管断开时的缓冲作用比单个电容所起缓冲作用要差。但在开关管导通瞬间由于电阻的存在，限制了开关管导通时的电流峰值。R 值不同，对缓冲吸收的效果也不同。R 值越大，对缓冲吸收的效果越差。实用中 R 值都取得比较小。这种缓冲吸收电路在双极晶体管和 MOSFET 的过电压保护中用得非常广泛。

3）RCD 缓冲吸收电路

RCD 缓冲吸收电路与 RC 阻容缓冲吸收电路的不同在于在电阻的两端并联了一个二极管。这一改进使得开关管在截止瞬间电源经由二极管向电容 C 充电，由于二极管顺向导通的压降很小，所以对开关管关断时的过电压缓冲吸收效果与单个电容相当。而当开关管导通时，二极管的单向导电作用使得电容的放电只能经过串联电阻 R 进行，其作用与 RC 阻容缓冲吸收电路相当。在 RCD 缓冲吸收电路设计时，要保证当开关管断开时，电容 C 要充电到电源电压值；而当开关管导通时电容上的电荷要经过电阻 R 完全放光。因此，在每个开关周期中，电容上储存的能量要全部消耗在电阻 R 上，所以这种缓冲吸收电路要消耗的能量比较大，但效果比前两种缓冲吸收电路要好。由于这种电路的能量损耗正比于开关电源的开关频率，所以在频率很高的开关电源上较少采用。

2. 钳位电路分析

钳位电路仅用于减小尖峰电压的幅度，而对于 du/dt 瞬变没有任何改善作用。因此，钳位电路对于减少因瞬变造成的辐射发射几乎无用。钳位电路主要用于防止后级电路中半导体器件和电容被击穿。实用中，综合钳位电路的保护作用和开关电源的效率要求，TVS 管的击穿电压一般选择在初级绕组感应电压的 1.5 倍左右适宜。

另外，与 RC 或 RCD 缓冲电路相比 TVS 管钳位电路使用的元器件数量最少，所占 PCB 的面积也比较小。无论是缓冲吸收还是钳位电路，在安装布局时要靠近主开关管和高频变压器，并且要缩短包括器件引线在内的所有配线。

缓冲吸收及钳位电路对开关波形的影响如图 18-16 所示。

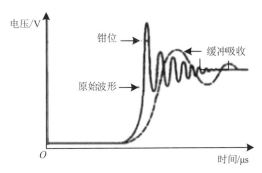

图 18-16　缓冲吸收及钳位电路对开关波形的影响

18.3.7　对次级整流回路的处理

对于次级整流回路中整流二极管的反向恢复现象，在晶体管截止瞬间会出现电流的陡变，因为它有很高的 di/dt 值，且产生 EMI。

为了控制 EMI，可以采用以下方法。

（1）在变压器输出引线到整流二极管的馈线中使用磁珠。

（2）在高速二极管的两端跨接低损耗陶瓷电容（或聚酯薄膜电容）与电阻串联而成的缓冲吸收电路。其中，电容的典型值为 330～4700pF 或更大（如 10000pF）；电阻为 0～27Ω。电阻所消耗的功率 P 可进行以下估算：

$$P = CV^2 f \qquad\qquad (18\text{-}4)$$

式中，C 为并联电容，单位为 F；V 为次级电压，单位为 V；f 为开关电源工作的频率，单位为 Hz。式（18-4）表明，缓冲吸收电路的电容越大，将来在电阻上的功率损耗也越大，开关电源的效率会变得低一些。通常开关电源整流二极管上缓冲吸收电路的参数是采用实物试探法来选择的，应当在开关电源的设计阶段就加以确定。此外，为了取得尽可能好的缓冲吸收效果，缓冲吸收电路要尽量靠近整流二极管来安装。

（3）使用软恢复二极管（在直流输出电压比较低的场合，还可采用肖特基二极管。一方面由于反向恢复时间短，可以不用缓冲吸收电路；另一方面由于正向压降低，因此开关电源在输出电压比较低的情况下，也能取得比较高的效率）。

18.3.8　通过开关电源 PCB 设计来减小辐射噪声

优化 PCB 的布局减小环路面积和增加缓冲吸收电路可以抑制开关电源的辐射发射。但是就 PCB 的设计来看，这还是不够的，至少还应当包含地线的噪声、印制线路的长度、印制线路之间的耦合等有关问题。通常开关电源 PCB 是开关电源设计的最后一个环节，如果设计不当，则有可能会辐射出过多的电磁干扰。

事实上，要对开关电源所有的线路都实现最佳布线是不可能的，所以要抓住重点。从电磁干扰发射的角度考虑，最重要的信号是大的电流和电压变化率（di/dt 和 du/dt）信号。对于开关电源来说，是初级的开关调整环路和次级的整流输出环路。这两个环路都包含高幅值的梯形电流，其中的谐波成分很高，其频率远高于开关的基频。因此这两个环路最容易产生 EMI，必须在电源中先于其他印制线路布线之前布好这两个环路。这两个环路都包含三种主要的元器件，分别是滤波电容、开关晶体管或整流二极管，以及电感或变压器。这些元器件应彼此相邻进行放置，开关晶体管和整流二极管的位置应该使它们之间的电流路径尽可能短。最佳设计流程如下。

（1）放置变压器。

（2）设计电源的初级高频开关电流环路。

（3）设计电源的次级高频整流输出环路。

另外，从敏感度的角度出发，对于开关电源，反馈控制是最重要的敏感线路（这里包括与这部分电路相关的地线处理）。一旦把这些重要信号分离出来，在开关电源 PCB 设计时就可以把重点放到这些线路的设计上，其他问题也就相对容易解决了。

在对开关电源 PCB 布局时要掌握以下原则。

（1）首先是 PCB 的尺寸。尺寸不能过大，否则线条太长，会使阻抗增加，而抗干扰的能力下降，成本也增加。尺寸过小则散热不好，且邻近走线间易受干扰。PCB 的最佳形状是矩形，长宽比为 3：2 或 4：3，且从 PCB 的两端进线和出线（一端是进线，另一端是出线。进线和出线不能靠得太近）。

（2）由于线路的长度反映了印制线路相应的波长，长度越长，印制线路能发送和接收电磁波的频率就越低，也就能辐射或接收更多的射频能量。另外，从减小环路电阻和减少公共路径的相互干扰出发，根据通过电流的大小，尽量加大印制线路布线的宽度。

因此，在布局和布线时要以功能电路核心元器件为中心，围绕它来进行布局。元器件应均匀、整齐、紧凑地排列在 PCB 上。尽量减少和缩短各元器件之间的引线和连接，缓冲电路要尽量靠近被保护的元器件，尽可能地减小关键环路的面积，以抑制开关电源的辐射发射。

（3）在开关电源 PCB 布局时，要按照电路的流程安排各个功能电路单元的位置，使布局便于信号流通，并使信号尽可能保持一致的方向，还要考虑元器件之间的分布参数。一般应尽可能地使元器件平行排列。这样不但美观，而且装焊容易，便于批量生产。

18.4　开关电源传导干扰机理及抑制技术

开关电源产生的干扰是多途径、多方式的，所以采取的应对措施也是多方面的，包括差模滤波、共模滤波、EMI 磁芯吸收和变压器的结构设计等。就开关电源传导干扰的抑制技术而言，本章将重点介绍采用输入滤波和接地等措施来抑制其开关电源输入部分的传导干扰。

18.4.1　差模滤波分析

开关电源的差模传导干扰的发射是由开关电源和交流输入之间的环流造成的，这意味着差模电流将经过电源进线流入开关电源，经过中线流出开关电源。

大部分的差模传导发射是由功率晶体管集电极电流波形的基波，以及其高次谐波造成的。在传导干扰测试时，差模电流在人工电源网络相线上的测量电阻的压降，与它在人工电源网络中线上的测量电阻的压降幅值相同，但相位相反。

图 18-17 所示为用于差模干扰分析的等效电路。初级电流用电流源 I_{pri} 表示；储能电容 C_{in} 在 100kHz～1MHz 频率范围内的有效阻抗用等效串联电阻 ESR 代表；桥式整流器导电期间用短路代表；交流电源的阻抗用人工电源网络的两个 50Ω 的测量电阻代表；差模滤波器用差模滤波电容 C_d 和两个差模电感 L_d 组成的 LC 滤波器表示。这个模型在频率约为 1MHz 时有效。

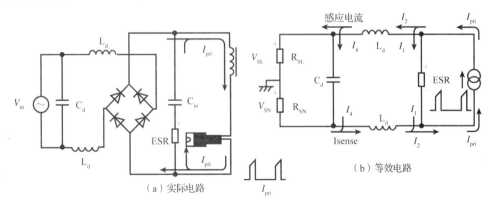

（a）实际电路　　　　　　　　　　（b）等效电路

图 18-17　用于差模干扰分析的等效电路

针对 100kHz～1MHz 频率范围内差模干扰电压的测试与调整，可以利用图 18-17 所示的等效电路进行。由于滤波电容 C_d 的典型值为 0.1～1.0μF，在 100kHz～1MHz 频率范围内阻抗远小于人工电源网络测量电阻阻值的总和，所以对差模干扰电压的测试与调整只与滤

波电容 C_d、滤波用差模电感 L_d 有关。只要在调试中有了前一次的测试结果，就可以估算出要换用什么参数的新滤波元器件，便能做到大体达标。

18.4.2 共模传导干扰抑制分析

共模传导干扰发射是由共模电流造成的，它并不在交流电源中流通，也不在电源输入之间形成环流。平衡的共模电流同时在相线和中线上流动，两者相位相同、幅度相等。共模传导干扰的发射主要是由开关管集电极电压变动引起的，初级电路中功率晶体管外壳与散热器之间的容性耦合会在电源输入端产生传导的共模噪声源。该共模传导的途径形成一个环路，环路始于高 du/dt 的晶体管外壳，经过该晶体管外壳与散热器之间的寄生电容耦合，再经过散热器与开关电源外壳的连接，以及安全接地线，由交流电源的高频导纳和输入电源线返回。对于 220V AC 输入的开关电源，当开关波形的上升沿与下降沿达到 100ns 时，因开关管集电极与散热器存在分布电容，所以开关波形瞬变时会由电流经过分布电容流到散热器，最后进入安全地，瞬变电流的值可达到 150mA。

为了克服晶体管外壳与散热器之间因为分布电容带来的有害影响，可以在晶体管外壳与散热器之间安装屏蔽层的绝缘垫片，并把屏蔽层接到开关电源初级的地回路。这样，晶体管开关时由 du/dt 引起的容性电流进入开关回路，而不是进入外壳或安全接地线。图 18-18 所示为晶体管外壳与散热器之间的屏蔽层接法。贴在晶体管表面的散热器仍接开关电源外壳，开关电源的外壳仍可接安全地。此法可大大减小进入交流电源的共模传导干扰。

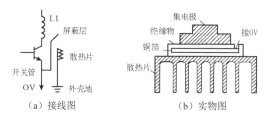

图 18-18 晶体管外壳与散热器之间的屏蔽层接法

输入电路滤波器中的共模电容（Y 电容）是抑制开关电源共模传导干扰的又一主要措施。图 18-19 所示为线路中的共模电容（C4 和 C5）为共模电流返回开关电源初级的回路提供了捷径；滤波器的共模电感（L_C）阻止了共模电流进入相线与中线。

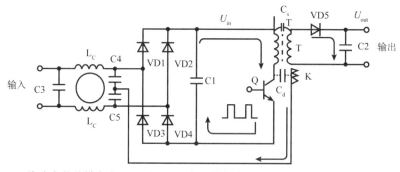

图 18-19 线路中的共模电容（C4 和 C5）为共模电流返回开关电源初级的回路提供了捷径

如果开关电源设计中给开关管配备了足够大的散热器，那么散热器不用与电源的外壳连接，可以将散热器直接接到初级回路的地，这时电源外壳可以直接接到安全地，而不必担心共模电流逸出。当然，如果能在开关电源输入滤波部分再加一级共模电容，那么将使共模传导干扰的抑制能力有更进一步的提高。

由开关管集电极电压变动引起的共模传导干扰的发射并不仅仅出现在交流电源的输入电源线上（相线和中线）。其实，开关管集电极电压的 du/dt 变动还可以通过脉冲变压器初级绕组和次级绕组之间的分布电容 C_S 出现在次级的两根直流输出线上，产生共模干扰的输出。作为解决方案，可以在初级和次级回路的地线之间跨接一个电容 C_Y，这个电容将为共模电流返回初级侧提供通路，从而抑制次级输出线上的共模干扰，如图 18-20 所示。

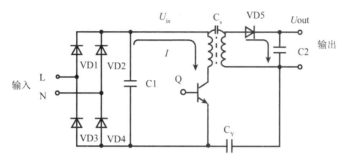

图 18-20　通过初、次级回路地线间跨接电容来抑制直流输出线上的共模干扰

同样，为了与正规电源滤波器的滤波元器件的符号相一致，习惯上把共模滤波电容称为 Y 电容。这样就把输入滤波器中的共模滤波电容、初级与次级回路的地线之间的跨接电容都称为 Y 电容。

最后，开关电源的实用滤波器如图 18-21 所示，它是一个完整的、对共模和差模干扰都有抑制能力的滤波器电路。图中没有专门设置差模电感，而是利用共模电感绕制中的不完全对称所形成的一个寄生的差模电感来担当的。如果一节滤波电路不够，则可以采用两节滤波电路。如果一节滤波电路共模指标达标，但差模尚有欠缺，则可以在滤波器输出端再增加两个差模电感。

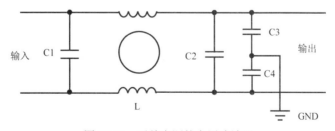

图 18-21　开关电源的实用滤波器

18.4.3　EMI 滤波器的作用

电源输入端 EMI 滤波器的作用是让工频信号通过，使电网为开关电源供电，并滤除存在电网中的各种干扰，特别是高频噪声，避免高频噪声对开关电源，以及高频噪声通过开关电源对电子设备形成干扰。

与此同时，电源输入端 EMI 滤波器能够抑制开关电源在工作过程中自身所产生的传导干扰。值得指出的是，由于大多数开关电源的体积比较小，高频电磁干扰经由开关电源表面的辐射还没有经过电源线向外辐射多，所以 EMI 滤波器还能在一定程度上承担抑制这部分经由电源线逸出的辐射发射。

18.4.4　滤波器的种类

衰减是根据要滤除的电磁干扰频率与滤波器工作频率间的相对低通关系，电源线滤波器是典型的低通滤波器，如图 18-22 所示，它只允许 50Hz 的工频电流通过，而对其他高频干扰有很强的（3dB 以上）抑制作用。常用的电源线滤波器都采用 LC 滤波器，RC 滤波器中电阻的存在不适合用在电源线路中。

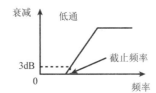

图 18-22　低通滤波器的衰减特性

18.4.5　滤波器的主要形式

滤波器按照电路的结构形式有单电容式、单电感式、L 型、倒 L 型、T 型、π 型，以及多级 T 型和多级 π 型等，如图 18-23 所示。

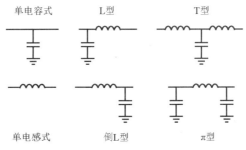

图 18-23　低通滤波器的种类

上述各种低通滤波器电路的适用情况如下。

（1）电路中的滤波元器件越多，滤波器的阻带衰减越大，滤波器通带与阻带之间的过渡带越短。当干扰频率与信号频率相差很小时，要求过渡带很短。开关电源的滤波器显然不符合这种要求（开关电源滤波器的通过频率为 50Hz，要求抑制 150kHz 以上的频率）。

（2）在滤波器的使用中，滤波器输入端的阻抗（电网的阻抗）是随用电量的大小变化的；滤波器输出端的阻抗（开关电源的阻抗）是随负载的大小变化的，要想获得理想的电磁干扰抑制效果，应该遵循表 18-1 所示的连接规律。其理由是显而易见的，表 18-1 中的连接方式无论是从输入端还是从输出端进入滤波器的电磁干扰，均能在有效的滤波频率范围内取得最大抑制。

表 18-1 滤波器和干扰源及负载的连接规律

负载阻抗	适应电路	源阻抗
高	单电容式、π 型或多级 π 型	高
高	L 型或多级 L 型	低
低	倒 L 型或多级倒 L 型	高
低	单电感式、T 型或多级 T 型	低

按此原则所选用的滤波器，有时在实际使用中仍会存在效果不够理想的情况，其可能存在以下原因。

（1）实际电路的阻抗很难估算，特别是在高频段，由于电路寄生参数的问题，电路阻抗变化很大，而且电路的阻抗往往与电路的工作状态有关，再加上不同频率点上的阻抗也不一样，所以在实际应用中究竟哪种滤波器有效，是要靠试验来确定的。

（2）对被防护设备的干扰源的情况估计不足，特别是对共模干扰和差模干扰的大小估计不足。通常当在低频端 0.15kMz～1MHz 范围内的干扰较大时，差模干扰分量过大的可能性较大；当在高频端 5MHz～30MHz 范围内的干扰较大时，共模干扰分量过大的可能性较大。在 1MHz～5MHz 范围内，共模与差模分量过大的可能性都有。

（3）由于滤波器内部的电感和电容受其分布参数的影响，频率越高，所受的影响越大。可以想象，滤波器内部电感、电容的装配结构和接地质量也会对滤波器的插入损耗产生很大影响，尤其是对高频段的插入损耗影响特别大。

（4）由于电感设计事先估计不足，在重载或满载的情况下，电感的磁芯产生饱和现象，因此电感量迅速下降，插入损耗的性能变差。其中，尤以有差模电感的滤波器为多，因为差模电感中要流过电源全部工作电流，差模电感设计不当就很容易达到饱和。特别是用在开关电源时，滤波器的电感会受到电流峰值的影响，而电流峰值要比有效值电流大出许多，所以要对加载情况下滤波器的性能做出评估。

（5）在批量生产时，由于装配工艺不严，或者电感和电容偏离设计值太多，也会造成实际效果变差。

18.4.6 开关电源输入滤波器设计

关于开关电源输入滤波器的设计，这方面资料见得不多，究其原因，开关电源的电磁干扰的频率范围在几百千赫兹至几十兆赫兹之间，尤其是在几兆赫兹以下为干扰频率的重点范围，因此开关电源适用的输入滤波器实际上是一个抑制频率以 150kHz 至几兆赫兹为重点的、使用元器件数不多的典型和简单低通滤波器线路。它只让工频信号通过，而要尽可能多地抑制工频之外的一切无用频率。

尽管如此，要想采用公式来设计开关电源的输入滤波器仍有不小困难，因为其中不确定的因素太多。例如，在公式中要用到干扰源的内阻和负载的输入阻抗，它们是不是纯电阻性的？在不同频率点上干扰源的内阻和负载的输入阻抗是不是一个常数？另外，当测试频率比较高的时候，公式中的一些计算参数是不是还应当考虑实际布局中分布参数的影响呢？等等。

所以在实用中，往往是先采用典型参数为开关电源匹配一个输入滤波器，然后边做试验边改进，只要设计人员有一定实际工作经验，则通过做 1～2 次迭代优化，输入滤波器的线路形式、基本参数和元器件布局就能定下来。另外，开关电源的电磁兼容性设计和电源滤波器设计中都离不开电感的设计，包括共模电感、差模电感等。开关电源在工作时会产生高频电磁干扰，影响同一电网其他电子设备的工作，采用 EMI 滤波器则可以消除这类干扰。最简单的方案就是采用两个差模电感和一个共模电感的串联（见图 18-24），所以共模电感是输入滤波器的一个基础元器件。

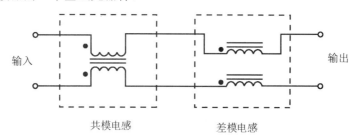

图 18-24　共模电感与差模电感在电源滤波器中的应用

1. 共模电感的工作原理

共模电感的绕组结构是两个绕组分别绕在一个磁环的上、下两个半环上，两个线圈的匝数相同，绕向相反，如图 18-25 所示。此结构对相线和中线上的共模干扰有抑制作用（因为共模干扰是同相的，所以在磁环中形成的磁力线是相互叠加的）；而对相线和中线形成的差模干扰和工频电流无抑制作用（因为差模电流是反相的，所以在磁环中形成的磁力线是相互抵消的）。正由于共模电感只对共模干扰有抑制作用，因此这种电感被命名为"共模电感"。

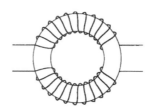

图 18-25　共模电感的绕组结构

由于共模电感对工频电流在磁环中形成的磁力线是相互抵消的，共模电感就不用考虑磁芯的饱和问题，所以共模电感设计只需要考虑初始磁导率，以便得到高的电感量和阻抗。由于不担心磁芯的饱和，共模电感可在很大的电流下工作，这样，共模电感的设计重点可放在考虑绕组间的平衡、分布电容的减小和导线的温升上。

2. 共模电感的磁芯材料

对共模电感磁芯材料的要求如下。

（1）在重点研究的频段内有高的初始磁导率，可保证共模电感有高的电感量；或者在同样的电感量下采用尽量少的匝数和尽量低的分布电容值，以便获得尽可能高的插入损耗值。

（2）有高的饱和磁感应强度 B_s，以便抵御强干扰脉冲而不至于饱和。

（3）有尽可能宽的初始磁导率-频率特性，以便在宽的频率范围内取得尽可能高的电感量。

（4）有尽可能宽的温度特性，以便在环境的工作温度范围内保持有效的插入损耗。

（5）在实际应用中，共模电感的两个线圈保持完全平衡、对称是做不到的，要求共模电感在有不平衡（如漏电或三相负载不平衡）的情况下，磁芯仍能保持高的磁导率而不致饱和。目前，共模电感磁芯使用最多的仍然是铁氧体磁环，尽管在近年又出现了磁导率达到 20000～30000 的新铁氧体材料，但是考虑到工作温度、频率特性等综合因素，其主流仍是使用相对磁导率为 4000～10000 的铁氧体磁环。

另外，铁基纳米晶磁环在近年异军突起，展示了它的竞争能力。铁基纳米晶磁环的磁导率达到了 80000 以上，有-50～130℃的工作温度范围和良好的 0～1MHz 频率特性，使共模电感的综合特性大大提高。另外，纳米晶的价格也在逐渐降低，在大、中型磁环的应用领域内，其性价比已能高出高 μ 值的铁氧体磁环。但是在小功率场合，在普通开关电源的滤波器应用场合，铁基纳米晶磁环的使用仍然很少。

图 18-26 所示为采用纳米晶磁芯与 μ 值为 7000 的铁氧体磁芯的共模电感插入损耗的比较。由图 18-26 可见，在相同工作条件下，选用尺寸较小的纳米晶磁芯，在相同的铜线匝数时，纳米晶磁芯的电感量要高出 6 倍，插入损耗在整个 0.01MHz～100MHz 频段范围内均高于铁氧体磁芯，特别是在低频段和高频段内要高出许多。

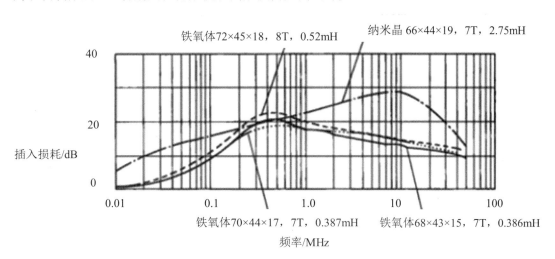

图 18-26　采用纳米晶磁芯与 μ 值为 7000 的铁氧体磁芯的共模电感插入损耗的比较

3. 开关电源中采用铁氧体磁芯为材料的共模电感

开关电源的工作频率在 20kHz 以上，因此开关电源所产生的电磁干扰频率主要集中在几百千赫兹至 50MHz 之间（一般不超过 200MHz）。对于共模电感来说，为了能在有害的频段内提供尽可能高的阻抗，一般都还是选用性价比较高的铁氧体材料。然而只查手册所给的磁导率和损耗系数就来决定材料是不够的，最好通过做一点试验来观察不同材料的不同性能。图 18-27 给出了三种不同材料的总阻抗（电感和体现高频下涡流损耗的电阻阻值的和）与频率的关系。其中，J 材料在超过 1MHz～20MHz 范围内有比较高的总阻抗，所以广泛用在共模滤波器制作中；W 材料在 1MHz 左右时总阻抗要比 J 材料高出 20%～50%，所以当低频是主要问题时，应该使用 W 材料；K 材料可以用在 2MHz 以上，因为在此频率范围内 K 材料产生的阻抗比 J 材料产生的阻抗高出 100%。

在 2MHz 左右，考虑滤波器的滤波特性，J 材料和 W 材料被优先使用。经查手册，K 材料的磁导率为1500，J 材料的磁导率为5000，W 材料的磁导率为10000。

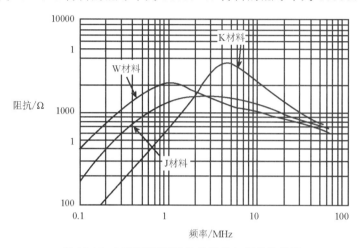

图 18-27　三种不同材料的总阻抗与频率的关系

4．适合做共模电感的磁芯的形状

对于共模电感，环形磁芯是最常用的形状，具有价格低廉和泄漏磁通低的特点。但环形磁芯绕制比较困难（常用手工方法绕制，也可在环形绕线机上绕制），要用一个隔板放置在两个线圈之间，为了与 PCB 连接，还要放置和连接在专门的座子上。图 18-28 所示为采用环形磁芯的共模电感。

E 形、U 形和管筒形磁芯比环形磁芯贵，但有骨架可以用来绕线，骨架的价格相对便宜，因此电感线圈的制作比较方便，成本较低，而且绕出来的共模电感的电感量也比较大。为了分隔两个绕组，可以买到专门有分隔板的骨架。带有骨架的共模电感可以很方便地焊在 PCB 上，故在开关电源里比较常用。图 18-29 所示为采用管筒形磁芯绕制的共模电感。

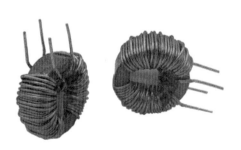

图 18-28 采用环形磁芯的共模电感　　　图 18-29 采用管筒形磁芯绕制的共模电感

另外，E 形、U 形和管筒形磁芯绕制的共模电感比环形磁芯有更多的泄漏电感，这对共模滤波中兼顾差模滤波也是有利的。

5．共模电感的电感量的选择

共模电感的电感量的选择与磁芯尺寸的选择，以及电感线圈中的通过电流有关。一旦选定磁芯尺寸，该磁芯可以制作共模电感的电感量就取决于线圈中的通过电流了，电流小的，导线线径细一点，所绕制线圈的匝数可以多一些，电感量就大一些；反之，电感量就小一些。一般用环形磁芯绕出来的电感量在几毫亨至零点几毫亨之间。如果采用 E 形、U 形和管筒形磁芯绕制的共模电感，由于制作方便，线圈的匝数可以绕得多一些，通常电感量在几毫亨至 30mH 之间。

另外，电感量的选择与开关电源的工作频率也有一定的关系：频率低的，电感量要取大一点；频率高的，电感量可选小一点。有一份资料上说，$f = 50\text{kHz}$ 的，用 30mH；$f = 70\text{kHz}$ 的，用 15mH；$f = 100\text{kHz}$ 的，用 10mH。

6．共模电感中的寄生差模电感

应该指出，前面介绍的共模电感都是一种过于理想化的共模电感，实际上由于两个线圈的不对称，除了包含一个共模电感，还等效串联了一个差模电感（见图 18-30）。所以实际的共模电感在一定程度上还能抑制差模性质的干扰。

在共模电感中，每个绕组的共模电感是在另外共模电感一个绕组开路的情况下测得的电感量。而每个绕组的差模电感则是在两个绕组输入端短路连接的情况输入/输出下，在两个绕组输出端所测得的电感量的一半。通常共模电感中的寄生差模电感量是共模电感量的 1%～3%。

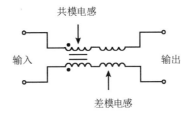

图 18-30　共模电感的实际等效电路

实际使用中，还是要注意大电流通过共模电感时，电感铁芯可能出现的饱和问题，导致滤波器性能下降。

7．影响共模电感高频特性的几个因素

经过设计和制造出来的共模电感，在低频段的特性是比较容易得到保证的，但是在高频段的性能则受诸多因素的影响，下面是影响共模电感高频特性的三个主要因素。

（1）磁芯材料的损耗。

（2）介电损耗。

（3）分布电容和电感器的自谐振效应。

最后还要指出的是，对于已经绕制好的电感线圈，它的湿度和今后灌封材料的介电常数都将影响电感的分布电容值。

为了使电感具有时效和温度的稳定性，可以用温度循环的办法来缓解绕组的张力。绕好的电感需要进行从室温到 125℃ 的循环处理。为了达到稳定的结果，有必要重复多次温

度循环，且在最后一次温度循环时，还应包括一个比平常工作温度更低的温度。温度循环不仅能缓解张力的影响，也能消除现存的湿度。最后，如果需要进行电感量的调整，则应当放到温度循环处理结束之后进行。

8．差模电感和差模电感的磁芯选择

差模电感能有效抑制电源线上和开关电源的差模干扰。为了对称平衡起见，通常在每根电源线上都要串联一个差模电感。

在开关电源电路中，差模电感往往要与差模电容一起组成 L 型、T 型和 W 型滤波电路。差模电感的通过电流（低频峰值电流或直流电流）容易使磁芯趋于饱和，因此电感量下降，降低了差模滤波电路的插入损耗，所以在滤波器设计时，差模电感的磁芯选择尤其重要。

对差模电感磁芯的基本要求是在所需的干扰频段内、在有额定电流通过时，磁芯不能发生饱和，同时要具有尽可能高的线性增量磁导率和电感量。因此，对磁芯材料有以下要求。

（1）在额定电流安匝数的条件下不饱和，同时具有高的线性增量磁导率和电感量，也就是具有比较良好的交直流叠加特性。

（2）具有高的饱和磁感应强度。

（3）具有比较良好的频率特性。

（4）具有比较良好的温度特性。

9．常用的差模电感磁芯材料

常用的差模电感磁芯材料有以下两类。

（1）带气隙的磁芯材料：铁氧体、薄硅钢片和坡莫合金等。

（2）不带气隙的磁芯材料：这是目前在滤波器制作采用较多的一种磁芯材料。常用的不带气隙的磁芯材料有铁镍钼、铁镍 50、铁硅铝和铁粉芯等磁粉芯。它是由铁磁性粉粒与绝缘介质混合压制而成的一种软磁材料。由于铁磁性颗粒很小（高频下使用的为 0.5～5μm），又被非磁性的绝缘物质隔开，所以一方面可以隔绝涡流，使材料适用于较高频率；另一方面由于颗粒之间的间隙效应，材料具有低磁导率及恒导磁特性；又由于颗粒尺寸小，基本上不发生集肤现象，磁导率随频率的变化也就较为稳定，它主要用于高频电感。磁粉芯的磁电性能主要取决于粉粒材料的磁导率、粉粒的大小和形状、它们的填充系数、绝缘介质的含量、成型压力及热处理工艺等。

10．差模电感设计和制作中的其他问题

当有大的负载电流通过差模电感线圈时，如果线圈的安匝数选择不当，则有可能进入铁芯的磁路参数的饱和区，这样差模电感的电感量要急剧下降，从而使滤波电路中的差模插入损耗急剧降低。

为了判断差模电感制作完成后，在通过额定电流时，差模电感有没有进入铁芯饱和区，一个简单的方法就是在电感前面先串联一只能通过电感额定电流的电阻，再在串联电路中通以全电流，用示波器观察电阻两端的电压波形。由于电阻是一个线性元件，如果电感也是线性的，那么电路中的电流也是线性的，在电阻两端观察到的波形将是线性的正弦波。

第 **19** 章

线缆分类、布线要求

装备中电子设备数量往往非常多，而且大多数电子设备的功率高、电流大、频带宽、灵敏度高，连接各种设备的网络也越来越复杂，因此电气系统各个设备之间的电磁干扰与电磁兼容问题日显突出。在恶劣的电磁环境中，射频能量具有很大的危险性，轻者危及人体健康，降低电子设备性能；重者会造成安全事故。在电子设备按电磁兼容要求在成品厂进行设计达标后，各电子设备之间的线缆敷设将是影响整个系统电磁兼容的一个重要因素。因此，对整个电气系统的线缆设计和敷设时应考虑电磁兼容要求。

19.1 线缆敷设中电磁兼容的重要性

各种干扰源产生的电磁干扰必须通过耦合通道才能到达敏感设备。电气系统上各个设备的连接线缆是传输有用信号的重要途径，同时干扰信号通过各种耦合进入系统或分系统中的连接线缆，大多数线间的电磁耦合发生在同一线束的不同线缆之间，因此线缆敷设时考虑电磁兼容是非常重要的。

电子设备工作时电磁场相互耦合，会造成很大的相互干扰，电子设备上产生电磁干扰的机理异常复杂，有磁场耦合，也有电场耦合，以及传导干扰和辐射干扰等。干扰源产生的电磁干扰可以通过多种途径把干扰耦合到其他设备上。干扰传播途径一般分为传导和辐射两种。传导干扰是指通过导线传播的干扰，其耦合途径分为共阻耦合、电容耦合、电磁耦合和电感耦合；辐射干扰是辐射源通过空间辐射电磁能量而形成的干扰，其耦合分为感应场耦合和辐射场耦合。

传导干扰是通过导线直接耦合到敏感电路中去，即干扰源和敏感器件之间有完整的电路连接。这种电路可包括导线、供电电源、公共阻抗、设备机架、金属支架、接地平面、互感和电容等。只要共用一个返回通路，将两个电路直接连接起来，就会形成传导耦合。辐射干扰是通过空间以电磁波形式传播的电磁干扰。辐射有近距离的，可在系统内部极小的距离内进行。许多耦合都可看成近场耦合模式，如电源回路、高电平信号的输入/输出电路和控制电路等导线，都起着辐射天线的作用。

电磁兼容是指系统、分系统、设备在共同的电磁环境中具有能协调完成各自功能的共存状态，即设备、分系统、系统不会由于受到处于同一电磁环境中其他设备的电磁辐射而导致性能降低或故障；也不会因自身的电磁辐射使处在同一电磁环境中的其他设备、分系统、系统产生不允许的性能降低或故障。

电磁兼容是任何电子系统、设备的重要性能指标，它可分为系统间电磁兼容及系统内电磁兼容两类。系统间电磁兼容指各系统共处于一定的电磁环境中，完成各自独立的功能，而没有电磁危险和功能降低的状态。影响系统间电磁兼容的主要因素是信号及功率传输系统与天线之间的耦合；系统内电磁兼容指系统内的分系统、设备、部件之间存在着电磁兼容。影响系统内电磁兼容的因素有传导耦合和辐射耦合。其耦合形式有线缆之间的电感、电容、电场及磁场耦合；系统内公共阻抗耦合；设备机壳之间、线缆与机壳之间的耦合；还有天线间的辐射耦合等。

电磁兼容控制是一项系统工程，应该在设备和系统设计、研究、生产、使用与维护的各阶段充分地予以考虑和实施才可能有效。电磁兼容的设计、研究就是从分析干扰源、干扰传播途径和被干扰对象出发，根据工程要求采取有效措施抑制干扰源，减少不希望的发射，消除或减弱干扰耦合，增加敏感设备的抗干扰能力。这就要利用各种抑制技术，包括合适的接地、良好的搭接、合理的布线、屏蔽、滤波和限幅等技术。

19.2 线缆敷设的电磁兼容设计

装备各设备在满足电磁兼容要求的基础上，电子设备之间的线缆敷设是影响整个设备系统电磁兼容的一个重要因素。由于电子设备及传输信号的种类很多，布线不当将造成很大的电磁干扰。线缆是传输信号的重要途径，同时给干扰信号通过耦合进入系统提供了载体。大多数导线间的电磁耦合发生在同一根线缆中。当与线缆两端相接的电路工作于低阻抗时，低频磁场引起的干扰是十分明显的。低频磁场耦合实际是一种互阻抗耦合，耦合阻抗主要是两电路间的互电感。其耦合量与干扰信号频率、线缆间距、耦合长度、电路阻抗及屏蔽线屏蔽层的接地方式有关。与电感耦合一样，电容耦合也可看成互阻抗耦合，不过"耦合阻抗"是两线缆之间的互电容。当然，增大线缆间的距离是减小电容耦合的一种方法。对于低阻抗电路，电容耦合作用较小，电感耦合是主要的。对于高阻抗电路，电容耦合是主要的干扰方式。因此，布线设计要尽可能降低电磁耦合，使敏感线远离干扰源，并利用现有的结构进行隔离。

19.3 线缆种类特性分析

19.3.1 导线

导线就是包裹在同一层绝缘材料下的单一实心导体或几根柔软的导体，不具有屏蔽作用，通常将芯数少、产品直径小、结构简单的产品称为导线。

19.3.2　线缆

线缆是结构符合一定要求的导线，其中主要要求包括：包裹在同一外套之下的两根或两根以上的独立绝缘导体构成的多导体导线，扭绞在一起的两根和两根以上的独立绝缘导体构成的扭绞导线，用金属编织屏蔽层包裹的一根或多根独立绝缘导体构成的屏蔽导线，单一绝缘中心导体和金属编织外导体构成的射频同轴导线。

19.3.3　扭绞线

双绞线是由一对相互绝缘的金属导线绞合而成的。采用这种方式，不仅可以抵御一部分来自外界的电磁波干扰，还可以降低多对绞线之间的相互干扰。把两根绝缘的导线互相绞在一起，共模干扰信号作用在这两根相互绞缠在一起的导线上是一致的，在接收信号的差分电路中可以将共模信号消除，从而提取有用信号（差模信号）。系统设备中常采用扭绞所具有的平衡结构来控制线缆敷设引起的电磁干扰信号的感性耦合。

19.3.4　屏蔽线

线缆间的耦合主要是近场耦合，线缆屏蔽是减少耦合的一种有效办法。对于感性耦合，屏蔽的机理主要是依靠高导磁材料所具有的小磁阻起磁分路作用，也就是由屏蔽体为磁场提供一条低磁阻通路，使屏蔽层内部空间的磁场大大减小。因此，可用高导磁材料把干扰源散发的磁通与感应回路隔离开来，并能把部分通向感应回路的铰链磁通反射掉。线缆屏蔽可以减小电线间的耦合电容，并可以增大旁路电容。

19.3.5　同轴线缆

同轴线缆是非平衡电线，具有均匀的特性阻抗和较低的损耗，广泛用于高频信号的传输。其差模干扰可以分成两部分：一是对线缆的干扰，使线缆表层产生干扰电流；二是线缆的转移阻抗使表面电流转换成差模电压，作用在放大器或逻辑电路的输入端，经过这一过程使外界的干扰电平得到很大的衰减。

19.4　线缆分类

线缆的分类是根据每根线缆的干扰特性对线缆进行分类的。考虑到整个电气系统上电线安装密度大，在有效地控制干扰耦合的条件下，线缆的类别应最少。

19.4.1　I 类：一次电源线

一次电源线是电源与电气负载之间的布线，其中主要包括电源与电气负载之间传输115V/200V、400Hz 单相或三相交流电的布线，电气负载传输 36V 交流电或 28V 直流电的布线，对于电气负载主要有交流电动机、加热器、一般照明系统、继电器及其他电磁线圈操作的装置。

19.4.2 Ⅱ类：二次电源线

二次电源线属于电子负载和仪表负载与电源之间的布线，其中主要包括向电子和仪表负载传输 36V 交流电和 28V 直流电的布线，传输 5kV 内的二次直流电压的布线，如无线电设备、通信装置、仪器仪表、监控设备等设备供电线。

19.4.3 Ⅲ类：控制线

控制线是指连接到短时工作的设备或部件区的电线，其工作时会产生瞬态干扰，而自身又不受瞬态干扰的影响。例如，到继电器线圈及螺线管的电线属于控制线。

19.4.4 Ⅳ类：低电平敏感线

低电平敏感线是指敏感设备所使用的线缆组成的敏感电路，其中电路主要包括模拟信号电路、音频和视频电路、灵敏度控制、音量控制电路等，自整角机的信号电路及桥式电路、低电平数字输入电路、低电平数字输出电路。

19.4.5 Ⅴ类：隔离线

隔离线是指天线同轴线缆和传输高频信号的线缆，用传输设备与天线之间的功能信号的线缆。与无线电和雷达设备相连接的传输线、波导及同轴线缆，以及电引爆装置、火警、燃油、液压氧气系统等线缆，应该按照隔离线的方式布线。这种线缆是不能与其他线缆进行组合的，这种组合仅有屏蔽可以提供兼容的情况下，天线同轴线缆才可以组合，每根线缆都应进行隔离。

19.4.6 Ⅵ类：系统布线

系统布线是指密集布线区安装指定的，这类线束是由二次电源线和低电平敏感线组成的，但是不可以有一次电源线和隔离线。对于主电源的控制与调节电线应按低电平敏感线布线。

19.5 布线设计准则与布线准则

19.5.1 布线设计准则

（1）在布线设计中应考虑到布线易于维护、拆卸和更换的组装线束。

（2）布线的制造与安装应达到下述目标：可靠性高、系统间干扰和耦合最小、便于检验和维护、防止损坏。

（3）布线设计要尽可能地降低耦合，使敏感线尽量远离干扰源（线），并尽量利用现存的结构进行隔离。

（4）在布线设计中要避免使用过多的屏蔽、滤波或抑制二极管。

（5）布线设计应使电磁干扰符合 HB 5940 标准的要求。

19.5.2　布线准则

（1）载有近似相同的干扰电平及相似干扰类型的电线可以成束。

（2）干扰大的电线束与干扰小的电线束要相互隔离开来。

（3）使用空间分离来隔离某一类电线与另一类电线。

（4）当不同类型的电线或线缆不得不敷设在一起时（如穿过隔框同一个孔时），电线或线缆应在隔框孔各侧尽量按要求隔离开。

（5）所有线缆要尽量分散一定距离，并注意线缆的走向与敷设，以便使干扰耦合控制到最小，如可利用机架等金属结构和安装在机箱中的设备为之提供屏蔽作用。

（6）在主要电源电路中，若有备份线缆时，则备份线缆的敷设要尽量远。

（7）所有电源线（Ⅰ类、Ⅱ类）线缆和大于 5A 的任何线缆，应尽量靠近金属地。

（8）电源线、敏感线、隔离线不可靠近电磁干扰发射线，所有敏感线、隔离线和天线馈线布线，要远离金属板开口处或非金属结构部位。

（9）当敏感线、隔离线不得不靠近电源线敷设时，应尽可能使线缆敷设成直角。不同类的线缆尽可能从不同方向进入设备内。

（10）在同一电连接器上，不应采用不同类的电线。尤其是隔离线和敏感线，不应和电源线、干扰线使用同一电连接器。

（11）应采用多根电源线从主电源给一个设备中的不同部件分别供电，以便降低部件间的相互作用。

（12）抑制 DC～150kHz 的辐射或感应磁场，应采用扭绞线，扭绞率应不低于 23r/m（仅在正线与回流线扭绞使用时才有效）。

（13）凡是要求隔离返回电流的地方，都应该用双芯扭绞线或同轴线。

（14）采用扭绞线时，扭绞线要保持到终端，如直到电连接器、拐弯、接线板、接线盒处。

（15）若在电源线路中只允许使用单芯电线布线时，则相线或正线尽量靠近中线或直流回线敷设。

19.5.3　分类电线线束布线间距

1．Ⅰ类布线

Ⅰ类布线与其他各类布线的最小间距为 15cm。

为了设备安全及防止损坏，将电线或线缆分为两组或多组进行布线时，需要用线标给以合理的标识。

特殊布线一般不采用屏蔽，Ⅰ类布线和它自身回流线采取扭绞，以便降低磁场耦合。

2．Ⅱ类布线

Ⅱ类布线，除Ⅰ类布线外与任一其他类布线的最小间距为7.5cm。为了设备安全及防止损坏，电线或线缆分成两组或多组进行布线时，需要用线标给以合理的标识。

特殊布线：一般不采用屏蔽，但对于放大器特别是采用固体器件的放大器的连接可能要求屏蔽，因为这些放大器往往易受瞬态和尖峰信号，以及其他干扰源的影响。Ⅱ类布线可以与它的接地回路线扭绞，以便使辐射或感应磁场降低到最低限度。

3．Ⅲ类布线

Ⅲ类布线，除与Ⅰ类布线和Ⅴ类布线隔离15cm外，与其他类的最小间距为7.5cm。

为了设备安全及防止损坏，Ⅲ类布线中特殊布线与Ⅰ类布线和Ⅱ类布线中特殊布线要求相同。

4．Ⅳ类布线

Ⅳ类布线用于对电磁干扰敏感的低电平信号电路，其布线需要保护。该类线束除Ⅰ类布线外与其他各类线束之间的最小间距为7.5cm。为了设备安全及防止损坏的要求同Ⅰ类布线。

特殊布线：需要屏蔽，其目的是防御外部电磁场的干扰和内部电磁场的辐射。屏蔽内部电磁场的屏蔽可以采用多点接地，屏蔽外部电磁场的屏蔽是单点接地。易受磁场影响的低阻抗电路的两根电线可以扭绞，如扩音器电路总是扭绞屏蔽的。

5．Ⅴ类布线

Ⅴ类布线对感应干扰非常敏感，而自身只辐射极微弱的干扰。该类电线、线组彼此之间和其他各类电线（除Ⅰ类布线和Ⅱ类布线外）之间的最小间距为7.5cm。与主电源输出馈电线要求有30cm的间距。为了设备安全及防止损坏，使电线或线缆分成两组或多组进行布线时，需要用线标给以合理的标识。

特殊布线：屏蔽层相当于同轴线缆的部分同轴结构。同轴线缆采用多点接地，即至少在线路的每端有一处接地。屏蔽层的整个周边都要连接到其终端装置上。该类的其他线按设计要求进行屏蔽与接地。主电源馈电线不要屏蔽或扭绞，应按系统设计的规定进行扭绞电线。

6．Ⅵ类布线

Ⅵ类布线与其他类型（包括另一个Ⅵ类布线）布线之间的最小间距为7.5cm。与主电源控制和调节的电线要求有15cm的间距。

为了设备安全及防止损坏，仅可以以整个系统进行线束敷设，双重装置可以分开敷设。对于特殊电线的处理，要参照设计间距限制、特殊布线、引线，以及屏蔽与扭绞中的规定。

7. 各类电线布线间距

各类电线布线间距如表 19-1 所示。

表 19-1　各类电线布线间距

线缆类别	其他类别					
	Ⅰ类	Ⅱ类	Ⅲ类	Ⅳ类	Ⅴ类	Ⅵ类
Ⅰ类一次电源线	—	15	15	15	15	15
Ⅱ类二次电源线	15	—	7.5	7.5	7.5	7.5
Ⅲ类控制线	15	7.5	—	7.5	15	7.5
Ⅳ类低电平敏感线	15	7.5	7.5	—	7.5	7.5
Ⅴ类隔离线	15	7.5	—	7.5	7.5	7.5
Ⅵ类系统布线	15	7.5	7.5	7.5	7.5	7.5

注：（1）Ⅴ类布线：主电源线输出馈电线与各类电线间距为30cm。
　　（2）Ⅵ类布线：主电源控制与调节布线和各类电线间距为15cm。

19.6　线缆敷设接地要求

19.6.1　线缆接地的要求

接地是电子设备工作所必需的技术措施。接地设计对各种干扰的影响是很大的，因此在电磁兼容领域中，接地技术至关重要，其中包括接地点的选择、电路组合接地的设计和抑制接地干扰措施的合理应用等。

接地为电路提供零电位参考点，并给干扰电压提供低阻抗通路，达到系统稳定工作的目的。

（1）屏蔽接地可取得良好的电磁屏蔽效果，达到抑制电磁干扰的目的。

（2）一个接地系统的有效性，取决于减少接地系统的电位差和地电流的程度。

（3）一个不好的接地系统，往往使这些杂散寄生阻抗的电压、电流耦合到电路、分系统或设备中去，从而使屏蔽效率降低。

（4）接地时，要求接地线具有小的电阻和电感，并且要短且粗。

（5）改变接地线的截面形状，可改变它的射频阻抗。在截面积相同时，扁平线缆的射频阻抗比圆形线缆的射频阻抗低，其相邻导体间分布电容小，因此可减少传输线间的耦合和串扰。所以它是较好的高频接地线，也适合低频线路。接地线最长应小于所对应的干扰最高频率的 $\lambda/4$，具体多长则要看通过接地线的电流大小，以及允许在接地线上产生的电压降。如果电路对电压降很敏感，那么接地线长度不超过 0.05λ，如果不敏感，则接地线可达到 0.15λ。

（6）系统设备敏感电路应注意以下几点来避免共阻抗耦合：低频低电平电路必须采用双绞线，电路单点接地；敏感电路和高电平电路的回流线不能共用，并且不能共地；对电源线低频干扰敏感的设备，其直流地和交流地应分开。

19.6.2　接地螺栓的要求

接地螺栓是用来把电器线路连接到公共结构上，以便形成主供电电源的回路。接地螺栓可以安装在单个系统或一组系统（辅供电电源）内的公共结构上。接地螺栓可作为电流回路、防止出现危险搭接的回路、屏蔽（线）接地连接、静电搭接等。接地螺栓应安装在易于接近的地方。

（1）接地螺栓应固定到基本结构上。如果基本结构不变，则可安装在辅助结构上，其辅助结构与基本结构的配合面能够通过 200% 的故障电流而不损坏设备，其配合面的搭接阻值应满足 GJB 358—1987 的规定。

（2）允许用作电气接地回路的基本结构：主地、接地金属板、总固定金属框等。

（3）不同类的电线不能接同一螺栓，某些种类的电线需要接多个螺栓，如 I 类电源线 115V 交流、36V 交流、28V 直流，需要三个螺栓。

（4）各种辅助结构如果用较少的铆钉或螺栓固定到基本结构上作为负载接地回路时，则必须满足电磁兼容要求，否则不能使用这种方法。

（5）凡有阳极化层、绝缘油漆、底漆或经酸洗的金属结构，都不允许作为固定接地螺栓的结构。

（6）所有镁金属制造的零件，都不许用来固定接地螺栓。

（7）钛及其他类似的稀有金属，应按照电磁兼容工程人员指导使用。

（8）迭层金属、由金属表面和金属蜂窝构成的蜂窝板，只有经过电磁兼容工程人员许可后方能采用。

19.6.3　接地汇流条的要求

接地汇流条是指构成到发电机的中线或到辅助发电机接地回路的许多接地螺栓的公共集合处。无论多类或单类的接地汇流条的应用与安装，都要经电磁兼容工程人员的许可。

（1）作为电源和信号接地回流条的单层金属板或单根连续梁的截面积要比连接在其上所有电线的总截面积大。

（2）接地汇流条在电气上要连接到基本结构上，而接触面要能通过 200% 的接到接地汇流条上的全部负载电流。

（3）接地汇流条不应容纳一个以上主供电电源所产生的电功率。

（4）每个接地汇流条上接线柱的数目要适当，要避免电流在接地汇流条范围内形成环流。用几个小接地汇流条比用一个大接地汇流条好。

（5）接地汇流条不要用电线连接到基本结构上。

（6）各块接地汇流条在接到基本结构之前不要用跨接线串联。

（7）经批准的接地汇流条应按下列分类接线。

① 一个接地汇流条可以接来自单台主发电动机的 I 类、II 类布线。

② 一个接地汇流条可以接来自单台主发电动机的 IV 类、V 类布线。

③ 一个接地汇流条既不能混接上述各类电线，也不能接来自一个以上主供电电源的电线。

19.7 线缆选择指南

线缆的选择是根据传输信号电平或功率电平、频率范围、敏感度、隔离要求来确定的。线缆选择一般原则如下。

（1）电源线，如 115V 交流、36V 交流、28V 直流，一般不用屏蔽电线，但电源本身干扰很大时除外。

（2）接稳压电源的引线必须屏蔽，交流电线必须用扭绞线。

（3）可以使用环路阻抗测试仪对单根单层屏蔽电线进行搭接阻抗或环路阻抗测试。当电线中传输中等信号电平并有良好的低阻抗接地系统时，此电线效果最好。

（4）单点接地的音频线路和设备内部电源线，用双芯扭绞线。

（5）低频隔离要求很严的多点和单点接地线路，用屏蔽扭绞线。

（6）在有特殊用途的发射射频脉冲、高频、宽频带内阻抗匹配等处，用同轴线缆。

（7）对于上升时间短且陡峭的脉冲，可用硬铜线或三轴线缆。

（8）多根线缆，则各线缆分别屏蔽效果最好。一同屏蔽的线缆最好载流线和回流线成对使用，并在大体相近的电压和电流的电路中工作。

19.8 线缆分类标识

19.8.1 线缆名称标识

线缆名称或规范/标准编号、类型和规格之间采用短横线分隔开，并使用相当于 8 个符号的空格与原产国代码和制造商代码明显分隔开，如图 19-1 所示。

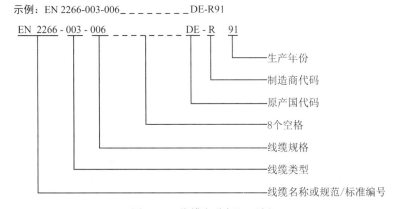

图 19-1 线缆名称标识示例

19.8.2　线缆绝缘线芯标识

（1）单芯线缆（无屏蔽或无护套）：外层表面应有永久和清晰的标识。

（2）单芯线缆（有屏蔽有护套）：外护套应有永久和清晰的标识。

（3）多芯线缆（无护套）：芯线按不同颜色表示，标识应在其中一根芯线的绝缘层上。

（4）多芯线缆（有护套或有屏蔽有护套）：芯线按不同颜色表示，标识应标记在外护套上。

（5）同轴线缆：外护套应采用绿色或白色标记，标记应清晰，并包括同轴线缆标准编号和原产国、制造商和生产年份。

19.8.3　线缆功能代号

系统设备安装的所有线缆除满足 GJB 1014.2—90 的标识外，还应有电磁兼容类别的标识。在线缆的标识后面隔 1cm 标注上电磁兼容的类别；以"E"表示电磁兼容；罗马数字 Ⅰ～Ⅵ表示引线类型的线束类别，如图 19-2 所示。

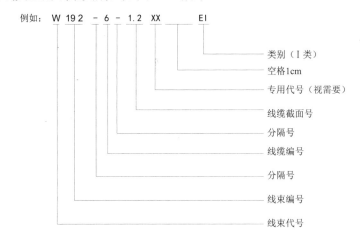

注：（1）主电源馈电线及主电源控制线束不予标识。
　　（2）引线类型的线束可按6类标识。

图 19-2　线缆功能代号示例

19.9　线缆与系统电磁兼容的关系

随着整个系统设备数量的增多，系统的电磁兼容环境变得很恶劣。电子设备通过线缆进行交联，线缆既是传输信号的通道又是电磁干扰耦合的重要途径，因此系统中各设备之间的线缆敷设的电磁兼容设计就尤为重要，一定要根据实际情况合理设计线缆的敷设通道、接地方式和接地点，同时做好线缆的分类，以降低设备、分系统、系统出现电磁干扰的风险。

第20章

滤波器选用和安装指南

分离信号、抑制干扰是滤波器广泛和基本的应用。滤波器是一种装置，它对某个或几个频率范围（频带）内的电信号给以很小衰减，使这部分信号能顺利通过；对其他频带内的电信号则给以很大的衰减，从而尽可能地阻止这部分信号通过。

20.1　滤波器特性

20.1.1　概述

如图 20-1 所示，电磁干扰滤波器（简称 EMI 滤波器）是抑制电气电子设备传导干扰、将噪声和信号隔离、提高电气电子设备传导敏感度水平的主要手段，也是保证电气电子设备整体或局部屏蔽效能的重要辅助措施。实践表明，即使对一个经过很好设计并且正确采用屏蔽和接地措施的设备或系统，也会有不需要的能量经传导进入此设备或系统，导致设备或系统的性能降低或引起失效。在屏蔽设施的电源进入处，使用了 EMI 滤波器，可以滤去电源线和信号输入/输出线中的传导干扰。

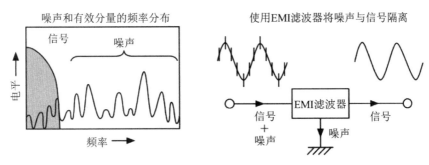

图 20-1　使用 EMI 滤波器隔离噪声

如图 20-2 所示，在屏蔽设施的电源进入处，使用了 EMI 滤波器，可以滤去电源线和信号输入/输出线中的传导干扰。

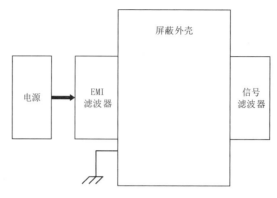

图 20-2　EMI 滤波器的典型安装

　　根据 EMI 滤波器对频率的选择性能或根据通带和阻带所处范围的不同，EMI 滤波器可分为四类，如图 20-3 所示。

　　（1）低通滤波器（Low Pass Filter，LPF）：以低于规定频率的频率传输信号，但以高于规定频率的频率衰减信号的滤波器。

　　（2）高通滤波器（High Pass Filter，HPF）：以高于规定频率的频率传输信号，但以低于规定频率的频率衰减信号的滤波器。

　　（3）带通滤波器（Band Pass Filter，BPF）：只能在规定的频率范围内传输信号的滤波器。

　　（4）带阻滤波器（Band Stop Filter，BEF）：不在规定的频率范围内传输信号的滤波器。

　　大多数电气电子设备发射的噪声频率都要高于电路信号的频率。因此，只能用传输频率低于规定频率的信号的低通滤波器来作为 EMI 滤波器。

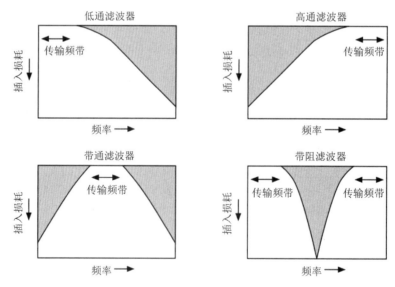

图 20-3　EMI 滤波器

　　根据滤波器的应用特点，可分为信号选择滤波器和 EMI 滤波器两类。其中，在滤波器的设计、应用和安装时，主要考虑它对所选择信号的幅度、相位影响最小的这类滤波器，即信号选择滤波器；相反，主要考虑对电磁干扰有效抑制的，即 EMI 滤波器。从频率选择的角度来说，电源 EMI 滤波器属于低通滤波器。使用电源 EMI 滤波器有两个目的，其一是要抑制经电源线进入敏感设备或系统的电磁干扰；其二是要抑制设备通过电源线向外的传导发射。

20.1.2 技术参数

1. 插入损耗

插入损耗是滤波器的重要参数，是频率的函数。通常把插入损耗随频率变化的曲线称为滤波器的频率特性。这种插入损耗仅用来比较不同网络结构和参数的 EMI 滤波器的衰减性能。

插入损耗是由于在源与负载之间，因网络的插入而引起负载上功率的减少。通常以分贝数表示：

$$IL=20\lg\left(U_2/U_1\right) \tag{20-1}$$

式中， IL ——插入损耗，单位为 dB；

U_1——信号通过滤波器在负载上建立的电压，单位为 V；

U_2——不接滤波器时，同一信号在同一负载上建立的电压，单位为 V。

若知道滤波器网络的参数 A、B、C、D 和源阻抗 Z_g、负载阻抗 Z_L（见图 20-4），则可计算滤波器的插入损耗：

$$IL = 20\lg\left|\frac{AZ_L + B + CZ_gZ_L + DZ_g}{Z_g + Z_L}\right| \tag{20-2}$$

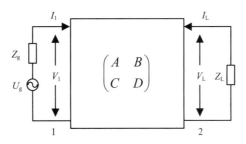

图 20-4 四端滤波器电路

滤波器通常希望工作在规范规定的输入阻抗和输出阻抗中。当源和负载阻抗与滤波器规范规定的阻抗不同时，输出响应会发生变化，插入损耗受 Z_g 和 Z_L 影响。若图 20-4 中所示电路源和负载阻抗不匹配，假定阻抗 Z_g 和 Z_L 是电阻性的，即 $Z_g = R_g$， $Z_L = R_L$，则在无滤波器时，最大功率 P_{max} 可表示为

$$P_{max} = \frac{\left|U_g\right|^2}{\left(R_g + R_L\right)^2}R_L \tag{20-3}$$

式中， P_{max} ——最大功率，单位为 W；

U_g ——源的电压，单位为 V；

R_g——源的电阻，单位为 Ω；

R_L——负载电阻，单位为 Ω。

当滤波器插入在源与负载之间时，输出功率 P_{out} 可表示为

$$P_{out} = \frac{|U_L|^2}{R_L} \qquad (20\text{-}4)$$

式中，U_L——滤波器负载端的电压，单位为 V。

因此，滤波器阻抗不匹配时的插入损耗可表示为

$$IL = 20\lg\left(\frac{R_L}{R_g + R_L}\left|\frac{U_g}{U_L}\right|\right) \qquad (20\text{-}5)$$

当 $R_L = R_g$ 时，滤波器的插入损耗可表示为

$$IL = 20\lg\left(\frac{1}{2}\left|\frac{U_g}{U_L}\right|\right) \qquad (20\text{-}6)$$

当 $R_L = R_g = R_0$ 时，R_0 为滤波器的特性阻抗，滤波器阻抗匹配时的插入损耗可表示为

$$IL = 20\lg\left(\left|\frac{U_1}{U_L}\right|\right) \qquad (20\text{-}7)$$

式中，U_1——电路中无滤波器时信号源的输出电压，单位为 V。

在 GB/T 7343—2017 中规定了 EMI 滤波器插入损耗的测量方法。由于 EMI 滤波器的源阻抗和负载阻抗不固定，为了对它们的插入损耗进行比较，通常规定在 50Ω 系统内进行测量，所以 EMI 滤波器手册中给出的是在 50Ω 系统内测得的插入损耗，即在被测 EMI 滤波器的输出端端接输入阻抗为 50Ω 的接收机，在它的输入端端接与接收机输入阻抗完全相同的信号发生器，当然，连接器和电缆的阻抗都应与该测量系统匹配。在这种特定条件下测量 EMI 滤波器的插入损耗。这种方法又分为：

（1）不加额定电流/电压的测量。

（2）加额定电流/电压的测量。

EMI 滤波器的插入损耗与测试频率、输入/输出阻抗、是否加载等因素有关。标准测量方法测得的 EMI 滤波器的插入损耗与滤波器应用时实现对 EMI 信号的衰减不可能一致。这是因为在这两种情况下 EMI 滤波器的端接负载不相同，EMI 滤波器在实际应用时端接的负载不可能是 50Ω 的纯电阻，绝大多数都是随频率在很大范围内变化的阻抗。

按标准测量法来测量 EMI 滤波器插入损耗时，通常对电源 EMI 滤波器在 10kHz～30MHz 内测量它的对称（差模）插入损耗，在 10kHz～100MHz 内测量它的非对称（共模）插入损耗。对损耗型滤波器，它的插入损耗测量频率范围为 10kHz～1GHz。

实际情况是滤波器负载阻抗是不确定的，尽管设备或系统已知负载阻抗（设备或系统的输入阻抗），但所选用的滤波器往往不一定合适，因此要得到滤波器的最佳衰减，其插入损耗应采用现场测量的方法。插入损耗不仅取决于电磁干扰频率的大小，同时取决于源和负载的阻抗特性。用标准测量法测得的 EMI 滤波器的插入损耗与实际运用时得到的电磁干扰的衰减值，在某些频率范围内往往相差较大。表 20-1 给出了电源 EMI 滤波器的最小插入损耗。设计人员关心的插入损耗是安装滤波器的设备在满足 GJB 151B—2013 中规定的

传导发射测试配置情况下，滤波器的插入损耗是否满足控制 EMI 电平要求。

表 20-1　电源 EMI 滤波器的最小插入损耗（单位：dB）

等级	频率/MHz									
	0.15	0.3	0.6	1	10	20	40	100	500	1000
A	85	85	85	80	60	60	60	45	20	20
B	40	50	60	60	60	60	60	60	60	60
C	50	60	60	60	60	60	60	—	—	—
D	50	60	60	60	60	60	60	60	60	60
E	30	45	60	75	55	50	45	30	20	—
F	40	40	40	40	40	40	40	—	—	—
G	45	60	80	80	80	80	75	70	70	70
H	50	50	60	60	60	60	60	60	50	50
J	60	70	80	80	80	80	80	80	80	80
K	40	50	60	60	60	60	60	60	60	60
L	70	70	70	70	70	60	60	60	60	60
M	50	70	80	80	75	70	65	60	55	50

注：0.15kHz～20MHz 应满载测量，20MHz 以上应空载测量

2．额定电压

额定电压是滤波器正常工作的标称电压。EMI 滤波器的额定电压应保证在预期条件下都能可靠地工作。例如，电源 EMI 滤波器，用在 50Hz/60Hz 单相电源的滤波器，额定电压为 250V；用在 50Hz/60Hz 三相电源的滤波器，额定电压为 440V。若 EMI 滤波器输入电压为一个短时间的持续脉冲，或者电压变化范围很大，则规定 EMI 滤波器的额定电压尤为重要。

潜艇直流电网的电压为 175V～320V 或 350V～640V，坦克、飞机中的设备通常选择直流 24V～48V 的电源，滤波器的额定电压应满足该要求。

3．额定电流

额定电流是在额定电压和指定环境温度条件下，所允许的最大连续工作电流。环境温度为 40℃或 45℃，在其他环境温度下的最大允许电流是环境温度的函数。一般地，指定温度 40℃时的工作电流为 EMI 滤波器的额定电流，其他环境温度下电源 EMI 滤波器的最大允许电流可查阅 GJB/Z 214—2003。要求 EMI 滤波器在额定电流工作时，不降低插入损耗性能。如果有特殊要求，则应根据最恶劣的环境温度设计电源 EMI 滤波器的额定电流，并考虑裕量。

4．工作频率

工作频率是保证 EMI 滤波器正常工作的工作电源频率。为了满足不同场合的要求，EMI 滤波器工作频率分别被设计成直流、交流 50Hz、交流 400Hz 等。不同工作频率的 EMI 滤波器不能混用。

5．漏电流

EMI 滤波器的漏电流是指经加载到指定频率的额定电压后，将其接地端与电源的安全地连接断开，EMI 滤波器的接地端与滤波器（电源）任意端的电流。漏电流的大小涉及人身和设备的安全。

若滤波网络与滤波器外壳间的绝缘措施正确无误，则漏电流的大小取决于对地电容的电容量。由于漏电流的大小涉及人身和设备的安全。GJB 151B—2013 对海军设备规定：从控制 EMI 的角度来看，应尽量少用线-地之间的滤波器。因为这类滤波器通过接地平面为结构（共模）电流提供低阻抗通路，使这种电流可能耦合到同一接地平面的其他设备中，因而可能成为系统、平台电磁干扰的一个主要原因。如果必须使用这类滤波器，则应对各相电源线对地的电容量进行限制：对于 50Hz 的设备，电容量应小于 0.1μF；对于 400Hz 的设备，电容量应小于 0.02μF；对于潜艇和飞机上直流电源供电的设备，在用户接口处，各极性电源线对地的电容量应不超过所连接负载的 0.075μF/kW；对于小于 0.5kW 的直流负载，滤波器电容量不应超过 0.03μF。滤波器的对地电容一般应小于上述值，受设备总对地电容的限制。

6．试验电压

检验 EMI 滤波器的耐压及安全性能。有两种加试验电压的方法：一种为加在电源或负载各相端子之间，称为线-线试验电压；另一种为加在电源或负载任一端子和地之间，称为线-地试验电压。在选用滤波器时，必须准确了解该滤波器的试验电压的频率、幅值和加载试验电压的持续时间，否则会影响安全使用。

7．放电电阻特性

EMI 滤波器在额定电流条件下工作时，当把该滤波器从额定电压的电源上断开 1s 后，滤波器（电源）端子间存在的电压要降到安全值以下，以避免人碰到刚从电源上拔下来的电源插头而遭受电击。

8．绝缘电阻

EMI 滤波器应规定在一定电压条件下任何部分的绝缘电阻，以及不同温度下的修正因子。

9．可靠性

EMI 滤波器应有可靠性要求，使其与设备的可靠性要求相协调。

20.1.3　低通滤波器

低通滤波器让电源频率通过，衰减较高的谐波和射频，这通过电容和电感的组合来实现。

20.1.4　高通滤波器

高通滤波器在减少电磁干扰方面得到了广泛应用。例如，从信号通路中滤去交流（AC）

电源频率的干扰信号，或者抑制较低频率的环境信号。图 20-5 所示为 LC 高通滤波器的基本原理图和频率特性。

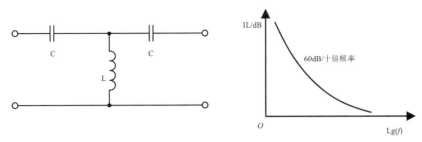

图 20-5　LC 高通滤波器的基本原理图和频率特性

将低通滤波器的电感由电容代替，电容由电感代替，元器件的值互为倒数，即电容（或电感）的值由低通滤波器的电感（或电容）的值的倒数代替，可将低通滤波器变换成高通滤波器，反之亦然。

源端和负载端保持不变。低通滤波器插入损耗的值就是高通滤波器插入损耗的值。低通滤波器在频率为 f 处的衰减量，在通常的频域内，现在是高通滤波器在频率为 $1/f$ 处的衰减量。

例如，π 型巴特沃斯（Butterworth）低通滤波器，截止频率为 10kHz，在相同的输入和输出条件下，由低通变为高通时，其元器件的值互为倒数。图 20-6（a）所示为低通滤波器，图 20-6（b）所示为高通滤波器。

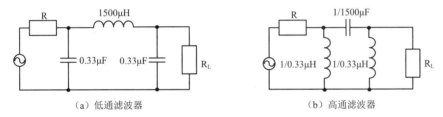

（a）低通滤波器　　　　　　　　　　　（b）高通滤波器

图 20-6　低通滤波器变为高通滤波器示意图

20.1.5　带通滤波器

带通滤波器可使规定频带内的信号通过，阻止该频带外的信号通过。图 20-7 所示为带通滤波器原理图及其特性。

带通滤波器的频率变量 f_b 可以通过式（20-8）由低通滤波器的频率变量 f_L 变换而成。

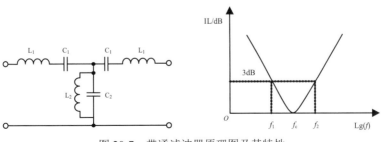

图 20-7　带通滤波器原理图及其特性

$$f_{L} = \frac{f_{c}}{f_{2}-f_{1}}(\frac{f_{b}}{f_{c}} - \frac{f_{c}}{f_{b}}) \qquad (20\text{-}8)$$

式中，f_{c}——带通滤波器的中心频率，单位为 Hz；

f_{1}——带通滤波器频率响应特性曲线上 3dB 插入损耗处的下截止频率，单位为 Hz；

f_{2}——带通滤波器频率响应特性曲线上 3dB 插入损耗处的上截止频率，单位为 Hz。

中心频率 $f_{c} = \sqrt{f_{1}f_{2}}$，于是有 $f_{L}=0$ 与 $f_{b}=\pm f_{c}$，以及 $f_{L}=\pm f_{out}$ 与 $f_{b}=\pm f_{2}$ 和 $\pm f_{1}$。

上述关系式中 f_{out} 为滤波器频率响应特性曲线上 3dB 插入损耗处的截止频率。

低通滤波器的通带为 $0 \sim f_{out}$，带通滤波器的通带为 $f_{1} \sim f_{2}$。

为了得到单个带通，滤波器串联各臂（见图 20-7）的响应频率是等于通带的中心频率 f_{c}，可表示为

$$f_{c} = \frac{1}{2\pi\sqrt{L_{1}C_{1}}} = \frac{1}{2\pi\sqrt{L_{2}C_{2}}} \qquad (20\text{-}9)$$

于是，各元器件的值可以从标准的低通滤波器原理图，用式（20-10）和式（20-11）得出。

$$C_{1} = \frac{f_{2}-f_{1}}{2\pi Z_{0}f_{1}f_{2}} \qquad L_{1} = \frac{Z_{0}}{2\pi(f_{2}-f_{1})} \qquad (20\text{-}10)$$

$$C_{2} = \frac{1}{\pi Z_{0}(f_{2}-f_{1})} \qquad L_{2} = \frac{Z_{0}(f_{2}-f_{1})}{4\pi f_{1}f_{2}} \qquad (20\text{-}11)$$

式中，Z_{0}——滤波器特性阻抗，单位为 Ω。

20.1.6 带阻滤波器

带阻滤波器的滤波网络衰减规定频带内的干扰，该滤波器的用法是将其串联在干扰源和负载之间。带阻滤波器可以在很窄的频带内，深度抑制干扰，并可抑制以下干扰和信号。

（1）在接收机输入端的带外强干扰。

（2）接收机输入端不希望有的镜像干扰频率。

（3）在发射机级间或输出端的馈通信号。

（4）交流或直流电源配电线中的谐波干扰。

（5）雷达脉冲重复频率干扰。

（6）整流器的纹波干扰。

（7）在音频放大器的输入端或级间的中频或拍频振荡器馈通信号、不希望有的外差信号、音调信号。

（8）在测量谐波发射或乱真发射时，从发射机到电磁干扰接收机输入端的强基波信号。

（9）计算机时钟频率干扰。

带阻滤波器有两种形式：一种是使用电感和电容组成的 LC 带阻滤波器；另一种是使用电阻和电容组成的 RC 带阻滤波器。

1. LC 带阻滤波器

LC 带阻滤波器可以通过对带通滤波器各臂串并联电感和电容演绎而来，如图 20-8 所示。与带通滤波器相似，串并联电感和电容的谐振频率等于带阻滤波器的中心频率，即 $f_c = \sqrt{f_1 f_2}$，这里 f_1 和 f_2 为截止频率。各元器件的值可由谐振和截止条件表示为

$$C_1 = \frac{1}{2\pi Z_0 (f_2 - f_1)} \qquad\qquad L_1 = \frac{Z_0 (f_2 - f_1)}{2\pi f_1 f_2} \tag{20-12}$$

$$C_2 = \frac{f_2 - f_1}{\pi Z_0 f_1 f_2} \qquad\qquad L_2 = \frac{Z_0}{4\pi (f_2 - f_1)} \tag{20-13}$$

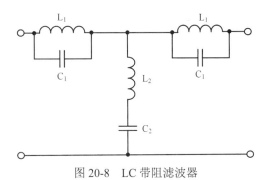

图 20-8　LC 带阻滤波器

2. RC 带阻滤波器

对于低频应用，约在 1MHz 以下，由双 T 型电阻和电容滤波器构成高 Q 值 RC 带阻滤波器，如图 20-9 所示。双 T 型滤波器在低频时可以获得的电路 Q 值约为 100 的数量级。这样高的 Q 值如果从电感—电容型滤波器得到，那么是很不经济的。RC 带阻滤波器在较高频率使用时，受寄生效应的限制。双 T 型滤波器的陷波频率 f_n 由式（20-14）得出。

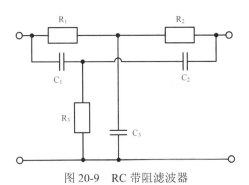

图 20-9　RC 带阻滤波器

$$f_n = \frac{0.1592\sqrt{K}}{\sqrt{R_1 R_2 C_1 C_2}} \tag{20-14}$$

式中，$K = \dfrac{C_1 + C_2}{C_3} = \dfrac{R_1 R_2}{R_3 (R_1 + R_2)} = 1$，对称电路条件时；

$R_3 = R_1 / 2K$；

$C_3 = (C_1 + C_2)/K$。

有以下三种特殊情况，即当 $K=1$ 时，为对称电路，如图 20-10 所示，此时 $f_n=0.1592/RC$；当 $K=0.5$ 时，三个电阻相等，如图 20-11 所示，此时 $f_n=0.1125/RC$；当 $K=2$ 时，三个电容相等，如图 20-12 所示，此时 $f_n=0.2251/RC$。

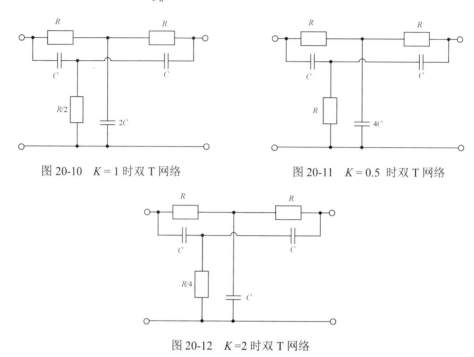

图 20-10　$K=1$ 时双 T 网络　　　　图 20-11　$K=0.5$ 时双 T 网络

图 20-12　$K=2$ 时双 T 网络

必须指出，双 T 型滤波器的参数在零频率（传输函数为零的那个频率点）时，必须准确选取。为了尽可能达到零频的要求，在电路网络中要仔细调平衡，一个简便的调整方法是使用微调电容或电位计。

20.2　传导敏感度的要求

众所周知，EMI 滤波器性能是用正弦波信号进行测量的，只能作为制造方评价其制造质量的依据。在实际使用时，电磁干扰信号是比较复杂的。例如，民用有浪涌冲击、电快速脉冲群等要求；在军事装备中，电气电子装置如发射机、应答机、控制设备等要满足国家军用标准的要求，如 GJB 151B—2013 规定武器装备中的电气电子设备都得进行 CS101、CS106 和 CS114 的传导敏感度试验；飞机和空间系统上的电气电子设备应进行 CS115 传导敏感度试验；水面舰艇和潜艇中的电气电子设备应进行 CS116 传导敏感度试验。可见，装在电气电子设备中的 EMI 滤波器很自然地要接受传导敏感度试验，否则会影响电气电子设备传导敏感度的验收试验。

组成 EMI 滤波器的各种元器件，如电容、电感、扼流圈等，工作在快速上升沿、高能量的瞬态脉冲环境下，其性能会发生变化，或者发生故障，或者失效损坏。EMI 滤波器经受传导敏感度试验是十分必要的。

CS101、CS106、CS114、CS115 和 CS116 传导敏感度试验的具体要求参见 GJB 151B—2013 中的 5.8 条、5.13 条、5.16 条、5.17 条和 5.18 条。

20.3　EMI 滤波器选用要求

EMI 滤波器的种类繁多，其构成可由简单的单一电容或电感到由数个元器件组成的滤波网络，以及形式各异的 EMI 滤波器，可供不同需要使用。使用 EMI 滤波器时，总是希望在 EMI 滤波器的通带内对其传输能量的衰减很小，而在通带以外，传输能量则受到很大的衰减。众所周知，插入损耗是滤波器最重要的性能指标。在电源 EMI 滤波器抑制设备或系统传导干扰时，即使选择插入损耗相近的滤波器，实际效果也会相差甚远，因为相近插入损耗的滤波器可由不同的电路实现，所以插入损耗是多解函数。

电源 EMI 滤波器制造商提供的插入损耗是在测量系统阻抗匹配条件下测得的数值，这种阻抗与实际应用的相关性并不密切。如图 20-13 所示，当测量系统阻抗不同时，其插入损耗在 150kHz 时可相差 20dB。由图 20-13 还可以看出，在低阻抗测量系统（如 5Ω）中，没有出现谐振。考虑到实际使用，应考虑输入/输出阻抗对插入损耗的影响。

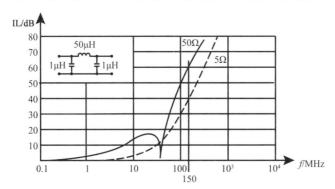

图 20-13　插入损耗是测量系统阻抗的函数

标准 50Ω条件的插入损耗测量只是用来验证批量生产的滤波器的一致性，以及用来定性地评价具有相同电路的滤波器性能的一种方法。

电源 EMI 滤波器是由电感和电容等组成的低通滤波器，它的阻抗特性即使按低通滤波器的要求选取，在实际应用中仍然存在效果相差很多的现象，特别是发生在负载为重载或满载的情况下。这是因为电源 EMI 滤波器中电感在负载为满载时，容易产生磁饱和现象，导致电感量急剧下降，插入损耗指标大大变差，这种现象尤以有差模电感的滤波器居多。对于电源 EMI 滤波器，由于差模电感要流过电源相线或中线中的全部工作电流，如果差模电感设计不当，那么电流一大，差模电感就很容易饱和。当然也不排除共模扼流圈，因生产工艺的缺陷，两个绕组不对称，造成在负载未满载时而产生饱和现象。

电源 EMI 滤波器与普通滤波器相比还有以下特点。

（1）电源 EMI 滤波器往往工作在不匹配的条件下，干扰源的阻抗特性变化范围很宽，且是频率的函数。由于经济和技术上的原因，不可能设计出全频段不匹配的电源 EMI 滤波器。

（2）电磁干扰频谱很宽，从低频到超高频都存在电磁干扰能量。滤波器元器件在这个频率范围内的高频特性显得十分复杂，难以用元器件的集中参数来表示滤波器的高频特性。

（3）电磁干扰的电流幅度变化大，有可能使电源 EMI 滤波器出现饱和效应。

（4）电源 EMI 滤波器对传输的有用信号或电源工作电流的损耗应降到最低程度；在阻带范围内应具有足够大的衰减量，把传导干扰电平降低到规定的范围内。

20.3.1　选用一般准则

从分析将要安装 EMI 滤波器的设备或系统所存在传导干扰信号的类型（是共模干扰还是差模干扰占主导地位或两者处于同等重要地位）入手，确定干扰信号的大小，选取合适的 EMI 滤波器网络、正确选择电源 EMI 滤波器两端与负载阻抗和源阻抗的组合，初步确定插入损耗的要求，来解决该设备或系统存在的传导干扰超标问题，经试验验证把其控制到满足有关电磁兼容标准规定的限值之内。

对于需要采取滤波措施的设备或系统，总是希望在采取滤波措施后，能全部抑制干扰信号，而对有用信号应无丝毫影响。然而，实际情况并非如此，如按插入损耗要求采购的电源 EMI 滤波器，使用时经常会达不到预期效果，这是由于滤波器的有效性不仅取决于源和负载阻抗的大小，还取决于电磁干扰的性质。因此，正确选择和使用电源 EMI 滤波器十分重要。选用 EMI 滤波器的一般准则如下。

（1）工作频率和所要抑制的干扰频率应确定清楚。

（2）选用的电源 EMI 滤波器网络结构应与该设备或系统的传导干扰特性相适应。

（3）电源 EMI 滤波器应与端接负载正确搭配。

（4）计算的插入损耗应加 10dB 的安全裕量；从产品样本选取的电源 EMI 滤波器，其插入损耗应加 20dB。

（5）电源 EMI 滤波器的额定电流应取实际电流值的 1.5 倍。

（6）尽量避免将电源 EMI 滤波器用于负载为重载或满载的情况。

（7）要正确选择电源 EMI 滤波器的耐压值及承受瞬态干扰的能力。

（8）选用的电源 EMI 滤波器的漏电流要小。

（9）电源 EMI 滤波器的可靠性应与设备或系统的可靠性相协调。

（10）电源 EMI 滤波器的安全性应符合有关标准的规定。

（11）用于高频情况时，应选择高频性能好的电源 EMI 滤波器；若单级滤波器达不到衰减陡峭要求或要求总的电感量小，则可考虑两级或两级以上的滤波器。

（12）选用的电源 EMI 滤波器安装形式应与设备的结构相匹配，以有利于安装。

（13）用于三相电源系统的三相电源 EMI 滤波器，应考虑缺相时，其他两相承受缺相时耐压的能力。

（14）电容滤波器在需要抑制的频率范围内，阻抗应小于 1Ω。

（15）电源 EMI 滤波器应具有一定的耐尖峰电压能力，能够经受输入瞬态电压的冲击。

（16）电源 EMI 滤波器在额定工作条件下，应能连续长期工作。

（17）不应一味追求滤波器的体积越小越好，应在考虑滤波器的额定电流和低频特性的前提下，才考虑体积的减小。

（18）抑制瞬态干扰时，在电源 EMI 滤波器之前应采用相应的抑制器，如雪崩二极管、变阻器、放电管等，以防大能量的干扰。

20.3.2　预估传导干扰

在决定选用 EMI 滤波器网络结构及参数之前，首先要确定设备传导干扰的特性和大小。

通常，在未安装 EMI 滤波器之前，按有关标准，如 GJB 151B—2013 对该设备电源线进行测试，将测试结果与标准的要求相比，分析、预估共模干扰和差模干扰的大小和两者的分布情况，如图 20-14 所示。如果设备在该频率范围内有传导干扰电平超出标准规定的限值，如 GJB 151B—2013 中 CE102 的要求，并分析是哪种类型的传导干扰占主导地位，是 CM 或 DM，还是 CM 及 DM 处于同等重要地位。这个分析可指导选用何种电源 EMI 滤波器的网络结构和参数。按图 20-14 分析可以看出，若共模干扰电平超出了标准规定的限值，在该设备的传导干扰中占很大比重，则首先要从抑制共模干扰入手，同时要考虑差模干扰抑制。

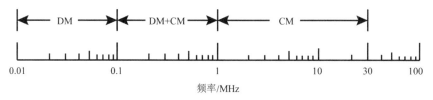

图 20-14　CM 和 DM 分布

需要指出的是，着手解决传导干扰的过程是提高设备电磁兼容的过程。因此应不断改进电源 EMI 滤波器的元器件参数，直到满足要求为止。

20.3.3　基本电路与阻抗特性

低通滤波器是在电磁兼容技术领域中用的最多的一种滤波器，用来抑制高频电磁干扰。

在实际应用中，要有效地抑制电磁干扰信号，必须根据电源 EMI 滤波器两端将要连接的源阻抗和负载阻抗来选择电源 EMI 滤波器的网络结构和参数，才能得到满意的抑制效果。

当电源 EMI 滤波器两端阻抗都处于失配状态时，电磁干扰信号会在它的输入端/输出端产生反射。失配越大，反射越大。在电源 EMI 滤波器实际应用中，可用此法，在希望抑制的电磁干扰信号频率范围内，实现最大可能的失配，使需要抑制的电磁干扰信号得到最大可能的减小，实现对电磁干扰信号更加有效的抑制。这就是为什么选择和应用电源 EMI 滤波器时，一定要注意端口阻抗的正确搭配，尽可能构成大的反射的原因。

在选购电源 EMI 滤波器时，有的电源 EMI 滤波器在其标牌上标出了电源和负载端接要求，这可能为某特定电子设备所设置，无普遍意义。电感滤波器在高频时呈现高的串联阻抗；在低频时，此电感滤波器呈现一个实际上与它的导线相同的阻抗；在高频时，此电感滤波器（由于铁氧体的存在）是有损耗的，将使阻抗增加。电容滤波器接在线-地之间，对高频干扰信号呈现低阻抗路径，而对低频干扰信号呈现高阻抗路径。

20.3.4 漏电流与安全性

电源 EMI 滤波器用于设备或系统电源入口处抑制传导干扰。该滤波器不仅要承受设备或系统电源变换器可能产生的尖峰脉冲干扰，而且可能承受来自电网的浪涌冲击，其干扰持续时间长（毫秒级）、幅度高（如 2000V）。这些干扰通常由滤波器的两个电容 C_x（称 X 电容）和 C_y（称 Y 电容）承受。如图 20-15 所示，C_x 接在单相电源线的相线和中线之间，如果 C_x 被击穿，相当于交流电网被短路，那么这是十分危险的。C_y 接在相线或中线和地线之间，如果 C_y 被击穿，相当于交流电网的电压加到设备的外壳，那么会威胁人身的安全和参考电路的地的安全。

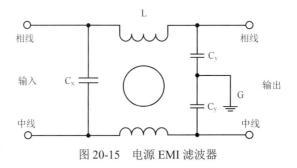

图 20-15 电源 EMI 滤波器

漏电流是电源 EMI 滤波器加载指定频率的额定电压后，断开图 20-15 中 G 端与电源安全地的连接，滤波器 G 端到电源任意端的电流。只要 EMI 滤波器的外壳与电源系统的安全地连接，EMI 滤波器相线与地线之间的漏电流经电源安全地构成回路，不会造成危险。然而，万一 EMI 滤波器的地与电源的安全地之间发生故障（如断开），或者连接不正确，若人体触及 EMI 滤波器外壳或接有 EMI 滤波器的设备，则人体便构成漏电流的地回路，就可能造成人身伤害。人体有感觉的电流（人刚好能察觉出来的电流）通常为 0～1mA，反应电流（不可预料的不自觉反应的最小电流，且会由于其二次效应而发生事故）为 1～4mA。

如果滤波网络的所有引出端与 EMI 滤波器外壳（接地端 G）间的绝缘措施都完整无损，那么漏电流的大小取决于 C_y 的电容量。C_y 的电容量可表示为

$$C_y = \frac{I_1}{U_m \times 2\pi f_m} \times 10^6 \qquad (20\text{-}15)$$

式中，C_y——C_y 的电容量，单位为 nF；

I_1——C_y 的漏电流，单位为 mA；

U_m——电源电压，单位为 V；

f_m——电源频率，单位为 Hz。

因此，对所选用的电源 EMI 滤波器要检验这两个电容的安全性。

20.3.5　插入损耗的试验确定

在设备的入口处未安装 EMI 滤波器时，测量设备的传导发射和传导敏感度，将其结果与要求的标准规定的限值相比较，两者之间相差多少分贝，电源 EMI 滤波器的作用就要补上这个差值，以便满足标准的要求。下面以传导发射为例，说明其找出这个差值的过程。

（1）测量设备在未安装电源 EMI 滤波器时的传导发射，找出其传导发射试验值的最大包络线，如图 20-16 中曲线（1）所示。

（2）与标准要求的传导发射限值[见图 20-16 中曲线（2）]相比较。

（3）计算上述两个步骤的差值，得到需要的插入损耗，如图 20-16 中曲线（3）所示。

（4）考虑到电源 EMI 滤波器是低通滤波器，将曲线（3）转换为低通滤波器插入损耗形式，如曲线（4）。此时的插入损耗为选用 EMI 滤波器所需要的插入损耗。

（5）电源 EMI 滤波器插入损耗的标准测量方法是在 50Ω 的测量系统中进行的，实际的源的输出阻抗和负载阻抗对滤波器生产厂家来说是未知的，为保险起见，从样品上选取滤波器时，插入损耗应加上 20dB，如图 20-16 中曲线（5）所示，这就是要求的插入损耗。

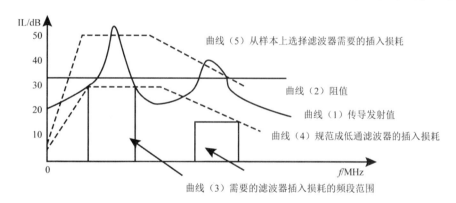

图 20-16　确定 EMI 滤波器插入损耗

20.3.6　环境温度的影响

有些滤波器特别是电源 EMI 滤波器，一般采用高磁导率的软磁材料的铁氧体，相对磁导率 μ_r=7000～10000，但其居里点温度不高，优质的仅为 130°C 左右，磁导率越高，居里点温度越低。

除特殊说明外，EMI 滤波器的额定电流是在室温 25°C 下给出的；同样给出的典型插入损耗或曲线，也是指在室温 25°C 下。

随着环境温度升高，主要因为电感导线的铜损、磁损耗和周围环境温度等，导致滤波器工作时温度高于室温，结果难以确保插入损耗的性能，甚至烧坏滤波器。滤波器的最高工作温度为 85°C。因此，应根据实际可能的最大工作电流和工作环境温度来选择滤波器额定电流。

当滤波器工作温度小于 85°C 时，滤波器工作电流、额定电流与环境温度之间的关系可表示为

$$I_P = I_R \sqrt{\frac{T_{max} - T_a}{T_{max} - T_R}}$$

（20-16）

式中，I_p——容许的最大工作电流，单位为 A；

I_R——25°C 时的额定电流，单位为 A；

T_{max}——容许的最高工作温度，单位为°C；

T_a——环境温度，单位为°C；

T_R——室温，25°C。

由式（20-16）可见，在 T_a 为 25°C 时，$I_p = I_R$；当 T_a 为 45°C 时，$I_p = 0.816 I_R$；当 T_a 为 55°C 时，$I_p = 0.7 I_R$；当 T_a 为 85°C 时，$I_p = 0$。

20.3.7　高频性能

滤波器高频性能十分重要，由于组成滤波器的元器件，如电容，它的引线是有电感的，电感线圈上又存在着寄生电容，尽管这些电容、电感很小，在频率较高时，它们的影响是不能被忽略的。理想电容滤波器的引线长度对插入损耗的影响，如图 20-17 所示。曲线"1"的引线长度为 18cm、曲线"2"的引线长度为 12cm、曲线"3"的引线长度为 8cm 和曲线"4"的引线长度为 0.6cm。在某一频率时，电容滤波器的引线会产生串联谐振。此时，阻抗最小、插入损耗最大。随着电容引线长度的变化，谐振频率将会发生移动；高于谐振频率时，该滤波器会失效。

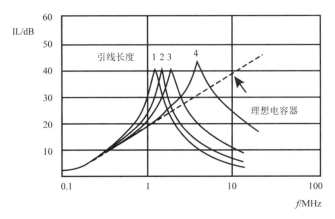

图 20-17　引线长度对插入损耗的影响

另外，由于电源 EMI 滤波器内部的高频器件之间的耦合，在高频时，插入损耗也会减小。即使滤波器的电路结构完全相同，由于元器件的特性不同，元器件的安装方式不同，内部结构不同，其高频性能也会有差别。

因此，要选择高频性能较好的电源 EMI 滤波器用于高频电路，以获得好的滤波性能。

20.3.8　额定电流和电压

在选用电源 EMI 滤波器时，滤波器的额定电流应考虑包括任一瞬态干扰值及其占空因数、连续电流额定值。大多数滤波器的电感磁芯在峰值电流下可能饱和。

20.4　EMI 滤波器安装要求

EMI 滤波器的安装质量将直接影响滤波的效果，安装恰当、方法正确才能对电磁干扰起到预期的滤波作用。通常应考虑以下几点。

（1）EMI 滤波器是安装在干扰源一侧，还是安装在受干扰对象一侧，由干扰的传输途径而定。

（2）EMI 滤波器的输入线和输出线不能交叉，且必须远离，防止输入端与输出端线路耦合。若滤波器输入线和输出线捆扎在一起或相互安装过近，则高频干扰可以通过输入线和输出线之间的寄生电容直接耦合，旁路掉滤波器，可能使滤波器的高频衰减降低；若输入线和输出线必须接近，则都必须采用双绞线或屏蔽线。

（3）为了滤波器安全可靠地工作（散热和滤波效果），除滤波器一定要安装在设备的机架或机壳上外，滤波器的接地点还应和设备机壳的接地点取得一致，就近接地，并尽量缩短滤波器的接地线，且接地线要粗且短。若接地点不在一处，则滤波器的泄漏电流和噪声电流在流经两接地点的途径时，会将噪声引入设备内的其他部分。滤波器的接地线会引入感抗，它能导致滤波器高频衰减特性变坏。所以，金属外壳的滤波器要直接和设备机壳连接。如果外壳喷过漆，那么必须刮去漆皮；若金属外壳的滤波器不能直接接地或使用塑封外壳滤波器时，则它与设备机壳的接地线应尽可能短。

（4）最好将电源 EMI 滤波器安装在电源与设备之间，并且要保证电源线尽量短，且最好使用屏蔽电缆，将屏蔽层进行接地处理；如果不能采用这种方式，那么至少要保证电源 EMI 滤波器与设备机箱壁之间的电源线尽量短。

（5）EMI 滤波器要安装在设备电源线输入端，连线要尽量短；设备内部电源要安装在 EMI 滤波器的输出端。若 EMI 滤波器在设备内的输入线长了，则在高频端输入线就会将引入的传导干扰耦合给其他部分。若设备内部电源安装在 EMI 滤波器的输入端，则由于连线过长，也会产生同样的结果。

（6）EMI 滤波器的安装避免产生二次辐射。

（7）EMI 滤波器应有良好的高频接地，EMI 滤波器的接地点应和设备机壳的接地点取得一致，EMI 滤波器的接地线应尽可能短。

（8）电源 EMI 滤波器应安装在设备或屏蔽体的电源入口处，并对电源 EMI 滤波器加以屏蔽；不应将电源 EMI 滤波器的电源端和负载端的电线捆扎在一起。

（9）应尽量减小滤波器电源和负载公共地阻抗的耦合。

（10）电源 EMI 滤波器最好安装在设备壳体上，而不是 PCB 上，且壳体安装面积足够大。

第21章

电搭接技术

正确的电搭接是保证电子系统和设备实现电磁兼容的重要技术手段之一，本章主要介绍电搭接定义、电搭接目的、电搭接效能、电搭接分类、电搭接应用分类、电搭接要求和试验方法。

21.1　电搭接定义

电搭接是指在两金属物体之间建立一个供电流流动的低阻抗通路。电搭接方法是通过机械或化学方法将金属物体间进行结构固定。

21.2　电搭接目的

在任何的电子系统中，无论是一台设备还是一套设施，都必须在各个金属物体之间进行互相电搭接，建立低阻抗连接，以便减小电击危险、提供雷电保护、建立电子信号参考点等。理想情况下，这些互连以适当方式完成以后，通路的机械和电气性能仅取决于互连的电搭接件，而不取决于互连的电搭接点。此外，各处电搭接点必须在长时期内保持性能稳定，以免电搭接性能逐步退化。电搭接必须按有关的方法和程序进行，以获得足够的机械强度及金属物体之间的低阻抗互连，并保证由此建立的通路不致因腐蚀或机械松动而失效损坏。

一般地，电搭接设计需要实现以下目的。

（1）保护设备和人身安全，防止雷电放电的危害。

（2）建立故障电流的回流通路。

（3）建立信号电流单一而稳定的通路。

（4）降低机柜和壳体上的射频电位。

（5）保护人身安全，防止电源偶然接地时发生电击危害。

（6）防止静电电荷的积聚。

在正确设计和实施的情况下，电搭接可以减小电子系统的故障保护网络、信号参考网络、屏蔽网络和雷电保护网络内各点之间的电位差。但是，不良的电搭接会引起各种危险和干扰。例如，在交流电力线路中的松动连接，不仅可能会在负载上产生不可接受的电压降，而且负载电流流过电阻很大的不良接点时会产生足以损坏电线绝缘层的热量，甚至可能造成电力线路的故障或发生火灾。信号线路中的松动或高阻抗接点会扰乱信号的正常状态，如降低信号幅值或增大噪声电平。雷电保护网络中的不良接点特别危险，一次雷电放电的强大电流可以在一个不良接点上产生几千伏的电压。由此产生的电弧可以造成火灾和爆炸的危害，并对设备产生干扰。接点上所形成的附加电压，还会增加该接点对放电通路邻近物体发生飞弧的可能性。高噪声电平引起系统性能的下降，往往是由于电路回流通路和信号参考网络上不良接点引起的。参考网络对潜在的不相容信号提供了低阻抗通路。参考网络各元器件间的不良连接，会增加电流通路的电阻。电流流过这些电阻所形成的电压可使电路或设备信号参考点的电位出现差异。当这些电路和设备互连时，上述电位差将形成系统内不需要的信号。

电搭接还关系到其他干扰控制措施性能的好坏。例如，各类电连接器壳体与设备机箱的正确电搭接，对保持电缆屏蔽的完整性和维持电缆的低损耗传输特性，都是必不可少的。在电磁屏蔽中，要获得较高的屏蔽效能，就要对接缝和接头进行仔细的电搭接设计。为了获得最佳性能，还必须对抑制干扰的元器件进行良好的电搭接。在高电平射频电磁场中出现的不良电搭接，如在大功率发射机邻近处的不良电搭接，可能会产生更复杂的干扰。当存在两个或两个以上高电平信号发射时，不良接点上会产生交叉调制和其他混频分量。某些金属氧化物本身就是半导体，具有非线性器件的特性。因此，它能使这些信号之间产生混频作用，由此而产生的干扰信号往往可能被耦合至邻近的敏感设备。

21.3　电搭接效能

电搭接的基本要求是在两被接物体间建立一条低电阻通路。这条通路必须在长期使用中保持很低的电阻。在一些特定的电搭接中，要求的电搭接电阻还与流过该通路的电流（实际的或预料的）有关。例如，在仅用于防止静电电荷的场合，$50k\Omega$ 或大于 $50k\Omega$ 的电阻仍是被容许的。但是在涉及雷电放电或强大故障电流的电搭接中，搭接电阻必须非常低。

低阻抗特性是电搭接效能的主要标志。低频电搭接效能主要用直流电阻来衡量，而高频电搭接效能要用阻抗来衡量。搭接电阻为 $1m\Omega$ 属于高质量的接头。实践表明，如果两配接表面真正清洁并能保持适当压力，$1m\Omega$ 搭接电阻是较容易获得的。

若为了降低噪声，则要求采用低于 $50m\Omega$ 的搭接电阻，它比雷电放电或故障电流所要求的搭接电阻要大。在高频时，搭接电流电阻低并不是搭接性能的一个可靠指标。驻波效应和通路谐振，以及导体的固有电感和杂散电容将决定搭接阻抗，因此，在射频搭接中，考虑直流电阻的同时必须考虑这些因素。

21.4　电搭接分类

21.4.1　A 类电搭接

A 类电搭接是指两金属表面使用熔焊或铜焊的方法实现刚性电搭接。

21.4.2　B 类电搭接

B 类电搭接是指设备壳体、基座或机柜和地电位之间的螺接，其安装表面要进行磨光处理。

21.4.3　C 类电搭接

C 类电搭接是指两金属表面使用金属电搭接条进行跨接的连接。

21.5　电搭接应用分类

21.5.1　天线及滤波器电搭接

（1）天线：当天线的有效工作性能取决于其与地网之间的低阻抗时，其安装电搭接应使射频电流从飞机外表面到天线合适的金属部分，有最短的低阻抗通路。天线到基本结构之间的直流通路时，其电搭接电阻应不大于 $300\mu\Omega$。

（2）天线同轴电缆：天线同轴电缆的外导体应电搭接到接地平面，构成周边连续的低阻抗通路。

（3）滤波器：为了保证滤波效果，滤波器的壳体应与基本结构有良好的电接触，其电搭接电阻应不大于 $300\mu\Omega$。

21.5.2　电流回路电搭接

（1）结构部件之间：作为电源回路组成部分的结构部件之间，应有能够传输电源回路电流的低阻抗通路，其电搭接电阻应不大于 $1m\Omega$。

（2）单线制设备和结构之间：单线制电气电子设备与基本结构之间的搭接线，应有足够的流面积传输电源回路电流，可根据相关标准选用，如 HB 5795—82《航空导线载流量》。

（3）镁合金构件：镁合金构件不可作为电流回路的组成部分。

（4）危险区：在易燃易爆的危险区，电气电子设备外壳与基本结构之间不可采用电搭接线进行电搭接，而应通过两者之间良好的金属面接触实现电搭接。

21.5.3　防射频干扰电搭接

（1）发动机：每台发动机应至少有两处电搭接到基本结构上，其电搭接电阻不大于 2.5mΩ。发动机的附件应保持其电气连续性，以防产生射频干扰。

（2）电气电子设备：安装所有产生电磁能或对电磁场敏感的电气电子设备或部件时，均应使设备外壳到基本结构有连续的低阻抗通路，其电搭接电阻应小于 2.5mΩ。对于有安装底板的设备或设备安装底板上有减震器而采用跨接线时，其设备的外壳到基本结构的电阻也应满足上述要求。

（3）天线附近导体：距无屏蔽的发射天线引线 30cm 以内，任一线性尺寸大于 30cm 的导体，均应电搭接到基本结构上，该电搭接最好是导体与基本结构金属本体之间的直接电搭接。如果需要用电搭接线，则电搭接线应尽量短。

（4）电搭接线要求：用于防射频干扰电搭接线，一般不宜采用金属编织线，而应采用金属片。不同设备的两根电搭接线不可固定在同一个点上。

21.5.4　防电击电搭接

（1）金属导线管。用于安装导线、电缆的金属导线管，其各端均用电搭接到基本结构，其电搭接电阻不大于 0.1Ω。

（2）电气电子设备。电气电子设备裸露的金属机架或部件，均应电搭接到基本结构进行接地。其电搭接电阻不大于 0.1Ω。如果设备的接地端或插头座的接地插针已在内部与上述裸露件相连接，那么该裸露件可通过设备地线电搭接到基本结构，不必再采用专门的电搭接线。

21.5.5　静电防护电搭接

（1）外部介质表面：外部介质表面应采取控制静电电荷积聚，使之平稳泄放的防护措施。

（2）油箱及油箱内可能带静电的附件，均应电搭接到基本结构，其电搭接电阻不大于 2mΩ，每个油箱至少应有两处电搭接到基本结构。

（3）气体和液体管路：所有传输气体或液体的管路，均会由于流体摩擦而带静电。相互连接的各段金属导管应彼此电搭接，使整条管路形成连续的低阻电气通路。各条金属管路上，应以不大于 50cm 的间距多点电搭接到基本结构上。金属导管在电气系统正常或故障情况下均不应成为电源电流的主要通路。非金属管路应设计成使流体流动时管外表面任意处产生的静电压均不大于 350V，或者不超过油气混合气的点火电压值。

21.5.6　雷电防护电搭接

雷电电流可能进入飞机及其可能流经的所有地方，均应采取雷电防护措施。例如，航行灯、闪光灯、燃油加油口盖、油量表口盖、加油套管、油箱通气管、天线、雷达天线罩、座舱盖、全静压管、翼尖和尾翼、油箱持架、武器及其挂架、升降舵、方向舵、副翼、襟翼等。防护措施应能防止雷电电流破坏飞行控制，并防止其在飞机内部产生电火花或500V以上电压。

21.6　电搭接要求

21.6.1　一般要求

（1）凡是有可能的部位，都应尽量采用永久性固有的电搭接连接（如焊接、压接等），使电搭接金属本体之间永久接触。

（2）电搭接线的各种连接安装，均应保证其电搭接性能不受设备正常运行及维护时振动、冲击、温度变化及相对位移的影响，其安装位置应便于在地面维护时的检查和更换。

（3）在满足要求的前提下，应尽量选用长度短、截面大的电搭接线，其中以长度短为最重要。电搭接线的数量应尽量少，不可将两根或多根电搭接线串联使用。

（4）电搭接线应不妨碍各活动部件在各种工作状态的正常运行，对于带减震架的设备，电搭接线应不影响其减震性能。

（5）安装金属编织线电搭接线时，其金属丝不应有折断，但在难于施工的部位，允许每20cm长度内有不超过4根金属丝折断。

（6）电搭接零件一般不应采取间接的电搭接方式，而应直接电搭接到基本结构上。

（7）屏蔽套接地线可通过插头座的插针敷设，也可直接连接到基本结构上，如通过插头座外壳到基本结构的电阻不大于$1m\Omega$，可通过插头座外壳接地。

（8）电搭接连接不应穿过非金属材料进行压紧固定。

（9）电气电子设备外壳的电搭接线不可与电源负线固定在同一接地点上。

（10）电搭接线接头与安装面的接触电阻应不大于$100\mu\Omega$。

21.6.2　电搭接条设计要求

（1）电搭接条设计必须考虑电搭接条使用的场所、目的等要求，应具有一定的强度、抗疲劳和耐腐蚀性。

（2）用于防射频干扰电搭接线，一般不宜采用金属编织线，而应采用金属片。

（3）为保证两金属表面之间的紧密接触，要求电搭接的两金属表面要平整、光滑和清洁，确保没有氧化层。确保紧固以提供足够的压力，甚至在冲击、振动等受力情况下也能保持足够的压力。

（4）应使用相同金属进行电搭接，当不得不使用不同金属电搭接时，要尽量选择电化序相近的电搭接材料，以免受电腐蚀。

（5）电搭接条应提供较大的接触面积，以达到低阻抗。电搭接条尽可能短且宽。

21.6.3　电搭接条安装要求

（1）用于射频防护电搭接时，不同设备的两根电搭接条不可固定在同一点上。

（2）电搭接条应安装在便于迅速检查或更换的位置上，安装应保证在振动、膨胀、收缩或相对移动时，将不破坏或松动电搭接条连接，电搭接条的安装不应妨碍机柜和壳体的密封性。

（3）螺接电搭接条的安装应使电搭接条的垫片之间金属面提供最大的实际接触。

（4）螺母、螺柱、垫片等直径应为 8mm 或 10mm。在露天区域，除要求铝螺柱的地方外，安装零件应尽可能采用不锈钢零件。在非露天区域，安装零件可以使用钢零件或铜零件。

21.6.4　电搭接面

安装电搭接条，在安装之前应对接触面进行清洗，直到裸露金属表面的光泽为 n。清洗的范围应大于垫圈面积的 1.5 倍，在清洗区域内和所有连接件都应涂覆导电防腐剂。接触面的处理一般不涉及镀层表面，如果镀层表面影响接地效果时，那么要破坏镀层直至见到金属光泽，同时要采用防锈措施。

21.6.5　电搭接电阻

为控制电磁环境效应，使系统工作性能满足要求，系统电搭接应保证设备内部或设备与其他部分之间连接处具有电连续性。当无特殊要求时，系统应在全寿命周期内满足下列电搭接的直流电阻要求，如表 21-1 所示。

表 21-1　电搭接的直流电阻要求

电搭接对象	最大电搭接电阻	引用依据
设备壳体-系统结构	10mΩ	GJB 1389B—2022《系统电磁兼容性要求》 GJB 1046—90《舰船电搭接、接地、屏蔽、滤波及电缆的电磁兼容性要求和方法》
设备壳体-系统结构	2.5mΩ	GJB 358—1987《军用飞机电搭接技术要求》
电缆屏蔽层-设备壳体	15mΩ	GJB 1389B—2022《系统电磁兼容性要求》
设备内部接触面-设备内部接触面	2.5mΩ	GJB 1389B—2022《系统电磁兼容性要求》
天线-系统结构	300μΩ	GJB 358—1987《军用飞机电搭接技术要求》
滤波器-系统结构	300μΩ	GJB 358—1987《军用飞机电搭接技术要求》
系统结构部件-系统结构部件	1mΩ	GJB 358—1987《军用飞机电搭接技术要求》
油箱-系统结构	2mΩ	GJB 358—1987《军用飞机电搭接技术要求》
气体和液体管路-系统结构	1Ω	GJB 358—1987《军用飞机电搭接技术要求》

21.7 试验方法

21.7.1 试验设备

试验设备为微欧计，设备要求如下。

（1）分辨率优于 $10\mu\Omega$。

（2）对于易燃易爆区域的电阻测量，选用的微欧计应具有防爆功能。

21.7.2 试验步骤

（1）被测装备通电预热，使其达到稳定工作状态，并对仪器进行校准。

（2）根据电搭接和接地安装工艺要求，选择适当的测量点。测量点应尽量靠近零件、组合件或构件的结合处，一般距结合处不应大于 20mm；如果有需要，则对被测装备的测量点周围的保护涂层、污物及氧化层进行清理，使仪器探针与测量点的接触电阻达到最小。

（3）按图 21-1 所示使用微欧计测量电搭接或接地结合处的直流电阻，读取并记录测量值。

（4）如果电搭接表面涂层经测试后有所破损，那么应在规定时间内采用原有涂料或与其等效的涂料重新进行表面涂封。

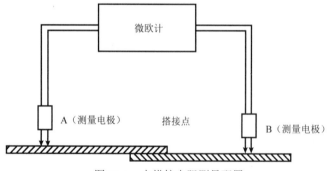

图 21-1　电搭接电阻测量配置

21.7.3 数据提供

测试完成后，必须提供以下测量信息和数据。

（1）被测单元（SUT）信息，包括系统名称、型号等。

（2）试验时间、试验地点、气象信息等。

（3）测试位置、测量值。

21.7.4 结果评定

满足委托方要求或电搭接电阻要求。

第 22 章

结构件屏蔽技术

屏蔽是提高装备电磁兼容的重要措施之一，它能有效地抑制通过空间传播的各种电磁干扰。本章将简单介绍结构件屏蔽设计程序要求、设计指标、设计原则和设计方法，供结构设计人员进行结构件的电磁兼容设计，目的是规范机电协调中电磁兼容方面的内容，指导结构设计人员正确选择方案和进行详细设计。

22.1 结构件屏蔽设计程序要求

对于结构件有屏蔽要求的装备，电路设计人员需要与结构设计人员进行协商并确定结构件屏蔽设计方案，最好与装备的研制协同进行。

对于屏蔽要求较高的结构件，如果不方便进行试验验证，那么可以采用仿真验证，但是仿真的参数需要有一定的试验依据。

当结构件设计系统或组件、模块等的电磁兼容屏蔽要求达不到时，需要进行说明，以便在结构件设计上进行一定的优化和调整。

22.2 结构件屏蔽效能等级

22.2.1 屏蔽效能等级的划分

一般结构件的屏蔽效能分为以下六个等级，各级屏蔽效能指标规定如下。

E 级：30～230MHz 20dB；230～1000MHz 10dB。

D 级：30～230MHz 30dB；230～1000MHz 20dB。

C 级：30～230MHz 40dB；230～1000MHz 30dB。

B 级：30～230MHz 50dB；230～1000MHz 40dB。

A 级：30～230MHz 60dB；230～1000MHz 50dB。

T 级：比 A 级高 10dB 或以上，对低频磁场、1GHz 以上平面波屏蔽效能有特殊需求。

屏蔽效能等级由高至低分别为 T 级→A 级→B 级→C 级→D 级→E 级。一般统称 T 级和 A 级为高等级屏蔽效能，B 级和 C 级为中等级屏蔽效能，D 级和 E 级为低等级屏蔽效能。

一般结构件只需要注明需要达到哪一级即可，但是选用 T 级时需要注明具体的指标要求和其他特殊要求。

22.2.2　屏蔽效能测试标准

所有结构件，无论结构尺寸是否采用 IEC 297 标准，在 30MHz～1000MHz 范围内的屏蔽效能测试一律采用 IEC 61587—3 作为测试标准。

对于屏蔽体内部空间小于 300mm×300mm×300mm 的结构件，由于其净空间太小，不能按照 IEC 61587—3 的标准进行测试，其屏蔽效能只能参照结构形式相同的同系列产品的测试结果。

低频磁场和高于 1GHz 平面波的屏蔽效能测试标准依照 EMC 实验室的测试规定。

22.2.3　屏蔽效能等级的确定

1．选用屏蔽效能等级的要求

一般结构件最高选 B 级屏蔽效能等级，有特殊需求时允许选到 A 级屏蔽效能等级。如果要求选用 T 级屏蔽效能等级，那么应该报总体组评审并批准，这时应该组建专门的 EMC 攻关小组解决问题。T 级屏蔽效能等级一般用于以下场合。

（1）电源设备（一次/二次电源、逆变器等）有特殊需求时，可以专门要求低频磁场性能指标。这时应该考虑采取导磁性能良好的材料，以提高结构件的磁屏蔽性能。

（2）电源设备（一次/二次电源、逆变器等）与磁敏感元器件（如 CRT 显示器）安装在一起，必要时可以提出磁场屏蔽效能要求，实现磁场的隔离，保证磁敏感元器件的正常工作。

（3）当系统 EMC 测试不能通过，且判定是结构件的屏蔽问题时，或者现有产品为了通过 EMC 测试，必须提高结构件的屏蔽效能（这时其他部分往往难以改动），这时允许提出特殊指标要求。

2．屏蔽效能等级确定方法

具体项目设计时，选择结构件屏蔽效能的等级应该根据不同情况区别对待。

（1）对于已有产品为实现电磁兼容而进行优化，可以先对现有系统进行测试，再根据系统辐射发射和辐射敏感度与标准要求之间的差距，得出结构件在各种频率下的屏蔽效能要求，并加 6～10dB 的安全裕量，从而确定出结构件的屏蔽效能等级。

（2）对于新研装备，应该在产品规范中明确系统的 EMC 指标要求，并在硬件总体设计方案中明确结构件的屏蔽方案、屏蔽效能等级要求和接地方式等 EMC 要求。

（3）对于新研装备，如果无法分解结构件的屏蔽效能指标或存在争议，从经济性角度出发，则可以先按照以下原则选择。

① 工作频率不超过 100MHz 的产品一般选用 D 级或 E 级。

② 无线产品或工作频率超过 100MHz 的产品可以选用 B 级或 C 级。

③ 只有在要求特别高时才选用 A 级。

④ 慎重选用 T 级，实现存在较大的技术困难，而且结构件的成本十分高。

3. 屏蔽效能指标的默认意义

结构件屏蔽效能的指标如果不进行特殊说明，那么其默认的意义：按照 IEC 61587—3 作为测试标准，在 30MHz～1000MHz 范围内的最低屏蔽效能值。

22.3　屏蔽设计的基本原则

（1）屏蔽体结构简洁，尽可能减少不必要的孔洞，尽可能不增加额外的缝隙。

（2）避免开细长孔，通风孔尽量采用圆孔并阵列排放。屏蔽和散热有矛盾时尽可能开小孔，多开孔，避免开大孔。

（3）重视电缆的处理措施，电缆的处理往往比屏蔽本身还重要。

（4）屏蔽体的电连续性是影响结构件屏蔽效能最主要的因素，相对而言，材料本身的屏蔽效能的影响是微不足道的。

（5）要有强烈的效费比意识，注意高屏蔽效能等级是以高成本为代价的。

22.4　屏蔽方案分类

一般地，屏蔽方案按照屏蔽级别的不同可以分为模块级、组件级和整机级。

22.4.1　模块级屏蔽

模块级屏蔽是指将一些辐射大或抗干扰能力差的单板或模块，单独安装在屏蔽盒中。模块级屏蔽不但容易实现，成本低，而且可以减弱单板或模块之间的相互干扰，实现系统内部模块之间的电磁兼容。

模块级屏蔽是一种综合性能比较理想的解决方案，推荐在大多数产品中应用，如 GPS 模块、Wi-Fi 模块、电源模块等，典型的模块级屏蔽如图 22-1 所示。

图 22-1　典型的模块级屏蔽

22.4.2 组件级屏蔽

组件级屏蔽与模块级屏蔽类似,只是组件级屏蔽的屏蔽对象是组件级。插箱/子架级屏蔽最大的优点是可以在出线的接插件上面采取措施屏蔽,这时,连接的电缆可以根据情况灵活选择屏蔽措施。组件级屏蔽也是一种比较理想的屏蔽方式,典型的组件级屏蔽如图 22-2 所示。

 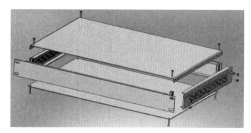

图 22-2　典型的组件级屏蔽

22.4.3 整机级屏蔽

整机级屏蔽是指在装备上面直接采取措施实现屏蔽。由于产品中不可避免地存在各种缝隙和孔洞结构,甚至是塑料结构的外壳等,产品的屏蔽效能一般不可能太高。另外,许多系统中线束多,往往造成整体级屏蔽效果差的主要原因正是电缆。整体级屏蔽方案中需要特别注意电缆的屏蔽和接地措施,一般可以采取屏蔽电缆或转接等方式。

22.5　屏蔽方案选择原则

屏蔽方案应该考虑成本、技术难度,以及操作性等其他方面的综合因素,一般应该参照以下原则。

(1)最好采取综合的方案,即根据实际情况,综合选用不同级别的屏蔽方案,达到综合性能最优的目的。

(2)对于进出电缆十分多的系统,最好采用模块级屏蔽或组件级屏蔽。

(3)对于要求特别高的产品,可以采用多级屏蔽的方式,即模块级屏蔽加组件级屏蔽,采用该方式,每级屏蔽性能要求都不高,技术上比较容易实现,同时综合屏蔽效果十分好,而且成本也不高。

22.6　缝隙的屏蔽

两个零件结合在一起时,结合面的缝隙是影响结构件屏蔽效能的主要因素。如果不安装屏蔽材料,那么结构方面影响缝隙屏蔽效能的因素主要有缝隙的最大尺寸、缝隙的深度等。如果在缝隙中安装屏蔽材料，那么缝隙的屏蔽效能还与屏蔽材料自身的特性有关。

在实际设计中缝隙的最大尺寸与以下因素有关：紧固点的距离、零件的刚性、缝隙的深度、结合面表面的精度、屏蔽材料的特性等。

22.6.1　紧固点的距离

紧固点的紧固方式包含采取螺钉连接、铆接、点焊等使两个零件的结合面结合在一起之类的措施。实际设计中，由于其他因素往往会受到限制，紧固点的距离一般就直接决定了缝隙的最大尺寸，是影响缝隙屏蔽效能的最主要因素。由于目前尚无实用的计算方法计算缝隙的屏蔽效能，紧固点的距离只能从经济性和可操作性的角度考虑，按照以下经验数据取值。

（1）中、低等级（C 级以下）屏蔽效能，取 50～100mm。

（2）高等级（C 级以上）屏蔽效能，取 20～50mm。

具体取值还需要考虑缝隙的深度和结合面零件的刚性等因素。例如，当折弯次数多或采用型材时，由于零件的刚性好，可以取大值；如果仅仅是单层钢板（或铝板）直接压紧，那么由于刚性差，应该取小值。

如果紧固点太多导致存在装配工艺性差等困难，那么建议在缝隙中安装屏蔽材料，从而减少螺钉的数量。

22.6.2　零件的刚性

当紧固点的距离不变时，结合面零件的刚性好，则缝隙的最大尺寸更小，因此提高零件的刚性可以提高缝隙的屏蔽效能。增加零件刚性的常用措施有采用型材、增加板材厚度、增加折弯次数等。

22.6.3　缝隙的深度

增加结合面缝隙的深度可以大大提高缝隙的屏蔽效能，其作用要明显大于减小紧固点的距离的作用。

一般推荐缝隙的深度是板厚的 10～15 倍。因为实际设计中往往会受到其他因素的限制，该指标仅为参考数值，设计人员在设计过程中应尽量增加结合面缝隙的深度。

另外，对于同样的紧固点数量，双排紧固点（相互错位）的屏蔽效能会比单排紧固点的屏蔽效能要好得多，因此在设计中，可以考虑采取双排紧固点的方式。

22.6.4　结合面表面的精度

结合面表面的精度（粗糙度、平面度等）对缝隙的屏蔽效能也有影响。但是由于涉及工艺水平和加工设备的精度等难以改变的因素，因此实际设计中一般不对零件的表面精度提出特殊要求。

22.6.5　屏蔽材料的特性

当缝隙的屏蔽效能要求较高，或者实际结构中不允许有太多紧固点时（如门的缝隙），应该在缝隙中安装屏蔽材料。这时，缝隙的屏蔽效能主要与屏蔽材料的屏蔽性能、屏蔽材料的安装形式和屏蔽材料的压缩程度有关。

（1）屏蔽材料本身的屏蔽性能直接决定了缝隙的屏蔽效能，因此一般尽可能选用屏蔽性能好的材料。

（2）屏蔽材料的安装形式对缝隙的屏蔽效能有很大的影响。图 22-3 所示的 3 种安装形式对屏蔽效能的影响是十分明显的。方案 1 所示的安装形式缝隙的屏蔽主要依靠屏蔽材料的屏蔽效能；方案 2 的屏蔽除了屏蔽材料，紧固的缝隙提供了另一条屏蔽的途径，其屏蔽效果要比方案 1 的屏蔽效果好得多；至于方案 3，由于比方案 2 又多了一层屏蔽，屏蔽效果自然比方案 2 的屏蔽效果好。安装屏蔽材料时尽可能采用方案 2 和方案 3 的形式。由于多层屏蔽的效果实际上并不是单层的累加，方案 2 和方案 3 的屏蔽效果差别并不显著，设计时可按照实际情况选择其中一种安装形式。

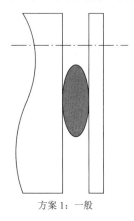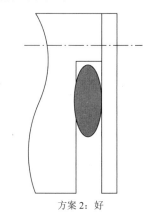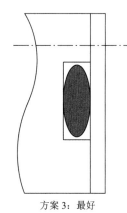

方案 1：一般　　　　　　　　　方案 2：好　　　　　　　　　方案 3：最好

图 22-3　屏蔽材料的安装形式

（3）缝隙的屏蔽效能与屏蔽材料的压缩程度有直接关系，设计时必须合理选择紧固点的数量，并尽量提高零件的刚性，保证屏蔽材料的压缩量在允许的范围之内。需要特别注意的是，没有紧固点的地方可能会因刚性、加工误差等因素导致屏蔽材料实际上没有压紧。另外，安装屏蔽材料也需要注意不可过度压缩。过度压缩可能导致屏蔽材料失去弹性，产生其他影响。

22.7　孔洞屏蔽

22.7.1　孔洞屏蔽效能影响因素

结构方面影响孔洞屏蔽效能的因素主要有孔的最大尺寸、孔的深度、孔间距和孔的数量，其中影响最大的是孔的最大尺寸和孔的深度。需要注意的是，屏蔽效能只与孔的最大尺寸有关，而与孔的面积并没有直接关系，因此在设计中首先尽量开圆孔，其次考虑开方孔，尽量避免开长腰孔。

22.7.2　通风孔的屏蔽

通风孔的屏蔽主要需要均衡通风与散热之间的矛盾。考虑屏蔽需求时，通风板的常用类型有穿孔金属板和波导通风板。

1. 穿孔金属板

穿孔金属板即在金属板上面开阵列通风孔。穿孔金属板的屏蔽效能已经有实用的计算方法，且计算的结论与实测误差较小，可以直接指导设计。

孔的最大尺寸和孔的深度是影响其屏蔽效能的主要因素，相对而言，孔的数量和孔间距影响较小，因此当通风板的屏蔽效能与散热相矛盾时，可以增加孔深，减小孔直径，同时用增加孔的密度和数量的方法来避免矛盾，尽量找到屏蔽和散热之间的平衡点。

一般情况下，穿孔金属板的屏蔽效能不超过 30～40dB，适合要求不是特别高的屏蔽需求。穿孔金属板结构简单，价格低廉，大多数结构件均应该选用这种通风形式。只有 B 级以上屏蔽效能需求时才选用波导通风板。典型的穿孔金属板屏蔽如图 22-4 所示。

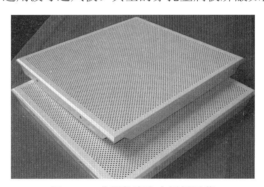

图 22-4　典型的穿孔金属板屏蔽

2. 波导通风板

波导通风板是利用截止波导的原理制成的通风板，也称为蜂窝通风板。常用的波导通风板的厚度有不同规格，厚度尺寸越大，屏蔽效能越高。

波导通风板的材料有铝合金和钢两种。铝合金波导通风板一般是黏接制成的，因此需要导电处理（导电氧化、镀锡、镀镍等）后才能被使用；而钢波导通风板是采用钎焊方式制成的，使用时只要进行防腐处理即可。

波导通风板的价格昂贵，特别是钢波导通风板的价格更高，结构件中应优先选用铝合金波导通风板。由于铝合金波导通风板对低频磁场几乎是透明的，因此当对低频磁场有要求时，应该选用钢波导通风板。铝合金波导通风板的屏蔽效能一般可以达到 60～70dB，而钢波导通风板的屏蔽效能可以达到 90～100dB。使用波导通风板时需要特别注意处理与其框架之间的缝隙，一般装配以后可以采用焊接等方式将缝隙堵住。典型的波导通风板屏蔽如图 22-5 所示。

图 22-5 典型的波导通风板屏蔽

22.7.3 其他孔洞的屏蔽

指示灯、操作按钮、观察孔等需求会导致结构件上开各种孔洞。当屏蔽要求较高时，对于这些孔洞的屏蔽设计，可考虑以下措施。

（1）将这些指示灯、操作按钮、观察孔等设置在屏蔽体之外。

（2）选用屏蔽的元器件，如带屏蔽的指示灯、按钮和屏蔽玻璃等，这时需要注意安装缝隙的屏蔽效果。

（3）采用加屏蔽罩的方法将这些孔洞屏蔽起来。

（4）对于小的孔洞，如果其屏蔽效能足够，只要孔洞中不引出电缆，则可以不处理。

22.8 线缆屏蔽

22.8.1 线缆屏蔽措施

严格地说，线缆屏蔽超出了结构件电磁兼容的范围。但是线缆的处理对结构件的屏蔽有至关重要的关系，往往比结构件的屏蔽还重要，因此本节对线缆的屏蔽提出基本要求，设计人员在机电协调和详细设计时必须足够重视线缆的屏蔽措施。

线缆进出屏蔽体主要有以下几种形式。

1. 通过屏蔽插头转接

一般情况下需要使用屏蔽线缆，这时的屏蔽效果主要取决于插头的屏蔽效果。另外，对于组件级的屏蔽方式，线缆直接从组件上接出，其屏蔽效果主要取决于连接座上屏蔽措施的效果。采用转接的方式（通常是同轴或排线）可以获取十分高的屏蔽效能，是一种理想的屏蔽方式，但是在线缆较多的时候成本比较高。对于高速信号，要十分注意线缆连接器的设计和选择。

通过 EMI 滤波器连接即电源线通过电源滤波器连接，信号线采用信号线滤波器如滤波连接器、馈通滤波器等转接。这种方式既可以滤波，又可以实现屏蔽。这种出线方式中滤波器的安装（滤波连接器类似）至关重要。

2. 直接出机柜

线缆直接出机柜时可分为屏蔽线缆和非屏蔽线缆两种情况。

对于屏蔽线缆（见图 22-6 左），要求线缆在出屏蔽体时屏蔽层必须与屏蔽体 360°接触，保证阻抗足够小。典型的屏蔽线缆和没有 360°环接的猪尾巴现象如图 22-6 所示。

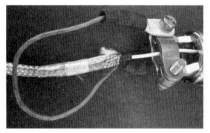

图 22-6　典型的屏蔽线缆（左图）和没有 360°环接的猪尾巴现象（右图）

对于非屏蔽线缆，可以采取套金属编织网、缠金属丝网等方式将线缆出屏蔽体的部分长度变成屏蔽线缆的形式，并按屏蔽线缆的要求将丝网与屏蔽体可靠接触。

不允许直接将线缆从屏蔽体穿出，需要将屏蔽层可靠接地。

22.8.2　滤波器的安装

一般电源需要经过滤波器后进入系统。滤波器的安装和连线必须满足以下要求。

（1）交流滤波器应该安装在屏蔽体上面，安装面上缝隙的屏蔽效能足够；滤波器安装在屏蔽体上时，进出线必须在屏蔽体的两侧，即从屏蔽体外连接输入线到滤波器上面，从屏蔽体内引出输出线。

（2）直流滤波器也安装在屏蔽体上面，要求不高时允许安装在屏蔽体内部，这时电源线将会直接从屏蔽体穿出。

（3）滤波器的外壳必须与屏蔽地（保护地）可靠连接。

（4）滤波器的输入线/输出线不可相互缠绕。

22.9　屏蔽材料

22.9.1　屏蔽材料的分类

1. 簧片

用片状金属制成的指形、C 形或锯齿形等形状的屏蔽材料，一般为条状。基材一般为铍铜，也有铝、镍、不锈钢和黄铜等材料，包括一般俗称为指形簧片或梳形簧片的材料，以及带戳孔或锯齿边的金属片。典型的簧片如图 22-7 所示。

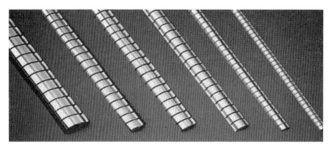

图 22-7　典型的簧片

2．螺旋管

用带状金属卷曲成管状弹簧的屏蔽材料。基材一般为铍铜和不锈钢，其他材料需要定制，包括普通螺旋管、带内芯的螺旋管、组合螺旋管、带环境密封的螺旋管等类型。典型的螺旋管如图 22-8 所示。

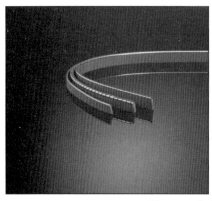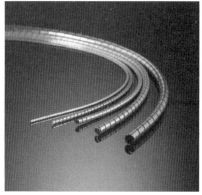

图 22-8　典型的螺旋管

3．导电橡胶

在橡胶基体中添加金属颗粒、粉末或定向埋置金属丝的屏蔽材料。基材和填充材料的类型十分多，包括普通导电橡胶、定向埋置金属丝、灌装金属网、导电橡胶与环境密封组合条等。典型的导电橡胶如图 22-9 所示。

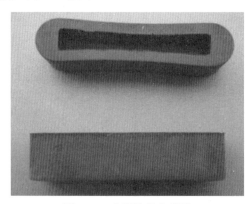

图 22-9　典型的导电橡胶

4．金属丝网

利用细金属丝相互缠绕成条状的屏蔽材料，其中有的有海绵内芯。金属丝多数为镍基合金，也有其他类型的金属丝，包括普通金属丝网条、带内芯的金属丝网和金属丝网缠带。典型的金属丝网如图 22-10 所示。

图 22-10　典型的金属丝网

5．导电布

以海绵为内芯，外面包裹填充有金属颗粒或粉末的纤维编制层的屏蔽材料。内芯一般为聚氨酯类发泡材料，填充颗粒主要为银粉，或者银、镍、碳等混合物。典型的导电布如图 22-11 所示。

图 22-11　典型的导电布

6．波导通风板

蜂窝状通风板利用截止波导原理实现屏蔽。其厚度有 6.3mm、12.7 mm、25.4 mm 等规格，常见的蜂窝孔外接圆直径为 3.18mm。其材料有铝合金、钢等。典型的波导通风板如图 22-12 所示。

图 22-12　典型的波导通风板

7. 导电胶

在硅橡胶、环氧树脂等材料中填充银粉等导电材料的胶，包括导电胶和导电填料。典型的导电胶如图 22-13 所示。

图 22-13　典型的导电胶

8. 屏蔽胶带

屏蔽胶带（一般为导电背胶，即仅一面导电）的金属箔，有铜、银、铝等类型。典型的屏蔽胶带铜箔如图 22-14 所示。

图 22-14　典型的屏蔽胶带铜箔

9. 屏蔽玻璃

在玻璃中间夹一层丝网或镀金属层实现屏蔽的玻璃。典型的屏蔽玻璃如图 22-15 所示。

图 22-15　典型的屏蔽玻璃

22.9.2　屏蔽材料选用原则

（1）必须是优选屏蔽材料。

（2）尽量选用其他产品中已经大批量使用的材料。

（3）同类材料中尽量选用压缩量大的材料，这样允许零件有较大变形，降低加工精度。

（4）注意屏蔽材料对环境的适应性，一般纯金属屏蔽材料对环境适应性比较好，而以橡胶、海绵为内芯的屏蔽材料对环境要求高，主要用于机房环境。

（5）注意屏蔽材料的寿命和维护周期，要求屏蔽材料在 5～10 年内仍能够保持良好的屏蔽性能。

（6）注意屏蔽材料与基材之间的相容性，防止发生电化学腐蚀。

（7）屏蔽材料的安装形式优先选用卡装、开安装槽等直接接触的形式，其次才考虑采用 PSA 胶带黏接。

（8）金属屏蔽材料尽量选用不锈钢类，避免选用铍铜类。这是因为不锈钢类的屏蔽材料价格更低，其屏蔽效能也完全能满足需求。更重要的是，铍铜材料是一种放射性材料，而且不能回收使用，不符合环保要求，以后应该逐步被淘汰。

第 23 章

EWIS 屏蔽效能参数表征及量化测试技术

随着电子信息技术的快速发展,航空航天装备、高技术船舶及新能源汽车等国产装备正在向着多电化、全电化的方向发展,装备中电气线路互联系统(Electrical Wiring Interconnection System,EWIS)的复杂程度越来越高,涉及专业范围也越来越广,装备的电磁防护问题日显突出,在恶劣的电磁环境中,电磁干扰轻则影响机载、车载等电子信息系统的性能,重则可能造成飞机、汽车等装备发生重大安全事故。

大量的理论及工程实践表明,随着飞机连续安全飞行和着陆所必需的操作功能对电气电子系统的依赖程度增加,新能源汽车对高能量的电储能设备和相配套的电气电子系统不可或缺,EWIS 成了复杂电子信息系统中电磁防护最为薄弱的环节之一。系统互联设计不合理往往是造成系统电磁兼容不合格的主要原因。据统计,在一架大型运输飞机上各种线缆总重达数吨,飞机上发生的各类型电磁干扰中有 60%是通过线缆间电磁耦合产生的。另外,随着 EWIS 电气线路退化、腐蚀、安装和修理不当,线束受金属屑、灰尘和液体污染等现象也会影响 EWIS 的电磁防护性能,间接增加了飞机在电磁兼容方面的安全隐患。

美国国立航空研究中心在 2004 年即公开发布了 *Aircraft Wiring Harness Shield Degradation Study* 技术报告,详细描述了各种应用环境对飞机线束电磁屏蔽效能退化的影响,我国相关的需求在 2019 年 "CR929 飞机 EWIS 电磁屏蔽效能试验研究招标项目" 文件中才体现出来,技术落后国外约 15 年。目前,国内在飞机 EWIS 设计过程中缺乏可供参考的屏蔽效能参数量化,在 EWIS 屏蔽效能测试原理、测试方法、测试手段等相关技术的研究尚处于起步阶段,标准中规定的主流测试方法在实际应用过程中,也存在很大的技术挑战和争议,是急需解决的工程问题。此外,实际应用中还需要考虑各类环境因素对 EWIS 部件造成损害后电磁防护性能的退化情况,防止因任何 EWIS 故障造成飞机系统危险和灾难性情况发生,而目前该方面研究在国内也刚起步。

23.1 EWIS 国内外研究现状

23.1.1 EWIS 电磁防护技术理论研究现状

20 世纪 40 年代,经常有飞机因其通信系统遭受电磁干扰而导致飞行事故发生,为解决这一问题，欧美国家开始较为系统地进行 EMC 技术的研究。线缆电磁干扰的耦合和传输主要有公共阻抗耦合、电感性耦合和电容性耦合等基本形态，在实际工业互联系统中，电磁干扰的耦合和传输是多种基本耦合形态的组合，表现为综合性的典型耦合模式。互联系统的电磁耦合实质上是电容性耦合和电感性耦合的组合。

国外从 20 世纪中期开始就对线缆电磁干扰耦合做过大量的研究。早期传输线理论研究工作主要为解决在无入射场激励下的高压线路 MTL（多导体传输线）方程的频域解，20 世纪 70、80 年代人们开始关注由于核爆或其他强电磁脉冲对传输线的影响，出现有入射场（均匀平面波）的 MTL 方程的解法研究。20 世纪 80 年代后，随着数字技术的大量应用，处理器的频率不断升高，传输线损耗的问题开始变得显著，开始考虑有损耗传输线方程的解法，计算机技术飞速发展为电磁兼容的计算机建模分析和数值解法带来了发展空间，大量计算程序也得到了广泛应用。影响较大、应用较广的程序有 SEMCAP 程序、IPP-1 程序及 IAP 程序等。进入 21 世纪后，由于系统更加复杂，更小的空间需要布置更多的设备和更宽的频谱，因此，不能被忽略的传输线损耗导致的有损耗传输线问题研究和高密度集成数字电子技术的发展带来的如何模拟大量互联线路的迅速增加问题将成为未来面对的两个重要问题。

目前，通常用于分析线缆电磁干扰耦合的方法有两种：一种是低频电路理论分析方法，即电感性-电容性耦合模型，在串扰耦合机理的基础上建立相应的等效电路模型，物理概念清晰、分析方便简单，可与电路的分布参数建立解析关系。因此，若要寻找各种因素与串扰的定量关系，电感性-电容性耦合模型的方法比较合适；另一种是高频多导体传输线理论分析方法，精确分析传输线上各点电压和电流，属于数值方法。电路理论分析方法，其特点是计算简单、方法直观、容易理解，但是得出的分析结果多数只适用于低频情况；传输线理论方法，其特点是计算复杂，方法不是很直观，不易寻找串扰与各影响因素的定量关系，但是所得出的分析结果在高频时准确性较好，分析结果精确，适用于某一特定串扰问题的求解。

23.1.2　EWIS 电磁防护技术标准研究现状

根据定义，EWIS 是指安装在飞机任何区域的各种电线、布线器件或它们的组合，用来在两个或多个预制端接点之间传输电能，包括数据和信号。这些元器件包括导线、连接器、接线端子、模块、死接头、密封塞等。

自从飞机上引入了无线电/电气电子系统以来，FAA 规章中就包含了 EMC 要求。电气设备、控制器和连接线的安装必须满足 EMC 要求，从而使任何一个单元或单元组成的系统运行，不会对同时运行并关系到飞行安全的其他电气单元或系统产生不利影响。线缆必须进行分组、排线和定位，在大电流线缆出现故障时，对基本电路的损害降到最低。在验证无线电和电子设备及其安装是否符合飞机电气电子系统安全要求时，必须考虑极端环境条件。无线电和电子设备、控制器，以及连接线的安装必须满足 EMC 要求，从而保证任何部件或部件组成的系统运行，不会对同时运行的飞机功能所需的任何其他无线电、电子单元或单元组成的系统造成不利影响。

一直以来，EWIS 的设计并没有引起足够的重视。在 2007 年以前还没有与 EWIS 相关的机载设备的适航技术标准规定（TSO），甚至在美国联邦航空条例的 25 部（FAR25）中没有明确的适航标准，其设计和施工仅仅参考一般工业标准中与其相关的标准。随着因 EWIS 故障引起的一系列重大的民航客机事故的发生，为了避免这些因电气和线束设计问题而造成的空难事故，在 2007 年年底，美国联邦航空局（FAA）对 FAR25 做出了重大的修正，即在原有的七大分部的基础上新增加了一个分部——第 H 分部（电气线路互联系统），一般简称为 EWIS。更为详细的局方政策性指导文件（如咨询通告等）和业界的设计规范均还在制定完善中。

目前，民用飞机机载设备的适航性主要参照的规章和技术标准有 FAR25 和相关 TSO，TSO 主要引用美国机动车工程协会（SAE）、美国航空无线电技术委员会（RTCA）和少数 FAA 自己制定的相关标准。现在 FAA 对 143 项机载设备颁发了 TSO，分为 20 大类。我国的民用飞机机载设备适航技术要求是 CTSO，即中国的机载设备技术标准规定。我国现在单独颁发的 CTSO 不是很多，进行机载设备适航合格审定时可以直接使用美国的 TSO。

23.1.3　EWIS 屏蔽效能试验技术研究现状

国外学者最先对线缆和连接器的屏蔽效能进行了研究，谢昆诺夫（Sergei Alexander Schelkunoff）早在 20 世纪 30 年代发表的论文中首次根据电磁场理论推导出了管状屏蔽线缆转移阻抗的计算公式。1994 年，Pascal De Langhe 等人开发了一种新的三轴测试夹具，用于测量板对板或背板连接器屏蔽层的转移阻抗。作为参考，首先在常用的同轴线缆上进行转移阻抗测量，其中发现了与文献结果良好的一致性。经过多年发展，2017 年 C. Smartt 和 M.J. Basford 等人介绍了用于 Spice 仿真的复杂多芯线缆束模型的开发和应用，开发的线缆模型包括频率相关参数、传输阻抗耦合和入射平面波激励。韩国产业技术试验院的 Hyung-uk Kim 介绍了国际标准 IEC 62153-4-3 关于屏蔽线缆转移阻抗的测量方法，并根据标准分析了传输阻抗的测量结果。Zine Eddine Mohamed Ch´erif 等人提出了一种方法，用于确定电小尺寸的屏蔽线缆的转移阻抗，最高可达 100MHz～150MHz（取决于线缆长度），提出了两种不同的试验设置，称为"标量"和"矢量"设置，相对于其他试验技术和理论公式，所呈现的结果展示了两种设置相对于现有试验方法的优点和缺点。

相比于国外，我国在线缆和连接器屏蔽效能测试方法方面的研究较少，成果不显著，大部分标准和规范参考国外，市面上测试装置的货架产品也主要来自国外（如德国罗森博格），测试过程中大量技术细节尚未明确，相关导线/线束电磁屏蔽效能基础测试数据更是匮乏，造成我国高端装备在 EWIS 的电磁防护设计中缺乏基础性指导。

23.2　EWIS 干扰模型

假设电磁场在屏蔽线缆上入射，外部场和内部场之间只有弱耦合，与线缆长度和入射场的波长相比，线缆直径非常小。外部入射场和线缆散射场的叠加产生了图 23-1 中的总电磁场（E_t，H_t）。屏蔽层表面的总电磁场可能被认为是耦合的来源：电场通过电耦合或容性耦合穿透孔径；磁场也通过感性耦合或磁耦合穿透孔径。此外，屏蔽层上的感应电流会导致导电或电阻耦合。

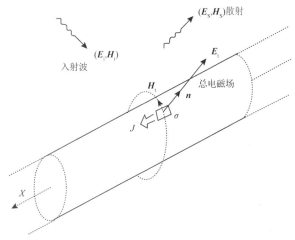

图 23-1　屏蔽线缆干扰模型

由于屏蔽层表面的场与表面电流和表面电荷的密度直接相关，耦合可能会分配给总电磁场（E_t，H_t）或表面电流（J）和电荷密度（σ）。因此，可以通过任何适当的方法再现屏蔽层上的表面电流和电荷，来模拟线缆的耦合。由于假设线缆直径很小，高阶模可能被忽略，并且可以使用额外的同轴导体作为注入结构，如图 23-2 所示。通过任何合适的手段复制模拟表面电流和电荷。

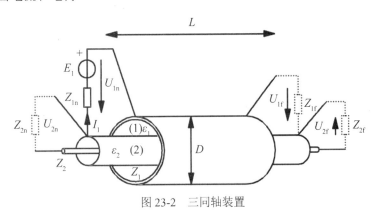

图 23-2　三同轴装置

图 23-2 中，（1）、（2）分别为内、外电路：（1）是外电路（管）；（2）是内电路（线缆）；

Z_1、Z_2 分别为内、外电路的特征阻抗；

ε_1、ε_2 分别为内、外电路介电常数；

L 为耦合长度；D 为注入圆柱体管直径；

I_1、I_2 分别为内、外电路中的电流；

U_{1n}、U_{2n} 分别为内、外电路近端电压；

U_{1f}、U_{2f} 分别为内、外电路远端电压。

图 23-2 显示了三同轴装置的概念。外电路（1）由圆柱体管和待测屏蔽层组成，其特征阻抗为 Z_1。内电路（2）由待测屏蔽层和中心导体组成，其特征阻抗为 Z_2。需要注意的是，圆柱体管的直径 D 应比耦合长度 L 小得多。

23.2.1 短线固有屏蔽特性

无穷小长度线缆的固有参数，如电感，单位长度传输线电容。假设电气短线缆，$L \ll \lambda$ 将始终在低频下应用，定义了固有屏蔽参数——表面转移阻抗，其等效电路如图 23-3 所示。

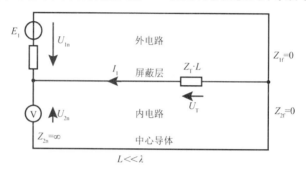

图 23-3　表面转移阻抗测试等效电路

表面转移阻抗 Z_T（Ω / m）定义如下：

$$Z_T = \frac{U_{2n}}{I_1 \times L} \tag{23-1}$$

式中，U_{2n} 为内电路近端电压；I_1 为外电路中电流；L 为耦合长度。

Z_T 对频率的依赖性并不简单，通常通过对数频率绘制对数 Z_T 来显示。请注意，Z_T 的相位可能是任何值，具体取决于编织结构和频率范围。

23.2.2 长线固有屏蔽特性

屏蔽衰减（a_s）定义为外电路中最大功率与内电路中传播功率的对数比。

$$a_s = -10 \lg\left(\mathrm{Env} \left| \frac{P_{r.max}}{P_1} \right| \right) \tag{23-2}$$

耦合到外电路的功率取决于内电路特征阻抗 Z_2，尽管峰值电压与 Z_2 无关。因此，必须定义外电路特征阻抗的归一化值 Z_S。常见的 Z_S 为 150Ω。与吸收钳法结果相当的屏蔽衰减应以任意确定的归一化值 $Z_S = 150\Omega$ 计算。Z_S 是非典型线缆安装环境特征阻抗的归一化值，它与测试设置的外电路阻抗无关。

$$a_s = 10 \lg\left| \frac{P_1}{P_{r,max}} \right| = 10 \lg\left| \frac{P_1}{P_{r,max}} \times \frac{2 \times Z_S}{R} \right| \tag{23-3}$$

$$a_s = \mathrm{Env}\left\{ -20 \lg|S_{21}| + 10 \lg|1 - r^2| + 10 \lg\left| \frac{300\Omega}{Z_1} \right| \right\} - a_{att} \tag{23-4}$$

式中，$r = S_{11} = (Z_1 - Z_0)/(Z_1 + Z_0)$；$r$ 是源阻抗与待测线缆的标称特征阻抗之间的反射系数；

在屏蔽衰减测试过程中，若使用了衰减器或阻抗匹配适配器，则 a_{att} 是衰减器或阻抗匹配适配器的衰减；如果没有其他考虑，如在矢量网络分析仪的校准过程中，则 Env 是以 dB 为单位的测量值的最小包络曲线；S_{21} 是设置的散射参数，其中两个端口的主侧是 DUT，次端是管子；Z_1 为被测线缆的标称特征阻抗；Z_0 为信号源输出阻抗，如矢量网络分析仪系统阻抗。

在低于电长尺寸极限的频率下，测量将与表面转移阻抗的测量相似。

23.3　EWIS 屏蔽效能表征参数及相互关系

根据电磁波传输线理论，对于特定长度的屏蔽线缆在不同频率使用时，若线缆物理长度远小于波长，则可认为该线缆为电小尺寸，此时测得的屏蔽效能为表面转移阻抗。利用三同轴法测量线缆的表面转移阻抗，即要求线缆样件长度至少要小于规定频率下的 1/6 波长。

若线缆长度大于对应电磁波波长，则可认为该屏蔽线缆为电大尺寸，测得的屏蔽效能为屏蔽/耦合衰减。对不平衡的（同轴）线缆来说测量结果表征为屏蔽衰减，对平衡的（对称）线缆来说，应考虑以下两种情况。

（1）差模骚扰功率，测量结果表征为耦合衰减，是不平衡衰减和屏蔽衰减相结合的结果。

（2）共模骚扰功率，测量结果表征为屏蔽衰减。

总之，表面转移阻抗仅适用于电小、低频测量。屏蔽/耦合衰减仅适用于电大、高频测量。

23.3.1　表面转移阻抗

当外界信号能量激励在屏蔽线缆屏蔽层上形成电流 I_1 时，在屏蔽层与内导体之间形成感应电压 U_2，该感应电压与屏蔽层上形成的电流之间的比值即表面转移阻抗，如图 23-4 所示，数学表达式为

$$Z_T = \frac{1}{I_S} \cdot \frac{dV}{dz} = \frac{U_2}{I_1 \cdot L_C} \tag{23-5}$$

式中，Z_T 为表面转移阻抗；dV/dz 为线缆屏蔽层上流过的电流在芯线中心导体单位长度上的感应电压；L_C 为线缆的耦合长度。表面转移阻抗越小，表明在屏蔽线缆芯线中心导体上感应的电压越小，即线缆的屏蔽效能越好。

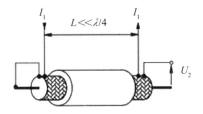

图 23-4　表面转移阻抗

23.3.2　屏蔽衰减

线缆内部信号功率和最大辐射功率之比，或者输入到屏蔽层所在外部回路的信号功率 P_{in} 与线缆内导体中接收到的峰值功率 P_{max} 之比，即屏蔽衰减，如图 23-5 所示，其数学表达式为

$$a_{s} = 10\lg\left|\frac{P_{in}}{P_{max}}\right| \tag{23-6}$$

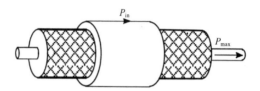

图 23-5　屏蔽衰减

23.3.3　耦合衰减

耦合衰减是针对平衡（对称）线缆，在只考虑差模骚扰功率时测得的参数，是不平衡衰减和屏蔽衰减相结合的结果。其中，不平衡衰减描述的是差模功率与共模功率的比值，IEC 62153-4-9 中定义的不平衡衰减的表达式为

$$a_{u} = 10\lg\left|\frac{P_{diff}}{P_{com}}\right| dB \tag{23-7}$$

耦合衰减的表达式为

$$a_{c} = 10\lg\left|\frac{P_{diff}}{P_{com}}\right| + 10\lg\left|\frac{P_{com}}{P_{r,max}}\right| dB \tag{23-8}$$

23.3.4　表面转移阻抗和屏蔽衰减之间的关系

IEC TR 62153-4-0:2007 中给出了表面转移阻抗（Z_T）与屏蔽衰减（a_S）之间的关系。屏蔽效能试验原理图如图 23-6 所示。

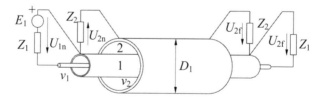

图 23-6　屏蔽效能试验原理图

高频时，频率 f 满足：

$$f \geqslant \frac{c_0}{\pi \cdot 1 \cdot |\sqrt{\varepsilon_{r2}} \pm \sqrt{\varepsilon_{r1}}|} \tag{23-9}$$

表面转移阻抗和屏蔽衰减的关系可表示为

$$a_{S} = -20 \times \lg \frac{Z_{T}c_{0}}{\sqrt{Z_{1}Z_{2}}\, \omega \,|\sqrt{\varepsilon_{r2}} \pm \sqrt{\varepsilon_{r1}}\,|} \tag{23-10}$$

式中，Z_{1} 为线缆的特性阻抗；Z_{2} 为外电路的阻抗；ε_{r1} 为线缆的介电常数；ε_{r2} 为外电路的介电常数；c_{0} 为光速；ω 为频率。

低频时，频率 f 满足：

$$f < \frac{c_{0}}{\pi \cdot 1 \cdot |\sqrt{\varepsilon_{r2}} \pm \sqrt{\varepsilon_{r1}}\,|} \tag{23-11}$$

表面转移阻抗和屏蔽衰减的关系如下：

$$a_{S} = -20 \times \lg | \frac{(Z_{F} \pm Z_{T}) \times l}{2\sqrt{Z_{1}Z_{2}}} | \tag{23-12}$$

式中，Z_{F} 为容性耦合阻抗。大部分线缆的容性耦合阻抗是可以忽略不计的，但对于单层松编织屏蔽线缆，容性耦合阻抗不能忽略。

23.4　EWIS 屏蔽效能表征参数测试方法

随着现代航空技术的飞速发展，机载电气电子设备数量、种类正急剧增加，这些设备间通过 EWIS 相连，EWIS 为设备提供功率和信号传播途径，同时 EWIS 间的串扰又严重影响电气电子设备的性能和整个飞机的电磁兼容性，甚至影响飞行安全。EWIS 越来越复杂，涉及专业范围越来越广，电子信息系统面临的电磁防护问题也日显突出。在恶劣的电磁环境中，电磁干扰轻则影响系统性能，重则可能造成重大安全事故。

目前，EWIS 的屏蔽效能预测分析研究已成为国内外电磁兼容学科的重要方向之一。在 EWIS 设计阶段先进行屏蔽效能分析和试验，再运用试验的结果来指导 EWIS 正向设计，可以大幅度减少后期出现电磁干扰时变更设计所花费的时间和费用。

针对 EWIS 屏蔽效能的表征参数：IEC 62153-4 系列、GB/T 31723.4 系列规定了金属通信线缆电磁兼容试验方法。IEC 62153-4 共包含 18 个子标准（IEC 62153-4-0 至 IEC 62153-4-17），与之对应的 GB/T 31723.4 已发布了 6 个子标准（GB/T 31723.405—2015、GB/T 31723.406—2015、GB/T 31723.411—2018、GB/T 31723.412—2021、GB/T 31723.413—2021、GB/T 31723.414—2021）。这些标准给出了表面转移阻抗和屏蔽/耦合衰减的定义、屏蔽衰减之间的关系、推荐限值，以及具体的试验方法（注入钳法、三同轴法、吸收钳法、线注入法、管中管法等）。此外，现行标准 IEC 61726:2015 还给出了关于线缆组件、线缆、连接器和无源微波组件的屏蔽衰减试验混响室法。EWIS 屏蔽效能试验方法现行标准如表 23-1 所示。

表 23-1　EWIS 屏蔽效能试验方法现行标准

标准号	标准名称	表征参数	试验方法	说明
IEC TR 62153-4-0: 2007	金属通信线缆试验方法 第 4-0 部分：电磁兼容 表面转移阻抗和屏蔽衰减之间的关系、推荐限值	—	—	介绍了表面转移阻抗和屏蔽衰减之间的关系

标准号	标准名称	表征参数	试验方法	说明
IEC TS 62153-4-1: 2014 + AMD1:2020 CSV	金属通信线缆试验方法 第 4-1 部分：电磁兼容 电磁屏蔽试验介绍	—	—	介绍了短线固有屏蔽参数、屏蔽衰减耦合试验方法及背景等
IEC 62153-4-2: 2003	金属通信线缆试验方法 第 4-2 部分：电磁兼容 屏蔽和耦合衰减 注入钳法	屏蔽衰减、耦合衰减	注入钳法	—
IEC 62153-4-3: 2013	金属通信线缆试验方法 第 4-3 部分：电磁兼容 表面转移阻抗 三同轴法	表面转移阻抗	三同轴法	—
IEC 62153-4-4: 2015	金属通信线缆试验方法 第 4-4 部分：电磁兼容 可达 3 GHz 及以上频率的屏蔽衰减 三同轴法	屏蔽衰减	三同轴法	—
IEC 62153-4-5: 2021	金属通信线缆试验方法 第 4-5 部分：电磁兼容 耦合或屏蔽衰减 吸收钳法	耦合衰减、屏蔽衰减	吸收钳法	已发布的 GB/T 31723.405—2015 等同采用 IEC 62153-4-5:2006
IEC 62153-4-6: 2017 RLV	金属通信线缆试验方法 第 4-5 部分：电磁兼容 表面转移阻抗 线注入法	表面转移阻抗	线注入法	对应 GB/T 31723.406—2015
IEC 62153-4-7: 2021 RLV	金属线缆和其他无源部件试验方法 第 4-7 部分：电磁兼容 连接器和组件的表面转移阻抗 Z_T 和屏蔽衰减 a_S 或耦合衰减 a_C 三同轴管中管法	转移阻抗、屏蔽衰减、耦合衰减	三同轴法、管中管法	扩大了三同轴管的容纳体积，为三同轴装置的演进，可容纳连接器和组件
IEC 62153-4-8: 2018 RLV	金属线缆和其他无源部件试验方法 第 4-8 部分：电磁兼容 容性耦合导纳	容性耦合导纳	—	—
IEC 62153-4-9: 2018 + AMD1: 2020 CSV	金属通信线缆试验方法 第 4-9 部分：电磁兼容 屏蔽对称线缆的耦合衰减 三同轴法	耦合衰减	三同轴法	试验对象为屏蔽对称线缆
IEC 62153-4-10: 2015 + AMD1:2020 CSV	金属通信线缆试验方法 第 4-10 部分：电磁兼容 通孔和电磁垫片的屏蔽衰减 双同轴法	屏蔽衰减	双同轴法	试验对象为通孔和电磁垫片
IEC 62153-4-11: 2009	金属通信线缆试验方法 第 4-11 部分：电磁兼容 跳线、同轴线缆组件、接连接器线缆的耦合衰减或屏蔽衰减 吸收钳法	耦合衰减或屏蔽衰减	吸收钳法	对应 GB/T 31723.411—2018，试验对象为跳线、同轴线缆组件、接连接器线缆
IEC 62153-4-12: 2009	金属通信线缆试验方法 第 4-12 部分：电磁兼容 连接硬件的耦合衰减或屏蔽衰减 吸收钳法	耦合衰减或屏蔽衰减	吸收钳法	对应 GB/T 31723.412—2021，试验对象为连接硬件

续表

标准号	标准名称	表征参数	试验方法	说明
IEC 62153-4-13: 2009	金属通信线缆试验方法　第 4-13 部分：电磁兼容　金属通信线缆试验方法　链路和信道（实验室条件）的耦合衰减　吸收钳法	耦合衰减	吸收钳法	对应 GB/T 31723.413—2021，试验对象为链路和通道
IEC 62153-4-14: 2012	金属通信线缆试验方法　第 4-14 部分：电磁兼容　线缆组件（现场条件）的耦合衰减　吸收钳法	耦合衰减	吸收钳法	对应 GB/T 31723.414—2021，试验对象为线缆组件
IEC 62153-4-15:2021 RLV	金属线缆试验方法　第 4-15 部分：电磁兼容　转移阻抗和屏蔽衰减或耦合衰减　三同轴小室法	转移阻抗和屏蔽或耦合衰减	三同轴法	试验装置为三同轴箱，比三同轴管、管中管装置可容纳更大体积组件
IEC 62153-4-16: 2021	金属线缆和其他无源部件试验方法　第 4-16 部分：电磁兼容　使用三同轴装置将频率范围扩展到更高频率的转移阻抗和更低频率的屏蔽衰减测量	转移阻抗、屏蔽衰减	三同轴法	可用固定长度的一个样件通过外推公式同时测传递阻抗和屏蔽衰减。不需要测两次，即用电长样件测屏蔽衰减，用电短尺寸测转移阻抗
IEC 62153-4-17: 2018	金属线缆和其他无源部件试验方法　第 4-17 部分：电磁兼容　折损系数	折损系数	—	评价频率在 1 kHz 以下的线缆屏蔽效果。通过使用特定的电流回路将屏蔽和未屏蔽的情况联系起来，计算电压比
IEC 61726: 2015	线缆组件，线缆，连接器和无源微波组件　屏蔽衰减　混响室法	屏蔽衰减	混响室法	—

23.4.1　表面转移阻抗测试方法

1. 三同轴法

IEC 62153-4-3:2013 中规定利用三同轴法进行金属通信线缆表面转移阻抗的试验方法，通过向线缆的屏蔽层施加定义的电流和电压，并测量感应电压来计算表面转移阻抗，从而确定线缆屏蔽的屏蔽效果。通常三同轴法适用的频率范围是 30MHz（对于 1m 长线缆样件）和 100MHz（对于 0.3m 长线缆样件），即对应于线缆样件长度要小于规定频率下的 1/6 波长。0.5m 长线缆样件表面转移阻抗的可测频率上限为 100MHz，2～3m 长线缆样件表面转移阻抗的可测频率上限为 10MHz。

三同轴即被测线缆中心导体（芯线）与屏蔽层、屏蔽层与试验夹具金属管、芯线与金属管，形成三同轴关系。三同轴法原理图如图 23-7 所示，芯线、屏蔽层及金属管组成两个电路，即内电路和外电路。

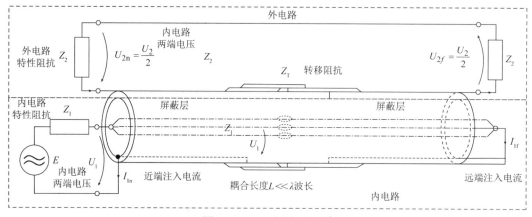

图 23-7　三同轴法原理图

三同轴法试验布置图如图 23-8 所示，内电路由芯线与金属管构成，外电路由屏蔽层与金属管构成。表面转移阻抗 Z_T 指在已匹配的外电路感生的纵向电压 U_2 与内电路总的电流 I_1 之比，即

$$Z_T = \frac{U_2}{I_1} \tag{23-13}$$

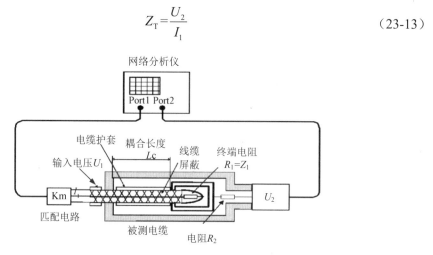

图 23-8　三同轴法试验布置图

三同轴法是试验表面转移阻抗应用最为广泛的方法。基于集总电路进行分析，因此具有清晰的理论基础。但也存在着试验夹具复杂、阻抗匹配不易被满足、被测线缆需要进行剥皮等缺点。

而之后出现的一些方法，很多是在三同轴法的基础上进行的改进和简化，如 IEC 62153-4-7: 2021 RLV 管中管法。图 23-9 所示的管中管法通过扩大基础三同轴装置的空间，使得容纳体积扩大，可进行连接器和组件的屏蔽效能试验。

此外，IEC 62153-4-15: 2021 RLV 的试验装置为三同轴箱，图 23-10 所示为不同体积的三同轴箱，三同轴箱比三同轴装置、管中管装置可容纳更大体积组件，可以更好地适配动力线缆、不规则电连接器等组件的表面转移阻抗、屏蔽衰减等参数的测试。

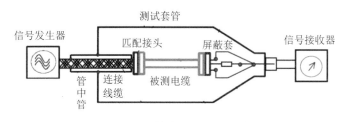

图 23-9　管中管法试验原理图

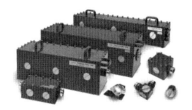

图 23-10　不同体积的三同轴箱

2．线注入法

IEC 62153-4-6:2017（等同 GB/T 31723.406—2015）中规定的线注入法是金属通信线缆表面转移阻抗的试验方法，通过把规定电压和电流施加到线缆的屏蔽层并测量感应电压以获得表面转移阻抗。使用高频测量仪器进行测量，频率范围可从几千赫兹到 1GHz 或以上。

线注入法也有内外两个电路，外电路（线注入电路）是馈入电路，由屏蔽层表面和注入线组成；内电路（被测线缆）是测量感应电压的电路。一段电小尺寸的均匀线缆，等效转移阻抗为单位长度上内部电路中被测线缆的纵向感应电压与外部电路（线注入电路）电流的比值，试验原理图如图 23-11 所示。在试验计算中，转移阻抗 Z_T 和容性阻抗 Z_F 在线缆上共同作用产生等效的转移阻抗 Z_{TE}，表达式为

$$Z_{TE} = \frac{2 \times U_1}{k_m \times I_2 \times L_c} \tag{23-14}$$

式中，U_1 为被测线缆的感应电压；I_2 为注入回路在屏蔽层中产生的电流；k_m 为阻抗匹配回路中的电压增益；L_c 为耦合长度。

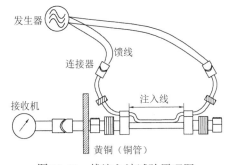

图 23-11　线注入法试验原理图

线注入法原理简单，设计精细时可使其测量频带达到 1GHz 以上，但在测量高频等效表面转移阻抗时，系统会产生很大的反射，对系统的匹配要求较高，且测量装置昂贵、安装调试时间长，因此实际中使用较少。

3．电流探头法

电流探头法由三同轴法发展而来，其装置示意图如图 23-12 所示，即用金属板代替三同轴装置中的外层管，金属板和屏蔽层组成试验系统的外电路，芯线和屏蔽层组成试验系统的内电路。

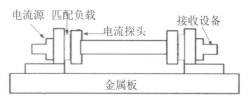

图 23-12　电流探头法装置示意图

与所有表面转移阻抗测量方法一样，电流探头法也是通过测量屏蔽层上已知的电流在线缆中感应的电压进行计算的。试验时，线缆一端接特性阻抗，另一端直连到监测设备，并使用探头探测感应电流的幅值，分别测量线缆的终端电流和终端探针的电流，并在表面转移阻抗的计算公式中引入两者的比值进行相应计算，可以抵消前 2～3 次的谐振效应，保证了测量的准确性，具体计算公式为

$$Z_\mathrm{T} = \frac{Z_\mathrm{TT} \times e}{l \times V_\mathrm{m}} \tag{23-15}$$

式中，Z_T 为表面转移阻抗；Z_TT 为监测电流设备的传输阻抗；e 为在线缆终端监测到的电压幅值；l 为线缆长度；V_m 为电流探针上测得的电压幅值。

电流探头法是一种非标准的方法，试验时不需要对线缆进行特殊处理，且对被测线缆长度限制较小，试验频率约为 1MHz～600MHz。然而，使用此方法必须使用放大器注入功率电流信号，很难保证测量结果的准确性，并且无法估计辐射能量大小，也无法得到表面转移阻抗相位。

23.4.2　屏蔽/耦合衰减测试方法

1. 三同轴法

三同轴法不仅可用于试验表面转移阻抗（见 IEC 62153-4-3: 2013），也可用于试验线缆的屏蔽/耦合衰减。

IEC 62153-4-4: 2015 给出了利用三同轴法进行可达 3GHz 及以上频率的屏蔽衰减试验，IEC 62153-4-9: 2018 +AMD1: 2020 CSV 给出了利用三同轴法进行屏蔽对称线缆的耦合衰减试验。

IEC 62153-4-4: 2015 中屏蔽衰减计算公式为

$$a_\mathrm{S} = -10 \times \lg\left(\mathrm{Env}\left|\frac{P_\mathrm{r,max}}{P_1}\right|\right) \tag{23-16}$$

式中，a_S 为屏蔽衰减，单位为 dB；P_1 为注入线缆的功率；$P_\mathrm{r,max}$ 为线缆耦合的最大功率。被测线缆有效耦合长度与电磁波波长的关系对屏蔽衰减特性曲线有着重要的影响。在电小尺寸时，测量到衰减随线缆长度的增加而减小，因此有必要定义相对长度。随着电尺寸增大，最大包络线与耦合电压之比形成的屏蔽衰减是恒定的。因此，屏蔽衰减仅在高频定义。电小尺寸定义为

$$\frac{\lambda_0}{l} > 10 \times \sqrt{\varepsilon_\mathrm{rl}} \ \text{或} \ f < \frac{c_0}{10 \times l \times \sqrt{\varepsilon_\mathrm{rl}}} \tag{23-17}$$

电大尺寸定义为

$$\frac{\lambda_0}{l} \leqslant 2 \times \left| \sqrt{\varepsilon_{r1}} - \sqrt{\varepsilon_{r2}} \right| \text{或} f > \frac{c_0}{2 \times l \times \left| \sqrt{\varepsilon_{r1}} - \sqrt{\varepsilon_{r2}} \right|} \tag{23-18}$$

对于 2～3m 的线缆，屏蔽衰减的最低可测频率限制为 100MHz。

2. 吸收钳法

IEC 62153-4-5:2006（对应 GB/T 31723.405—2015）规定线缆（不对称线缆）或线缆线对（对称线缆）用功率 P_1 馈电。由于线缆或线缆线对与周围环境之间的电磁耦合激励了表面波，它沿着屏蔽层表面（也可以是非屏蔽的线缆表面）向两个方向进行传播。使用一台电流转换器提取表面波功率，同时用一种吸收器（通常为铁氧体管）抑制不想要的共模电流。这种组合体被称为吸收钳。表面电流可以用一个固定钳以扫频的方式来测得。根据测得的表面电流的峰值，可以计算出由线缆屏蔽层（或线缆本身）和周围环境所构成的外部系统功率的最大峰值 $P_{2\max}$。功率 P_1 与 $P_{2\max}$ 之比的对数被称为耦合衰减，用 a_S 表示为

$$a_S = 10 \times \lg\left(\frac{P_1}{P_{2\max}}\right) \tag{23-19}$$

式中，P_1 为样品内部电路的输入功率；$P_{2\max}$ 为耦合峰值功率的最大值。

吸收钳法适用于在 30MHz～1GHz 频率范围内确定金属通信线缆的耦合或屏蔽衰减的特性。本方法可作为 IEC 62153-4-3: 2013 规定的三同轴法的替代方法。由于未规定吸收钳法的外部电路，因此在不同位置和不同的实验室所得的试验结果可能会有所不同，甚至有超过±6dB 差距的可能。

如图 23-13 所示，在实际用吸收钳法试验时信号从被测线缆注入，作为初级电路；线缆屏蔽层与周围环境构成次级电路。由于线缆和周围环境之间的电磁耦合，屏蔽层泄漏的能量激励了表面波，它沿屏蔽层向两个相反方向传播，分别在两个方向上（近端和远端）用功率吸收钳进行测量，并取近端和远端测量所得的最大功率值。铁氧体吸收器和功率吸收钳中的铁氧体环用来吸收反射的线缆屏蔽层表面波，所以可以认为吸收钳法是一种匹配状态下的试验方法，被测线缆的有效长度要满足长线测量要求，一般取 6m。由于功率吸收钳有十几个分贝的插入损耗，因此吸收钳法的试验动态范围受到限制。

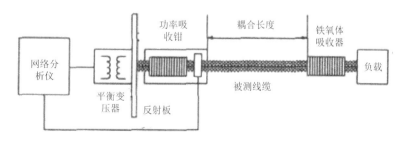

图 23-13　功率吸收钳法试验系统

3. 注入钳法

IEC 62153-4-2:2003 描述了注入钳法，用于 30MHz～1GHz 频率范围内试验同轴线的屏

蔽衰减（a_S）和平衡线缆的耦合衰减（a_C），动态范围可达 130 dB。与吸收钳法相反，本节描述的方法通过使用注入钳将输入信号耦合到线缆上，其中注入方法可参照 IEC 61000-4-6:2013《射频场感应的传导骚扰抗扰度试验方法》。

注入钳法的试样制备如图 23-14 所示，注入钳法试验装置示意图如图 23-15 所示。该方法的试验原理为通过注入钳将共模磁场注入线缆的外电路中，同时检测内电路中的信号。对于平衡线缆，通过巴伦变换器可检测到内电路中的差模信号。为了防止反射，外电路通过两个终端平板实现良好匹配，两个终端平板分别放置在 6m 长的试验装置的近端和远端。内电路通过巴伦变换器在近端匹配，远端通过被测线缆自身的阻抗加上 V 型 SMD 电阻实现匹配。在整个试验装置中，被测线缆是固定的，线缆和相应接地面之间的距离也是恒定的，以保证系统的均匀性。耦合衰减的表达式为

$$a_\text{C} = 20 \times \lg\left(\frac{P_{2\text{com,max}}}{P_{1,\text{max}}}\right) \qquad (23\text{-}20)$$

式中，$P_{1,\text{max}}$ 为内电路中最大接收功率；$P_{2\text{com,max}}$ 为外电路中最大馈入功率。

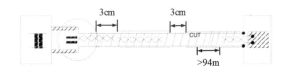

图 23-14　注入钳法的试样制备

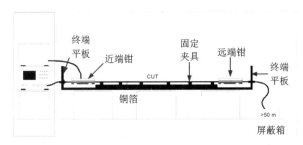

图 23-15　注入钳法试验装置示意图

被测线缆的有效长度受注入钳和铁氧体吸收器的限制。根据定义注入钳和铁氧体吸收器之间的距离的精确有效长度为 5m。对于平衡线缆，试验样品的总长度最小为 100m。远端终端平板后面的线缆部分可绕接在卷筒上。为防止重叠，距离线缆有效长度的最小距离应至少为 1m。对于同轴线缆，试验样品的总长度不需要超过线缆的有效长度、注入钳和铁氧体吸收器的长度，以及两终端平板的长度之和。

4．混响室法

IEC 61726—2015 描述了通过混响室法（有时也称为模式搅拌法）试验屏蔽衰减的方法，该方法适用于几乎所有类型的微波元件，且没有理论上的频率上限，局限在于低频有频率下限且系统复杂、造价昂贵，混响室法试验装置示意图如图 23-16 所示。

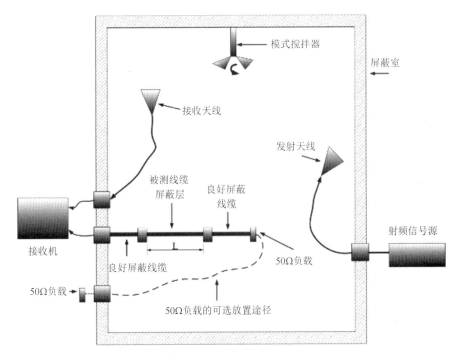

图 23-16　混响室法试验装置示意图

　　混响室法的试验原理是将被测线缆暴露在一个均匀的、各向同性的电磁场中，并监测被测线缆感应到的信号。通过比较混响室内的被测线缆内外的电磁场功率得到屏蔽衰减，具体方法是在一定输入功率下比较接收天线（参考天线，用于得到混响室内的场）和被测线缆的输出值。表达式为

$$a_{\mathrm{S}} = -10\lg\frac{P_{\mathrm{DUT}}}{P_{\mathrm{REF}}}$$　　　　　　　　　（23-21）

或

$$a_{\mathrm{S}} = -10\lg\frac{P_{\mathrm{DUT}}}{P_{\mathrm{INJ}}} - \Delta_{\mathrm{ins}}$$　　　　　　　（23-22）

式中，P_{DUT} 为被测线缆耦合的功率；P_{REF} 为耦合到参考天线的功率；P_{INJ} 为注入混响室的功率；Δ_{ins} 为混响室的插入损耗，单位为 dB。

5．GTEM 小室法

　　GTEM 小室法是一种新的屏蔽衰减测量方法，可用于线缆及其组件的屏蔽效能试验。GTEM 小室组成如图 23-17 所示，小室的外导体使用四棱锥状结构，锥顶处为 N 型接头的连接器，由于平板状内导体与顶面的夹角很小，所以 GTEM 小室内传播的球面波可近似为平面波，产生了一个均匀的试验空间进行试验。

　　当进行被测线缆及组件的屏蔽效能的试验时，被测线缆一端接匹配负载，另一端接频谱分析仪，如图 23-18 所示。由信号发生器向小室内输入信号，通过功率计得到小室内的信号功率 P_1，用频谱分析仪测得耦合到被测线缆内部的功率 P_2，屏蔽衰减 $a_{\mathrm{S}}=10\lg(P_1/P_2)$。

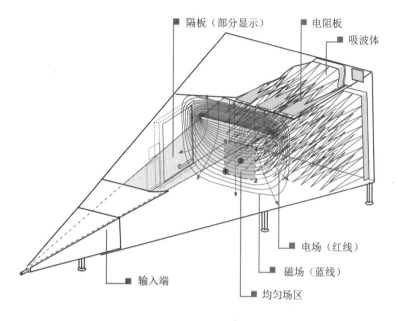

图 23-17　GTEM 小室组成

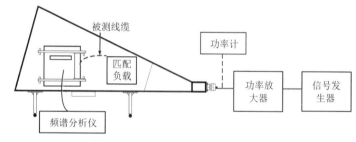

图 23-18　GTEM 小室试验系统

23.4.3　不同试验方法优缺点对比

对上述屏蔽效能的多种试验方法从标准的有无、样件及频率范围要求、试验环境、优点和缺点等方面进行对比分析，如表 23-2 所示。

表 23-2　不同试验方法优缺点对比分析

试验参数	试验方法	标准	样件及频率范围要求	试验环境	优点	缺点
表面转移阻抗	三同轴法	有	低频至 30MHz（1m 长样件） 低频至 100MHz（0.3m 长样件）	无要求	技术成熟，精确度高	试验装置较复杂
	线注入法	有	几千赫兹到 1GHz	无辐射环境	实验原理简单	对系统匹配要求高，实际使用少
	电流探头法	无	1～600MHz	无辐射环境	不需要对线缆进行特殊处理	无法得到表面转移阻抗的相位

试验 参数	试验 方法	标准	样件及频率范围要求	试验 环境	优点	缺点
屏蔽/耦合 衰减	三同 轴法	有	频率与样件尺寸有关， 详见 3.1 节	无要求	技术成熟， 精确度高	试验装置较复杂
	吸收 钳法	有	30MHz～1GHz 一般取 6m 样件	屏蔽室	操作简单， 重复性较好	试验动态范围受限
	注入 钳法	有	30MHz～1GHz 平衡线缆最小为 100m， 其他线缆至少 6m	屏蔽室	动态范围 可达 130 dB	受环境影响大
	混响 室法	有	无频率上限，有下限	混响室	工作频段较宽	有频率下限， 场地造价昂贵
	GTEM 小室法	无	可覆盖 300MHz～18GHz 的频带	GTEM 小室	工作频段较宽	对被测线缆的形状、摆 放要求较高，限制较大

23.5　EWIS 三同轴法

23.5.1　测试原理

三同轴法测试原理如图 23-19 所示，源端连接矢量网络分析仪的一个端口（如 Port1），远端接终端匹配负载或矢量网络分析仪的输出阻抗，被测线缆屏蔽层和金属硬质管形成射频同轴线缆，并连接至矢量网络分析仪另一个端口（如 Port2）。测试时，通过 Port1 向线芯注入特定频率、一定功率的激励信号，通过 Port2 测量外电路感应电压，进而通过一系列计算得出被测线缆屏蔽层的表面转移阻抗曲线或屏蔽衰减曲线。其中表面转移阻抗测试截止频率为

$$f_{\text{cut}} \times L \approx 25\text{MHz} \times m \tag{23-23}$$

式中，L 为线缆耦合长度。

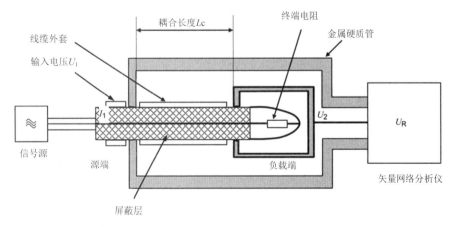

图 23-19　三同轴法测试原理

参数含义说明如表 23-3 所示。

表 23-3　参数含义说明

序号	名称	参数含义	说明	备注
1	U_1	内电路输入电压	往被测线缆芯线与其屏蔽层构成的同轴线缆中注入一个激励信号	源端
2	U_2	外电路电压	屏蔽线的屏蔽层作为矢量网络分析仪源端的芯线，三同轴外管作为矢量网络分析仪源端的屏蔽层	负载端
3	L_C	耦合长度	在三同轴硬质金属管内，即源端被测线缆屏蔽层和外管搭接的位置与负载端被测线缆屏蔽层和管中管搭接的位置之间的距离	—
4	R_1	终端电阻	内电路在负载端的终端电阻	—
5	I_1	屏蔽线上的电流	被测线缆屏蔽层上流过的电流	—

23.5.2　测试程序

EWIS 屏蔽效能测试程序包括：样件制备、矢量网络分析仪校准、内外电路特性阻抗测试、表面转移阻抗与屏蔽衰减测试，详细测试流程如图 23-20 所示。

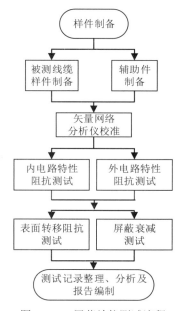

图 23-20　屏蔽效能测试流程

1. 被测线缆样件与辅助件制备

1）被测线缆样件制备

被测线缆样件制备主要针对被测线缆组件裸线端和搭接位置的剥线处理。

将被测线缆裸线端线芯、屏蔽层/防波套裸露至少 1.5cm，并分别拧股。

将被测线缆 0.9m 位置处屏蔽层外绝缘层剥去至少 2cm，使得屏蔽层和防波套/搭接点能够实现低阻抗搭接。被测线缆裸线端处理后如图 23-21 所示。

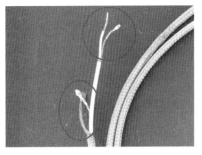
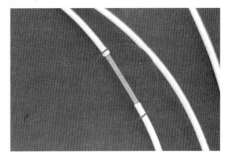

图 23-21　被测线缆裸线端处理后

2）辅助件制备

辅助件制备主要包括终端电阻焊接与低阻抗搭接处理两方面。首先将辅助件线缆剪短至 10cm，裸露线芯、屏蔽层与防波套，并将其分别拧股；然后将防波套与屏蔽层搭接并通过焊接固定；最后在线芯（中心导体）与屏蔽层/防波套之间串联终端电阻。终端电阻焊接处理如图 23-22 所示。本试验终端电阻焊接为 20Ω 电阻，即被测线缆组件内电路的特性阻抗。

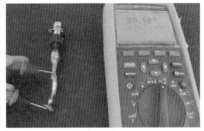

（a）终端　　　　　　　　　　　　　　（b）电阻测试

图 23-22　终端电阻焊接处理

辅助件终端电阻焊接完成后，将辅助件置入测试头（屏蔽帽）夹具内，并通过铜箔将测试头夹具与辅助件外壳实现低阻抗搭接，如图 23-23 所示。

（a）辅助件　　　　　　　　　　　　　（b）测试头

图 23-23　辅助件与测试头夹具低阻抗搭接

2．三同轴法测试校准

1）校准目的

将矢量网络分析仪校准到 Port1 和 Port2 外接延长线缆的连接器端面。

2）校准方法

首先将校准延长线缆连接至矢量网络分析仪的 Port1 和 Port2（或者 Port3 和 Port4）；

单击图 23-24 所示矢量网络分析仪 CHANNEL 面板上的 "CAL" 按键。

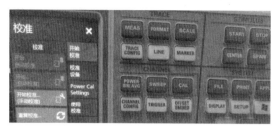

图 23-24　校准界面选择

单击 "CAL" 按键后，出现界面如图 23-25 所示。

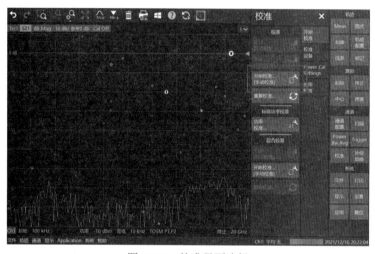

图 23-25　校准界面选择

然后，选择进入开始校准（手动校准）界面，出现图 23-26 所示校准设置选择界面，对于双端口校准选择 "TOSM" 算法，单击 "下一步" 按钮。

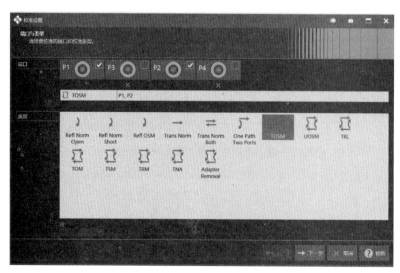

图 23-26　校准设置选择界面

接着连接器选择"3.5mm"，极性选择"阳性"，校准件选择 ZV-Z235（原厂自带），如图 23-27 所示。

在 Port1 相连接的线缆末端，依次将图 23-28 中 Open（O）、Short（S）、50Ω 终端匹配负载（M）校准件进行连接和应用，并进行校准。

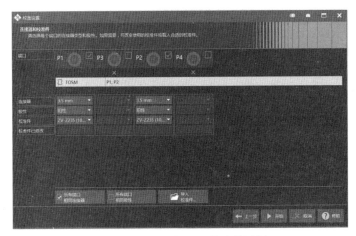

图 23-27　连接器及校准件设置

图 23-28　校准件实物照

同样地，在 Port2 相连接的线缆末端，依次将图 23-29 中 Open(f)，Short(f)、Match(f)负载校准件进行连接和应用，并进行校准。

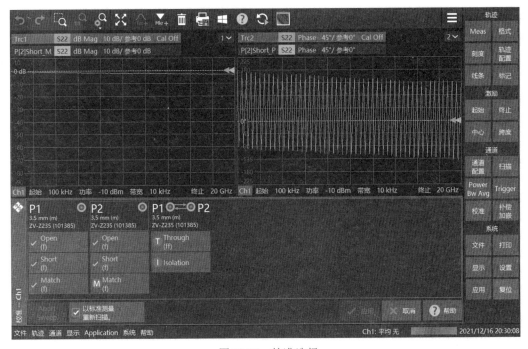

图 23-29　校准选择

如图 23-30 所示，最后将 Port1 和 Port2 的外延校准线缆通过 Through(ff)校准件相连接和应用，并完成校准。

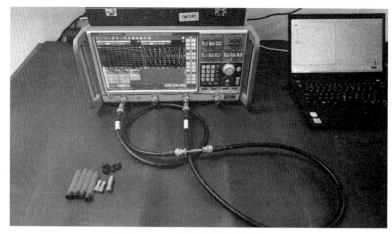

图 23-30　直通校准连接布置照

通过上述校准之后，连接矢量网络分析仪 Port1、Port2 的直通线缆 S21 测试结果如图 23-31 所示，这将用于表面转移阻抗或屏蔽衰减正式测试的结果修正。

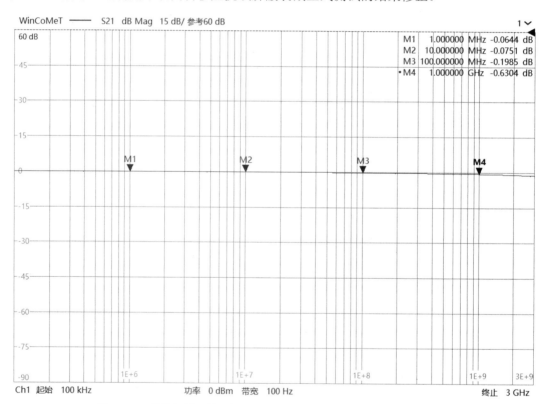

图 23-31　连接矢量网络分析仪 Port1、Port2 的直通线缆 S21 测试结果

3. 内电路特性阻抗测试

如图 23-32 所示，将被测线缆裸露端通过夹具与矢量网络分析仪相连，矢量网络分析仪选择 TDR 模式，并设置测试起始频率、终止频率、介电常数等相关参数，通过特性阻抗曲线跳变位置确定被测线缆特性阻抗。

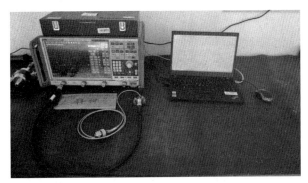

图 23-32 被测线缆特性阻抗测试布置照

被测线缆内电路特性阻抗测试结果如图 23-33 所示。

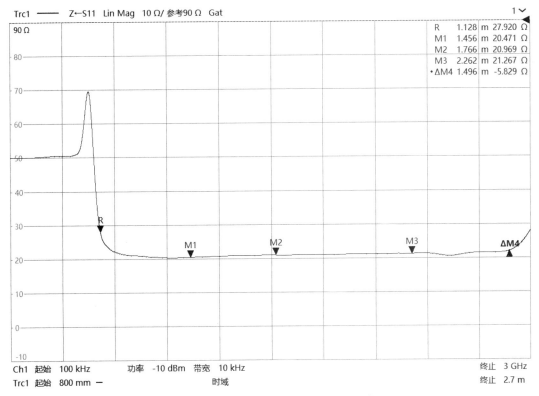

图 23-33 被测线缆内电路特性阻抗测试结果

图 23-33 中，R 为被测线缆组件特性阻抗起点，M4 为特性阻抗结束点。从标记点可知，被测线缆长度为 1.5m（R 点与 M4 点的相对距离），特性阻抗约为 21Ω。

4. 外电路特性阻抗测试

在三同轴测试管近端，将被测线缆穿入三同轴硬质管内，并在 0.9m 处通过金属圆形卡扣将被测线缆屏蔽层/防波套与三同轴硬质管实现低阻抗搭接，并将被测线缆拉直。被测线缆剥去屏蔽层外面绝缘层就是为了屏蔽层与防波套在此处可以良好搭接，若无防波套，则其屏蔽层与三同轴外管直接搭接。被测线缆外电路特性阻抗测试布置照如图 23-34 所示。

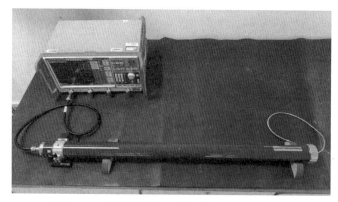

图 23-34　被测线缆外电路特性阻抗测试布置照

被测线缆外电路特性阻抗测试结果如图 23-35 所示。

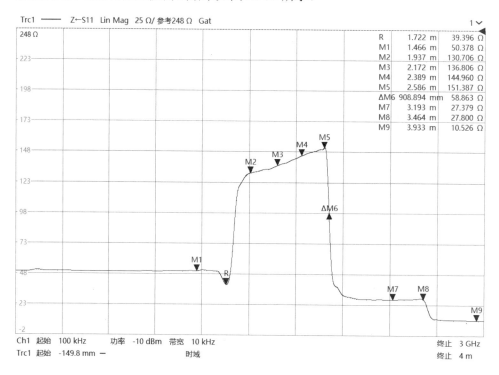

图 23-35　被测线缆外电路特性阻抗测试结果

由被测线缆外电路特性阻抗测试曲线可知，标记点 R 为外电路特性阻抗测试起点，M6 为结束点。从标记点可知，外电路耦合长度为 908.894mm（R 与 M6 的相对距离），特性阻抗为 130Ω～152Ω（M2～M5）（屏蔽层/防波套与三同轴硬质管内表面间为空气填充，测试过程中外电路介电常数设置为 1）。

5．表面转移阻抗及屏蔽衰减测试

将 Port1 与 Port2 短接，稳定连接后，通过上位机控制程序设置起始、终止频率、被测线缆基本信息等相关参数，运行程序校准，读取矢量网络分析仪数据，结合设置的测试参数，对控制程序进行校准。

完成程序校准后，裸线端（近端）与夹具相连（同特性阻抗测试），该夹具实现射频同轴（N 型头）线缆与网络矢量分析仪连接，如图 23-36 所示。

图 23-36　被测线缆裸线端连接

辅助件端（远端）直接通过连接线连接至网络矢量分析仪端口，如图 23-37 所示。

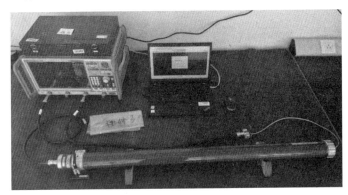

图 23-37　被测线缆屏蔽效能测试整体布置照

待被测线缆近端、远端与网络矢量分析仪均稳定连接后，通过已校准的上位机控制程序启动表面转移阻抗或屏蔽衰减测试。

23.5.3　测试示例

1.　射频同轴线缆

射频同轴线缆常用于装备内射频信号传输，本示例中的射频同轴线缆实物外观照如图 23-38 所示。

射频同轴线缆表面转移阻抗或屏蔽衰减测试布置照如图 23-39 所示。

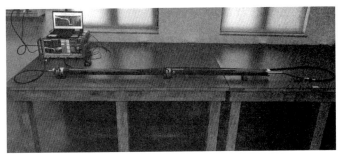

图 23-38　射频同轴线缆实物外观照　　　图 23-39　射频同轴线缆表面转移阻抗或屏蔽衰减测试布置照

射频同轴线缆表面转移阻抗或屏蔽衰减测试结果如图 23-40 所示。

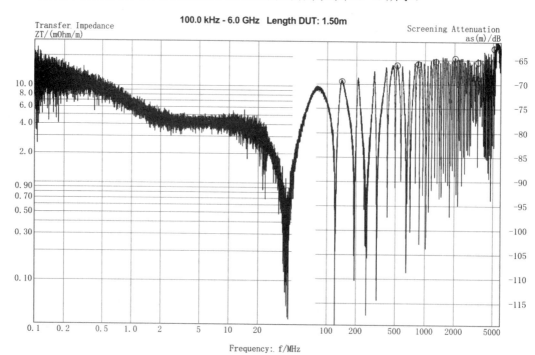

图 23-40　射频同轴线缆表面转移阻抗或屏蔽衰减测试结果

2. HSD 屏蔽线缆

HSD（High Speed Data）是一种高性能数据连接系统，属于全屏蔽型互联系统。可防止串扰和外部来源的干扰，特性阻抗是 100Ω。最早由 Rosenberger 在 2007 年推出，引领了当时车载数字信号传输的新趋势。

HSD 为汽车行业开发界面提供了两对差分信号对，因此不仅可以依据低压差分信号（LVDS）发送数据，广泛应用于中控、摄像头、抬头显示等，还可以用于 USB2.0/3.0、以太网（10Base-T1s，100BASE-TX，100BASE-T1，1000BASE-T1 ，BroadR-Reach）规范，具有很高的屏蔽效率。

HSD 屏蔽线缆实物外观照如图 23-41 所示。

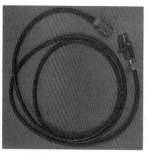

图 23-41　HSD 屏蔽线缆实物外观照

HSD 屏蔽线缆表面转移阻抗或屏蔽衰减测试布置照如图 23-42 所示。

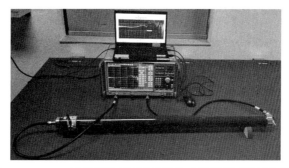

图 23-42　HSD 屏蔽线缆表面转移阻抗或屏蔽衰减测试布置照

HSD 屏蔽线缆表面转移阻抗测试结果如图 23-43 所示。

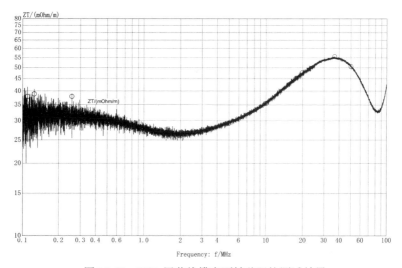

图 23-43　HSD 屏蔽线缆表面转移阻抗测试结果

HSD 屏蔽线缆屏蔽衰减测试结果如图 23-44 所示。

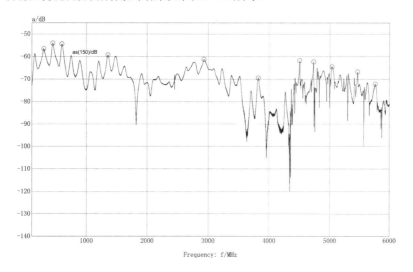

图 23-44　HSD 屏蔽线缆屏蔽衰减测试结果

3．Fakra 射频同轴屏蔽线缆

Fakra 连接器一般用于汽车工业射频信号连接、GPS 定位系统、卫星收音机与车载互联网接入等。Fakra 连接器是基于 SMB 连接器接口建立统一的连接器系统和业界共同遵守的标准。由于其特殊的标准锁定系统 Fakra 连接器符合当今汽车行业的高性能和安全要求。Fakra 连接器的额定频率范围为 6GHz。这些连接器广泛应用于 GPS 天线、发动机管理系统、模拟或数字收音机、天线、事故数据分析和导航系统等。

Fakra 射频同轴屏蔽线缆实物外观照如图 23-45 所示。

图 23-45　Fakra 射频同轴屏蔽线缆实物外观照

Fakra 射频同轴屏蔽线缆屏蔽效能测试布置照如图 23-46 所示。

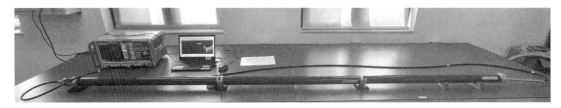

图 23-46　Fakra 射频同轴屏蔽线缆屏蔽效能测试布置照

Fakra 射频同轴屏蔽线缆屏蔽衰减测试结果如图 23-47 所示。

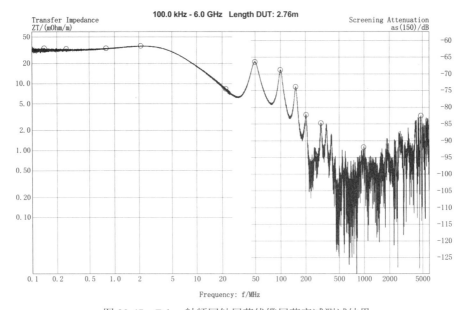

图 23-47　Fakra 射频同轴屏蔽线缆屏蔽衰减测试结果

4．高压动力屏蔽线缆

高压动力屏蔽线缆一般用于电池供电的装备，此类屏蔽线缆内往往传输直流高压、大电流电源，具有较好屏蔽效能的高压动力屏蔽线缆可将电源噪声抑制在屏蔽线缆内，大大降低对其周围电路产生电磁干扰的风险。

高压动力屏蔽线缆实物外观照如图 23-48 所示。高压动力屏蔽线缆屏蔽效能测试布置照如图 23-49 所示。

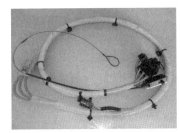 

图 23-48　高压动力屏蔽线缆实物外观照　　　图 23-49　高压动力屏蔽线缆屏蔽效能测试布置照

高压动力屏蔽线缆屏蔽效能测试结果如图 23-50 所示。

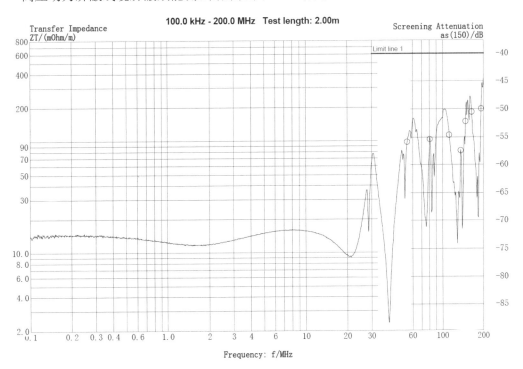

图 23-50　高压动力屏蔽线缆屏蔽效能测试结果

23.6　EWIS 屏蔽效能测试与工程实践的关系

在复杂电子信息系统中，EWIS 作为功率和射频信号传输的载体，同时充当了电磁干扰信号泄漏防护和屏蔽外界干扰信号的"护城河"。EWIS 屏蔽效能在很大程度上决定了系统的电磁泄漏防护和电磁干扰屏蔽的总体效能。目前，国内绝大多数 EWIS 成品规格书中并没有屏蔽效能指标的介绍，线缆成品价格也无法体现其 EWIS 屏蔽效能的好坏，且时常因 EWIS 屏蔽效能缺少量化导致设备（分系统）辐射发射测试结果发生争议。例如，同一台多功能触摸一体机在其余试验工况均相同的条件下，仅因辐射发射试验时采用两根不同 HDMI 线缆却获得不同的测试结果，连接其中一根线缆时整机辐射发射试验可以通过标准规定限值要求，然而连接另一根线缆时整机辐射发射试验却不能通过标准规定的限值要求。因此，有必要针对 EWIS 开展屏蔽效能量化试验，并在产品规格书中加以标注说明，以辅助 EWIS 电磁防护加固设计和选型。

各电子信息系统中 EWIS 的类型千差万别，即使同一类型的 EWIS 也存在不同应用频率范围、不同应用长度、不同安装位置、不同的 EWIS 屏蔽效能表征参数等，如本书前文所描述的 EWIS 屏蔽效能试验方法众多，试验过程相对复杂，加之各种试验方法优缺点差异明显。所以，采用何种参数来表征 EWIS 屏蔽效能应结合 EWIS 物理尺寸、应用频率范围、样件是否允许破坏，以及各种试验方法的优缺点进行综合考虑。

因此，针对具体物理长度、特定应用频率的屏蔽线缆开展电磁屏蔽效能试验才更具有工程实践指导意义。目前，国际上认可度较高的是三同轴法，希望未来有一种更简易的、适用性更广泛的方法，以最大化指导不同 EWIS 的屏蔽防护设计和应用选型。

参 考 文 献

[1] GB/T 2036—94. 印制电路术语[S]. 北京：中国标准出版社，1994.

[2] GB/T 4365—2003. 电工术语电磁兼容[S]. 北京：中国标准出版社，2003.

[3] GB/T 6113. 104—2021. 无线电骚扰和抗扰度测量设备和测量方法规范 第1-4部分：无线电骚扰和抗扰度测量设备 辐射骚扰测量用天线和试验场地[S]. 北京：中国标准出版社，2021.

[4] GB/T 6113.10X. 系列标准. 无线电干扰和抗扰度测量设备[S]. 北京：中国标准出版社.

[5] GB/T 6113.20X. 系列标准. 无线电干扰和抗扰度测量方法[S]. 北京：中国标准出版社.

[6] GB/T 35855—2018. 飞机电缆标识[S]. 北京：中国标准出版社，2018.

[7] GJB 72A—2002. 电磁干扰和电磁兼容性术语[S]. 北京：总装备部军标出版发行部，2003.

[8] GJB 151B—2013. 军用设备和分系统电磁发射和敏感度要求与测量[S]. 北京：总装备部军标出版发行部，2013.

[9] GJB 181A—2003. 飞机供电特性[S]. 北京：总装备部军标出版发行部，2003.

[10] GJB 181B—2012. 飞机供电特性[S]. 北京：中国人民解放军总装备部，2012.

[11] GJB 358—1987. 军用飞机电搭接技术要求[S]. 北京：国防科学技术工业委员会，1987.

[12] GJB 1014.4—90. 飞机布线通用要求、连接[S]. 北京：总装备部军标出版发行部，1991.

[13] GJB 1046A—2018. 舰船搭接、接地、屏蔽、滤波及电缆的电磁兼容性要求和方法[S]. 北京：中央军委装备发展部，2018.

[14] GJB 1210—91. 接地、搭接和屏蔽设计的实施[S]，北京：国防科学技术工业委员会，1991.

[15] GJB 1389A—2005. 系统电磁兼容性要求[S]. 北京：总装备部军标出版发行部，2006.

[16] GJB 1389B—2022. 系统电磁环境效应要求[S]. 北京：中央军委装备发展部，2023.

[17] GJB 8848—2016. 系统电磁环境效应试验方法[S]. 北京：中央军委装备发展部，2016.

[18] GJB/Z 17—91. 军用装备电磁兼容性管理指南[S]. 北京：国防科技工业委员会，1992.

[19] GJB/Z 25—91. 电子设备和设施的接地、搭接和屏蔽设计指南[S]，北京：国防科技工业委员会，1991.

[20] GJB/Z 132—2002. 军用电磁干扰滤波器选用和安装指南[S]. 北京：中国人民解放军总装备部，2002.

[21] GJB/Z 214—2003. 军用电磁干扰滤波器设计指南[S]. 北京：国防科学技术工业委员会，2003.

[22] HB 5940—86. 飞机系统电磁兼容性要求[S]. 北京：中华人民共和国航空航天工业部，1987.

[23] HB 6524—91. 飞机电线、电缆电磁兼容性分类及布线要求[S]. 北京：中华人民共和国

航空航天工业部，1991.

[24] IEC 61587—3—2013. 电子设备机械结构第三部分：IEC 60917 和 IEC 60297 系列机箱、机柜和插箱屏蔽性能试验[S]. IEC.

[25] IEEE Std.1597.1—2008.IEEE Standard for Validation of Computational Electromagnetic Computer Modeling and Simulations [S]. IEEE，2008.

[26] IEEE Std.1597.2—2010.IEEE Recommended Practice for Validation of Computational Electromagnetics Computer Modeling and Simulations[S]. IEEE，2010.

[27] MIL-HDBK-419-1982. 电子设备和设施的接地搭接和屏蔽[S]. 美国：美国国防部.

[28] MIL-HDBK-237D-2005. 美国国防部手册——采购过程的电磁环境效应和频谱保障能力指南[S]. 美国：美国国防部.

[29] 全国无线电干扰标准化技术委员会. 电磁兼容标准实施指南（修订版）[M]. 北京：中国标准出版社，2010.

[30] 彭晓雷. 电磁兼容认证及设计指南[J]. 广州：电子质量杂志社，2000.

[31] 陈穷. 电磁兼容性工程设计手册[M]. 北京：国防工业出版社，1993.

[32] 朱文立. 电磁兼容设计与整改对策及经典案例分析[M]. 北京：电子工业出版社，2012.

[33] 朱文立. 电子电器产品电磁兼容质量控制及设计[M]. 北京：电子工业出版社，2015.

[34] 陈世钢. GJB 151B-2013 军用设备和分系统电磁发射和敏感度要求与测量实施指南[S]. 北京：中国电子技术标准化研究院，2016.

[35] 白同云. 电磁兼容性设计实践[M]. 北京：中国电力出版社，2007.

[36] 白同云，吕晓德. 电磁兼容设计[M]. 北京：北京邮电大学出版社，2001.

[37] V.P.Kodali. 工程电磁兼容[M]. 陈淑凤等，译. 北京：人民邮电出版社，2006.

[38] 路宏敏. 工程电磁兼容[M]. 西安：西安电子科技大学出版社，2003.

[39] 李明洋. HFSS 电磁仿真设计应用详解[M]. 北京：人民邮电出版社，2010.

[40] 徐兴福. HFSS 射频仿真设计实例大全[M]. 北京：电子工业出版社，2015.

[41] 李明洋. HFSS 天线设计[M]. 北京：电子工业出版社，2011.

[42] 谢拥军，刘莹. HFSS 原理与工程应用[M]. 北京：科学出版社，2009.

[43] 刘源. FEKO 仿真原理与工程应用[M]. 北京：机械工业出版社，2017.

[44] 张敏. CST 微波工作室用户全书[M]. 成都：电子科技大学出版社，2004.

[45] 黄智伟. 印制电路板（PCB）设计技术与实践[M]. 北京：电子工业出版社，2013.

[46] 钱振宇. 开关电源的电磁兼容性设计、测试和典型案例[M]. 北京：电子工业出版社，2011.

[47] 何洋. 常规兵器电磁兼容性试验[M]. 北京：国防工业出版社，2016.

[48] （美）保罗. 电磁兼容导论[M]. 2 版. 闻映红等，译. 北京：人民邮电出版社，2007.

[49] （美）奥特. 电磁兼容工程[M]. 邹澎等，译. 北京：清华大学出版社，2013.

[50] （美）马尼克塔拉. 精通开关电源设计[M]. 2 版. 王健强等，译. 北京：人民邮电出版社，2015.

[51] ADI 大学计划 编译. 高速设计技术[M]. 北京：电子工业出版社，2010.

[52] 华为技术. PCB 的 EMC 设计指南[G]. 深圳：深圳市华为技术有限公司，2000.

[53] 村田制作所. EMI 滤波器的基础[OL]. 网络，2010.

[54] 王正明. 装备试验科学方法论[M]. 北京：科学出版社，2023.

[55] 苏东林，陈广志，胡蓉，等. 提升我国电磁安全能力的战略思考[J]. 安全与电磁兼容，2021（05）：9-11.

[56] 卢西义，肖凯宁. 美军电磁环境效应管理研究[J]. 河北科技大学学报，2011，32（S1）：132-135.

[57] 梁双港，林荣刚，凤卫锋. 论军用装备研制中的电磁兼容性控制[J]. 电子质量，2014（02）：72-74.

[58] 肖虹. 世界各国的军用 EMC 标准概述[J]. 电子产品可靠性与环境试验，1999，01.

[59] 赵刚. 信息化时代武器装备电磁兼容技术发展趋势[J]. 舰船电子工程，2007，01.

[60] 梁慧. 计算电磁学在电磁兼容仿真中的应用[J]. 现代电子技术，34（14）：2011.

[61] 王天顺，刘叔伦. 飞机线缆敷设[J]. 飞机设计，2003，02.

[62] 陈伟. 飞机线缆敷设的电磁兼容性设计[J]. 航空标准化与质量，2006，02.

[63] 陈燕. GJB151B 中 CS101 试验谐振现象分析[J]. 可靠性与环境试验技术评价，第39：2021，09.

[64] 陈世钢. GJB151B—2013 解析[J]. 标准与应用，2014，02.

[65] 陈世钢. CE101 舰船交流电源极限值的设定及其应用[J]. 标准与应用，2008，04.

[66] 胡广. 国军标 151B RE102 低频段测试方法分析与研究[J]. 电子测量与仪器学报，2017，02.

[67] 李英新. 阻尼正弦瞬态传导敏感度的浅析[J]. 中国检验检测，2021，01.

[68] 邵鄂. 电气线路互联系统屏蔽效能试验方法综述[J]. 安全与电磁兼容，2022，06.

[69] 罗春备. 面向多尺度复杂场景的高效电磁仿真算法研究[D]. 浙江大学博士学位论文，2019.

[70] 何奕言. 基于快速有限元方法的电磁本征模拟器研究[D]. 电子科技大学硕士学位论文，2022.

[71] 陆小文. 矩量法的集总端口激励源研究[D]. 西安电子科技大学硕士学位论文，2021.

[72] IEC 62153-4-3 Edition 2.0 2013-10 Metallic communication cable test methods–Part 4-3: Electromagnetic compatibility (EMC) – Surface transfer impedance –Triaxial method. [S] IEC,2013.

[73] IEC 62153-4-4 Edition 2.0 2015-04 Metallic communication cable test methods-Part4-4：Electromagnetic compatibility(EMC)-Test method for measuring of the screening attenuation as up to and above 3GHz，triaxial method. [S] IEC,2015.

[74] IEC 62153-4-7 Edition 2.1 2018-05 Metallic communication cable test methods–Part 4-7: Electromagnetic compatibility (EMC)–Test method for measuring of transfer impedance ZT and screening attenuation as or coupling attenuation aC of connectors and assemblies up to and above 3 GHz – Triaxial tube in tube method. [S] IEC,2018.

[75] IEC 62153-4-9:2018 Metallic communication cable test methods–Part4-9:Electromagneticcompatibility (EMC)-Coupling attenuation of screened balanced cables，triaxial method. [S] IEC,2018.

反侵权盗版声明

电子工业出版社依法对本作品享有专有出版权。任何未经权利人书面许可，复制、销售或通过信息网络传播本作品的行为；歪曲、篡改、剽窃本作品的行为，均违反《中华人民共和国著作权法》，其行为人应承担相应的民事责任和行政责任，构成犯罪的，将被依法追究刑事责任。

为了维护市场秩序，保护权利人的合法权益，我社将依法查处和打击侵权盗版的单位和个人。欢迎社会各界人士积极举报侵权盗版行为，本社将奖励举报有功人员，并保证举报人的信息不被泄露。

举报电话：（010）88254396；（010）88258888

传　　真：（010）88254397

E-mail：dbqq@phei.com.cn

通信地址：北京市万寿路 173 信箱

　　　　　电子工业出版社总编办公室

邮　　编：100036